Restauración de bosques tropicales

una guía práctica

Este libro está dedicado a la memoria de Surat Plukam. Gran artista e ilustrador, su obra, clara y simple, ha hecho que la restauración de bosques sea más accesible, tanto para niños como para adultos, desde las pequeñas poblaciones rurales hasta las autoridades del gobierno, a través del sudeste Asiático.

Esta publicación ha sido posible gracias a la financiación de la Darwin Initiative, con el apoyo del Programa de Ecología de Restauración de RBG Kew, Fundación John Ellerman, Man Group plc, y el Millennium Seed Bank Partnership de Kew.

Para propósitos bibliográficos, este libro debe ser citado como:

Elliott, S. D., D. Blakesley y K. Hardwick, 2013. Restauración de Bosques Tropicales: un manual práctico. Royal Botanic Gardens, Kew; 344 pp.

Restauración de bosques tropicales un manual práctico

Por Stephen Elliott,
David Blakesley y Kate Hardwick

Ilustraciones de Surat Plukam y Damrongchai Saengkam
traducido por Claudia Lüthi

traducción corregida y editada por Maite Conde-Prendes

Patrocinado por la Darwin Initiative
Publicado por Royal Botanic Gardens, Kew

Kew Publishing
Royal Botanic Gardens, Kew

Primera edición en 2013 por
Royal Botanic Gardens, Kew,
Richmond, Surrey, TW9 3AB, UK
www.kew.org

Distribuido en nombre de Royal Botanic Gardens, Kew, en América del Norte por la University of Chicago Press, 1427 East 60th Street, Chicago, IL 60637, USA

ISBN 978-1-84246-484-7

Catalogación en Datos de Edición por la British Library
El registro de catálogo para este libro está disponible en la British Library

Editor de producción: Sharon Whitehead
Diseño de portada, composición y diseño de página: Margaret Newman
Edición, Diseño & Fotografía, Royal Botanic Gardens, Kew

Impreso y encuadernado en Italia por Printer Trento S.r.l.

Para más información o la compra de copias adicionales de este libro (en inglés, francés o español) y otros títulos de Kew, visite www.kewbooks.com o envíe un correo electrónico a publishing@kew.org

La misión de Kew es inspirar y proporcionar la conservación de plantas basada en la ciencia, mejorando la calidad de vida alrededor del mundo.

La mitad de los gastos administrativos de Kew son sufragados por el Gobierno, a través del Ministerio de Medio Ambiente, Alimentación y Asuntos Rurales (Defra). Cualquier otra financiación necesaria para apoyar el trabajo vital de Kew, proviene de miembros, fundaciones, donantes o actividades comerciales, incluyendo la venta de libros.

Contenido

CLARENCE HOUSE

Como Presidente de Honor de la Fundación y Amigos del Royal Botanic Gardens, Kew, estoy encantado de que se me hubiera pedido contribuir con un prefacio para este maravilloso libro, '*Restauración de Bosques Tropicales*: *un Manual Práctico*'. Sólo puedo felicitar a los autores por su logro, y desear que todos aquellos que implementan sus claras y prácticas medidas, de cómo restaurar bosques tropicales alrededor del mundo – en Sudamérica y Centroamérica, África y Asia – todo el éxito posible en sus esfuerzos de vital importancia.

La naturaleza tiene una capacidad notable, si se le da la oportunidad, de recuperarse y renovarse a sí misma, y es por esta razón sobre todo, por lo que creo que este libro es tan bienvenido. Me atrae particularmente su énfasis en la necesidad de restaurar los ricos bosques tropicales, con especies nativas donde sea posible; su descripción de cómo involucrar, de la mejor manera posible, a las comunidades locales en las iniciativas de restauración y su hincapié en la necesidad de paisajes y silvopastoreo para la restauración de bosques, me parecen todos absolutamente cruciales.

Estoy también intrigado por la explicación que da el libro sobre la 'rainforestation', una técnica que fue pionera en Filipinas, mediante la cual se plantan especies nativas para restaurar la integridad ecológica y la biodiversidad, a la vez que se produce una gama diversa de maderas y otros productos forestales para los pobladores locales.

Durante muchas décadas, he estado profundamente preocupado por la grave situación de los bosques tropicales del mundo, inspirado tanto por la grandeza atemporal y la extraordinaria diversidad biológica y cultural que albergan, como por el profundo conocimiento, de que ni la humanidad ni la Tierra misma, podrían sobrevivir sin ellos, particularmente de cara al cambio climático global. Con esto en mente, hace algunos años establecí mi propio Proyecto de Bosques Tropicales, con la esperanza de atraer la atención a la urgente necesidad de establecer un acuerdo internacional para proteger los bosques, acoplado a un mecanismo financiero – R.E.D.D.+ – con la intención de contribuir a esta protección a la escala requerida. Desde entonces, me he sentido alentado por el progreso hecho en muchos países, incluyendo Brasil, pero tengan en cuenta que las presiones globales sobre nuestros bosques restantes, siguen siendo agudas. La restauración juega un papel fundamental, en avanzar estos esfuerzos en los años por venir.

Wangaari Maathai, cuya muerte todos seguimos lamentando, dijo, 'Nos debemos la conservación del medioambiente a nosotros mismos y a la siguiente generación, de modo que podamos legar a nuestros hijos un mundo sostenible que nos beneficie a todos'. ¿Qué mejor lugar para empezar, que las sólidas recomendaciones y los pasos prácticos presentados en este libro?

PREFACIO

"Un roce de la naturaleza hermana a todo el mundo".
William Shakespeare, de *Troïlus* and *Cressida*, 1601–1603

Hace 20 años, cuando nuestra Unidad de Investigación de Restauración de Bosques en la Universidad de Chiang Mai (FORRU-CMU) no era más que unos cuantos puntos clave escritos en el reverso de un sobre, el declive de los bosques tropicales del mundo, se veía como la consecuencia inevitable e irreversible del desarrollo económico. Muchos creían que la idea que los ecosistemas de los bosques tropicales pudieran en realidad ser restaurados era un idealismo ingenuo. Los científicos pensaban que los bosques tropicales, eran demasiado complejos para poder ser reconstruidos, mientras que las ONGs dedicadas a la conservación de bosques consideraban la idea como una distracción innecesaria del deber vital de patrocinar la protección de los bosques primarios restantes. Incluso uno de los primeros patrocinadores de nuestra unidad observó cándidamente que consideraba el concepto como 'conservación de salón'.

Hoy en día, afortunadamente, las actitudes han experimentado un cambio paradigmático. La restauración es vista como complementaria a la protección de bosques primarios, especialmente donde las áreas protegidas hayan fracasado en prevenir la deforestación. Dos décadas de investigación han producido métodos probados y comprobados, que han conseguido que la restauración de bosques pase de ser un sueño romántico imposible a una meta alcanzable. Al combinar la capacidad regenerativa de la naturaleza, con plantación de árboles y otras prácticas de manejo, es ahora posible restaurar rápidamente tanto la estructura, como el funcionamiento ecológico de los bosques tropicales, y así lograr una recuperación sustancial de la biodiversidad, a los 10 años de iniciar las actividades de restauración. Las organizaciones de conservación reconocen ahora la restauración como vital, para revivir paisajes degradados y mejorar los sustentos rurales, al proveer una diversa gama de productos forestales y desarrollar programas de Pago por Servicios Ambientales (PSA). Su inclusión en el esquema REDD+[1] de la ONU, para 'mejorar las reservas de carbono' y mitigar el calentamiento global, ha resultado en una demanda sin precedentes de conocimiento, habilidades y capacitación en restauración de bosques. Este conocimiento es vital para permitir que los países tropicales en desarrollo, puedan recaudar dinero en efectivo en el mercado global con créditos de carbono, a la vez que reducen la pérdida de su biodiversidad y satisfacen las necesidades de las comunidades locales. Pero hasta ahora, se ha publicado muy poco asesoramiento práctico para satisfacer esta demanda.

Este libro busca proporcionar dicho asesoramiento. Presenta técnicas científicamente probadas, para la restauración de diversos ecosistemas de bosques tropicales clímax, que son resistentes al cambio climático, usando especies de árboles de bosques nativos para la conservación de la biodiversidad y la protección ambiental, y para apoyar los sustentos de las comunidades rurales. Está basado en más de 20 años de investigación, a cargode la FORRU-CMU, así como en el conocimiento y la experiencia local, intercambiados a lo largo de los últimos 20 años en cientos de talleres, conferencias y consultorías de proyectos. Nombres de plantas en este libro siguen, por lo general, los que figuran como «aceptadas» en el sitio web Theplantlist.org, en junio de 2013.

Nuestro libro presenta conceptos y prácticas genéricas que pueden ser aplicados para revivir ecosistemas forestales en todos los continentes tropicales, en un formato accesible e inicialmente en tres idiomas (inglés, francés, español). Incluye casos de estudios que ilustran una diversidad de proyectos de restauración exitosos alrededor del mundo. Está destinado a todas las partes interesadas, cuya colaboración es vital para el éxito de proyectos de restauración. Proporciona a los planificadores, políticos y agencias patrocinadoras con

---

[1] 'Reducir las emisiones de la deforestación y degradación de bosques' —un conjunto de políticas e incentivos, que se están desarrollando bajo la Convención Marco de la ONU sobre el Calentamiento Global (UNFCCC), para reducir las emisiones de CO_2 derivadas del despeje y la quema de bosques tropicales. www.scribd.com/doc/23533826/Decoding-REDD-RESTORATION-IN-REDD-Forest-Restoration-for-Enhancing-Carbon-Stocks http://cmsdata.iucn.org/downloads/redd_scope_spanish.pdf

alternativas a las plantaciones de mono-cultivos convencionales, las cuales pueden ser usadas para lograr sus objetivos de reforestación. Para los administradores de áreas protegidas, las comunidades y las ONGs que trabajan con ellos, el libro provee un sólido asesoramiento sobre la planificación de proyectos de restauración, así como instrucciones científicamente probadas para producir, plantar y cuidar especies de árboles de bosques nativos. Y para los científicos, el libro sugiere decenas de ideas para proyectos de investigación y provee detallados protocolos de investigación estandarizados, que se pueden utilizar para desarrollar nuevos sistemas de restauración que satisfagan las necesidades locales. Incluso hay un apéndice de plantillas para hojas de recolección de datos, de modo que los investigadores puedan colectar conjuntos de datos que sean comparables con los que se están replicando ahora en las FORRUs de varios países.

La continua destrucción de bosques tropicales es probablemente la mayor amenaza para la biodiversidad de nuestro planeta. Aunque la conciencia del problema y la voluntad de resolverlo, nunca hayan sido mayores, cualquier esfuerzo sería inefectivo sin una asesoría práctica y científicamente bien fundada. Por ello, esperamos que este libro no solamente inspire a más gente a involucrarse para salvar los bosques tropicales de la Tierra, sino también a procurarse las herramientas eficaces para hacerlo.

Stephen Elliott
Email: stephen_elliott1@yahoo.com
Página web: www.forru.org
Página en Facebook: Forest Restoration Research Unit

David Blakesley
Email: David.Blakesley@btinternet.com
Página web: www.autismandnature.org.uk

Kate Hardwick
Email: k.hardwick@kew.org
Página web: www.kew.org

AGRADECIMIENTOS

Este libro es el principal resultado de nuestro proyecto titulado 'Restauración de Bosques Tropicales: un Manual Práctico', patrocinado por la Darwin Initiative del Reino Unido. Estamos muy agradecidos por el apoyo de la Darwin Initiative por hacerse cargo de los costos de la producción de este manual, a Royal Botanic Gardens Kew, por proveer servicios internos, a John Ellerman Foundation por financiar a Kate Hardwick, a Kew Publishing, especialmente a Sharon Whitehead por la corrección de los textos y a Margaret Newman por el diseño, y al Millennium Seed Bank Partnership y Man Group plc, que cubrieron los costes adicionales.

El libro está sustancialmente basado en el trabajo en la Unidad de Investigación de Restauración de Bosques de la Universidad de Chiang Mai, al norte de Tailandia, y los autores desean aprovechar esta oportunidad para manifestar su agradecimiento a todo el personal de la unidad, pasados y presentes, cuya dedicada investigación ha contribuido al contenido del libro, especialmente a Sutthathorn Chairuangsri, Jatupoom Meesana, Khwankhao Sinhaseni y Suracheat Wongtaewon. El Embajador de la Juventud de Australia, Robyn Sakara, financiado por Biotropica Australia Plc, y el investigador principal de la FORRU Panitnard Tunjai, contribuyeron significativamente a los Capítulos 2 y 5, respectivamente.

Estamos también agradecidos a todos aquellos que contribuyeron con textos, fotos e información: Dominique Andriambahiny, Sutthathorn Chairuangsri, Hazel Consunji, Elmo Drilling, Patrick Durst, Simon Gardner, Kate Gold, Daniel Janzen, Cherdsak Kuaraksa, Roger Leakey, Paciencia Milan, William Milliken, David Neidel, Peter Nsiimire, Andrew Powling, Johny Rabenantoandro, Tawatchai Ratanasorn, Khwankhao Sinhaseni, Torunn Stangeland, John Tabuti y Manon Vincelette.

Las fotos son en su mayoría de Stephen Elliott y del personal de la FORRU-CMU. Los dibujos son de Damrongchai Saengkham y del difunto Surat Plukam. Sin embargo, también estamos agradecidos a muchas otras personas que aportaron fotografías e ilustraciones, incluyendo: Andrew McRobb y otros contribuyentes de la fototeca de Kew, la NASA, IUCN por los mapas, Tidarach Toktang, Kazue Fujiwara, Cherdsak Kuaraksa y Khwankhao Sinhaseni.

También agradecemos a todos los revisores de secciones o capítulos del manuscrito por sus útiles sugerencias: Peter Ashton, Peter Buckley, Carla Catterall, John Dickie, Mike Dudley, Kazue Fujiwara, Kate Gold, David Lamb, Andrew Lowe, David Neidel, Bruce Pavlik, Andrew Powling, Moctar Sacande, Charlotte Seal, Roger Steinhardt, Nigel Tucker, Prasit Wangpakapatanawong y Oliver Whaley.

Estamos especialmente agradecidos a Val Kapos y Corinna Ravilious (WCMC) por los mapas reproducidos en el Capítulo 2.

Agradecemos a Joseph Agbor, Etame Parfait Marius y Claudia Luthi la traducción de este libro al francés y al español, respectivamente, y a Norbert Sonne y Maite Conde-Prendes la revisión y corrección de las traducciones. Gracias también a Teresa Gil Gil, Juli Caujapé Castells, Carlos Magdalena y Paulina Hechenleitner Vega por su ayuda en la traducción de términos técnicos.

Todas las opiniones expresadas en este libro son de los autores, y no necesariamente de los patrocinadores o revisores. Los compiladores desean aprovechar esta oportunidad, para agradecer a todos aquellos que no hayan sido mencionados anteriormente, y que hayan contribuido de alguna manera al trabajo de la FORRU-CMU y la producción de este libro. Finalmente, estamos agradecidos al departamento de Biología, de la Facultad de Ciencia de la Universidad Chiang Mai, por el apoyo institucional a la FORRU-CMU desde su inicio, y East Malling Research, Wildlife Landscapes y RBG Kew por el apoyo institucional a la investigación de la Darwin Initiative y al programa de capacitación a lo largo de los años.

Capítulo 1

Deforestación tropical:
Una amenaza para la vida en la Tierra

Los bosques tropicales, que son el hogar de alrededor de la mitad de las especies de plantas y animales terrestres, están siendo destruidos a un ritmo sin precedentes en la historia geológica. El resultado es una ola de extinción de especies, que está dejando a nuestro planeta biológicamente empobrecido y ecológicamente menos estable. A pesar de que estos hechos son ampliamente aceptados por los científicos, calcular las cifras exactas de las tasas de deforestación tropical y de la pérdida de especies no es sencillo.

1.1 Ritmo y causas de la deforestación tropical

¿Con qué rapidez se están destruyendo los bosques tropicales?

Desde los tiempos pre-industriales, el área de los bosques tropicales de la Tierra se ha reducido en un 35–50% (Wright & Muller-Landau, 2006). Si las pérdidas continúan al ritmo actual, los últimos restos de bosque tropical primario desaparecerán, probablemente entre 2100 y 2150, aunque el cambio climático global (si no se controla) aceleraría, sin duda, el proceso.

La Organización para la Alimentación y la Agricultura de las Naciones Unidas (FAO) provee las estimaciones globales más completas de la cobertura de bosques forestales, ya que recopila las estadísticas de los organismos forestales de muchos paises diferentes (FAO, 2009). Sin embargo, estas estimaciones están lejos de ser perfectas y son frecuentemente revisadas a medida que los métodos de estudio se vuelven más fiables. Además, las definiciones de 'bosque' varían (por ejemplo, a veces se incluyen a las plantaciones y a veces no), se debate muchas veces sobre dónde está el 'margen' de un bosque, y las tecnologías de información geográfica están cambiando constantemente. Una revisión de las estimaciones de la FAO por Grainger (2008) informa de que, entre 1980 y 2005, el área de bosques tropicales naturales[1] a nivel mundial se redujo de 19.7 a 17.7 millones km² (**Tabla 1.1**), una pérdida de un promedio de aproximadamente 0.37% al año.

La pérdida de **bosques primarios**[2] originales, representa una especial preocupación para la conservación de la biodiversidad[3]. Globalmente[4], la FAO (2006) estima que un promedio de 60,000 km² de bosque primario ha sido destruido o modificado sustancialmente cada año desde 1990, con solo dos países tropicales, Brasil e Indonesia, que acaparan el 82% de esta pérdida global. En cuanto a los porcentajes de pérdida, tanto Nigeria como Vietnam perdieron más de la mitad de sus bosques primarios restantes entre el 2000 y el 2005, mientras que Camboya perdió 29% y Sri Lanka y Malawi perdieron 15% cada uno (FAO, 2006).

Tabla 1.1. Cobertura natural de bosques tropicales t[1] (millón km²), 1980–2005 (adaptado de Grainger (2008)).

Región	1980[a]	1990[b]	2000[b]	2005[b]
África	7.03	6.72	6.28	6.07
Asia-Pacífico	3.37	3.42	3.12	2.96
América Latina	9.31	9.34	8.89	8.65
Totales	**19.71**	**19.48**	**18.29**	**17.68**

Fuentes: *Evaluación de Recursos Forestales Globales de la Organización para la Alimentación y Agricultura*, [a]1981 y [b]2006. Adaptado de Grainger (2008).

[1] "Toda la vegetación leñosa natural con >10% de cubierta de copa, excluidas las plantaciones madereras, matorrales, etc."

[2] Bosques de especies nativas, con procesos ecológicos no perturbados y sin impactos serios causados por actividad humana.

[3] La biodiversidad es la variedad de formas de vida, incluyendo genes, especies y ecosistemas (Wilson, 1992). En este libro usamos el término, para referirnos a todas las especies que naturalmente, comprenden la flora y fauna de los bosques forestales, excluido las especies exóticas domesticadas.

[4] Excluido Rusia.

La línea divisoria de la deforestación tropical—en este caso para el establecimiento de plantaciones de palmas de aceite en el sudeste asiático. Esta destrucción 'al por mayor' es la causa principal de la crisis de la biodiversidad y está contribuyendo sustancialmente al calentamiento global. (Photo: A. McRobb).

Aunque las estimaciones globales de pérdida de bosques tropicales puedan ser problemáticas, hay varios ejemplos muy bien documentados de deforestación severa y rápida a nivel regional. Por ejemplo, entre 1990 y 2000, la isla indonesia de Sumatra perdió el 25.6% de su cobertura forestal (por lo menos 50,078 km^2 de bosque). La escala de destrucción está bien ilustrada en Google Earth (www.sumatranforest.org/sumatranWide.php)

En la Amazonía brasileña, la cobertura forestal se ha reducido un 10% (377,108 km^2) desde 1988. Alrededor del 80% de la pérdida de bosque ha sido causada por el clareo para la ganadería, y el resto mayormente por la construcción de carreteras. Sin embargo, hasta el 30% de las áreas deforestadas podrían estar en un proceso de regeneración natural (Lucas *et al.*, 2000).

Es muy probable que continúe la pérdida de bosque tropical primario y su reemplazo con bosque secundario, a pesar de existir una mayor preocupación por la biodiversidad, el impacto en el medio ambiente y el cambio climático. Por consiguiente, mientras que la conservación de los restos de bosque primario sigue siendo importante, el manejo del bosque tropical secundario en proceso de regeneración se está convirtiendo rápidamente en uno de los temas globales para minimizar las pérdidas de biodiversidad.

La deforestación en el estado brasileño de Mato Grosso, después del asfaltado de la carretera BR 364 (bosque en rojo): izquierda 1992, derecha 2006 (Fuente: NASA Earth Laboratory).

¿Por qué son destruidos los bosques tropicales?

La última causa de la destrucción de bosques tropicales es: demasiada gente haciendo demasiadas demandas en tierras demasiado pequeñas. La ONU (2009) predice que la población humana superará los 9 billones para el 2050, (más de 7 billones en el momento de escribir esto), vamos en camino de exceder la capacidad de la Tierra, que se estima son unos 10 billones (United Nations, 2001). El destino de los bosques tropicales, y el de la mayoría de los ecosistemas naturales, depende en última instancia, del control del crecimiento de la población humana y del consumo.

En la mayoría de países tropicales, la destrucción de los bosques empieza normalmente con la explotación maderera. Para ello se despejan áreas de bosque para construir caminos y, al agotarse la provisión de madera, la gente rural sin tierra sigue a los leñadores en busca de tierras agrícolas. Los árboles restantes son talados y reemplazados con agricultura en pequeña escala. Al comienzo, los pequeños productores practicarán una agricultura de roza-y-quema de baja intensidad, pero al aumentar la presión de la creciente población sobre la tierra, se van adoptando típicamente sistemas de agricultura más intensivos. Al aumentar el valor de la tierra, los pequeños agricultores venden a menudo sus tierras a grandes compañías agrícolas, que van avanzando y despejando bosques en otras partes.

Sin embargo, la explotación maderera está ahora descendiendo como causa primaria de la pérdida de bosques tropicales, ya que ahora se produce más madera proveniente de plantaciones. Asia-Pacífico lleva la delantera en plantaciones de silvicultura, con un total de 90 millones de ha de plantaciones para la producción maderera en el 2005. De modo que, a pesar de que la explotación maderera ha sido históricamente la causa principal de la deforestación tropical, ahora ha sido superada por el surgimiento exponencial de la demanda de tierra agrícola, impulsada por los mercados globales (Butler, 2009).

En África, más de la mitad (59%) de la deforestación es ejecutada por familias que van estableciendo granjas de pequeña escala. Mientras que en América Latina la deforestación es principalmente (47%) el resultado de la agricultura industrial, causada por la demanda global de productos agrícolas. En Asia, la conversión de bosques a granjas de pequeña escala, y el reemplazamiento de la agricultura migrante con prácticas de agricultura más intensiva, representan el 13% y el 23% de deforestación respectivamente, mientras que la agricultura industrial, particularmente palma de aceite y plantaciones de caucho, representan el 29% (FAO, 2009).

La deforestación tropical empieza frecuentemente con la explotación para la industria maderera, pero muchos otros factores están involucrados.

Haciendo carbón en Brasil. La dependencia de más de 80% de la gente en países en desarrollo de leña o carbón para cocinar sus alimentos, contribuye significativamente a la degradación de los bosques. (Photo: A. McRobb).

El bosque montano ha sido destruido para establecer plantaciones de té en Likombe, Camerún. (Foto: A. McRobb)

Un paisaje de sobre-pastoreo en el noreste de Brasil. (Foto: A. McRobb)

El desarrollo de infraestructuras, especialmente carreteras y presas, también puede tener un efecto muy destructivo en los bosques tropicales. Aunque este tipo de desarrollo tiene un impacto en áreas relativamente pequeñas de bosque, se van abriendo más áreas de bosque para asentamientos, a la vez que se fragmentan, dejando aisladas a pequeñas poblaciones de vida silvestre que continuamente se van reduciendo.

Finalmente, un gobierno débil es el factor principal para que la deforestación se lleve a cabo. Aunque la mayoría de los países tienen leyes que controlan la explotación forestal, los departamentos forestales muchas veces carecen de la autoridad y la financiación necesarias para hacerlas cumplir. Por consiguiente, en muchos países tropicales, más de la mitad de la producción de madera es extraída ilegalmente (Agencia de Investigación del Medio Ambiente, 2008). Los guardabosques reciben muchas veces sueldos muy bajos y son por ello fácilmente presa de la corrupción. Las comunidades locales son marginadas cuando se trata de tomar decisiones y van perdiendo su sentido de gobierno del bosque. Por ello, reforzar las instituciones gubernamentales y a la vez dar más poder a las comunidades locales, es fundamental para la supervivencia de los bosques tropicales de la Tierra.

1.2 Consecuencias de la deforestación tropical

Los efectos desastrosos de la destrucción de los bosques tropicales han sido muy bien documentados durante décadas (Myers, 1992). La preocupación más grave es que se trata del evento de extinción más grande en la historia geológica de nuestra Tierra.

¿Cuánta biodiversidad se está perdiendo?

Aunque los bosques tropicales solamente cubren hoy alrededor del 13.5% de la Tierra, son el hogar de más de la mitad de especies de plantas y animales terrestres. De modo que no es de extrañar que su destrucción esté causando la extinción de una proporción sustancial de la biota terrestre. Sin embargo, es difícil saber la cifra exacta de especies que probablemente morirán como resultado de la deforestación tropical, pues no existe una lista definitiva de todas las especies de los bosques tropicales. Los vertebrados y las plantas vasculares han sido bastante bien caracterizadas y censadas, aunque no son raros los descubrimientos de nuevas especies, de modo que esta tarea no está completa. Pero son los animales más pequeños, particularmente

los insectos y otros artrópodos, que forman la mayor parte de la biodiversidad tropical y no hay suficientes taxónomos trabajando en los trópicos para identificar y contar todas estas especies.

En los años ochenta, el trabajo de Terry Erwin empezaba a revelar cuántas especies de artrópodos podría haber en los bosques tropicales. Erwin (1982) estudió las comunidades de escarabajos en las copas de árboles tropicales. Usó una máquina de nebulización con insecticida, colocada en las copas, para capturar a los insectos. En las copas de una sola especie de árbol (*Luehea seemannii*), encontró 1,100 especies de escarabajos, de los cuales alrededor de 160 vivían exclusivamente en esa especie de árbol. Como los escarabajos representan el 40% de las especies de insectos, podemos estimar que las copas de *L. seemannii* probablemente alberguen alrededor de 400 especies de insectos especializados, junto a otras 200 especies que viven en otras partes del árbol. La cantidad de especies de árboles tropicales conocidas por la ciencia es alrededor de 50,000. Si cada una de éstas sustenta una cantidad de especies de insectos especializados similar a *L. seemannii*, los bosques tropicales del mundo podrían sustentar alrededor de 30 millones de especies de insectos.

Aunque este cálculo se basa en muchas suposiciones (mayormente aún sin verificar) y en trabajos que ya tienen 30 años, sigue siendo una de las estimaciones más ampliamente citadas de biodiversidad tropical; un triste reflejo del progreso de la taxonomía en los bosques tropicales en las últimas tres décadas. Un estudio más reciente, de Ødegaard (2008), que probó algunas de las suposiciones de Erwin, sugirió que la fauna artrópoda global podría estar cerca de 5–10 millones de especies.

En los años ochenta 1980, la nebulización de insectos en los doseles de bosques tropicales empezó a mostrar que la biodiversidad de la Tierra era mucho más alta de lo que cualquiera hubiera esperado, y que la destrucción del bosque tropical era la amenaza principal para ésta.

Si contar las especies vivientes es problemático, contar las extinguidas lo es aún más. La existencia continuada de una especie se verifica con una sola observación, pero es imposible tener la certeza de que una especie está extinta, ya que podría persistir en lugares donde los biólogos no han hecho prospecciones. Sigue habiendo re-descubrimientos de 'especies' extintas, de modo que tenemos que confiar en la teoría biológica de los conteos directos de especies para estimar la tasa de extinciones.

El modelo más ampliamente aplicado es la curva del área de las especies, que se deriva del conteo de especies en parcelas de muestreo consecutivas y del mismo tamaño. Al aumentar la cantidad de parcelas de muestreo, la cantidad acumulativa de las especies descubiertas aumenta. Al comienzo el aumento es rápido, pero luego la curva se nivela al añadirse más parcelas de muestreo, a la vez que hay menos especies a descubrir. La cantidad de nuevas especies en cada parcela de muestreo posterior disminuye finalmente a cero, cuando todas las especies han sido descubiertas, y así la curva del área de especies alcance su asíntota superior.

Para estimar las tasas de extinción, las curvas de áreas de especies se usan al revés, para contestar a la pregunta: "¿cuántas especies desaparecerán al reducirse el área de un hábitat?". Usando esta lógica, Wilson (1992) estimó que alrededor de 27,000 especies de bosques tropicales se extinguen cada año, en base a tasas publicadas de destrucción de bosques y una curva de área de especies, que predice una disminución eventual del 50% en cantidades de especies, cuando el área de un bosque se reduce un 90% (**Figura 1.1**).

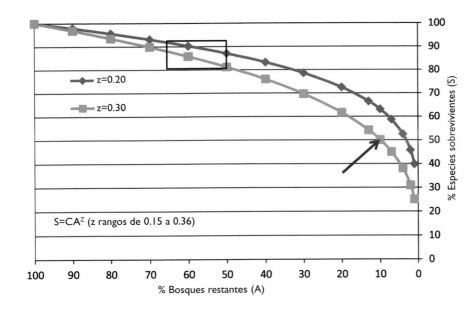

$$S=CA^Z \text{ (z rangos de 0.15 a 0.36)}$$

Figura 1.1. A pesar de sus defectos, los modelos de áreas de especies todavía contribuyen a la predicción de las tasas de extinción. Para los bosques tropicales, los valores del parámetro 'z' varían de 0.2 a 0.35 (de estudios empíricos. Un valor de 0.3 predice un 50% de disminución de la biodiversidad, con 90% de pérdida de bosque (flecha). El rectángulo muestra un 8–20% de pérdida de especies tropicales desde los tiempos pre-industriales (suponiendo un 35–50% de reducción en la cobertura de bosques tropicales).

Wright y Muller-Landau (2006) también incorporaron las relaciones de áreas de especies en sus análisis de extinción de especies tropicales. Asimismo demostraron que hay una relación negativa entre las densidades de poblaciones humanas, especialmente en áreas rurales, y la cobertura forestal. Estos autores pronosticaron la continua pérdida de bosques primarios debido a la explotación maderera, pero esperaban una caída de la densidad de la población en los países tropicales para el 2030, que resultaría en la regeneración de bosques secundarios en las tierras abandonadas. Por consiguiente, pronosticaron poco cambio en la cobertura de bosques en general para los siguientes 20 años, aunque la mayoría de los bosques primarios serían reemplazados por bosques secundarios, con estos últimos proporcionando refugio para la mayoría de especies de bosques tropicales[5]. Al aplicar las relaciones de las áreas de especies a este escenario, los autores proyectaron extinciones de especies del 21–24% en Asia, 16–35% en África y 'significativamente menos' en América Latina para el año 2030.

Hay varios problemas con estas proyecciones. El primero es que las relaciones de áreas de especies se basan en el área total de bosques restantes, antes que en el tamaño de los fragmentos individuales de bosque. Si la cobertura total de los bosques de un país es alta pero esos bosques están altamente fragmentados, cada fragmento podría no ser lo suficientemente grande como para sustentar poblaciones viables de plantas y animales. En esta situación, la endogamia gradualmente acabará con cada pequeña población, fragmento por fragmento, y conforme las especies van desapareciendo, la red de las relaciones entre las especies, que es vital para el mantenimiento de la biodiversidad de los bosques tropicales, se desmantelará. A medida que las plantas pierden a sus polinizadores, las especies que dispersan sus semillas fracasarán en su reproducción; al morir las especies claves, una cascada de extinciones reducirá la rica biodiversidad de los bosques tropicales a unas pocas especies herbáceas comunes que dominarán el paisaje. De modo que no es solamente la tasa general de deforestación la que acelera la extinción, sino también el grado en el que el bosque restante está fragmentado.

Otro problema es la suposición de Wright and Muller-Landau de que el bosque tropical secundario proveerá refugio para especies de bosques primarios (Gardner *et al.*, 2007), especialmente si estas áreas están separadas por vastos campos agrícolas, que no pueden ser atravesados por la mayoría de especies de bosques primarios. El problema, entonces, tiene más que ver con la fragmentación de los bosques, que con el hecho de tratarse de un bosque 'secundario' o 'primario'. Y por último, su análisis no considera los efectos de la caza y del cambio climático global en la extinción de especies.

[5] En Asia, los bosques secundarios fragmentados ya cubren un área más grande que los bosques primarios (Silk, 2005).

Sólo algunas de las muchas especies de animales tropicales amenazadas de extinción como resultado directo de la deforestación.

El espectacular cercopiteco diana (*Cercopithecus diana*) ha sido llevado peligrosamente casi a la extinción, debido a la conversión de los bosques de África Occidental en tierras agrícolas. Ahora, la caza pone en peligro los pocos animales que quedan.

El lagarto de espinas pequeñas (*Calotes liocephalus*) es endémica al bosque montano húmedo en Sri Lanka. Está amenazada por la destrucción y fragmentación del hábitat, debido al cultivo de cardamomo, el pastoreo y la tala.

El gato de cabeza plana (*Prionailurus planiceps*) está en peligro en Indonesia y Malasia, principalmente debido a la conversión de su hábitat en bosques tropicales en plantaciones de palma.

El tamarino león dorado (*Leontopithecus rosalia*) es endémico a los bosques costeros de las tierras bajas de Rio de Janeiro, uno de los tipos más amenazados de los bosques tropicales. Hoy reducido a menos de 1,000 individuos, la especie continua tambaleándose al borde de la extinción, a pesar de un programa de re-introducción.

El paujil de Alagoas (*Mitu mitu*) está extinguido en el mundo silvestre debido a la destrucción del bosque primario de tierras bajas en Brasil. Por consiguiente, el ecosistema de este bosque ha perdido un importante dispersador de semillas. Dos poblaciones en cautividad son la única esperanza que queda para la supervivencia de la especie.

El pita de Gurney (*Pitta gurneyi*) ya ha sido declarada extinta debido a la transformación de bosques tropicales perennifolios de tierras bajas, en plantaciones de caucho y palmas, en Tailandia y Birmania. Su redescubrimiento en 1986 fue seguido por los esfuerzos frenéticos de proteger, restaurar y 'desfragmentar' las minúsculas manchas de bosque en el sitio del descubrimiento. www.birdlife.org/news/features/2003/06/gurneys_pitta_stronghold.html

Aunque la pérdida de entre un cuarto y un tercio de la biodiversidad tropical en los próximos 20 años es grave, muchos científicos argumentan que Wright y Muller-Landau realmente subestimaron las extinciones tropicales. El aumento de la industria y las plantaciones agrícolas, como las principales causas de la deforestación tropical, podría invalidar la premisa de la relación entre las poblaciones humanas y la deforestación. La ganadería, las plantaciones de árboles y la producción de bio-combustible, a menudo incrementan la deforestación, a la vez que reducen la densidad de la población humana.

Se necesita claramente un modelo mejor para las estimaciones de las tasas de extinción, pero desarrollar predicciones cada vez más precisas de extinciones de especies no resolverá el problema. En un mundo en el que los bosques secundarios reemplazarán en gran parte a los bosque primarios, la supervivencia de la mayoría de especies dependerá de que los bosques secundarios crezcan bien, sustenten una veloz recuperación de la biodiversidad y estén bien conectados, de modo que ecológicamente se parezcan lo más rápido posible a los bosques primarios. La ciencia de la reforestación de bosques tropicales puede, seguramente, ayudar con esto.

Contribución de la deforestación tropical al cambio climático global

La deforestación contribuye significativamente al cambio climático global. El dióxido de carbono (CO_2), liberado al despejar o quemar los bosques tropicales contribuye actualmente, entre todas las actividades humanas, alrededor del 15% del total del CO_2 emitido a la atmósfera (Union of Concerned Scientists, 2009). El resto proviene de la quema de combustible fósil. En varios países, la deforestación y degradación son la mayor fuente de emisiones de CO_2, con Brasil e Indonesia juntos, representando casi la mitad de las emisiones de CO_2 globales de la deforestación tropical (Boucher, 2008).

Los bosques tropicales almacenan el 17% del total de carbón contenido en toda la vegetación terrestre de la Tierra. El promedio pan-tropical es de aproximadamente 240 toneladas de carbón almacenado por hectárea de bosque, más o menos divididas en partes iguales entre los árboles y el suelo (IPCC, 2000). Los bosques tropicales más secos almacenan menos de este promedio, mientras que bosques húmedos almacenan más. En contraste, las tierras de cultivo en promedio solo almacenan 80 toneladas por hectárea (casi todo en el suelo). De manera que, en promedio, despejar 1 hectárea de bosque tropical para agricultura emite aproximadamente un neto de 160 toneladas de carbón, a la vez que reduce la futura absorción de carbono, al reducir el sumidero de carbono global. Además, la agricultura (particularmente los cultivos de arroz y actividades ganaderas) frecuentemente libera cantidades sustanciales de metano, que es 20 veces más eficiente en mantener el calor en la atmósfera que CO_2.

Estos hechos demuestran que, aunque la deforestación global contribuya significativamente al cambio climático global, la restauración de bosques podría ser una parte significativa de la solución.

Deforestación y recursos de agua

Los bosques tropicales producen enormes cantidades de hojarasca, que forman suelos ricos en material orgánico, capaces de almacenar grandes cantidades de agua por unidad de volumen. Estos suelos absorben el agua durante la estación de lluvia, ayudando así a rellenar los acuíferos y asegurando que el agua sea liberada lentamente durante la estación de sequía. La deforestación resulta en el incremento del total de la cosecha de agua desde una cuenca (al remover los árboles que transpiran agua a través de sus hojas), pero este aumento de la productividad frecuentemente se vuelve más estacional. Sin la contribución de la hojarasca en el suelo, ni de las raíces de los árboles para reducir la erosión del suelo, la capa superior de éste (que es la que absorbe), es rápidamente arrasada. La compactación del suelo (que resulta de la exposición a

La deforestación puede causar que las fuentes de agua se sequen en la estación seca, como se ilustra aquí en el noreste de Brasil.

lluvias intensas), la desaparición de la fauna del suelo, el sobre-pastoreo y la construcción de carreteras, todo junto, reduce la infiltración del agua de lluvia en el suelo y la recarga de los acuíferos. De modo que en la estación de lluvia, las tormentas provocan rápidas crecidas de agua en las cuencas, muchas veces ocasionando inundaciones. Por el otro extremo en la estación seca, las cuencas no pueden retener suficiente agua para sostener el flujo del arroyo. Los arroyos se secan y la producción agrícola se deteriora (Bruijnzeel, 2004).

La deforestación aumenta dramáticamente la erosión del suelo, especialmente donde el sotobosque y el compostaje del suelo están dañados (Douglas, 1996; Wiersum, 1984). Esto, a su vez, causa la sedimentación de los arroyos, ríos y reservorios, la cual reduce la vida de los sistemas de irrigación que son vitales para la agricultura río abajo.

Los efectos de la deforestación en las comunidades

Las personas que viven cerca de bosques son los primeros en ser afectadas por la deforestación, al perder los beneficios medio ambientales descritos arriba, así como comida, medicina, combustible y materiales de construcción.

Millones de personas que viven en los bosques dependen de sus productos para su subsistencia. En épocas de necesidad, la recolección y la venta de estos productos garantizan una red de seguridad para la gente rural pobre (Ros-Tonen & Wiersum, 2003). Para unos pocos, el comercio de productos forestales provee un ingreso en efectivo significativo y regular, aunque los problemas de comercialización y el cambio de estilos de vida han limitado el desarrollo comercial de esta industria (Pfund & Robinson, 2005).

Puesto que la mayoría de los productos del bosque no son comprados o vendidos en los mercados, su valor no contribuye al desarrollo de los índices económicos, como el producto interior bruto (PIB) De ahí que su importancia sea muchas veces ignorada por las respectivas autoridades, que sacrifican el bosque para otros usos. Por consiguiente, la pobreza empeora, a la vez que los pobladores locales se ven forzados a gastar su dinero en efectivo para comprar sustitutos para sus productos de bosque perdidos. Paradójicamente, estas transacciones se ven reflejadas en favor del PIB, dando la falsa impresión de crecimiento económico.

1.3 ¿Qué es la restauración de bosque?

La reforestación y la restauración de bosque no siempre son lo mismo

'Reforestación' significa diferentes cosas para diferentes personas (Lamb, 2011) y el término puede referirse a acciones que convierten cualquier tipo de cobertura de árboles en tierra deforestada. La agro-silvicultura, silvicultura comunitaria, plantaciones forestales etc. son tipos de 'reforestación'. En los trópicos, las plantaciones de árboles son la forma más común de reforestación. Plantaciones de una sola especie de la misma edad (muchas veces exóticas) podrían necesitarse para responder a las demandas económicas de productos de madera y aliviar la presión sobre los bosques naturales. Sin embargo, éstas no pueden proveer la gama de hábitats para todas las especies de plantas y animales que alguna vez formaron el ecosistema del bosque que reemplazan.

La restauración de bosque es una forma especializada de restauración, pero a diferencia de las plantaciones industriales, su objetivo es la recuperación[6] de la biodiversidad y la protección del medio ambiente. La definición de restauración de bosque usada en este libro es:

… "las acciones para restaurar los procesos ecológicos que aceleran la recuperación de la estructura del bosque, el funcionamiento ecológico y los niveles de biodiversidad hacia aquellos que son típicos de los bosques clímax"…

… es decir, la fase final de la sucesión natural de bosques — los ecosistemas relativamente estables que han desarrollado la biomasa, complejidad estructural y la máxima diversidad de especies posible dentro de los límites impuestos por el clima y el suelo, y sin perturbaciones continuas causadas por humanos (ver **Sección 2.2**). Esto representa el ecosistema-objetivo que se aspira a lograr a través de la restauración.

Puesto que el clima es un factor central que determina la composición del bosque clímax, los cambios en el clima pueden alterar el tipo de bosque clímax en algunas áreas y así podrían cambiar el objetivo de la restauración (ver **Secciones 2.3** y **4.2**).

La restauración de bosque puede incluir la protección pasiva de la vegetación remanente (ver **Sección 5.1**) o intervenciones más activas para acelerar la regeneración natural (RNA, ver **Sección 5.2**), así como plantar árboles (ver **Capítulo 7**) y/o sembrar semillas (siembra directa) de especies que son representativas del ecosistema-objetivo. Las especies de árboles que son plantadas (o alentadas a establecerse) deben ser aquellas típicas de, o proveer una función ecológica crucial en, el ecosistema-objetivo. Cuando la gente vive cerca de sitios de restauración, las especies económicas pueden ser incluidas entre las silvestres para poder generar productos de subsistencia o generar ingresos en efectivo.

La restauración de bosques es un proceso inclusivo, que fomenta la colaboración entre una amplia gama de partes interesadas, incluyendo la gente local, autoridades del gobierno, organizaciones no gubernamentales, científicos y organismos de financiación. Su éxito se mide en términos del incremento de la diversidad biológica, la biomasa, la productividad primaria, el material orgánico del suelo y la capacidad de almacenamiento de agua, así como el regreso de especies claves raras que son características del ecosistema-objetivo. (Elliott, 2000). Los índices económicos de

---

[6] A través de este libro, 'recuperación de la biodiversidad' se refiere a la re-colonización de un sitio por las especies de plantas y animales que originalmente vivieron en el ecosistema del bosque clímax. Excluye las especies exóticas y domésticas.

éxito pueden incluir el valor de los productos del bosque y los servicios ecológicos generados (por ejemplo, protección de las cuencas, almacenamiento de carbono etc.), que contribuyen a la reducción de la pobreza.

¿Cuando es apropiada la restauración de bosque?

La restauración es siempre apropiada cuando la recuperación de la biodiversidad es el objetivo principal de la reforestación, ya sea para la conservación de la vida silvestre, la protección medio ambiental, el ecoturismo o para abastecer a las comunidades con una amplia variedad de productos del bosque. Los bosques pueden ser restaurados en una amplia gama de circunstancias, pero los sitios degradados dentro de las áreas protegidas tienen prioridad, especialmente allí donde permanece parte de bosque clímax como una fuente de semillas. Incluso en áreas protegidas, hay frecuentemente grandes zonas deforestadas; áreas que han sido taladas o sitios que alguna vez fueron despejados para la agricultura. Si las áreas protegidas han de cumplir su papel como los últimos refugios de vida silvestre en la Tierra, su restauración debe ser categóricamente incluida en sus planes de administración.

Pero la vida silvestre no es la única a considerar. Muchos proyectos de restauración se están implementando ahora bajo el manto de 'restauración de paisajes forestales' (RPF, ver **Sección 4.3**), definido como un 'proceso planeado para recuperar la integridad ecológica y mejorar la calidad de vida humana en paisajes deforestados o degradados'. RPF reconoce que la restauración de bosques también puede aportar funciones sociales y económicas. Está enfocado en lograr el mayor compromiso posible entre las metas de la conservación y las necesidades de las comunidades locales. A medida que aumenta la presión humana en el paisaje, la restauración de bosque será practicada generalmente dentro de un mosaico de otras formas de manejo de bosques, para satisfacer las necesidades económicas de la población local.

¿Es esencial la plantación de árboles para restaurar los ecosistemas de los bosques?

No siempre. Se puede lograr mucho al estudiar cómo se regeneran los bosques (ver **Sección 2.2**), identificando los factores que limitan la regeneración y los métodos de evaluación para superarlos. Estos pueden incluir cortar las malezas y añadir fertilizantes ecológicos alrededor de las plántulas naturales, sacar al ganado etc. Esto se llama regeneración natural 'acelerada' o 'asistida' (RNA, ver **Sección 5.2**). Esta estrategia es simple y rentable, pero solo puede funcionar donde ya estén presentes principalmente especies pioneras. Estos árboles representan solo una fracción pequeña del total de especies de árboles que comprenden los bosques clímax. Por ello, para la recuperación de toda la biodiversidad, es frecuentemente necesario que se realicen algunas plantaciones de árboles, especialmente de especies escasamente dispersadas, con semillas grandes. No es factible plantar todos los cientos de especies de árboles que alguna vez crecieron en el bosque tropical primario original, pero por fortuna, normalmente no es necesario si se puede usar el método de especies 'framework'.

El método de especies 'framework'

Plantar unas pocas especies cuidadosamente seleccionadas puede rápidamente restablecer los ecosistemas de bosques que tienen una alta biodiversidad. Primero desarrollado en Queensland, Australia (Goosem & Tucker, 1995; Lamb *et al.*, 1997; Tucker & Murphy, 1997; Tucker, 2000; ver **Recuadro 3.1**), el método de especies 'framework' (es decir, especies 'de marco') implica plantar

En los años ochenta, las organizaciones de conservación advirtieron que, una vez destruidos, los bosques tropicales nunca podrán recuperarse. Treinta años de investigación de restauración están empezando ahora a retar esta verdad aceptada durante tanto tiempo.

(a) Este sitio en el Parque Nacional Doi Suthep-Pui, en el norte de Tailandia, fue deforestado, sobre-cultivado y después quemado, pero la población local se unió posteriormente a la Universidad de Chiang Mai para reparar la cuenca.

(b) La prevención de incendios, el cuidado de la regeneración existente y la plantación de especies de árboles 'framework', redujeron los efectos en un año.

(c) Nueve años más tarde, el tocón de árbol ennegrecido es eclipsado por el bosque restaurado.

mezclas de 20–30 especies de bosque original que rápidamente re-establecen la estructura y el funcionamiento del ecosistema del bosque (ver **Sección 5.3**). Los animales salvajes atraídos por los árboles plantados, dispersan las semillas de especies de árboles adicionales a las áreas plantadas, mientras que las condiciones más frescas, más húmedas y libres de malezas, creadas por los árboles plantados, favorecen la germinación de semillas y el establecimiento de plántulas. Se han logrado excelentes resultados con este método en Australia (Tucker & Murphy, 1997) y en Tailandia (FORRU, 2006).

Los límites de la restauración de bosques

"Los bosques tropicales, una vez destruidos, nunca pueden ser recuperados" — este fue el toque de queda de las organizaciones de conservación hace 30 años a la hora de crear fondos para proteger los bosques. Aunque la ciencia de restauración ha logrado mucho en los años transcurridos, la protección de áreas restantes de bosque primario, como 'cunas de la evolución', debe seguir siendo la máxima prioridad de la conservación global, cuando se busca reducir la pérdida de la biodiversidad. Aunque ahora se pueden restaurar algunos atributos de los bosques primarios, la larga e ininterrumpida historia de la evolución de las especies no se puede cambiar. Una vez que las especies del bosque más sensibles a las perturbaciones se extinguen, ninguna medida de restauración, por más sofisticada que fuere, puede traerlas de vuelta. Además, la restauración es cara y laboriosa, y el resultado no puede garantizarse, de modo que los avances en las técnicas de restauración no se pueden usar para sostener una política de "destruye ahora — restaura después" en el manejo del bosque.

1.4 Los beneficios de la restauración de bosques

Es esencial usar técnicas fiables para el éxito de la restauración de bosques, pero son de poca utilidad sin el apoyo, la motivación y el trabajo duro de las comunidades locales. La población local es la que más se beneficia de los servicios medio ambientales y productos que resultan de una restauración del bosque, pero también sufren el costo más alto al renunciar a tierras potencialmente productivas. Su participación está asegurada solamente cuando son completamente conscientes de todos los beneficios y están seguros de que recibirán la parte que les corresponde.

Numerosos estudios han cuantificado los valores de los bosques tropicales (www.teebweb.org/), pero esos valores solo se convierten en realidad cuando alguien quiere para pagar por ellos. Los políticos, las autoridades y la gente de negocios continuarán ignorando el valor de los bosques tropicales, salvo que dichos valores contribuyan al crecimiento económico. Se están desarrollando ahora varios mecanismos de valoración que podrían recompensar razonablemente a aquellos que invierten sus esfuerzos en la restauración de bosques. El comercio de emisiones de carbono es, en estos momentos, posiblemente el más avanzado de estos métodos, pero también están creciendo en aceptación los pagos por suministro de agua, los esquemas de compensación por biodiversidad y la generación de ingresos a través del ecoturismo y la comercialización de los productos del bosque.

El valor de mercado de la biodiversidad

Una de las maneras más obvias de valorar un bosque tropical es calculando el valor total de substitución de los productos extraídos por la población local. Por ejemplo, si los aldeanos pierden su provisión de leña debido a la deforestación y compran bombonas de gas en el mercado, el valor de sustitución por la leña es el precio pagado por el gas. Esto es lo que se llama una medida del valor del bosque. Resulta interesante que la pérdida de leña no tenga ningún efecto en el PIB (ya que normalmente no es vendida y comprada), pero la compra de gas sí contribuye al PIB. De esta manera, la deforestación parecería incrementar la prosperidad nacional, aunque los aldeanos se vuelvan cada vez más pobres. La restauración de bosques neutraliza esta paradoja. Al restaurar el suministro de productos del bosque, se provee a la población local de un motivo poderoso para plantar árboles: es un valor directamente medible de la restauración

El valor de los productos del bosque tropical, incluyendo ratán, bambú, nueces, aceites esenciales y productos farmacéuticos, son comercializados internacionalmente, contribuyendo por lo menos en US$ 4.7 billones/año a la economía global. La restauración de bosques podría jugar un papel importante en satisfacer la demanda de estos productos, a la vez que genera ingresos para las comunidades locales. La provisión de tales productos

Productos del bosque.

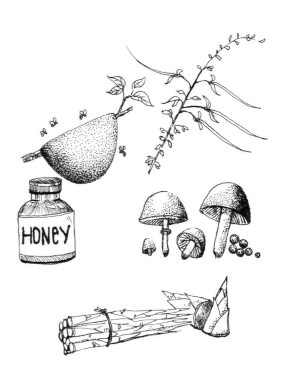

Preparándose para los ecoturistas. En el Proyecto de Himmapaan, se ha construido un vivero de árboles y un centro de exposición específicamente para involucrar a los clientes del ecoturismo en actividades de reforestación. Los guías del eco-tour son cuidadosamente entrenados en técnicas de restauración, listos para guiar a sus clientes en las técnicas de vivero y de campo.

puede incluirse en el diseño de proyectos de restauración de bosques, tanto plantando las especies económicas apropiadas, como creando las condiciones que mejoren su colonización natural en el bosque restaurado. Los ingresos de la extracción de productos forestales sólo se pueden mantener si estos productos son cosechados de manera sostenible[7] y los beneficios son repartidos de manera justa entre los miembros de la comunidad. Sin embargo, esto es más probable que ocurra en bosques en los que los aldeanos han invertido su trabajo para restaurarlos, que en bosques naturales, donde estos recursos son considerados como 'gratuitos'. La 'Rainforestation', un método de restauración desarrollado en las Filipinas, es quizás la forma más conocida para incorporar los productos del bosque en proyectos de reforestación (www.rainforestation.ph) (ver **Cuadro 5.3**).

Los ingresos a través del ecoturismo son otra manera de valorar el retorno de la biodiversidad que resulta de la restauración del bosque. Por ejemplo, la Iniciativa del Bosque Húmedo Harapan[8] en Indonesia, administrada por una coalición de organizaciones de conservación[9], tiene como objetivo restaurar más de 1,000 km² de bosque húmedo en Sumatra para la conservación de la vida salvaje, y planifica generar fondos para el proyecto, teniendo como destino único el ecoturismo. Por otro lado, compañías de ecotourismo[10] han establecido conjuntamente con los aldeanos de Tailandia del norte un proyecto de restauración de bosque, la Fundación Himmapaan[11], para comprometer a sus clientes en la recolección de semillas de árboles, trabajar en el vivero del proyecto y plantar y cuidar los árboles en los sitios restaurados

También se están desarrollando los mercados internacionales que valoran la biodiversidad como un todo. En algunos países, la destrucción de la biodiversidad causada por el desarrollo, tiene que ser enmendada por la restauración de la biodiversidad equivalente en otras partes. Esto se denomina 'compensación de biodiversidad' o 'bio-banca'. Los promotores adquieren créditos de biodiversidad que son generados por proyectos de conservación que restauran o mejoran la biodiversidad. Por ejemplo, una compañía minera que destruye 100 hectáreas de bosque tropical en una localidad, paga el costo total de la restauración de un área similar con la misma biodiversidad en otro lugar. Esquemas como éstos podrían pagar la restauración de los bosques, pero son altamente controvertidos. Comprar el 'derecho de destruir biodiversidad' es moralmente

[7] esto es: la cantidad cosechada por año no excede la productividad anual. .

[8] 'esperanza' en el idioma de Indonesia.

[9] Burung Indonesia, Birdlife International, 'Sociedad Real para la Protección de Aves y otros' www.birdlife.org./action/ground/sumatra/harapan_vision.html).

[10] East West Siam Travel, Asian Oasis, Gebeco y Travel Indochina.

[11] Un bosque mítico en las culturas orientales, equivalente al Jardín de Edén. http:°//himmapaan.com

cuestionable. Por su naturaleza, la biodiversidad no es una mercancía uniforme (como el carbono). En bosques tropicales altamente diversos, es imposible garantizar la restauración de todas las especies, si éstos son impactados al mismo tiempo por el desarrollo en otro sitio, por más dinero que se gaste. De modo que, mientras el patrocinio corporativo de restauración de bosques es loable, la 'compensación' de la biodiversidad en su forma actual permanece como un valor de conservación cuestionable

El valor del almacenamiento de carbono

Los bosques tropicales absorben más CO_2 a través de la fotosíntesis del que emiten por respiración. Investigaciones recientes han cuantificado este 'descenso' en alrededor de 1.3 giga-toneladas de carbono (GtC) por año (Lewis *et al.*, 2009), equivalente al 16.6% de las emisiones de carbono de la industria de cemento y quema de combustibles fósiles[12] y contribuyendo al 60% del descenso previsto para toda la vegetación terrestre de la Tierra. En África, los bosques tropicales absorben en realidad más carbono del que es liberado por emisiones de combustibles fósiles (Lewis *et al.*, 2009). Al incrementarse la concentración atmosférica de CO_2, los bosques tropicales se vuelven aún más eficientes en absorber CO_2, puesto que las altas concentraciones de CO_2 estimulan la fotosíntesis. No se puede confiar en que los bosques tropicales resuelvan el problema del cambio climático global, pero pueden ayudar a frenarlo lo suficiente como para dar tiempo a transformar una economía global basada en carbono en una economía que es carbono-neutral.

El comercio con créditos de carbono, podría convertir el potencial de almacenamiento de carbono de los proyectos de reforestación, en dinero en efectivo. La idea parece simple. El dióxido de carbono es el gas de invernadero más importante. Las centrales de energía eléctrica que queman carbón o petróleo liberan CO_2 a la atmósfera, mientras que los bosques tropicales lo absorben. De modo que, si una central eléctrica paga por la restauración de bosques, podría seguir emitiendo CO_2 sin incrementar la concentración atmosférica de CO_2. Una compañía que compra créditos de carbono, compra el derecho de emitir una cierta cantidad de CO_2. El dinero pagado por esos créditos, puede entonces ser usado para financiar la restauración de boques, a la vez que incrementa la capacidad del descenso global de carbono. Los créditos de carbono son comercializados como acciones y participaciones. De modo que sus precios pueden subir o bajar según la demanda. Hay dos tipos:

- Corporaciones y gobiernos compran créditos de cumplimiento con el fin de cumplir con sus obligaciones internacionales bajo el Protocolo de Kioto, compensando de esta manera, algo del carbono que emiten. El Mecanismo de Desarrollo Limpio del protocolo (MDL) canaliza el dinero acreditado en los proyectos que reducen las emisiones CO_2.
- Personas individuales u organizaciones que buscan reducir sus 'huellas de carbono' compran créditos voluntarios. El 'mercado voluntario' es mucho más pequeño que el mercado de compensación y los créditos son más baratos, porque los proyectos apoyados con éstos no tienen que cumplir con los estrictos requerimientos de la MDL.

Actualmente, pocos proyectos de restauración de bosque han sido aprobados para ser apoyados con la MDL, porque es difícil medir la cantidad de carbono almacenado en bosques que tienen ritmos de crecimiento muy variables y que podrían incendiarse o degradarse con facilidad. Además, los créditos podrían fomentar el establecimiento de plantaciones de árboles de crecimiento rápido en grandes áreas, que conllevarían al desplazamiento de la población local. De manera que hay que superar todavía varios obstáculos antes de que los créditos de compensación puedan generar ingresos para los proyectos de reforestación.

Se está demostrando, sin embargo, que el principio voluntario tiene mucho más éxito. Corporaciones de todo el mundo están patrocinando la plantación de árboles, en parte para compensar sus huellas de carbono, pero también para promover una imagen más limpia y verde.

---

[12] 7.8 GtC al año, como en el año 2005, aumentando 3% por año (Marland *et al.*, 2006)

El desafío es asegurar que proyectos como éstos resulten en algo más que almacenamientos de carbono, al restaurar los ecosistemas de bosques ricos en biodiversidad que proveerán toda la gama de productos forestales y servicios ambientales tanto para la población local como para la vida salvaje.

Otro esquema internacional que vale la pena mencionar aquí es el REDD+, que significa 'reducir emisiones de las deforestaciones y degradaciones de bosques'. Este es un conjunto de normas e incentivos que se viene desarrollando dentro de la Convención Marco de las Naciones Unidas del Cambio Climático (CMNUCC) para reducir las emisiones de CO_2 derivadas del despeje y de la quema de bosques tropicales. El concepto fue recientemente ampliado para incluir el 'incremento de existencias de carbono', es decir restauración de bosques para incrementar la absorción de CO_2[13]. Una vez establecido, este marco internacional proveerá fondos y mecanismos de monitoreo, tanto para proyectos de conservación como de restauración de bosques que mejoren el 'descenso' de CO_2 global, a la vez que conservan la biodiversidad y benefician a la población local. Los fondos vendrían tanto de mercados establecidos de créditos de carbono, como de fondos internacionales especialmente creados, aunque todavía no se ha llegado a acuerdos internacionales formales. El éxito de REDD+ dependerá también de considerables mejoras en la gobernanza forestal, así como de capacitaciones en todos los niveles, desde aldeanos hasta políticos. A pesar de estos desafíos, varios proyectos piloto de REDD+ están ya en camino, los cuales, sin duda, proveerán valiosas lecciones para el futuro desarrollo del programa.

Arroyo de bosque en Tailandia.

¿Qué sucede con el agua?

En muchos países tropicales, los suministros de agua limpia dependen de la conservación de las cuencas forestadas. El suelo rico en material orgánico debajo de los bosques provee un mecanismo de almacenamiento y un filtro natural, que mantienen los flujos de agua durante la estación seca y previenen la sedimentación de la infraestructura del agua. (Bruijnzeel, 2004). Mantener la cobertura forestal acarrea costos para la gente que vive en las cuencas (es decir, ingresos agrícolas no percibidos), pero beneficia a los agricultores y habitantes de las ciudades río abajo. Por lo tanto, para garantizar suministros de agua limpia, algunas compañías de agua han propuesto mecanismos novedosos para pagar la conservación de bosques. Por ejemplo, la Empresa de Servicios Públicos de Heredia, Costa Rica, cobra a los clientes 10 céntimos de dólar americano extra por metro cúbico de agua consumida. Este dinero se paga a parques forestales estatales y propietarios de tierra para proteger o restaurar bosques a una tasa de US$ 110/ha/año (Gámez, sin fecha). De hecho, Costa Rica es líder mundial en pagos por servicios ambientales (PSA). El Programa Nacional PSA de ese país, financiado mayormente por un impuesto sobre el combustible, paga a propietarios de bosques por cuatro paquetes de servicios ambientales (protección de cuencas, almacenamiento de carbono, belleza del paisaje y biodiversidad). A lo largo de 9 años pagó US$ 110 millones a 6,000 propietarios de más de 5,000 km² de bosque (Rodríguez, 2005).

[13] www.scribd.com/doc/23533826/Decoding-REDD-RESTORATION-IN-REDD-Forest-Restoration-for-Enhancing-Carbon-Stocks

El valor de los bosques tropicales

Si todos los valores de los bosques fuesen comercializados y remunerados, la restauración de bosques podría volverse más rentable que otros usos de la tierra. El estudio de La Economía de los Ecosistemas y la Biodiversidad (TEEB)[14] ha estimado el valor total promedio, de todos los servicios de los ecosistemas de los bosques tropicales en más de US$ 6,000/ha/año (**Tabla 1.2**), lo cual lo hace más provechoso que el aceite de palma. La elegancia del modelo del negocio de la restauración de bosques es que genera varias fuentes diferentes de ingresos, que se comparten entre muchas partes interesadas. De modo que, si cae el precio de mercado de un producto, se puede desarrollar otro para mantener la rentabilidad. La restauración de bosques ha dejado de ser solamente una utopía de los conservacionistas; puede perfectamente convertirse en una industria global altamente lucrativa.

Tabla 1.2. Valores promedio de servicios de los ecosistemas de los bosques tropicales (TEEB, 2009).

	Valor promedio (US$/ha/yr)	Núm. de estudios
Servicios de abastecimiento		
Comida	75	19
Agua	143	3
Otras materias primas	431	26
Recursos genéticos	483	4
Recursos medicinales	181	4
Servicios reguladores		
Calidad del aire	230	2
Regulación del clima	1,965	10
Regulación del flujo del agua	1,360	6
Tratamiento de aguas servidas/purificación del agua	177	6
Prevención de erosión	694	9
Servicios culturales		
Recreación y turismo	381	20
Total	**6,120**	**109**

Fuente: TEEB (2009)

[14] www.teebweb.org/

ESTUDIO DE CASO 1 — Cristalino

País: Brasil

Tipo de bosque: Bosque tropical de tierras bajas siempreverde, bosque estacionalmente inundado, bosque tropical seco de tierras bajas y formaciones de arena blanca.

Propiedad: Áreas protegidas estatales y privadas, minifundos y fincas ganaderas.

Manejo y uso comunitario: Manejo de conservación, ganadería y agricultura de roza y quema.

Nivel de degradación: Áreas considerables de pastizales degradados y vegetación secundaria.

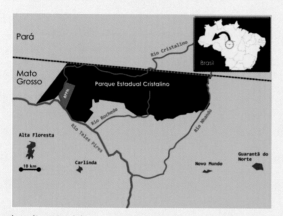

Localización del área de estudio.

Antecedentes

El Parque Nacional Cristalino en el Mato Grosso, se ubica en la frontera de la extensión hacia el norte de la deforestación de la Amazonía sur brasileña. Es parte de una propuesta de un corredor de conservación, diseñado para bloquear este proceso. Aunque el área está oficialmente protegida, ha perdido áreas sustanciales de vegetación natural, debido al establecimiento de fincas ganaderas en el año 2000. Sus límites sureños y orientales han sido severamente deforestados, como resultado tanto de la ocupación legal como ilegal por ganaderos y minifundistas.

Formando la línea de base: investigación de la biodiversidad en la región Cristalino

En estrecha colaboración, el Jardín Botánico Real, Kew, la Fundación Ecológica Cristalino (FEC) y la Universidad del Estado de Mato Grosso (UNEMAT) han realizado inventarios de especies, mapeo de vegetación y análisis cuantitativos de la composición de especies, para proveer los datos de base para la planificación del manejo y la restauración. El trabajo ha generado una lista de control de aproximadamente 1,500 especies, asociadas a los tipos de vegetación y la ecología Zappi et al., 2011). Esta comprensión básica de la composición del bosque y de la diversidad es reconocida como un punto de partida fundamental para el desarrollo de las actividades de restauración en la región, donde la flora no había sido previamente estudiada en medida significativa.

Las áreas degradadas en el Parque Nacional Cristalino. Las áreas sombreadas rojo/blanco fueron deforestadas antes de establecerse la reserva, las de rojo sólido posteriormente.

Discusiones con organizaciones gubernamentales y no-gubernamentales, resaltaron la necesidad de la recuperación estratégica de las áreas degradadas y el desarrollo y diseminación de metodologías e incentivos de reforestación localmente apropiados.

Oportunidades, aproximaciones y métodos para la restauración

Se identificaron las oportunidades para la restauración en áreas de pastizales abandonadas dentro de la reserva, en tierra degradada ocupada por minifundistas, y a lo largo de los márgenes de cursos de agua en las zonas de amortiguamiento alrededor del parque. La selección apropiada de un marco comunitario de especies de árboles para la restauración, dependerá tanto del contexto ecológico como humano. La demanda de beneficios en un plazo relativamente corto dentro de los minifundios,dicta la inclusión de especies con valor económico, tanto directos (como plantas comestibles, árboles maderables, etc.) o indirectos (árboles que dan sombra para alimentar sotobosque de cultivo comercial). Los datos sobre usos locales de plantas recolectadas durante los estudios en línea de base fueron complementados con información publicada sobre los usos de las mismas especies en otros lugares de la Amazonía.

Se han registrado en el área catorce especies nativas de *Inga* (Leguminosae), un género que fija nitrógeno, capaz de crecer rápidamente en suelos pobres o altamente degradados. Incluye especies que están adaptadas a bosques inundados, de orillas de río y de tierra firme. Las semillas de *Inga* están envueltas en arilos dulces y blancos que atraen a la vida silvestre y que son ampliamente consumidos por las comunidades indígenas a través de la Amazonía. *Inga edulis*, una especie cultivada que también crece de manera silvestre en Cristalino, ha sido exitosa en pruebas de cosecha de callejón en tierra degradada en otras partes de los Neotrópicos (Pennington & Fernandes, 1998). Enriquece el suelo con nutrientes y material orgánico (asistida por una poda periódica en los callejones) y rápidamente impide el crecimiento del pasto exótico *Brachiaria* que inhibe la regeneración de los árboles. Este sistema es igualmente apropiado para establecer árboles de bosque que pueden ser plantados en corredores entre filas manejadas (T. D. Pennington, comunicación personal).

Bosque siempreverde no perturbado en el Parque Nacional Cristalino.

En la región de Cristalino, la reforestación exitosa tendrá lugar inevitablemente mediante la conexión entre la agro-silvicultura, la silvicultura y la restauración ecológica. Una ONG local, el Instituto Ouro Verde (IOV), ha desarrollado una base de datos prototípica basada en la web, para proveer datos sobre especies localmente apropiadas para sistemas agro-forestales. Esto permitirá la selección de especies 'framework' para la restauración de bosques en la región y proveerá una guía para su manejo. En respuesta a un problema creciente de falta de agua, IOV, con la contribución de Kew, está también comprometiendo a las comunidades locales en la restauración de galerías de bosque en los minifundios y provee materiales para cercas. Basado en los datos de línea de base sobre la diversidad botánica, ahora existe la oportunidad de desarrollar un programa pro-activo de siembra de árboles que usa especies adaptadas a la situación actual.

Inga marginata, una de las varias especies nativas encontradas en la región.

En la región Cristalino, la vegetación nativa es altamente variable y está fuertemente influenciada por los factores edáficos e hidrológicos. Los suelos varían desde una arena blanca, casi pura y pobre en nutrientes, hasta latosolos arcillosos más fértiles; el primero asociado, por lo general, con el estrés de agua en la estación seca de cinco meses y en ciertos lugares, con el anegamiento durante la estación de lluvias. Esta complejidad necesita una cuidadosa concordancia de especies selectas con condiciones del sitio y por ello subraya la importancia de los estudios de referencia detallados de la vegetación. Por ejemplo, el bosque de tierra firme en suelos arcillosos en Cristalino está dominado por especies de la familia Burseraceae, con abundante *Tetragastris altissima*. Este gran árbol de dosel está bien adaptado a la región, atrae la vida silvestre con los dulces arilos que envuelven sus semillas y tiene varios usos populares. En bosques semi-caducifolios de suelos arenosos sin embargo, la familia dominante es la Leguminosae, con abundante *Dialium guianense* y *Dipteryx odorata*. Ambas son especies maderables comerciales. La última atrae murciélagos, que son importantes dispersadores

Pasto *Brachiaria* en el Parque Nacional Cristalino.

Bosque seco (caducifolio) en una colina de granito, con bosque siempreverde en la tierra baja.

de semillas. Estas importantes especies de árboles son por ello, candidatos prometedores a ser especies 'framework'. De forma parecida, las observaciones sobre la vegetación secundaria también han sido útiles para la identificación de potenciales especies pioneras 'framework'. Tanto la *Acacia polyphylla* (Leguminosae) como la *Cecropia* spp. (Urticaceae) son excelentes candidatas de especies locales; la última es también dispersada por murciélagos.

El futuro impacto del cambio climático también influenciará la elección de especies para la reforestación. Modelos preliminares para la Amazonía del sur prevén un cambio de vegetación siempreverde a tipos de vegetación adaptados a la sequía (Malhi *et al.*, 2009) debido a un clima cada vez más seco. Dado que ya existen hábitats secos en la región Cristalino, donde la disponibilidad del agua está restringida durante la temporada seca, puede resultar beneficioso incorporar especies adaptadas a la sequía como la *Tabebuia* spp. (Bignoniaceae) en plantaciones experimentales en localidades donde no crecerían naturalmente en las condiciones actuales.

Por William Milliken

Capítulo 2

Comprendiendo los bosques tropicales

Al pensar en un 'bosque tropical', seguramente se te vendrán a la mente imágenes de la selva ecuatorial — un bosque siempreverde, con abundante vida silvestre y empapado de lluvia — pero hay muchos otros tipos de bosques que crecen en los trópicos. En climas con temporadas secas, los tipos de bosque siempreverde en áreas más húmedas, alternan abruptamente con tipos de bosque caducifolio en áreas más secas, gradualmente convirtiéndose en sabanas cubiertas de hierba en los sitios más áridos. De la misma manera, en las montañas, las estructuras de los bosques cambian dramáticamente con la elevación. En medio ambientes más limitados, hay bosques pantanosos de turba, manglares salados y bosques de brezales ácidos. Los diferentes tipos de bosques funcionan de manera diferente, y cada uno tiene sus propias características que enfrentan a los proyectos de restauración con sus particulares desafíos. En los bosques siempreverdes, el mayor desafío es asegurar la rápida recuperación de los altos niveles de biodiversidad que caracteriza tales ecosistemas; mientras que en bosques más secos, simplemente plantar árboles para la supervivencia de la primera sequía, es ya un logro mayor. Es el tipo de bosque climático el que define la meta de la restauración (es decir, el 'objetivo', ver Sección 1.2), de manera que es importante saber con qué tipo de bosque se está tratando.

2.1 Tipos de bosques tropicales

Se han propuesto diferentes tipos de esquemas para clasificar los bosques tropicales. Éstos están basados en varios criterios; incluyendo clima, suelo, composición de especies, estructura, función y estados de sucesión (Montagnini & Jordan, 2005). Los esquemas más comunes que se usan, incluyen el sistema de Whitmore (1998) **Cuadro 2.1**, que está basado en el clima y la altitud, y la clasificación de categorías de bosques UNEP–WCMC (UNEP–WCMC, 2000), que también incluye bosques perturbados y plantaciones (ver **Cuadro 2.2**).

Bosques tropicales siempreverdes (incluyendo bosques húmedos)

Los bosques tropicales húmedos son los más desarrollados de los bosques tropicales siempreverdes. Crecen principalmente dentro de 7° de latitud desde el ecuador, donde el promedio de las temperaturas anuales supera los 23°C y el promedio de las temperaturas mensuales supera los 18°C (es decir, no hay heladas). Las precipitaciones anuales exceden los 4,000 mm, con precipitaciones mensuales de un promedio superior a los 100 mm a lo largo de todo el año (es decir, no hay una estación seca significativa). Otros tipos de bosques tropicales siempreverdes crecen siempre donde las precipitaciones pluviales excedan la evapo-transpiración (normalmente donde la precipitación en promedio es superior a 2,000 mm) y la temporada seca no dura más de 2 meses. Se extienden hasta 10° de latitud desde el ecuador. Las mayores extensiones de bosques tropicales se encuentran en las tierras bajas de la Cuenca Amazónica, la Cuenca del Congo, la Península de Malasia y en las islas sudorientales de Asia, Indonesia y Nueva Guinea.

Bosque tropical húmedo en el Área de Conservación de la Cuenca de Maliau, Sabah, Malasia

Cuadro 2.1. La clasificación simple de tipos de bosques tropicales de Whitmore

La clasificación simple de tipos de bosques tropicales de Whitmore (1998) propone que al alejarse del ecuador, los bosques tropicales climáticos, pueden agruparse ampliamente en 2 categorías principales: estacionalmente secos y siempre húmedos. Superimpuestos a los efectos de la latitud y el clima prevaleciente, están los efectos de la elevación (es decir, bosques montanos o de tierras bajas) y el substrato (por ejemplo, bosques que crecen en piedra caliza o turba, etc.).

Clima	Elevación	Tipos de bosques tropicales
Estacionalmente secos		Bosques de Monzón (caducifolios) de varios tipos Bosque húmedo semi-siempreverde
Siempre húmedo	Tierras bajas	Bosque siempreverde de tierras bajas
	Montano 1,200–1,500 m	Bosque húmedo montano bajo
	Montano 1,500–3,000 m	Bosque húmedo montano alto o bosque nuboso
	Montano > 3,000 m	Bosque subalpino hasta el límite de los árboles
	Normalmente tierras bajas	Bosque de brezal Bosque de piedra caliza Bosque ultrabásico Manglar Bosque pantanoso de turba Bosque pantanoso de agua fresca Bosque pantanoso de agua fresca periódico

Número de meses secos por año

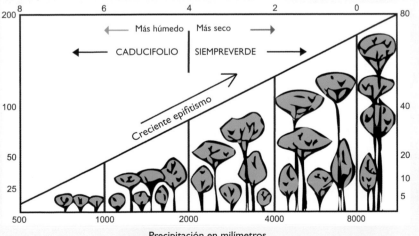

Número de especies de árboles

Más húmedo   Más seco

CADUCIFOLIO   SIEMPREVERDE

Creciente epifitismo

Altura en metros del dosel arbóreo

Precipitación en milímetros

Fuente: Aspectos ecológicos del desarrollo en los trópicos húmedos, 1982, National Academy Press, Washington D.C.

La relación entre la humedad y la vida de las plantas en un bosque tropical de tierras bajas. La línea diagonal de izquierda a derecha representa el gradiente de precipitación anual media, demostrando que, al aumentar la humedad, los bosques se vuelven más complejos, con mayor diversidad biológica y estratificación ecológica. (Fuente: *Assembly of Life Sciences* (U.S.A.), 1982)

Cuadro 2.2. Clasificación de categorías de bosque de UNEP–WCMC.

La clasificación de categorías de bosque de UNEP–WCMC, desarrollada en 1990, divide los bosques del mundo en 26 tipos principales (en base a la zona climática y a las especies de árboles característicos) de los cuales, los 15 listados abajo son tropicales (UNEP–WCMC, 2000). Para cada tipo de bosque tropical, la Organización Internacional de las Maderas Tropicales (OIMT) propone otra capa de clasificación, basada en estados sucesionales, es decir, primario, primario manejado, natural modificado, secundario o plantado.

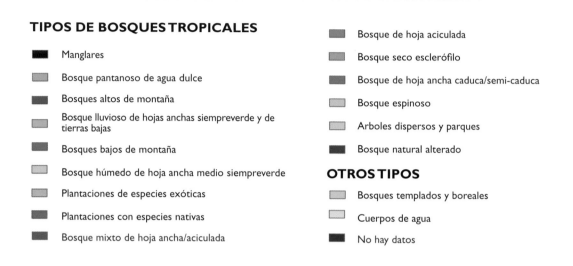

TIPOS DE BOSQUES TROPICALES

- Manglares
- Bosque pantanoso de agua dulce
- Bosques altos de montaña
- Bosque lluvioso de hojas anchas siempreverde y de tierras bajas
- Bosques bajos de montaña
- Bosque húmedo de hoja ancha medio siempreverde
- Plantaciones de especies exóticas
- Plantaciones con especies nativas
- Bosque mixto de hoja ancha/aciculada

- Bosque de hoja aciculada
- Bosque seco esclerófilo
- Bosque de hoja ancha caduca/semi-caduca
- Bosque espinoso
- Arboles dispersos y parques
- Bosque natural alterado

OTROS TIPOS

- Bosques templados y boreales
- Cuerpos de agua
- No hay datos

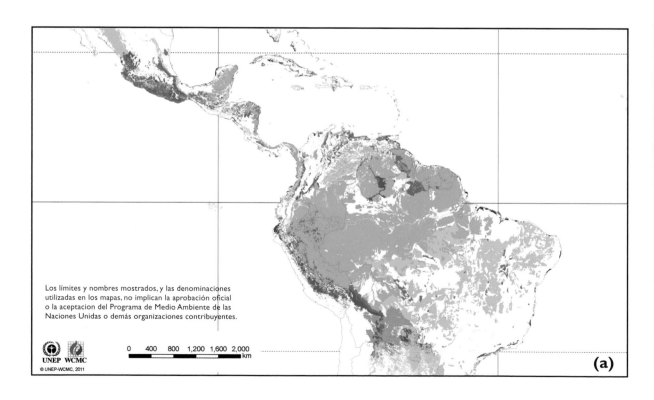

Los límites y nombres mostrados, y las denominaciones utilizadas en los mapas, no implican la aprobación oficial o la aceptacion del Programa de Medio Ambiente de las Naciones Unidas o demás organizaciones contribuyentes.

UNEP WCMC
© UNEP-WCMC, 2011

0   400   800   1,200 1,600 2,000
km

(a)

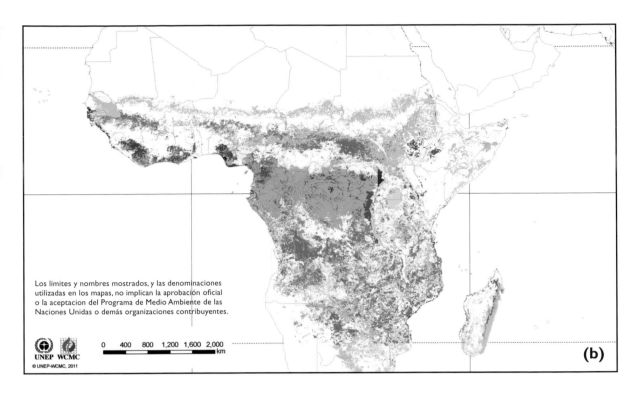

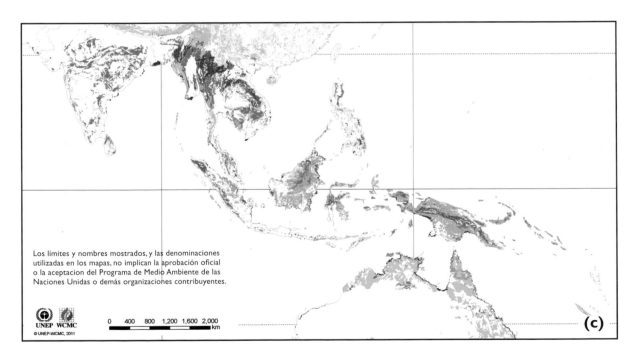

Extensión de los principales tipos de bosques tropicales de a) América Central/Sur b) África y c) Asia, basada en la clasificación UNEP–WCMC de 1990, derivada de un número de diferentes fuentes nacionales e internacionales. Las escalas y fechas varían entre las fuentes, y esta síntesis puede ser considerada para mostrar la cobertura global aproximada en 1995. La clasificación de bosques fue diseñada para reflejar las características de bosques que son relevantes para la conservación y facilitar la armonía entre varios sistemas de clasificación nacionales e internacionales.© UNEP–WCMC, 2011.

Los bosques tropicales siempreverdes son los más exuberantes de todos los bosques tropicales, con una complejidad estructural y biodiversidad, que normalmente exceden a los de otros tipos de bosques tropicales, aunque hay una inmensa variabilidad. En parcelas de muestreo en Ecuador, por ejemplo, Whitmore (1998) cita extremos de 370 especies de árboles por hectárea, comparado con solamente 23 especies de árboles por hectárea en un lugar en Nigeria. Se pueden distinguir por lo menos cinco estratos de canopia (es decir, flora de suelo, arbustos (incluyendo brinzales de árboles), árboles de sotobosque, árboles principales de canopia y árboles emergentes), con la canopia principal de hasta 45 m por encima del suelo y algunos árboles emergentes elevándose hasta 60 m. La mayor parte de la luz es captada por la canopia principal, de modo que las capas

Las raíces de contrafuerte son una característica de muchas especies de árboles del bosque siempreverde. Los indios Waorani hacen uso de ellos para comunicarse. El sonido de baja frecuencia que se produce al golpearlos, es transportado a largas distancias.

del suelo y arbustos tolerantes a la sombra, tienden a ser menos densos que las de los bosques tropicales más secos. Los árboles con raíces de contrafuerte son comunes, particularmente en suelos poco profundos. La cauliflora (es decir, el crecimiento de flores y frutas en troncos de árboles) es también característico, particularmente en árboles de sotobosque, cuyas hojas suelen tener 'puntas de goteo' (es decir, puntas alargadas) que les permiten desprenderse rápidamente del agua. Algunos árboles de canopia pueden quedarse pasajeramente sin hojas, pero la canopia como totalidad, permanece siempreverde. Trepadoras leñosas (incluyendo ratanes en Asia y África), higueras (*Ficus* spp.) y densas comunidades de helechos epífitos y orquídeas (junto con bromelias en América del Sur y especies de Apocynaceae y Rubiaceae en Asia) también son características de los bosques tropicales.

Las vainas de *Theobroma cacao* son ejemplo de una fruta cauliflora.

La mayor parte de los recursos alimenticios que proveen los bosques siempreverdes (como hojas, frutos, insectos etc.) se encuentran en la canopia, por lo que la mayoría de los animales viven allí y proveen a los árboles de los servicios vitales para la reproducción. Los polinizadores más importantes son las abejas y las avispas, pero las aves y los murciélagos que se alimentan del néctar, también polinizan a muchas especies de árboles. La dispersión de semillas es realizada principalmente por aves que se alimentan de frutos, junto con murciélagos frugívoros y primates, y cuando los frutos caen al suelo, por ungulados y roedores. La dispersión de semillas por el viento es muy rara, excepto para los árboles más altos (un ejemplo obvio: los Dipterocarpios de Asia tropical). La fuerte dependencia de los bosques tropicales siempreverdes de los animales para su reproducción, es crucial en el momento de considerar la restauración forestal.

El lorito de cuatro ojos (*Cyclopsitta diophthalma*) se deleita con los higos y dispersa sus semillas. Este crucial servicio ecológico es vital para la supervivencia, y su alentamiento es esencial para que una restauración de bosque sea exitosa.

Árbol con contrafuertes en un bosque siempreverde de tierras bajas, Camerún. (Foto: A. McRobb).

Muchas especies de árboles en bosques tropicales siempreverdes (como esta *Baccaurea ramiflora* del sudeste asiático) producen flores y frutos directamente del tronco o de las ramas. Las flores son más visibles a los polinizadores, y los frutos a los dispersadores de semillas que si estuvieran ocultos por el follaje.

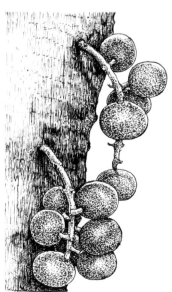

En bosques tropicales siempreverdes, las hojas de muchas especies de árboles tienen puntas alargadas o 'puntas de goteo' que les ayudan a desprenderse del agua más eficientemente, a la vez que previenen el crecimiento asfixiante de musgo y líquenes en la superficie de las hojas.

Cuadro 2.3. La naturaleza esencial de las higueras (*Ficus* spp.).

Las higueras son especies tan importantes en los ecosistemas de los bosques tropicales, que los proyectos de restauración deberían incluirlos siempre. El género pantropical *Ficus* abarca más de 1,000 especies de enredaderas, trepadoras leñosas, arbustos y grandes árboles, y es su singular mecanismo reproductivo lo que los convierte en especie clave. A veces confundido por el fruto, las partes de la higuera que se comen (llamados 'sícono' en el lenguaje botánico) frecuentemente crecen en tallos en el tronco o en ramas grandes y son alimento vital para los animales del bosque. Los síconos son, en realidad, los tallos hinchados de inflorescencias (receptáculos), que se han invertido para contener a muchas flores o frutos menudos en su interior.

Las flores de cada especie de *Ficus* son polinizadas por una (o algunas pocas) especies de avispas de los higos. Los higos proveen el único medio para que las avispas puedan reproducirse, y las avispas son el único medio para que las flores de higo puedan polinizarse. Las avispas de los higos completan su ciclo vital en unas pocas semanas, de modo que, en algún lugar del bosque, tiene que haber disponible higos de todas las especies durante todo el año, para que las avispas no se extingan, dejando a las higueras incapaces de reproducirse. La pérdida de especies de *Ficus* de un bosque tropical es desastroso porque hace que aves y mamíferos arbóreos, que dependen de los higos en tiempos de escasez de comida, se extingan gradualmente.

Plantar higueras restaura el equilibrio ecológico al atraer animales dispersadores de semillas a las parcelas de restauración. Adicionalmente, las higueras desarrollan sistemas de raíces muy densos, que les permite crecer bien bajo las condiciones más duras y volver a crecer después de la quema o el desbroce. Las especies de *Ficus* son, por ello, excelentes para prevenir la erosión del suelo y estabilizar los bancos de ríos.

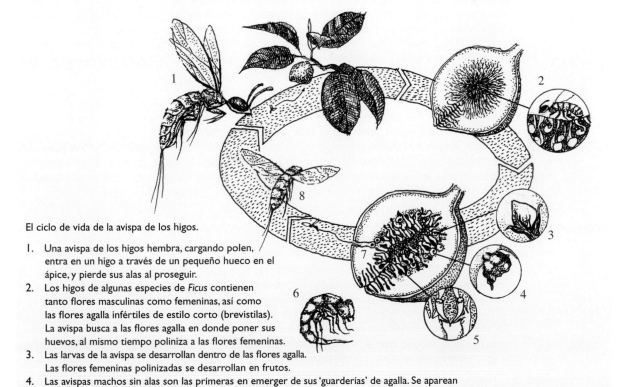

El ciclo de vida de la avispa de los higos.

1. Una avispa de los higos hembra, cargando polen, entra en un higo a través de un pequeño hueco en el ápice, y pierde sus alas al proseguir.
2. Los higos de algunas especies de *Ficus* contienen tanto flores masculinas como femeninas, así como las flores agalla infértiles de estilo corto (brevistilas). La avispa busca a las flores agalla en donde poner sus huevos, al mismo tiempo poliniza a las flores femeninas.
3. Las larvas de la avispa se desarrollan dentro de las flores agalla. Las flores femeninas polinizadas se desarrollan en frutos.
4. Las avispas machos sin alas son las primeras en emerger de sus 'guarderías' de agalla. Se aparean con las avispas hembras poco antes de salir de sus agallas.
5. Cuando las hembras salen, las flores masculinas están produciendo polen.
6. Los machos 'comen' un hueco a través de la pared de un higo.
7. Las hembras se escapan por el hueco, recolectando polen mientras salen.
8. Las avispas hembras, cargadas con polen, vuelan entonces a otra higuera y el ciclo continua.

Desafíos de la restauración de los bosques tropicales siempreverdes

Lograr una alta biodiversidad y complejidad estructural, es el mayor desafío cuando se trata de restaurar bosques tropicales siempreverdes. Recuperar la biodiversidad total es difícil de lograr cuando hay tantas especies involucradas en relaciones ecológicas tan complejas, especialmente porque la ecología, la biología reproductiva y la propagación de la mayoría de las especies de árboles tropicales son poco entendidos.

Bosques que han sido talados selectivamente o aún en los sitios donde han sido talados completamente, pero que no siguieron siendo perturbados pueden responder bien a una regeneración natural acelerada (RNA; ver **Sección 5.2**); mientras que la plantación de árboles, es normalmente necesaria en sitios degradados que están dominados por pastos y hierbas. La gran riqueza de especies de árboles en bosques tropicales siempreverdes presenta una enorme gama donde elegir árboles de alto rendimiento para plantar. Enfocarse primero en la pequeña minoría de especies de árboles de hoja caduca que crecen en bosques siempreverdes, puede llevar a rápidos logros, porque esas especies resisten la desecación a la que están expuestas en sitios secos y degradados, ya que pierden sus hojas durante los meses más secos del año.

Una consecuencia de la riqueza de especies de árboles, es que los árboles de la misma especie están normalmente apartados los unos de los otros. Esto hace difícil localizar suficientes árboles semilleros, para asegurar una alta diversidad genética entre los árboles que crecen en almácigos. Además, la producción de frutos puede ser irregular y muchas especies de árboles tienen semillas recalcitrantes que no se pueden almacenar. Muchas especies de árboles en los bosques siempreverdes tienen semillas grandes que solamente pueden ser dispersadas por animales grandes, muchos de los cuales (rinocerontes, elefantes, tapires etc.) han sido extinguidos de extensas partes de sus áreas originales de distribución. Por ello, incluir especies de árboles de semillas grandes entre aquellos elegidos para plantar, puede ayudar a conservarlos (Vanthomme *et al.*, 2010). Las especies de árboles de semillas pequeñas son mayormente dispersados por aves, murciélagos y pequeños mamíferos, de modo que prevenir la caza de estos animales es vital para permitir la colocación de especies de árboles no plantadas en el sitio plantado.

En los trópicos húmedos, abundante agua, calor y luz durante todo el año significa que se pueden plantar árboles en cualquier momento del año, y hacer que sobrevivan y crezcan bien no es tan problemático como en las regiones más secas. Sin embargo, estas condiciones son también óptimas para el crecimiento de malezas, de modo que es necesario eliminarlas y su costo puede ser bastante alto. Los incendios no suelen ser un problema tan grande como en áreas más secas, pero son más probables en bosques degradados, y el cambio climático está solo exacerbando el problema. De ahí que podrían ser necesarias medidas de prevención de incendios.

Bosques tropicales estacionales

Los bosques tropicales estacionalmente secos, o bosques de 'monzón', son más predominantes en la latitud 5–15° desde el ecuador, donde la precipitación pluvial y duración del día varían anualmente. Bosques como éstos crecen donde el promedio de lluvia es de 1,000–2,000 mm y la estación fría es corta. Durante la estación seca, que es más larga (3–6 meses), muchos árboles pierden todas sus hojas, causando fluctuaciones en la densidad de la canopia. Esto permite que más luz diurna alcance el suelo del bosque y por consiguiente se desarrollen densas capas de arbustos y plantas a nivel del suelo, características que distinguen estos bosques de los bosques tropicales siempreverdes. Las fluctuaciones diarias y mensuales de las temperaturas, son mucho mayores que en los bosques siempreverdes. Las temperaturas mensuales medias mínimas pueden descender hasta 15°C y las medias mensuales máximas pueden exceder los 35°C. Las extensiones más grandes de bosques tropicales estacionales crecen en Brasil (cerrado), India (monzón), en la cuenca de Zaire y en África Oriental.

Bosques tropicales estacionales secos en el norte de Tailandia. Alrededor de la mitad de las especies son de hoja caduca y la otra mitad siempreverdes. El riachuelo se seca en la temporada de calor.

Tanto las especies siempreverdes como las caducifolias crecen estrechamente juntas, formando una canopia principal continua de hasta 35 m de altura. Las características estructurales compartidas por los bosques tropicales estacionales y siempreverdes incluyen árboles emergentes, árboles con contrafuertes, enredaderas leñosas y epífitas, aunque fueran menos prevalecientes en los bosques estacionales que en los siempreverdes. La presencia de bambúes es lo que distingue los bosques estacionales, de los bosques siempreverdes. Los bosques tropicales estacionales retienen un alto grado de complejidad estructural, aunque normalmente la estratificación de la canopia, no está tan desarrollada como la de los bosques siempreverdes. Suelen ser menos diversos que los bosques siempreverdes, aunque su riqueza en especies de árboles puede igualarse en algunos lugares a los de los bosques siempreverdes (Elliott *et al.*, 1989). Aunque en los bosques tropicales estacionales los animales sigan siendo los principales polinizadores y dispersadores de semillas, la polinización y dispersión de semillas por el viento es más común que en los bosques siempreverdes. Los bosques tropicales estacionales pueden ser más resistentes al calentamiento global que los bosques siempreverdes, ya que su flora y fauna ha evolucionado para afrontar la sequía estacional.

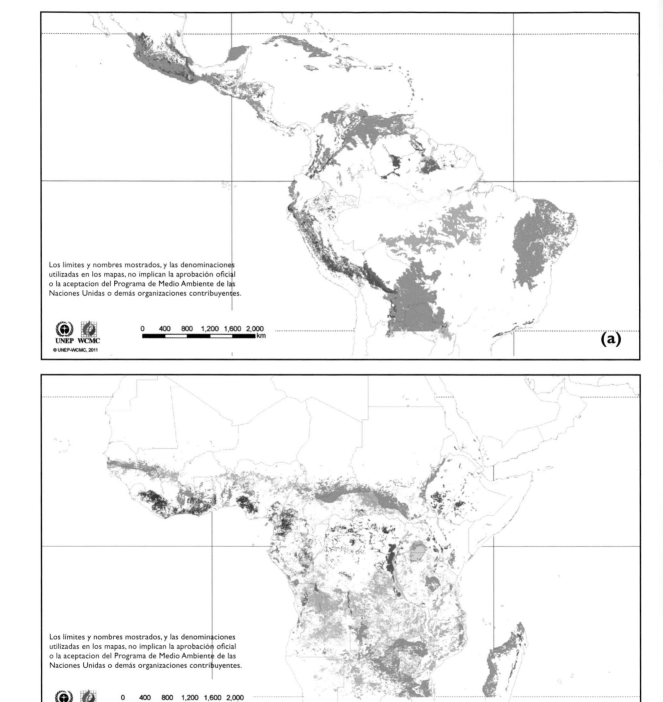

Bosque tropical seco

Bosque montano alto

Bosque montano bajo

Bosque estacional (bosque semi-siempreverde húmedo latifolio)

Bosque estacional (bosque de hoja caduca/semi-siempreverde latifolio)

Bosque natural perturbado

Masas de agua

Extensión de bosques tropicales secos de a) América Central/del Sur b) África y c) Asia, basado en la clasificación del UNEP–WCMC de 1990, derivado de una cantidad de diferentes fuentes nacionales e internacionales. Las escalas y fechas varían según las fuentes, y esta síntesis puede ser considerada como muestra de la cobertura global en aproximadamente 1995. © UNEP–WCMC, 2011.

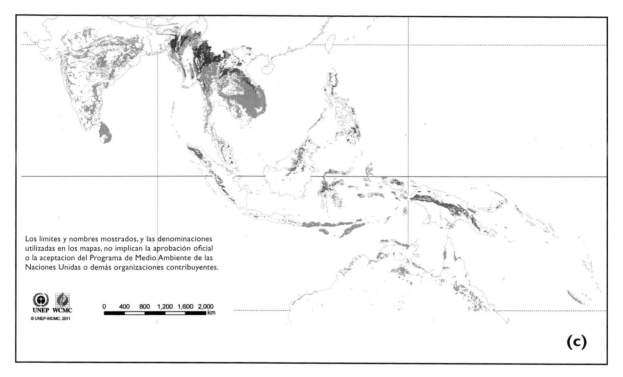

Los límites y nombres mostrados, y las denominaciones utilizadas en los mapas, no implican la aprobación oficial o la aceptacion del Programa de Medio Ambiente de las Naciones Unidas o demás organizaciones contribuyentes.

(c)

Desafíos de la restauración de bosques tropicales estacionales

Muy poco se sabe sobre la fenología, propagación y silvicultura de la vasta mayoría de las especies de árboles en estos bosques: lo cual es claramente un problema, cuando se planifica una plantación de árboles. En climas estacionalmente secos, se pueden plantar árboles solo al comienzo de la estación de lluvia, pues se les debe dar el tiempo necesario para que sus raíces penetren la profundidad suficiente para sobrevivir la primera estación seca. De modo que el cronograma debe ser diseñado con el fin de hacer crecer las árboles a un tamaño apto para el transplante a comienzos de la estación de lluvia, sin importar cuándo se produzcan las semillas o la rapidez a la que crezcan las plántulas. Esto requiere mucha investigación de la fenología de los árboles, la germinación de las semillas y el crecimiento de las plántulas.

Los bambúes presentan uno de los mayores desafíos para la restauración de bosques tropicales estacionales, ya que suprimen el crecimiento de los árboles que son plantados en su cercanía. Sus densos sistemas de raíces explotan todo el suelo, arrojan una sombra espesa y en la estación seca, ahogan las plántulas cercanas con una gruesa capa de hojarasca. Por ello, controlar (pero no eliminar) los bambúes es esencial para una restauración exitosa de bosques tropicales estacionales. Por suerte, las cañas y los brotes de bambú son productos útiles, por lo que a la población local normalmente no le hace falta que se les anime a cosecharlos.

En algunos bosques tropicales estacionales degradados, los suelos ricos pueden haber sido agotados severamente y por consiguiente, están bajos en materia orgánica y minerales, como el fósforo. Estos suelos pueden requerir que se les añada materia orgánica y/o un fertilizante inorgánico para que las plántulas puedan establecerse y prosperar.

Las plantas invasivas y el deambular del ganado buscando comida, presentan grandes problemas para los bosques tropicales estacionales, que deben ser abordados en un trabajo conjunto con la población local. Los bosques tropicales estacionales son más vulnerables a incendios que los bosques siempreverdes, de modo que eliminar la maleza, construir cortafuegos y establecer un programa efectivo de prevención contra incendios, son todas cuestiones particularmente importantes cuando se trata de reforestar estos tipos de bosques.

Cuadro 2.4. Bambúes.

Como hierba gigante, los bambúes pueden suprimir el establecimiento de árboles, pero también son un componente natural de los bosques tropicales estacionalmente secos y una fuente de varios productos forestales. Muchas especies exhiben una floración masiva a intervalos que duran años o décadas, tras la cual las plantas mueren.

Los bambúes son enormes hierbas 'leñosas' de la familia Poaceae (Gramineae), con más de 1,400 especies creciendo principalmente en los trópicos y sub trópicos. Son pantropicales, con la mayoría de especies en la región Asia–Pacífico (1,012, con 626 en China solamente) y África con los menos. Los bambúes más grandes crecen hasta 15 m de altura, y sus troncos pueden alcanzar los 30 cm de diámetro. Son las plantas leñosas de crecimiento más rápido del mundo y están entre las más útiles. Las cañas de bambú son utilizadas para todo tipo de construcciones temporales y para la fabricación de muebles, las chancadas se utilizan para tejer esteras y canastas, mientras que los brotes son una verdura popular en la cocina oriental.

Los bambúes son clasificados en dos tipos: bambú aglutinación y ejecución de bambú. Los bambúes ejecución producen rizomas muy largos, que pueden extenderse subterráneamente a distancias considerables. Cada nodo del rizoma puede producir un nuevo brote, del cual puede desarrollarse un nuevo sistema de rizomas. Esta característica es a veces beneficiosa, por ejemplo controla la erosión del suelo — pero también permite que esta planta se vuelva invasiva y suprima el crecimiento y establecimiento de árboles. Si la restauración de bosque es amenazada por bambú invasivo, se tiene que controlar. Cortar los brotes puede ser efectivo, pero si no es vigilado de cerca, se obtendrá el efecto contrario, al estimular la expansión subterránea de los rizomas. Por ello, se puede aplicar un herbicida sistémico como glifosato (Roundup) a los tocones de los culmos cortados para matar a los rizomas. Los bambúes son rasgos característicos de algunos bosques tropicales estacionales, de modo que, aunque pueda ser necesario suprimirlos al comienzo del establecimiento de árboles, se les debe permitir a volver a crecer después.

Bosques tropicales secos

Los bosques tropicales secos son muy comunes a 12–20° de latitud del ecuador, donde la precipitación pluvial anual es de 300–1,500 mm y la estación seca dura de 5 a 8 meses. Estos bosques crecen a menudo estrechamente entremezclados con bosques estacionales. Las transiciones abruptas entre los dos, suelen ser el resultado de una historia de incendios o de variaciones en la humedad del suelo. Los bosques tropicales secos más extensos, son los tipos más secos de miombo y los bosques sudaneses en África, la caatinga y el chaco en América del Sur y los bosques caducifolios de Dipterocarpaceae en Asia. Estructuralmente, los bosques tropicales secos son más simples que los bosques tropicales húmedos. Son predominantemente caducifolios, con una canopia irregular y a veces discontinua, de hasta 25 m de altura, que permite el desarrollo de una rica y variada capa del suelo, que es a veces, dominada por hierbas. No hay grandes árboles emergentes, contrafuertes o bambúes. Las trepadoras leñosas y epífitas son infrecuentes, pero las enredaderas son más comunes. Los bosques tropicales comparten varias familias y géneros de especies de plantas encontradas, en regiones tropicales más húmedas, pero la mayoría de las especies son diferentes. Son menos ricos en especies que los bosques tropicales más húmedos, pero son el hogar de muchas especies que no viven en ningún otro tipo de bosque (endémicos de hábitat); esto sucede especialmente en los bosques secos de la costa.

Los bosques tropicales secos tienen una preferencia por árboles que florecen de manera llamativa (frecuentemente cuando el árbol está sin hojas) que son polinizados por abejas especialistas, polillas y aves (los colibríes en los neotrópicos y, en menor medida, pájaros de sol y diceidos en los trópicos del Viejo Mundo). Las semillas de hasta un tercio de los árboles y del 80% de las trepadoras leñosas son dispersadas por el viento (Gentry, 1995).

Desafíos de la restauración de bosques tropicales secos

Los bosques tropicales secos son quizás, los tipos de bosques tropicales más amenazados (Janzen, 1988; Vieira & Scariot, 2006) con sólo el 1–2% de sus áreas originales permaneciendo intactas (Aronson *et al.*, 2005). Son mucho más fáciles de despejar que los bosques siempreverdes, de modo que han sido sujetos a una degradación más larga e intensa, incluyendo la tala para madera y leña, la quema y el sobrepastoreo.

La plantación de árboles solo es posible durante un breve lapso, al comienzo de la estación de lluvia, y el período de crecimiento para el desarrollo de las raíces es corto (normalmente menos de 6 meses, antes de la llegada de la estación seca). Es por ello importante, que se planten solamente especies de árboles de alto rendimiento, y éstos puede que sean más difíciles de encontrar que en otros tipos de bosques tropicales, ya que hay menos especies de árboles para escoger. La producción de frutos es más estacional que en tipos de bosques más húmedos, la latencia de las semillas es

Hay pocas epífitas que crecen en los bosques secos y éstas son altamente tolerantes a la sequía; los ejemplos incluyen *Dischidia major* (arriba) y *D. nummularia* (abajo) (Apocynaceae), las imágenes aquí, son de las que crecen en *Shorea roxburghii* (Dipterocarpaceae) en el norte de Tailandia. La *Dischidia major* cosecha nutrientes que son liberados por las actividades de hormigas que albergan sus hojas huecas.

Bosque seco
dominado por
Acacia, Kenya.
(Foto: A. McRobb)

más común, y las plántulas crecen más lentamente en el vivero. Todos estos factores presentan desafíos a la hora de producir árboles de almácigo en los trópicos secos, y requieren de una investigación considerable.

Sin embargo, los mayores impedimentos para la restauración de bosques tropicales secos son: el clima caliente y seco, los suelos pobres y los incendios. Los sitios disponibles para la restauración, suelen ser aquellos que son demasiado infértiles para la agricultura (Aronson *et al.*, 2005). Los suelos son muchas veces lateríticos y duros, de modo que cavar huecos para plantar árboles, es trabajo duro y costoso. En la estación seca, las capas superficiales del suelo se desecan rápidamente. En la estación de lluvia, se anegan a causa del pobre drenaje, ahogando y matando los árboles plantados. Problemas como éstos se pueden superar, por ejemplo, mejorando el suelo antes de plantar árboles, usando abono verde; añadiendo gel de polímero, que absorbe agua, a los huecos de plantación; regando los árboles inmediatamente después de plantados y aplicando 'mulch' orgánico. Todas estas medidas pueden reducir la mortandad post-plantación, pero también aumentan los costos. La maleza crece relativamente despacio en sitios secos, de modo que no es tan problemático como en sitios más húmedos, pero aplicaciones frecuentes y liberales de fertilizantes son esenciales durante las primeras 2–3 estaciones de crecimiento.

Las hierbas secas y la hojarasca proveen un combustible ideal para incendios. Por ello, tomar medidas de prevención de incendios es particularmente importante cuando se restaura bosques tropicales secos. Otras presiones humanas intensas, incluyen la introducción de especies de plantas invasivas y el pastoreo de ganado. Es esencial divulgar programas entre la población local para enfrentar estos problemas. No obstante, en algunos sitios la resistencia de los bosques secos perturbados puede ser lo suficientemente alta, como para iniciar la recuperación del bosque, simplemente previniendo incendios y removiendo al ganado (ver **Sección 5.1**).

Bosques tropicales en las montañas

Con mayor altitud, aumenta también la precipitación pluvial, mientras que las temperaturas medias bajan (en promedio 0.6°C por cada 100 m ascendidos), lo cual resulta en tasas de evaporación más bajas y tasas de descomposición más lentas. Por ello, la materia orgánica se acumula en los suelos a elevaciones más altas, mejorando su capacidad para retener el agua. Por consiguiente, los bosques en las montañas son más frescos y húmedos que los de las tierras bajas adyacentes, y su estructura, estatura, composición de especies y fenología foliar pueden cambiar abruptamente y a cortas distancias. En las partes más secas de los trópicos, los bosques caducifolios al pie de las montañas dan lugar a bosques mixtos caducifolios más arriba, con bosques siempreverdes confinados a las laderas y a las cumbres más altas. Florísticamente, ascender una montaña en los trópicos es análogo a viajar en dirección opuesta al ecuador: los géneros de árboles típicos de las tierras bajas tropicales son gradualmente reemplazados, por aquellos que se asocian más con los bosques de zonas templadas.

Los bosques en las montañas han sido tradicionalmente divididos en bosques montanos 'bajos' y 'altos', aunque la transición entre los dos es frecuentemente indistinta y la elevación en la que se encuentran es altamente variable, dependiendo de la latitud, la topografía y el clima prevaleciente. Los ecosistemas más extensos de los bosques tropicales montanos se encuentran en los trópicos asiáticos y en los Andes de América del Sur. Los bosques montanos menos extensos están en África, especialmente en Camerún y a lo largo del margen oriental de la cuenca de Zaire.

Bosque montano bajo, norte de Tailandia.

Bosques tropicales montanos bajos

La transición de un bosque de tierras bajas a montano bajo es gradual y puede darse en cualquier nivel entre los 800 y 1,300 m de altura. El bosque montano bajo es mayormente siempreverde en los trópicos más húmedos o siempreverde mixto con bosque caducifolio en las latitudes más estacionales. Los árboles tienden a ser más bajos que en los bosques de tierras más bajas (15–33 m de altura), con pocos o ningún emergente. Los contrafuertes, caulífloros y bejucos son menos evidentes, mientras que las epífitas son más comunes. La diversidad de especies es generalmente alta, debido a la variación de altitud, aspecto y ladera que resultan en cambios drásticos en la precipitación pluvial, dirección del viento y temperatura.

Bosques tropicales montanos altos y bosques nubosos o nublados

El cambio más dramático en los bosques montanos ocurre donde las montañas se encuentran con las nubes; por encima de 1,000 m en las montañas costeras o insulares, o por encima de los 2,000-3,500 m en el interior. Empapados de la persistente o frecuente neblina, 'los bosques nubosos' (también llamados bosques 'nublados' o 'musgosos') se caracterizan por sus árboles atrofiados, con troncos y ramas retorcidas (normalmente sofocados por epífitas) y copas compactas, compuestas de hojas pequeñas y gruesas. Aunque la diversidad de especies suele ser más baja en los bosques

montanos bajos, los niveles de endemismo son altos, porque las poblaciones de plantas y animales específicas del hábitat evolucionan genéticamente aislados.

La materia orgánica se acumula en los suelos (porque la descomposición es lenta en el frío clima montano) haciéndolos altamente ácidos. La precipitación pluvial es alta, pero hasta el 60% del agua que llega al suelo viene de gotas de rocío que son capturadas por las copas de los árboles (denominado 'goteo de neblina'). Además, los suelos ricos en materia orgánica de los bosques montanos altos tienen una gran capacidad para almacenar agua, convirtiendo estos bosques, en las zonas de cuencas hidrográficas más importantes para el suministro de agua de muchos países. A pesar de esto, los bosques nubosos están hoy entre los ecosistemas terrestres más amenazados del mundo (Scatena *et al.*, 2010). A través de Centro América y los Andes de América del Sur, los bosques nubosos están siendo despejados para establecer horticultura y agricultura de subsistencia, a pesar de sus suelos pobres y terrenos accidentados. En las Américas y en África, los bosques nubosos siguen siendo talados para la cría de ganado. Otras amenazas incluyen la tala para obtener madera y combustible, incendios, minería, construcción de carreteras y caza.

Bosque nuboso, Irian Jaya. (Foto: A. McRobb)

Tabla 2.1. **Características generales de los bosques en montañas en los trópicos húmedos (adaptado de Whitmore (1998)).**

Característica	Tierras bajas	Montano bajo	Montano alto
Altura de canopia	25–45 m	15–33 m	1.5–18 m
Árboles emergentes	Característico (hasta 60 m de alto)	Frec. ausente (hasta 37 m de alto)	Normalmente ausente (hasta 26 m de alto)
Hojas pinnadas	Frecuente	Raras	Muy raras
Tamaño de hojas (plantas leñosas)	Mesófilos	Mesófilos	Micrófilos
Contrafuertes	Frecuente, grandes	Raros, pequeños	Usualmente ausentes
Cauliflora	Frecuente	Rara	Ausente
Trepadoras grandes leñosas	Abundante	Menos abundante	Raras o ausentes
Epífitas vasculares	Frecuente	Abundante	Frecuente
Epífitas briófitas	Ocasional	Común	Abundante

Desafíos de la restauración de bosques tropicales montanos

El trabajo en montañas escarpadas y húmedas está plagado de problemas logísticos. El acceso es frecuentemente un gran obstáculo. Malas carreteras y la necesidad de vehículos 4x4 pueden incrementar bastante los costos de la restauración. Deslizamientos periódicos bloquean los caminos y entierran los sitios de restauración, y la erosión del suelo es un problema constante. Sólo las obras de ingeniería mayor pueden prevenir los deslizamientos de tierra, pero la erosión del suelo se puede reducir (a pequeña escala), aplicando 'mulch'.

Las bajas temperaturas ralentizan el crecimiento de los árboles plantados, y en depresiones y barrancos la helada puede matarlos en el invierno. Cuanto más cerca del suelo están las copas de los árboles, más grande es el riesgo de daño por helada. Cortando la maleza alrededor de los árboles plantados, reduce la altura a la que se junta el aire helado. Sacar el mulch de los troncos de los arbolitos muy jóvenes y envolverlos con papel periódico también puede ayudar a reducir el riesgo de daño por helada.

La exposición de los árboles plantados a fuertes vientos es otro problema particular en las montañas. Una solución a largo plazo puede ser la plantación de los primeros árboles en lugares estratégicos, en forma de cortavientos. Los cortavientos entonces protegerán a los árboles plantados posteriormente y pueden funcionar como corredores para la dispersión de semillas (especialmente si están conectados con el bosque restante), mejorando a la vez el reclutamiento de especies de árboles (Harvey, 2000).

La extinción de animales dispersores de semillas de bosques montanos altamente fragmentados, puede reducir seriamente la tasa de reclutamiento de las plántulas de nuevas especies de árboles (no plantadas) a las parcelas restauradas y así retardar la recuperación de la biodiversidad. Atraer aves dispersoras de semillas plantando árboles de frutos pulposos que maduran rápidamente (el método de especies 'framework' (ver **Sección 5.3**)), o erigiendo perchas artificiales para aves a través de los sitios de restauración también puede ayudar a aliviar el problema (Kappelle & Wilms, 1998; Scott *et al.*, 2000).

Se ha previsto que grandes áreas de tierra agrícola, que alguna vez fueron bosques nubosos, están ahora siendo abandonadas en América Latina porque la gente migra a áreas urbanas, creando de esta manera, considerables oportunidades de restauración (Aide *et al.*, 2011). Sin embargo, estas áreas pueden convertirse en pastizales propensos a incendios, lo cual previene la sucesión natural. Por consiguiente, podría ser necesario despejar el terreno de la hierba antes de plantar las plántulas de árboles o de la siembra directa. La plantación de árboles nativos de los bosques nubosos ha estado limitada por falta de conocimiento básico de la biología reproductiva, el tratamiento de las semillas, la propagación y la silvicultura de la mayoría de las especies (Álvarez-Aquino *et al.*, 2004).

Efectos del sustrato

El tipo de suelo y la roca subyacente puede afectar enormemente la estructura y la composición de los bosques tropicales. Por ejemplo, podzoles altamente ácidos (pH <4) y pobres en nutrientes en América del Sur y el sudeste de Asia soportan **bosques de brezales**. Aquí, pequeños y tupidos árboles siempreverdes, frecuentemente de unas pocas especies dominantes, forman una canopia baja, sin capas, principalmente de especies micrófilos, por encima de un denso sotobosque leñoso. Restaurar bosques como estos puede ser impedido por los suelos altamente ácidos y propensos a la erosión, que causan una alta mortandad entre los árboles plantados y corroen las etiquetas metálicas atadas a ellos para su monitoreo.

Bosque de brezal, Irian Jaya. (Foto: A. McRobb)

La piedra caliza también soporta una vegetación única y frecuentemente rica en especies, muchas de ellas endémicas, principalmente en los trópicos estacionales del sudeste de Asia y el Caribe. La naturaleza porosa de la piedra caliza ocasiona escasez de agua durante todo el año, dando lugar a bosques y matorrales atrofiados, xeromórficos y semi-caducifolios, con baja densidad de árboles. Los terrenos precipitados, suelos de poca profundidad y altos niveles de endemismo, presentan desafíos a la restauración. El aniego del sustrato o la inundación con agua fresca, tanto estacional- como permanente, también genera tipos de bosques únicos. Confinados al sudeste de Asia, los **bosques pantanosos de turba** crecen en áreas bajas y planas, donde la descomposición de la materia orgánica muerta se ralentiza por el encharcamiento del agua. Esto produce la acumulación de turba ácida, que finalmente forma 'domos' de hasta 20 km de ancho y 13 m de profundidad (Whitmore, 1998). Se pueden distinguir hasta seis comunidades forestales, creciendo en bandas más o menos concéntricas desde el centro del domo hacia sus márgenes (Anderson, 1961). Cada comunidad tiene pocas especies de árboles, pero varias son específicas del hábitat y sensitivas al nivel del agua dentro de la turba. Esta circunstancia, junto con la naturaleza semi-fluida del sustrato, complica la restauración. Cuando seca, la turba es altamente inflamable, y los incendios de turba son notoriamente difíciles de extinguir. Por ello, la recuperación hidrológica (es decir, 'remojamiento' de la turba represando los canales de drenaje) es con frecuencia, el primer paso a dar en la restauración de los bosques pantanosos de turba (Page *et al.*, 2009). Con ello se previenen incendios, se preserva el abastecimiento de carbono y se crean mejores condiciones para el establecimiento de los árboles.

Bosque aferrándose a peñascos de piedra caliza, Tailandia del sur. La escasez de agua es un desafío para las plantas que crecen en este hábitat.

Bosque de pantano,
Sago, Irian Jaya.
(Foto: A. McRobb)

Los bosques de pantano de agua fresca, comprenden una gama de diversos tipos de bosques que son periódicamente inundados, en algunos lugares hasta 9 meses cada año, y que crecen extensivamente a lo largo de los ríos tropicales más caudalosos del mundo (el Amazonas, el Congo y el Mekong). En estos bosques, las palmeras y los árboles de Dicotiledóneos crecen hasta 30 m de altura, formando frecuentemente capas de canopia. Cuanto más tiempo permanezcan inundados estos bosques cada año, más baja será su riqueza en especies de árboles. Los bosques de pantano, dependen de la acumulación de vegetación herbácea muerta antes de que puedan echar raíces. Los arbustos se establecen primero, muchas veces seguidos por las palmeras y luego por árboles más grandes. Esto se convierte en una gradiente de diferentes tipos de bosque, en la medida que se van extendiendo en dirección opuesta al agua abierta. Tomar en cuenta tal zonificación, manipulando la sucesión natural y/o plantando árboles en sitios inundados, es altamente problemático, pero gracias a los suelos ricos en nutrientes, la restauración puede progresar rápidamente una vez que se haya logrado el establecimiento de los árboles.

En los estuarios tropicales y a lo largo de las líneas costeras, los bosques de pantano de agua fresca ceden a los **manglares** en la zona inter-mareal. Los manglares son dominados por algunas especies de árboles tolerantes a la sal, frecuentemente con las características de raíces aéreas (raíces expuestas para el intercambio gaseoso) que permiten a las plantas, superar las condiciones anaeróbicas en el sedimento en el que crecen. Como otros bosques de pantano, los manglares están zonificados en diferentes tipos de bosques a lo largo de la gradiente húmeda-a-seca. La mayoría produce anualmente, semillas en grandes cantidades dispersadas por el agua y algunas son vivíparas (es decir, las semillas germinan en el árbol antes de su dispersión). Los proyectos de restauración en las llanuras de marea son tan difíciles como peligrosos. Plantar propágulos o pequeños plantones tiene una tasa de éxito muy baja. Plantar árboles jóvenes más grandes es más costoso pero también más exitoso. La desecación, alta salinidad y ataques por insectos herbívoros son los problemas más comunes (Elster, 2000).

Manglar, Irian Jaya.
(Foto: A. McRobb)

La sucesión procede rápidamente en las brechas que dejan los árboles caídos dentro del bosque intacto. (A) Los árboles cercanos que producen frutos proveen (B) una densa lluvia de semillas. El bosque circundante provee hábitat para (C) animales dispersores de semillas. (D) Árboles dañados y (E) tocón de árbol que rebrota. (F) Plántulas y (G) árboles jóvenes, que antes habían sido suprimidos por la densa canopia del bosque, ahora crecen velozmente. (H) Semillas germinando en el banco de semillas del suelo. En grandes áreas deforestadas, muchos de estos mecanismos naturales de regeneración de bosque, están reducidos o bloqueados completamente debido a las actividades humanas.

Variaciones regionales

El informe anterior apenas describe los tipos de bosques más amplios. Dentro de cada uno de ellos, los esquemas de clasificaciones de bosques de los países individuales distinguen muchos sub-tipos, frecuentemente con una terminología inconsistente.

2.2 Comprender la regeneración de los bosques

La restauración de bosques trata ante todo de acelerar la sucesión natural, de modo que su éxito depende de la comprensión y del mejoramiento de los mecanismos naturales de una sucesión de bosques.

¿Qué es una sucesión?

Una sucesión es una serie de cambios predecibles en la estructura y la composición del ecosistema, que ocurren después de una perturbación. Si se le permite seguir su curso, la sucesión resultará finalmente en un ecosistema clímax, con la máxima biomasa, complejidad estructural y biodiversidad dentro de las limitaciones impuestas por el suelo local y las condiciones climáticas.

Un bosque tropical clímax no es un sistema estable inmutable, sino más bién un equilibrio dinámico que sufre constantes perturbaciones y renovaciones. Al morir los grandes árboles, se forman brechas que se llenan rápidamente, al tiempo que crecen las plántulas y árboles jóvenes en su carrera por explotar la luz. De modo que un bosque clímax, es un mosaico siempre cambiante de brechas de árboles caídos de diferentes tamaños, parches en regeneración y bosque primario, con una composición de especies que varía de acuerdo al micro-hábitat, la historia de las perturbaciones, las limitaciones de la dispersión de semillas y los eventos casuales. Todos estos factores contribuyen a la alta diversidad de especies característica en la mayoría de bosques tropicales clímax.

Las perturbaciones más extensas, hacen que el bosque clímax retroceda a un ecosistema temporal más temprano o a una 'etapa serial' en la secuencia sucesional. La naturaleza del la etapa serial depende de la severidad de la perturbación. Una perturbación mayor, como una erupción volcánica, destruye completamente la comunidad de las plantas y el suelo, haciendo que la tierra se revierta a la etapa serial más temprano: la roca desnuda. Perturbaciones menos severas, tales como la tala, la agricultura y los incendios, convierten a los bosques en tierras cubiertas de hierbas y arbustos. Una vez que la perturbación cesa, ocurren cambios secuenciales en la composición de especies, debido a las interacciones entre las plantas, los animales y su medio ambiente. La roca desnuda es colonizada por líquenes y musgos, un proceso conocido como 'sucesión primaria', en la que en lo sucesivo, los arbustos eclipsan a las hierbas, y mucho tiempo después, los mismos árboles pioneros son eclipsados por los árboles clímax que son tolerantes a la sombra. De modo que el bosque se vuelve progresivamente más denso, estructuralmente más complejo y más rico en especies, mientras la sucesión lo va propulsando hacia la condición clímax.

Aún en las mejores condiciones, este proceso puede llevar de 80 a 150 años para completarse, y más frecuentemente la continua perturbación humana, previene totalmente el logro del bosque clímax. Por ello, es necesaria la reforestación activa, donde se desea que el regreso de los bosques clímax sea más rápido que lo que sería posible por vía natural.

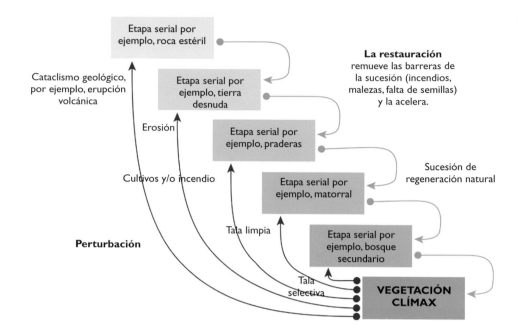

Comprender la sucesión de bosques es esencial para diseñar métodos efectivos de restauración de bosques. La restauración de bosques busca eliminar aquellos factores que previenen el progreso de la sucesión natural de bosques.

Especies de árboles pioneros y clímax

Cecropia, el género más grande de los árboles pioneros en los neotrópicos

Las especies de árboles pueden ser divididas en dos grupos extensos, dependiendo de cuándo aparecen en la secuencia de la sucesión. Las especies de árboles pioneros son las primeras en colonizar los lugares desforestados, mientras que las especies de árboles clímax se establecen después, una vez que los pioneros hayan creado condiciones más umbrosas, frescas y húmedas. Las principales distinciones entre los dos grupos, son que las semillas de los pioneros sólo pueden germinar expuestas a la luz del sol y sus plántulas no pueden crecer en la sombra, mientras que las semillas de las especies de árboles clímax pueden germinar en la sombra y sus plántulas son tolerantes a ella.

Las semillas de los árboles pioneros pueden permanecer en estado latente en el suelo, y germinar cuando se forma una brecha y la intensidad de la luz aumenta. Sin embargo, una vez que el dosel del bosque se cierra, ninguna plántula de las especies pioneras puede crecer hasta la madurez. Por ello, los árboles pioneros crecen velozmente y normalmente producen una gran cantidad de frutos pequeños y semillas desde una edad joven. Éstas son dispersadas por el viento o por pequeñas aves a largas distancias, y así van encontrando nuevas áreas perturbadas que colonizar. Las especies pioneras pueden ser divididas en dos grupos: pioneros tempranos (por ejemplo, *Cecropia*, *Macaranga*, *Trema*, *Ochroma*, *Musanga*, *Acronychia* y *Melochia*) y pioneros tardíos y persistentes (por ejemplo, *Acacia*, *Alstonia*, *Octomeles*, *Neolamarckia*, *Terminalia* y *Ceiba*). Los tempranos son los primeros en colonizar las áreas abiertas, pero raras veces viven más de 20 años, mientras que los tardíos crecen 60–80 años y pueden sobrevivir aún cuando las especies de árboles clímax han empezado a alcanzar el dosel arbóreo (y aunque sus plántulas estén ausentes en la capa del suelo).

Las especies de árboles clímax crecen lentamente a lo largo de muchos años y van gradualmente consolidando su posición en el bosque, antes de florecer y dar fruto. Tienden a producir grandes semillas que son dispersadas por animales, con baja (o sin) capacidad de período inactivo y grandes reservas de alimento que pueden sustentar las plántulas en las condiciones umbrosas. De allí que las especies de árboles clímax puedan regenerar debajo de su propia sombra, dando lugar a la composición relativamente estable de especies del bosque clímax. Pueden vivir durante cientos de años.

En realidad, la división entre las especies de árboles pioneras y de especies clímax podría ser demasiado simplista. Muchas especies de árboles clímax crecen muy bien cuando son plantadas en sitios deforestados. Su ausencia en áreas como éstas, no se debe a menudo a las condiciones calientes y secas de los sitios deforestados, sino a que sus grandes semillas fracasan al ser dispersadas naturalmente hacia estas áreas. La mayoría de las especies de árboles clímax son tolerantes a la sombra, pero no dependientes de ella. Esto significa que los programas de siembra de árboles no tienen que limitarse a especies pioneras. Plantar especies clímax cuidadosamente seleccionadas junto a pioneras significa un atajo para la sucesión y ayuda a conseguir un bosque clímax más rápido, que si hubiera ocurrido de manera natural.

Ashton *et al.* (2001) plantea una visión más refinada de los estados sucesionales de las especies de árboles, al diferenciar seis agrupaciones de árboles. Los 'pioneros de iniciación' efímeros (es decir, pioneros tempranos) son los primeros árboles que forman una canopia y dejan en la sombra a las hierbas. Los 'pioneros de exclusión de los tallos' (es decir, los pioneros tardíos o persistentes) emergen con el fin de dominar el dosel arbóreo. Éstos siguen viviendo, mientras a su lado crecen las especies de árboles de canopia de la sucesión tardía (es decir, clímax), la biomasa del bosque aumenta, y la composición de especies de árboles y la estructura del bosque se vuelven más diversos. Las plántulas de los pioneros desaparecen con el desarrollo del sotobosque, marcando un hito crucial en el progreso de la sucesión. Ashton *et al.* (2001) subdividió a las especies de árboles de las sucesiones tardías en cuatro grupos, dependiendo de la posición de sus copas: dominantes (abundantes en la canopia general o como árboles emergentes), no-dominantes (menos abundantes en la canopia general), sub-canopia y sotobosque. Las seis agrupaciones pueden estar ya presentes como plántulas tempranas en la sucesión (si la dispersión de semillas no está limitada). Si fuera practicable, la restauración de bosque debería intentar imitar esto, incluyendo especies representativas de todas las agrupaciones entre aquellas especies plantadas o alentadas a regenerarse.

Fases del desarrollo de crecimiento (modificado a partir de Ashton *et al.* (2001))

FASES DEL DESARROLLO DE CRECIMIENTO

INICIACIÓN   EXCLUSIÓN DE LOS TALLOS   REINICIACIÓN DEL SOTOBOSQUE   BOSQUE PRIMARIO

Pioneros de iniciación (*Macaranga, Trema*)

Pioneros de exclusión de los tallos (*Alstonia, Schumacheria*)

Dominantes de sucesión tardía (*Shorea, Dipterocarpus*)

No-dominantes de sucesión tardía (*Mangifera indica, Bhesa ceylanica*)

Subcanopia de sucesión tardía (*Garcinia hermonii, Semecarpus*)

Sotobosque de sucesión tardía (*Psychotria, Stelis macrophylla*)

Limitaciones de la reforestación natural

Las perturbaciones que van más allá de un cierto 'umbral', pueden interrumpir los normalmente eficientes mecanismos ecológicos de recuperación del bosque, causando que la vegetación entre en un 'estado alternativo'. Una buena analogía es la banda elástica. Después de estirarla moderadamente, la banda vuelve fácilmente a su forma original de un aro. Sin embargo, si se estira demasiado, la banda se rompe y se convierte en una corta tira de goma elástica, es decir, en un estado alternado. Las propiedades que le permitían volver a ser un aro, han sido destruidas. Nunca recuperará su forma circular original sin intervención humana, para que vuelvan a enlazarse los dos extremos y se restaure el aro.

Por analogía, la deforestación a gran escala seguida por una continua perturbación, destruye los mecanismos naturales de sucesión que permiten la recuperación del bosque. Grandes áreas deforestadas son frecuentemente ocupadas por un estado serial pre-clímax (denominado 'plagio-clímax'), como praderas, o por una comunidad completamente nueva de especies exóticas invasivas. Cuando las acciones humanas bloquean la sucesión, es necesaria la intervención humana para reinstalar los mecanismos de recuperación del bosque y permitir a la sucesión a proceder hacia el estado clímax.

Los modelos de 'dinámica de umbral' tratan de explicar y predecir estos cambios irreversibles. Muestran cómo los mecanismos de 'retroalimentación positiva' restringen al ecosistema en su estado degradado, aún cuando las perturbaciones ya han cesado. Por ejemplo, talar los árboles en un bosque tropical aumenta los niveles de luz, lo cual lleva a una creciente cobertura de hierbas. Una pradera caliente y seca se quema con más facilidad que un bosque fresco y húmedo, dando lugar a más incendios que destruyen las plántulas de árboles establecidos. Este nuevo régimen de incendios previene que el sitio se convierta en un bosque, aún cuando se detienen las actividades de tala.

Entender estos umbrales y los mecanismos de retroalimentación que hacen que los ecosistemas del bosque se queden en un estado de continua degradación, es muy útil para elaborar las estrategias apropiadas de restauración del bosque.

La regeneración en las grandes áreas deforestadas

En grandes áreas deforestadas, el establecimiento de árboles de bosque depende normalmente de la disponibilidad de las fuentes locales de semillas y la dispersión de éstas hacia los sitios deforestados. Las semillas deben aterrizar donde las condiciones son apropiadas para la germinación y deben escaparse de la atención de los animales que las comen, los llamados 'predadores de semillas'. Después de la germinación, las semillas deben ganar una intensa competencia con la maleza por la luz, la humedad y los nutrientes. Los árboles en crecimiento también deben ser protegidos de ser consumidos por incendios y por el ganado.

Limitaciones de regeneración desde el banco de semillas

Cuando se tala un bosque, grandes cantidades de semillas permanecen en el suelo (el banco de semillas). No obstante, la gran mayoría de especies de árboles tropicales, produce semillas que son viables solamente por períodos cortos. De modo que, si un bosque es despejado y el sitio es luego quemado y cultivado durante más de un año, la mayoría de las semillas del banco original de semillas del bosque de clímax mueren, porque o no tienen capacidad vegetativa (Baskin & Baskin, 2005) o la tienen solo durante un período muy corto (deben germinar en 12 semanas (Unidad de Investigación de Restauración de Bosques, 2005; Garwood, 1983; Ng, 1980)). Por consiguiente, la regeneración del bosque depende casi enteramente de las semillas que son dispersadas hacia sitios deforestados desde los restos de bosques supervivientes o de los árboles aislados en el paisaje circundante.

'Cópice'

Algunas especies de árboles pueden volver a crecer a partir de viejos tocones o fragmentos de raíces incluso años después de haber sido cortados (Hardwick *et al.*, 2000). Los brotes durmientes alrededor del collar de raíces de un tocón, pueden retoñar espontáneamente, generando a menudo varios tallos. A esto se le llama 'cópice'. Ejemplos de especies de árboles tanto pioneros como clímax, pueden volver a crecer de esta manera. Sacando provecho de las reservas de nutrientes que están almacenadas en las raíces, los brotes de cópice pueden volver a crecer rápidamente por encima de las malezas circundantes y tener más resistencia al fuego y pastoreo que las plántulas. Los tocones más grandes tienden a producir tallos más vigorosos y en cantidades superiores que los tocones más pequeños. Además, los tocones más altos sobreviven mejor a los incendios, al pastoreo y a la competencia con las malezas que los más cortos, porque los tallos están normalmente por encima del nivel de la perturbación. Por ello, al proteger los tocones de los árboles, se le da una ventaja a la regeneración del bosque.

No obstante, las especies que se regeneran a partir de tocones, representan normalmente, solo una pequeña proporción de la comunidad de los árboles del bosque clímax. Aunque estos árboles pueden acelerar la recuperación de la estructura forestal, el ingreso de semillas de otras especies, sigue siendo esencial para restaurar la riqueza total de especies de árboles de un bosque clímax.

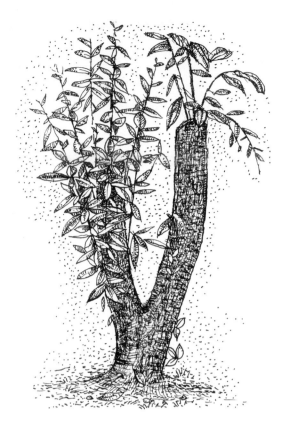

Los tocones de árboles son una fuente principal de regeneración natural, particularmente en bosques recientemente talados.

La importancia de árboles semilleros

Todos los árboles empiezan la vida en forma de semilla, de modo que la sucesión de los bosques depende en última instancia de la presencia de árboles frutales cerca. En un paisaje que está en gran medida deforestado, algunas especies pueden estar representadas por unos cuantos individuales dispersos y aislados que se han librado de la sierra eléctrica, o puede haber fragmentos de bosque restante que producen semillas de una amplia gama de especies de árboles. Los árboles frutales no solamente proveen semillas para la regeneración de los bosques, sino que también proveen animales frugívoros y dispersores de semillas. Por ello, en un paisaje deforestado la protección de cualquier árbol maduro que siga en pie mejora enormemente la regeneración.

Lluvia de semillas

La lluvia de semillas consiste en que todas ellas, caigan sobre un sitio en particular, transportadas hasta allí por el viento o depositadas por animales. La densidad y composición de especies de la lluvia de semillas de árboles, en cualquier sitio deforestado depende de la cercanía de árboles frutales y en la eficacia de los mecanismos de dispersión de semillas. La lluvia de semillas es más densa, y contiene la mayoría de especies de árboles si está cerca de un bosque intacto, y es escasa en el centro de grandes áreas deforestadas. El agotamiento de la lluvia de semillas, es una de las causas más importantes del fracaso de la regeneración de bosques, o de la baja diversidad de especies entre las comunidades de árboles que colonizan los sitios deforestados. Alentar la dispersión de semillas es, por lo tanto, un elemento vital de la restauración de bosques.

La dispersión de semillas por el viento

En los trópicos húmedos, relativamente pocas especies de árboles producen semillas dispersadas por el viento. Los que sí lo hacen son normalmente los árboles más altos del bosque, frecuentemente los emergentes (por ejemplo *Dipterocarpus*). La dispersión por el viento es más común en los trópicos estacionales o secos, pero aún allí menos de la mitad de las especies de árboles son dispersados por el viento (aunque estas especies pueden constituir hasta el 60% de árboles individuales (FORRU, 2005)).

Las semillas dispersadas por el viento tienden a ser pequeñas y ligeras, y frecuentemente tienen alas u otras estructuras que ralentizan su caída, permitiéndoles ir a la deriva con las corrientes de aire. La mayoría son depositados dentro de unos escasos cientos de metros del árbol parental, pero algunos son alzados por vendavales y transportados varios kilómetros. Para maximizar la distancia de dispersión, muchas especies tropicales de árboles dispersados por el viento producen frutos al final de la estación seca, cuando la velocidad media de las ráfagas de viento está en su punto más alto. Por consiguiente, las especies de árboles dispersadas por el viento son capaces de colonizar sitios deforestados de hasta 5–10 km desde la fuente de semillas. Si las condiciones del lugar permiten que estas especies se establezcan naturalmente, habrá poca necesidad de incluirlos en el programa de plantación.

Dispersión de semillas por animales

La mayoría de las especies de árboles tropicales, dependen de los animales para la dispersión de sus semillas. Animales que al comer el fruto, o descartan las semillas o las tragan, y posteriormente las regurgitan o las defecan a cierta distancia del árbol parental (denominado 'endozoocoria'). Los frutos que contienen semillas dispersadas por animales, tienden a ser de color intenso con el fin de atraer a animales, y carnosos, proveyendo una recompensa alimenticia para sus dispersores.

La dispersión de semillas de árboles de bosque hacia los sitios deforestados, depende de los animales que regularmente se mueven entre los dos hábitats. Desafortunadamente, son más bien pocos los animales que se aventuran hacia las áreas abiertas, por miedo a exponerse a predadores. Aparte de aves y murciélagos, pocos animales viajan largas distancias entre el lugar donde comen los frutos y donde depositan las semillas. Además, muchas semillas son trituradas por los dientes o destruidas por los jugos gástricos.

Con especies distribuidas en todas las regiones tropicales, las palomas que comen frutos son los 'caballos de batalla' de la regeneración natural del bosque, debido a su capacidad de dispersión de semillas. Aquí, vinagos rabocuñas (*Treron sphenurus*) se deleitan con los frutos de *Hovenia dulcis*.

El tamaño máximo de las semillas que pueden ser dispersadas por un animal, depende del tamaño de su boca. Especies pequeñas de animales siguen siendo relativamente comunes en los trópicos, pero la mayoría de las especies mayores, capaces de dispersar semillas grandes, son ahora raras o han sido cazadas. En el pasado, los herbívoros grandes eran sin duda, los dispersores de semillas más importantes desde los bosques hacia las áreas deforestadas. Elefantes, rinocerontes, tapires, ganado salvaje y algunos tipos de venados frecuentemente consumen frutos en el bosque, antes de salir a las áreas abiertas en las noches para pastar u hojear. Con sus grandes bocas, los largos tiempos de retención y las largas distancias de itinerancia, estos animales pueden tragar las semillas más grandes y transportarlas largas distancias. Al haber eliminado a la mayoría de estos grandes mamíferos, de gran parte de sus zonas de distribución originales, se está previniendo la dispersión de muchas especies de árboles de semillas grandes (Stoner & Lambert, 2007).

Como las aves y los murciélagos pueden volar, pueden dispersar semillas a largas distancias. Las aves del bosque como aras, loros, cálaos, palomas, tilopos, cotingas, arrendajos, titiras y bulbules son particularmente importantes, ya que algunas especies en estos grupos se sientes cómodos tanto en los bosques como en sitios deforestados y pueden dispersar semillas entre los dos. Los murciélagos frugívoros también son importantes dispersores de semillas, porque vuelan a largas distancias y dejan caer semillas al volar. En contraste con la mayoría de las aves, los murciélagos son nocturnos y no pueden ser identificados con binoculares. Por consiguiente, se ha hecho poca investigación sobre su papel en la regeneración de los bosques. La investigación sobre murciélagos es por ello, una prioridad para mejorar las técnicas de reforestación de bosques. Las especies de mamíferos no voladores que siguen siendo relativamente comunes, y muy probablemente dispersen semillas entre bosques y áreas degradadas, incluyen cerdos salvajes, monos, venados, civetas y tejones, aunque nuevamente debido a sus hábitos nocturnos, hay muy poca información disponible sobre las capacidades de dispersión de semillas de estos animales.

¿Hasta dónde se dispersan las semillas?

La mayoría de las semillas caen a pocos metros del árbol parental, y la densidad de la 'sombra de semillas' de un solo árbol disminuye drásticamente según nos distanciamos del árbol. No obstante, de acuerdo a Clark (1998), aproximadamente el 10% de las semillas de los árboles, son dispersadas a distancias mucho más largas, de 1 a 10 km. Se sabe poco sobre la dispersión a larga distancia, porque es muy difícil medirla, pero es vital para la recuperación de la biodiversidad en cualquier lugar de restauración, que esté a más de unos cientos de metros de distancia del bosque intacto. En la ausencia de la dispersión natural de semillas a larga distancia, puede que sea necesario que los humanos tengan que recolectar las semillas de los bosques y luego 'dispersarlas' en los sitios escogidos para la restauración, para lograr restaurar la comunidad de árboles del bosque clímax. La dispersión de semillas asistida por humanos, puede ser la única manera de asegurar que las especies de árboles de semillas grandes estén representadas en los bosques restaurados.

La depredación de semillas

A lo largo de su vida, un solo árbol produce vastas cantidades de semillas, aunque para reemplazarse a sí mismo, necesite producir solo una semilla que eventualmente crecerá y se convertirá en un adulto reproductivo maduro. La necesidad de cosechas tan excesivas de semillas, es debido a que la mayoría de ellas caen donde las condiciones son desfavorables para la germinación o son destruidas por animales. Las ricas reservas de alimento contenidas en las semillas, las convierte en comida nutritiva para los animales. Algunas semillas pueden pasar intactas por los tractos digestivos de los animales, pero muchas otras son trituradas por los dientes y digeridas.

La depredación de semillas es la destrucción de su potencial para germinar, cuando una animal tritura o digiere su embrión. Puede ocurrir cuando las semillas estén todavía adheridas al árbol parental (depredación pre-dispersión), pero tiene su mayor impacto para la regeneración del bosque, cuando las semillas que han sido dispersadas hacia las áreas deforestadas, son consumidas (depredación post-dispersión).

Niveles de depredación de semillas

La depredación de semillas puede limitar seriamente la regeneración natural del bosque. Los niveles de depredación de semillas son altamente impredecibles, variando de 0% a 100%, dependiendo de la especie de árbol, vegetación, localidad, estación etcétera. En sitios deforestados, la depredación de semillas es normalmente lo suficientemente severa como para reducir la supervivencia de la mayoría de especies de árboles (Hau, 1999), pero los niveles disminuyen a medida que se logra cerrar la canopia y la regeneración del bosque progresa. La depredación de semillas afecta tanto a la distribución, como a la abundancia de especies de árboles. Es también una fuerza evolucionaria potente, que obliga a los árboles a evolucionar varios mecanismos morfológicos y químicos para defender a sus semillas contra ataques, por ejemplo, venenos, cubiertas de semillas duras etcétera.

Los animales que comen semillas en los bosques en regeneración

Pequeños roedores e insectos, particularmente las hormigas, son los depredadores más abundantes, capaces de afectar a la regeneración del bosque (Nepstad *et al.*, 1996; Sánchez-Cordero & Martínez-Gallardo, 1998). Los roedores prosperan en la maleza y vegetación herbácea que domina la mayor parte de los sitios deforestados, pero las poblaciones se disminuyen apenas empieza a cerrarse la canopia y eclipsa a la maleza (Pena-Claros & De Boo, 2002). Los estados sucesionales más tempranos también soportan densidades más grandes de hormigas que las regeneraciones más avanzadas (Vasconcelos & Cherret, 1995).

Susceptibilidad de las semillas a la depredación

La teoría ecológica sugiere que la susceptibilidad de cualquier especie de árbol, en particular a la depredación de semillas, depende de los valores alimenticios de su semilla. Los animales deben consumir semillas que les proveen con los máximos nutrientes, requiriendo a la vez poco esfuerzo para encontrarlas. Se ha prestado mucha atención a la influencia del tamaño de la semilla en la vulnerabilidad a la depredación. Las semillas grandes, proveen una gran recompensa alimenticia a aquellos depredadores que son capaces de procesarlas. Los animales pueden localizar fácilmente las semillas grandes, porque son más visibles y emiten más olor que las semillas más pequeñas, pero los roedores pequeños tienen dificultades para procesar semillas muy grandes. Al contrario, las semillas pequeñas tienen un bajo valor alimenticio y son fácilmente pasadas por alto (Vongkamjan, 2003; Mendoza & Dirzo, 2007; Forget *et al.*, 1998). Cuanto más tiempo permanece una semilla en el suelo antes de germinar, mayor es la probabilidad de que el depredador la descubra. Por consiguiente, las semillas que tienen períodos vegetativos más largos, sufren normalmente tasas de depredación más altas.

La naturaleza de la cubierta de la semilla, es importante en la protección de las semillas ante los depredadores. Una cubierta dura, gruesa y lisa dificulta a los roedores alcanzar el contenido nutritivo de la semilla. Se han observado las bajas tasas de depredación entre las semillas de muchas especies de árboles del bosque, que tienen una cubierta dura o gruesa (por ejemplo, Hau, 1999; Vongkamjan, 2003). Sin embargo, puede haber una compensación entre los efectos del grosor de la cubierta de la semilla y la duración del período de la latencia, en la depredación de semillas. Una cubierta gruesa causa con frecuencia un período de latencia prolongado, lo cual alarga el período durante el que las semillas están disponibles a los depredadores. Pero aún la cubierta de semilla más dura tiene que ablandarse justo antes de la germinación, presentando una ventana de oportunidad para los depredadores de semillas. Vongkamjan (2003) observa que varias semillas de especies de árboles de cubierta gruesa, son atacadas durante este período vulnerable.

Los dientes de las ratas pueden romper fácilmente las semillas grandes, pero estos animales también pueden actuar de dispersadores de pequeñas semillas.

Los patrones de dispersión, pueden asimismo afectar la probabilidad de la depredación. Las semillas que son dispersadas de forma homogenea a través de un área grande (un patrón que frecuentemente resulta de la dispersión por el viento) son difíciles de encontrar por los depredadores, mientras que un patrón de dispersión en agregados (característica de la dispersión por animales) significa que, una vez que se han descubierto las semillas, probablemente todo el agregado de semillas será depredado. Los cultivos de frutos esporádicos pueden superar este problema saciando a los depredadores con semillas: es imposible que los depredadores de semillas puedan comerse todas las semillas en cultivos tan extensos, de modo que muchas semillas escapan a la depredación.

Cuando se trata de la depredación de semillas, la literatura está llena de afirmaciones contradictorias y puntos de vista opuestos. Los efectos de la depredación de semillas dependen, sin duda, de las interacciones complejas entre muchas variables, incluyendo la naturaleza del medio ambiente, la disponibilidad de fuentes alternativas de comida y las preferencias individuales, y las capacidades de procesamiento de semillas, de la especie particular del depredador de semillas presente. Pero la depredación de semillas, es ciertamente un factor que debe considerarse en la restauración de bosques, particularmente en aquellos que incluyen la siembra directa. Los modelos que pueden predecir certeramente los efectos generales de la depredación de semillas, están aún por hacerse; por ello, se deben evaluar los efectos de la depredación de semillas individualmente en cada lugar.

La latencia de las semillas

Una semilla puede no germinar inmediatamente, después de haber sido depositada en un lugar deforestado. El período de latencia es el lapso durante el cual, la semilla fracasa en germinar bajo condiciones favorables. Permite que las semillas se dispersen en el tiempo óptimo, que sobrevivan los rigores de la dispersión (como ser ingerido por un animal) y finalmente germinen, cuando las condiciones sean óptimas para el establecimiento de las plántulas.

En general, las especies de árboles que crecen en climas más frescos y más secos tienen más probabilidad de producir semillas latentes que aquellas que crecen en climas más calientes y más húmedos. Por ello, la latencia es más frecuente entre los bosques caducifolios y especies de árboles montanos, que entre las especies de árboles de bosques siempreverdes de tierras bajas. En un estudio de más de 2,000 especies de árboles tropicales clímax de bosques siempreverdes, semi-siempreverdes, caducifolios, de sabana y montanos, Baskin y Baskin (2005) informaron que el 43%, el 48%, el 65%, el 62% y el 66% de las especies, respectivamente, exhibieron períodos de latencia de más de 4 semanas. La latencia fisiológica (el desarrollo inhibido del embrión) es el mecanismo más frecuente del estado vegetativo, entre las especies de árboles de bosques siempreverdes, semi-siempreverdes y montanos, mientras que la latencia física (causado por las coberturas impermeables que restringen la absorción de humedad y el intercambio gaseoso) es más prevalente entre las especies de árboles de bosques caducifolios y de sabana.

Germinación

La transición de semilla a plántula es un período peligroso en la vida de un árbol. Para activar la germinación, el período vegetativo tiene que llegar a su fin, y tienen que existir los niveles apropiados de humedad y luz. Debido a su pequeño tamaño, escasas reservas de energía y poca capacidad de hacer fotosíntesis, una plántula joven es muy vulnerable a los cambios en las condiciones medioambientales, competencia de otras plantas y ataques de herbívoros. Una sola oruga, puede destruir completamente a una plántula joven en pocos minutos, mientras que las plantas más grandes son más resistentes a ataques como éstos.

Época de la germinación de semillas

En los trópicos siempre húmedos cerca del ecuador, donde la humedad del suelo es continuamente alta, las condiciones para la germinación de semillas permanecen favorables durante todo el año. Pero en los trópicos estacionales, el momento óptimo para la germinación de las semillas de árboles, es justo después de empezar la estación de lluvia. Las plántulas que se establecen durante este periodo tienen toda la temporada de la estación de lluvia para desarrollar reservas de energía y se arraigan profundamente en el suelo. Un sistema de raíces extenso, permite a los plantones sobrevivir el calor desecante de su primera estación seca, accediendo a la humedad almacenada profundamente en el suelo. Otra razón para la germinación, al comienzo de la estación de lluvias, es que en este periodo se liberan los nutrientes del suelo. Los incendios de la época de sequía liberan nutrientes como ceniza, la cual penetra en el suelo con las primeras lluvias. Al incrementarse la humedad del suelo, se acelera la descomposición de la materia orgánica, liberando más nutrientes en la tierra.

Aunque el número de especies de árboles que germinan, llega a su punto álgido al comienzo de la estación de lluvia, la dispersión de semillas a nivel de la comunidad de árboles, sucede durante todo el año. Esto se debe, a que el momento óptimo de la dispersión de semillas para cualquier especie de árbol individual, depende de una multitud de factores variables, como la disponibilidad estacional de polinizadores, el tiempo necesario para que una flor fertilizada desarrolle un fruto maduro y la disponibilidad estacional de agentes dispersores. Las variaciones entre las especies en la duración del período vegetativo, permite a cada especie dispersar sus semillas en un tiempo óptimo y aún así germinar en el período más favorable, al comienzo de la estación de lluvia. Por ejemplo, las semillas que son dispersadas al comienzo de la estación de lluvia, tienden a tener un período vegetativo muy corto o germinan inmediatamente, mientras que los que son dispersados seis meses antes, tienden a tener un período vegetativo de alrededor de seis meses. Este fenómeno ha sido bien documentado para América Central y el sudeste asiático (Garwood, 1983; Unidad de Investigación de Restauración de Bosques, 2005) y es de crucial importancia para la producción de árboles en almácigos, a partir de semillas (ver **Capítulo 6**).

Las condiciones necesarias para la germinación

La germinación de semillas depende de muchos factores, los más importantes son, suficiente humedad del suelo y condiciones de luz adecuadas (no solamente niveles totales de luz, sino también la calidad de la misma). Los grandes sitios deforestados, típicamente dominados por una densa maleza, presentan medio ambientes hostiles para las semillas de árboles. En estos lugares, las temperaturas fluctúan dramáticamente entre la noche y el día. La humedad es más baja. La velocidad del viento es mayor y las condiciones del suelo son bastante más duras que las que hay en un bosque. Muchas semillas se entrampan en la canopia de la maleza, donde se secan y mueren, antes de poder alcanzar el suelo.

Aún para las semillas que penetran la canopia de la maleza, las hierbas presentan otro problema. Una gran proporción de luz roja a luz roja lejana, estimula la germinación de muchas especies de árboles pioneras, particularmente aquellas con semillas pequeñas (Pearson *et al.*, 2003). Al absorber proporcionalmente más luz roja que luz roja lejana, la densa canopia que forma el follaje de las malezas remueve este estímulo vital. Por ello, la germinación de la mayoría de las especies de árboles del bosque, dependen de la presencia de los así llamados 'micro-sitios de germinación', donde las condiciones son favorables. Éstos son sitios diminutos con una cobertura de maleza reducida y suficiente humedad del suelo, para inducir la germinación de semillas. Incluyen montículos desmoronados de termitas, rocas cubiertas de musgo y especialmente troncos en estado de descomposición. Los últimos proveen un medio rico en humedad y nutrientes, excelente para la germinación de semillas y están normalmente libres de maleza.

Troncos en descomposición de árboles muertos proveen excelentes micro-sitios en los que las semillas pueden germinar.

Los animales pueden mejorar la germinación de semillas

El pasaje de una semilla por el sistema digestivo de un animal, puede afectar tanto el porcentaje total de la germinación, como el ritmo de la misma. Para la mayoría de árboles tropicales, el pasaje por el intestino de un animal no tiene efecto en la germinación, pero para aquellas especies que muestran una respuesta, la germinación es más bien mejorada que inhibida. Travaset (1998) informa que la ingestión por animales, mejoraba el porcentaje de germinación en un 36% de la especie de árbol examinada; pero reducía el porcentaje de germinación sólo en el 7%. Las semillas del 35% de las especies de árboles incluidas en el estudio, germinaron más rápido después de pasar por el intestino de un animal; sólo el 13% demoró la germinación. No obstante, las respuestas son altamente variables: las semillas de especies del mismo género, o aún de diferentes plantas individuales de la misma especie, pueden tener diferentes respuestas. De modo que, el consumo de semillas por animales puede ser esencial para la dispersión, pero es menos importante para mejorar la germinación.

El establecimiento de plántulas

Después de que una semilla haya germinado, las mayores amenazas para la supervivencia en áreas deforestadas, son la competencia con la maleza, la desecación y los incendios.

La maleza puede suprimir la regeneración

Las áreas deforestadas están normalmente dominadas por varias especies de pastos, hierbas y arbustos que demandan luz. Estas plantas explotan el suelo y desarrollan densas canopias, que absorben la mayor parte de la luz disponible para la fotosíntesis. Las habilidades de una densa canopia de maleza, para atrapar las semillas que ingresan e inhibir la germinación alternando la calidad de la luz, ya han sido mencionadas. Pero incluso si las semillas penetran la canopia de la maleza y germinan, las plántulas emergentes quedan entonces a la sombra de la maleza y son privados de luz, humedad y nutrientes.

Puesto que los árboles han evolucionado para crecer altos, tienen que gastar considerable energía y carbono para producir la sustancia leñosa, la lignina, que mantiene su futuro gran tamaño contra la gravedad. Libres de la necesidad de producir lignina, las hierbas pueden crecer mucho más rápido que los árboles. Sólo cuando una copa de árbol eclipsa las malezas circundantes, y su sistema de raíces penetra debajo del de las malezas, el árbol gana una ventaja. En este punto, las malezas demandantes de luz son rápidamente eclipsadas por la sombra que proyecta el árbol, pero la competencia de las malezas mata normalmente, la mayoría de plántulas de árboles mucho antes de que puedan crecer por encima de éstas.

Las malezas también previenen la regeneración de bosques, al proveer combustible para incendios en las estaciones secas. La mayoría de las malezas herbáceas sobreviven el fuego, como semillas, bulbos o tubérculos enterrados en el suelo, o (por ejemplo, los pastos), poseen puntos de crecimiento bien protegidos que rebrotan después de los incendios. En los árboles, los puntos de crecimiento están desprotegidos, elevados a los extremos de las ramas. Por ello, en un incendio, las plántulas pequeños son frecuentemente completamente incineradas por las hierbas secas en llamas que los rodean. El rebrote de las plántulas mayores es posible, pero solo después del primer 1 año de edad más o menos.

Las malezas que son más capaces de suprimir la regeneración del bosque, son casi siempre especies exóticas que han sido deliberadamente introducidas y ahora florecen fuera del alcance de sus enemigos naturales. Muchas malezas en África y Asia vienen de América Central o de América del Sur. Varias están en la familias Leguminosae y Asteraceae (Compositae) y normalmente comparten las siguientes características: i) son perennes que crecen rápidamente y que florecen y dan frutos a una edad temprana; ii) producen grandes cantidades de semillas (o esporas) que pueden sobrevivir en un estado latente y así acumularse en el banco de semillas del suelo; iii) son resistentes después de quemar (aún cuando las partes por encima del suelo estén totalmente destruidas, pueden regenerar rápidamente de las raíces); iv) producen químicos que inhiben la germinación y/o el crecimiento de plantones de otras especies de plantas (alelopatía); y v) también pueden producir químicos que son tóxicos para los animales que son dispersadores potenciales de semillas. Los informes sobre la toxicidad de plantas exóticas invasivas para el ganado doméstico son comunes, y estas plantas son probablemente igualmente tóxicas para la vida silvestre. Algunas de las especies más extendidas están listadas en la **Tabla 2.2**.

Pastos, helechos macho (*Pteridium aquilinum*) y especies de la familia Asteraceae (Compositae) (por ejemplo, *Chromolaena odorata*, en la imagen) está entre las malezas tropicales más ubicuas que son capaces de suprimir la regeneración natural del bosque.

Tabla 2.2. Las malezas dominantes capaces de suprimir la regeneración del bosque.

Especies	Familia	Forma	Origen	Invasiva exótica	Alelopática	Tóxica a ungulados	Notas
Dicranopteris linearis	Gleicheniaceae	Helecho trepador	Asia, África Australasia, Pacífico	—	Sí	Desconocido	Forma matorrales de 2 m de altura en tierra degradada desnuda. No es tolerante a la sombra o al fuego.
Chromolaena spp.	Asteraceae (Compositae)	Hierba o arbusto	Nuevo Mondo	África Occidental, Asia, Australia	Sí	Sí	Syn. *Eupatorium* (Asteraceae (Compositae)). Semillas dispersadas por el viento.
Lantana camara	Verbenaceae	Arbusto espinoso, revuelto	Nuevo Mundo	África Central, Australia, India, Sudeste de Asia, Islas del Pacífico	Sí	Sí	Introducida como ornamento. Frutos dispersados por aves, venenosos para humanos. Hace buen cópice, resistente.
Leucaena leucocephala	Leguminosae	Pequeño árbol	Belize, Mexico	Islas del Pacífico, Australia del Norte	Sí	Sí (en grandes dosis)	Introducido para leña, forraje y producción de biomasa. El fuego promueve la germinación de semillas.
Mikania micrantha	Asteraceae (Compositae)	Trepadora	Nuevo Mundo	Nepal, India	Sí	No	Introducido para camuflaje militar. La trepadora dispersada por el viento ahoga a los árboles. Amenaza el hábitat de rinocerontes y tigres en Nepal.
Mimosa pigra	Leguminosae	Arbusto espinoso	Nuevo Mundo	África, India, sudeste de Asia, Australia, Islas del Pacífico	Sí	Desconocido	Introducido para la estabilización de bancos de ríos. Acumula densos bancos de semillas. Prospera en áreas húmedas y en suelos perturbados.
Pteridium aquilinum	Dennstaedt-iaceae	Helecho	Pan-tropical	—	Sí	Sí	Promueve incendios. Resistente al fuego. Carcinogénico.
Pastos (por ejemplo, *Imperata, Pennisetum, Andropogon, Panicum, Phragmites, Saccharum* y muchas especies de otros géneros)	Poaceae	Hierbas	Muchos	Muchos	Algunas especies	No	Promueve incendios. Resistente al fuego.

Depredadores de plántulas

En términos de biomasa y especies, los insectos son los herbívoros más abundantes, pero en los bosques tropicales, la mayoría de especies de insectos comen solo unas pocas especies de plantas. Por ello, los insectos herbívoros solamente son capaces de causar alta mortandad si las plántulas crecen cerca del árbol parental. Esto se debe a que los insectos que son atraídos por los árboles parentales, también encuentran y se comen a las plántulas que crecen debajo de éstos (Coley & Barone, 1996). En sitios deforestados sin embargo, las plántulas pequeñas y separadas unas de otras son mucho más difíciles de encontrar, de modo que los insectos herbívoros raramente inhiben la regeneración del bosque.

En contraste, los grandes mamíferos herbívoros pueden tener un serio impacto en la regeneración de los bosques. Los herbívoros grandes silvestres, como los elefantes y rinocerontes, son hoy tan escasos que raramente afectan las regeneración de bosques, excepto localmente. El ganado doméstico, por otro lado, es ubicuo e impide la regeneración de bosques en grandes áreas. En la mayoría de países tropicales, es común encontrar ganado doméstico itinerando libremente a través de bosques degradados. Su impacto en la regeneración del bosque, depende de la densidad de la población. Un pequeño rebaño de ganado puede no tener un impacto significante (y hasta pueden traer beneficios) pero, donde los poblaciones son densas, pueden paralizar totalmente la sucesión natural.

El impacto más obvio del ganado es el pastoreo de plántulas. El ganado puede ser muy selectivo, frecuentemente comiendo las hojas de especies de árboles apetitosas, e ignorando las desagradables. Los árboles impalatables o espinosos pueden, por ello, volverse dominantes, mientras que los comestibles son gradualmente eliminados. Además, el ganado pisotea indiscriminadamente los plantones jóvenes

Los efectos potencialmente benéficos del ganado, incluyen la reducción de la competencia para las plántulas de árboles, al pastorear en las malezas, aunque como se menciona arriba, algunas de las malezas típicas en los sitios deforestados contienen tóxicos que las protegen de ser comidas. Otro gran efecto benéfico del ganado puede ser la dispersión de semillas. Donde se han extirpado a los grandes ungulados silvestres, el ganado doméstico puede ser el único dispersor de semillas grandes, desde el bosque hacia los claros abiertos. Además, las huellas de sus pezuñas pueden proveer micro-sitios para la germinación de semillas en los que se acumulan humedad y nutrientes, y la maleza ha sido triturada.

El balance entre estos efectos positivos y negativos, y su relación con la densidad del rebaño, las condiciones del lugar y el tipo de vegetación, no se entienden completamente todavía. De modo que se requieren investigaciones adicionales, que nos permitan predecir los efectos generales del ganado en la regeneración de los bosques de cualquier lugar en particular.

Demasiado ganado puede devastar el bosque al prevenir la regeneración, pero también puede mantener la maleza en jaque y actuar como dispersador de semillas.

Incendios

Los incendios son una limitación importante en la regeneración de bosques. Incendios poco frecuentes y de baja intensidad, pueden ralentizar la sucesión, y alterar la composición y estructura de la vegetación que se está regenerando (Slik *et al.*, 2010; Barlow & Peres, 2007), pero los incendios frecuentes pueden prevenirla por completo, provocando la persistencia de pastizales donde, de otro modo, crecerían bosques.

Los incendios pueden ocurrir naturalmente en todos los tipos de bosques tropicales, incluso en los más húmedos. En la Amazonía, Borneo y Camerún, las capas de depósitos de carbón en el perfil profundo del suelo, muestra que los bosques húmedos se han quemado al menos periódicamente a lo largo de los últimos miles de años, en intervalos de cientos o miles de años (Cochrane, 2003). Históricamente, estos incendios han estado restringidos a períodos de sequía severa, pero ahora, la creciente degradación de los bosques, la fragmentación y el cambio climático, contribuyen a una frecuencia incrementada de incendios, incluso en los trópicos húmedos (Slik *et al.*, 2010). Las especies de los árboles de bosques tropicales húmedos siempreverdes, normalmente tienen una corteza delgada, lo cual los hace altamente vulnerables al daño causado por el fuego. Incluso incendios de baja intensidad en los bosques tropicales húmedos, tienen como resultado una alta mortandad de árboles y cambios rápidos y dramáticos en la composición de las especies de árboles, especialmente donde los incendios son recurrentes a intervalos cortos (Barlow & Peres, 2007).

Pero es en los trópicos estacionalmente secos, donde los incendios son la amenaza más prevalente para la regeneración del bosque. Al final de la estación de lluvia, la vegetación de maleza frecuentemente crece por encima de la cabeza y es prácticamente impenetrable. En la

El fuego puede arder en todos los tipos de bosques tropicales, pero es particularmente frecuente en los bosques estacionalmente secos.

estación caliente, esta vegetación muere, se seca y se vuelve altamente inflamable. Cada vez que se quema, la mayoría de las plántulas que hubieran podido arraigarse entre las malezas son destruidos, mientras que las malezas y los pastos sobreviven, volviendo a crecer desde raíces o semillas que están protegidas bajo el suelo. De esta manera, la vegetación de maleza crea las condiciones que provocan incendios y al hacerlo, previene el establecimiento de los árboles que podrían eclipsar a la maleza con su sombra. Romper con este ciclo, es la clave para restaurar estacionalmente los bosques tropicales estacionales.

Las causas de los incendios

Los incendios pueden empezar naturalmente por la caída de un rayo o una erupción volcánica. Pero los incendios naturales como estos, son poco frecuentes y permiten mucho tiempo entre cada evento, para que los árboles puedan crecer nuevamente lo suficientemente grandes como para desarrollar alguna resistencia contra los incendios. Hoy en día sin embargo, la mayoría de los incendios son provocados por humanos. La razón más común para empezar un incendio es el despeje de la tierra para cultivos. Los incendios se extienden de la tierra cultivada hacia las áreas circundantes, donde matan a los árboles jóvenes y paralizan efectivamente a la regeneración de los bosques. El fuego es también un arma en disputas sobre la propiedad de tierras, se utiliza para estimular el crecimiento de pastos para el ganado y para atraer a animales silvestres para la caza. Adicionalmente al daño ecológico que causan, los incendios son un riesgo para la salud. La contaminación del humo causa problemas respiratorios, cardiovasculares y oculares, en cientos de miles de personas todos los años.

Los incendios causados por humanos se están incrementando a través de los trópicos, tanto en frecuencia como en intensidad. La causa subyacente es la creciente población humana que requiere que se despejen cada vez más bosques para la agricultura. Esto produce la fragmentación de las áreas de bosque, exponiendo más márgenes de bosque por los cuales pueden extenderse los incendios desde las áreas circundantes. Dentro de los fragmentos del bosque, la degradación crea condiciones más propicias para los incendios al abrir el dorsel arbóreo. Esto permite la invasión de pastos altamente inflamables y otras malezas, y que se acumule la leña seca. Además, el cambio climático global está resultando en condiciones más calientes y secas, que favorecen el fuego en muchas regiones tropicales, particularmente en la estación seca.

Los efectos del fuego en la regeneración

Los incendios frecuentes reducen la densidad y la riqueza de las especies de la comunidad de plántulas y árboles jóvenes (Kodandapani et al., 2008). La quema reduce la lluvia de semillas (al matar los árboles semilleros) y la acumulación de semillas viables en el banco de semillas del suelo. Favorece el establecimiento de especies de árboles pioneros dispersados por el viento y demandantes de luz, a la expensa de especies clímax tolerantes a la sombra (Cochrane, 2003; Meng, 1997; Kafle, 1997). El fuego quema la materia orgánica del suelo, ocasionando una disminución de la capacidad de retener la humedad del suelo (cuanto más seco es el suelo, menos favorable es para la germinación de las semillas). También reduce los nutrientes del suelo. El calcio, potasio y magnesio se pierden como finas partículas en el humo, mientras que el nitrógeno, fósforo y azufre se pierden como gases. Al destruir a la cobertura de vegetación, el fuego incrementa la erosión del suelo. También mata los micro-organismos benéficos del suelo, especialmente los hongos micorrizales y microbios que descomponen la materia orgánica y reciclan los nutrientes. Los estudios que han comparado las áreas frecuentemente quemadas, con aquellas protegidas del fuego muestran que la prevención de incendios acelera la regeneración del bosque.

Fuego y germinación

La exposición directa al fuego, mata las semillas de la vasta mayoría de especies de árboles tropicales o reduce significativamente su germinación. Las semillas que se encuentran en la superficie del suelo son casi todas destruidas, incluso por incendios de baja intensidad, pero las que están enterradas aunque sea solo unos pocos centímetros debajo de la superficie del suelo pueden sobrevivir normalmente (Fandey, 2009). La germinación de un número muy pequeño de especies de árboles puede, sin embargo, ser estimulada por el fuego. Si las quemaduras rompen la cobertura de la semilla sin matar al embrión, el agua que penetra en la semilla puede activar la germinación. Y las sustancias en el humo o de la madera carbonizada pueden a veces estimular la germinación químicamente. Las especies, cuya germinación puede ser estimulada por fuego, incluyen la teca (*Tectona grandis*) y algunos árboles leguminosos en los bosques tropicales secos (Singh & Raizada, 2010).

¿El fuego mata los árboles?

Las plántulas pequeñas y arbolitos jóvenes son normalmente destruidos por el fuego, pero árboles mayores pueden sobrevivir ocasionales incendios de baja intensidad (es decir, quemaduras restringidas a la hojarasca o la vegetación del suelo). Entonces, ¿cuánto tiene que crecer un árbol antes de que pueda sobrevivir a un incendio?. El grosor de la corteza, antes que la tasa general de crecimiento, es aparentemente la clave de la supervivencia (Hoffman *et al.*, 2009; Midgley *et al.*, 2010). Los árboles más grandes tienen una corteza más gruesa, que aísla su sistema vascular vital (la capa del cambium) del calor del fuego, de modo que sobreviven mejor que los árboles más pequeños. Como una guía rudimentaria, los árboles con cortezas más gruesas de 5 mm tienen una posibilidad de más del 50% de supervivencia, después de un incendio de baja intensidad (Van Nieuwstadt & Sheil, 2005). Para desarrollar una corteza de ese grosor, los árboles tienen que crecer por lo menos 23 cm en diámetro a la altura del pecho (dap), que lleva un mínimo de 8–10 años. Por ello, es probable que la regeneración de bosques sea severamente impedida donde haya incendios con más frecuencia que una vez cada 8 años. En general, los árboles de bosques siempreverdes húmedos tienen una corteza relativamente delgada, y son por ello, más susceptibles al daño por el fuego que aquellos de bosques caducifolios estacionalmente secos o secos (Slik *et al.*, 2010).

Incluso si el fuego mata las partes de un árbol que están por encima del suelo, las raíces pueden todavía sobrevivir, aisladas del calor bajo el suelo. Las reservas de alimento que se almacén en las raíces, pueden entonces ser movilizadas para soportar el crecimiento de los rebrotes (o 'cópices'), desde brotes en estado vegetativo cerca del collar de raíces o del tronco (brotes 'chupón'). Las capacidades de re-brotar varían enormemente entre las especies y es más común entre las especies de bosques secos caducifolios, que entre las especies siempreverdes de los bosques húmedos. Normalmente, un árbol tiene que crecer al menos un año antes de que pueda rebrotar. De modo que, frecuentes incendios también reducen las posibilidades de la regeneración de los bosques a partir del rebrote.

2.3 Cambio climático y restauración

El cambio climático amenaza severamente a los bosques tropicales, reduciendo el área bioclimáticamente apta para ciertas especies (Davis *et al.*, 2012) e incrementando el riesgo a gran escala de 'muerte regresiva' de bosques, en algunas áreas (Nepstad, 2007). Las negociaciones internacionales para cambiar la economía global, de carbono-dependiente a carbono-neutral, han fracasado en gran parte (pero están continuando). La quema de combustible fósil y la destrucción continua de bosques tropicales continúa vertiginosamente. De modo que parece inevitable, que las concentraciones de dióxido de carbono, metano y otros gases de invernadero continúen incrementándose a lo largo de las siguientes décadas (IPCC, 2007).

La relación entre el incremento de concentraciones atmosféricas de gases de invernadero y el calentamiento global está bien establecida. Por ello, las predicciones de un calentamiento futuro, dependen de los niveles futuros de las emisiones de gases de invernadero, que a su vez dependen del tamaño de la población humana y la actividad económica. Los modelos de computadora predicen que, con un crecimiento económico moderado y rápidas adopciones de tecnologías verdes, el aire de la superficie se calentará en un promedio de 1.8°C (rango 1.1–2.9°C) a finales de este siglo. Pero con un crecimiento económico rápido y la continuada dependencia de combustibles fósiles, la 'mejor estimación' asciende a 4.0°C (rango 2.4–6.4°C) (IPCC, 2007). Lo que está absolutamente claro, es que se requieren ahora acciones urgentes y extremas para tratar con los cambios sin precedentes en el medio ambiente.

Los patrones de precipitaciones pluviales también cambiarán, pero hay menos acuerdo entre los meteorólogos en cómo hacerlo. El calentamiento atmosférico resultará en una evaporación mayor de los cuerpos de agua y del suelo, causando que algunas áreas se vuelvan más áridas. En esas áreas, los incendios forestales se volverán más frecuentes, añadiendo aún más dióxido de carbono a la atmósfera. Por otro lado, el incremento de vapor de agua en la atmósfera debería resultar en más lluvias, pero los cambios en las corrientes de aire globales son inciertos, de modo que hay desacuerdo sobre cuándo y dónde caerán esas lluvias extra. Los últimos modelos computarizados predicen que las lluvias se incrementarán sobre África tropical y Asia y ligeramente disminuyeran sobre América del Sur tropical (por +42, +73 y −4 mm por año, respectivamente, con 2°C de calentamiento; se doblan estos valores con 4°C de calentamiento) (Zelazowski *et al.*,

Se predice que el cambio climático resultará en la reducción de las lluvias en América del Sur, donde en años de severa sequía, como en el 2005 y el 2010, ciertas áreas del bosque húmedo de la Amazonía cambian de un sumidero de carbono a ser una fuente de carbono.

2011). En los trópicos estacionales, las estaciones secas se volverán muy probablemente más secas y las estaciones de lluvia más húmedas. La mayoría de modelos de computadora, predicen un incremento en las precipitaciones pluviales en la estación de verano de monzón, en el sur y el sudeste de Asia y en África Oriental (IPCC, 2007). Las sequías también pueden causar que los bosques tropicales emitan más dióxido de carbono de lo que absorben (por la muerte de árboles e incendios), y de esta manera incrementan el problema de las emisiones de gases de invernadero (Lewis *et al.*, 2011)

Estos cambios en el clima global pueden alterar, tanto la distribución de los tipos de bosques, como los mecanismos de la regeneración de bosques descritos arriba. Puesto que el tipo de bosque clímax depende del clima, los cambios en las temperaturas y en las lluvias, alterarán el tipo de bosque clímax apropiado para cada sitio particular. El logro del tipo de bosque clímax es la última meta de la restauración de bosques, de modo que el cambio climático tendrá consecuencias profundas para la planificación y ejecución de los proyectos de restauración de bosque (ver **Sección 4.2**). Los últimos modelos predicen que las áreas en América del Sur, que actualmente tienen un clima que soporta bosques tropicales húmedos se contraerán, mientras que éstas áreas en África y el sudeste de Asia se expandirán (Zelazowski *et al.*, 2011). En América del Sur, los que fueron alguna vez bosques tropicales siempre húmedos pueden convertirse en bosques estacionalmente secos o hasta sabanas. En contraste, en África y el sudeste de Asia, no es probable que los bosques tropicales húmedos se extiendan de modo natural hacia nuevas áreas más húmedas, debido a la dispersión limitada de semillas y a la ocupación y el uso existente de la tierra. El cambio climático, también afectará la distribución de los tipos de bosque en montañas. En áreas más secas, las temperaturas más altas pueden permitir a los tipos de bosque seco trepar por la montaña, desplazando a los bosques siempreverdes, pero donde las lluvias se incrementan, los bosques siempreverdes podrían expandirse hacia elevaciones de tierras más bajas.

Los efectos del calentamiento global en los mecanismos de regeneración de los bosques, también serán significativos. Los cambios en el clima, especialmente en las estaciones, resultarán en cambios de los momentos de florecimiento y fructificación de las plantas, al igual que en los ciclos de sus polinizadores y dispersadores de semillas. Esto podría resultar en el 'desacoplamiento' de los mecanismos de reproducción, es decir, el abrirse las flores cuando sus insectos polinizadores no están volando alrededor. Por otro lado, la polinización del viento y la dispersión de semillas podrían beneficiarse del calentamiento global, porque la velocidad de las ráfagas de viento y la frecuencia de las tormentas, capaces de levantar incluso las semillas grandes dispersadas por el viento, se incrementarán. La germinación y el desarrollo temprano de las plántulas son ambos sensibles a la temperatura y a los niveles de humedad, y también podrían ser particularmente vulnerables a la expansión de maleza, pestes y enfermedades que son favorecidos por el cambio climático.

Un aumento en incendios forestales, con todos los impactos asociados descritos arriba, parece inevitable, particularmente en las áreas previstas más secas de América del Sur. Por ello, se prevé que los frecuentes incendios forestales traerán "cambios sustanciales en la estructura y composición de los bosques, con cambios en cascada en la composición del bosque después de cada evento de incendio adicional" (Barlow & Peres, 2007).

¿La naturaleza necesita ayuda?

Algunas personas, adoptan el punto de vista de que los sitios deforestados deben dejarse que se regeneren naturalmente y que la restauración de bosques es "una interferencia con la naturaleza innecesaria". Este punto de vista, fracasa en el reconocimiento de que hoy, la situación en la mayoría de las áreas deforestadas está lejos de ser 'natural'. Los humanos no solo hemos destruido los bosques, también hemos destruido los mecanismos naturales de regeneración de bosques. Todas las barreras de la regeneración de bosques descritas en este capítulo, están causadas por humanos. La caza amenaza la dispersión de las semillas por animales, la mayoría

---

[1] El límite superior de su temperatura preferida ascenderá, en promedio, aproximadamente a 100 m de elevación por cada 0.6°C de aumento en la temperatura.

de incendios forestales son atropogénicos en su origen y los humanos han introducido la mayoría de malezas invasivas que ahora previenen a las plántulas de establecerse. La restauración de bosques, es solamente un intento de remover y superar estas barreras 'no naturales' para la regeneración de los bosques.

Incluso bajo las circunstancias más favorables, la regeneración de bosques ocurre lentamente. En su texto definitivo, El Bosque Tropical Húmedo (*The Tropical Rain Forest*), P. W. Richards (1996) estudió exhaustivamente la sucesión de bosques a través de los trópicos. Concluyó: "si se deja a la vegetación serial sin perturbar, la sucesión llevará finalmente a la restauración de bosques similares a los de bosques clímax climáticos. Este proceso, probablemente lleve varios siglos, aún cuando el área despejada se encuentre a solo una distancia corta del bosque intacto."

Las tasas imprecedentes de pérdida de biodiversidad y cambio climático requieren una acción urgente. Esperar durante siglos para que los bosques se regeneren naturalmente, ya no es una opción si las especies que están en el filo de la extinción han de ser salvadas, o si el almacenamiento de carbono por los bosques ha de tener algún impacto en el cambio climático. Los problemas causados por humanos requieren soluciones hechas por humanos… y la restauración de bosques es una de ellas.

Un paisaje montañoso degradado. La degradación de las cuencas, la erosión del suelo y los deslizamientos de tierra amenazan la agricultura. Los árboles restantes aislados y los fragmentos de bosque, aferrándose a los peñascos, pueden todavía proveer semillas para la restauración de bosque, pero sin una restauración activa este paisaje, su vida silvestre y sus comunidades tienen un futuro empobrecido.

Capítulo 3

Reconociendo el problema

La degradación del bosque invierte e impide la sucesión natural de los bosques, mientras que su restauración facilita la sucesión y la impulsa hacia el logro de las condiciones de un bosque clímax. El enfoque del manejo general, que se requiere para restaurar el ecosistema de un bosque clímax, depende de cuánto ha sido 'empujada' hacia atrás la vegetación, en la secuencia sucesional por la degradación y los factores que limitan la sucesión. La complejidad, intensidad y el costo de la restauración aumentan, a medida que los niveles de degradación van aumentando.

Los diagramas y anotaciones en este capítulo te ayudarán a reconocer el nivel general de la degradación de tu área de restauración y a decidir qué estrategia general adoptar (por ejemplo, protección, regeneración natural acelerada, silvicultura 'framework' (de marco), técnicas de máxima diversidad, ecosistemas fomentadores etc.). Una vez que has elegido una estrategia de restauración, el siguiente paso es llevar a cabo una evaluación del sitio, que te permitirá determinar las operaciones de manejo detalladas, necesarias para implementar esta estrategia (ver Sección 3.2). Estarás entonces listo para planificar tu proyecto de restauración (ver Capítulo 4). La implementación de cada estrategia de restauración se explica en detalle en el Capítulo 5, mientras que el crecimiento y la plantación de árboles (que puede ser necesaria para la restauración de los sitios en los que la degradación ha llegado a los estados 3–5) se describen en los Capítulos 6 y 7.

3.1 Reconociendo los niveles de degradación

Hay dos amplios niveles de degradación, cada uno requiere una estrategia diferente de restauración. Se les puede distinguir por seis 'umbrales' críticos de degradación; tres pertenecen al sitio que ha de ser restaurado y tres al paisaje circundante.

Umbrales críticos del sitio:

1) La densidad de los árboles se ha reducido tanto, que las malezas herbáceas están dominando el sitio y suprimen el establecimiento de las plántulas de árboles (ver **Sección 2.2**).
2) Fuentes in situ de regeneración del bosque (por ejemplo, el banco de semillas o plántulas, tocones vivos, árboles semilleros etc.) han disminuido por debajo de los niveles necesarios, para mantener viables las poblaciones de especies de árboles de bosques clímax (ver **Sección 2.2**).
3) La degradación del suelo ha continuado hasta tal punto, que sus pobres condiciones limitan el establecimiento de las plántulas de árboles.

Umbrales críticos del paisaje:

4) Solo hay pequeños y escasos restos de bosque clímax en el paisaje, de modo que la diversidad de especies de árboles, dentro de la distancia de dispersión del sitio donde se quiere restaurar, no es suficiente para representar un bosque clímax.
5) Las poblaciones de animales dispersores de semillas están reducidas hasta tal punto, que las semillas ya no son transportadas al sitio de restauración en densidades suficientemente altas, para restablecer todas las especies de árboles requeridas (ver **Sección 2.2**).
6) El riesgo de incendios ha aumentado hasta tal punto, que los árboles establecidos naturalmente, no tienen mucha probabilidad de sobrevivir por la creciente cobertura de malezas herbáceas inflamables en el paisaje, en los alrededores inmediatos del sitio de restauración.

El dominio de un sitio por malezas herbáceas marca un punto crítico, donde la protección por sí sola no es suficiente para restaurar el bosque. Las plántulas de árboles que crecen entre la maleza deben ser 'asistidas', eliminando la maleza o plantando especies de árboles 'framework'.

Degradación
fase 1

UMBRALES CRÍTICOS DEL SITIO

Vegetación
Los árboles dominan sobre malezas herbáceas

Fuentes de regeneración
Abundante: banco de semillas viable; banco de plántulas denso; lluvia de semillas intensa; tocones de árboles vivos

Suelo
Pocas perturbaciones locales; permanece en gran parte fértil

UMBRALES CRÍTICOS DEL PAISAJE

Bosque
Grandes restos permanecen como fuente de semillas

Dispersores de semillas
Común; especies grandes y pequeñas

Riesgo de fuego
Bajo a mediano

ESTRATEGIA DE RESTAURACIÓN RECOMENDADA:

- Protección contra invasión, ganado, incendios y cualquier perturbación futura, así como la prevención de caza de los animales dispersores de semillas
- Reintroducción de especies localmente extinguidas

OPCIONES PARA INCREMENTAR LOS BENEFICIOS ECONÓMICOS:

- Reservas extractivas para el uso sostenible de los productos forestales
- Ecoturismo

**Degradación
fase 2**

UMBRALES CRÍTICOS DEL SITIO		UMBRALES CRÍTICOS DEL PAISAJE	
Vegetación	Árboles mixtos y malezas herbáceas	**Bosque**	Los remanentes quedan como fuentes de semilla
Fuentes de regeneración	Bancos de semillas y plántulas agotados tocones de árboles vivos son comunes	**Dispersores de semillas**	Las especies grandes se vuelven raras, pero las especies pequeñas siguen siendo comunes
Suelo	Permanece en gran parte fértil: baja erosión	**Riesgo de incendio**	Mediano a alto

ESTRATEGIA DE RESTAURACIÓN RECOMENDADA:

- Protección + RNA (regeneración natural acelerada)
- Reintroducción de especies localmente extinguidas

OPCIONES PARA AUMENTAR LOS BENEFICIOS ECONÓMICOS:

- Plantación de enriquecimiento con especies comerciales que se han perdido por uso insostenible
- Establecimiento de reservas extractivas para asegurar el uso sostenible de productos forestales
- Ecoturismo

Degradación fase 3

UMBRALES CRÍTICOS DEL SITIO		UMBRALES CRÍTICOS DEL PAISAJE	
Vegetación	Dominan las malezas herbáceas	**Bosque**	Los remanentes permanecen como fuentes de semillas
Fuentes de regeneración	Mayormente de lluvia de semillas entrante; posiblemente queden algunas plántulas y tocones vivos	**Dispersores de semillas**	Mayormente especies que dispersan semillas pequeñas
Suelo	Permanece en gran parte fértil; baja erosión	**Riesgo de incendio**	Alto

ESTRATEGIA DE RESTAURACIÓN RECOMENDADA:

- Protección del sitio + RNA + plantando especies 'framework'

OPCIONES PARA AUMENTAR LOS BENEFICIOS ECONÓMICOS:

- Plantar especies 'framework' que tienen beneficios económicos
- Garantizando a la población local el beneficio de los fondos para la plantación de árboles y el mantenimiento del sitio
- Silvicultura análoga[1] o agricultura de 'Rainforestation'[2]

[1] en.wikipedia.org/wiki/Analog_forestry
[2] www.rainforestation.ph/index.html

Degradación fase 4

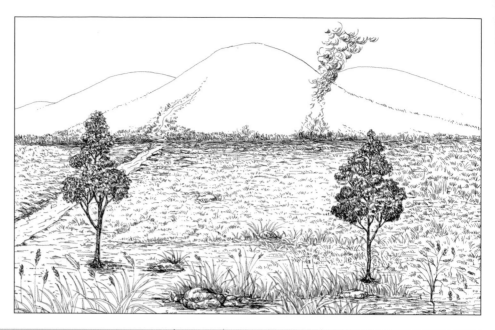

UMBRALES CRÍTICOS DEL SITIO		UMBRALES CRÍTICOS DEL PAISAJE	
Vegetación	Dominan las malezas herbáceas	**Bosque**	Pocos remanentes o demasiado alejados para dispersar semillas hacia el sitio
Fuentes de regeneración	Bajas	**Dispersores de semillas**	En su mayoría desaparecidos
Suelo	Riesgo de erosión en aumento	**Riesgo de incendio**	Alto

ESTRATEGIA DE RESTAURACIÓN RECOMENDADA

- Protección del sitio + RNA + plantación de especies 'framework' + plantación de enriquecimiento con especies clímax
- Métodos de máxima diversidad (Goosem & Tucker, 1995) como el método de Miyawaki[3]

OPCIONES PARA AUMENTAR LOS BENEFICIOS ECONÓMICOS:

- Plantación de enriquecimiento con especies comerciales + cosecha sostenible de productos forestales no maderables
- Contratación de la población local en el programa de restauración
- Silvicultura análoga o agricultura de 'Rainforestation'[4]

[3] www.rainforestation.ph/news/pdfs/Fujiwara.pdf
[4] www.rainforestation.ph/index.html

Degradación
fase 5

UMBRALES CRÍTICOS DEL SITIO		UMBRALES CRÍTICOS DEL PAISAJE	
Vegetación	Sin cobertura de árboles. Suelo pobre podría limitar crecimiento de malezas	**Bosque**	Normalmente ausente dentro de las distancias de dispersión de semillas hacia el sitio
Fuentes de regeneración	Muy pocas o ninguna	**Dispersores de semillas**	En su mayoría desaparecidos
Suelo	Condiciones pobres del suelo limitan estableci-miento de árboles	**Riesgo de incendio**	Al principio bajo (las condiciones del suelo limitan el crecimiento de las plantas); va en aumento, a medida que se recupera la vegetación

ESTRATEGIA DE RESTAURACIÓN RECOMENDADA:

- Mejoramiento del suelo plantando abonos verdes, y añadiendo abono, fertilizantes y micro-organismos del suelo
- ... seguido por la plantación de 'plantas nodriza' por ejemplo, árboles resistentes que fijan nitrógeno y mejoran el suelo (también conocido como el método de "plantaciones como catalizadores" (Parrotta, 2000))
- ... y después el raleo de las plantas nodriza y su remplazamiento gradual por la plantación de una amplia gama de especies nativas de árboles de bosque

OPCIONES PARA AUMENTAR LOS BENEFICIOS ECONÓMICOS:

- Habrá pocos beneficios económicos hasta que el ecosistema del suelo se haya recuperado
- Se pueden plantar especies de árboles comerciales como plantas nodriza para generar ingresos del raleo
- Mecanismos para garantizar que la población local se beneficie de las cosechas de especies de árboles comerciales
- Una vez que el cultivo de los árboles comerciales está listo para ser raleado y modificado, las opciones para lograr beneficios económicos son los mismos que los de la degradación fase 4

3.2 Una rápida evaluación de sitio

Reconocer cuál de las cinco fases de degradación ha sido alcanzada en el sitio, determinará cuál de las amplias estrategias de restauración será la más adecuada (**Tabla 3.1**). Se necesitará entonces una evaluación más detallada del sitio, para determinar el potencial existente para una regeneración natural del bosque e identificar los factores que podrían limitarla. Estos factores determinarán qué actividades deben ser implementadas y la intensidad del trabajo requerida para cada sitio (y de allí la mano de obra requerida y los costos). El plan del proyecto puede entonces empezar a tomar forma.

Para realizar una evaluación simple del sitio, necesitarás el siguiente equipo: un compás, un mapa topográfico, un sistema de posicionamiento global (GPS), una cámara, bolsas de plástico, una caña de 2 m de bambú o similar, una cuerda con una marca a los 5 m desde su extremo y hojas de datos (ver página opuesta y **Apéndice A1.1**) en un portapapeles y un lapicero.

Invita a todas las partes interesadas (particularmente a la población local) a participar en la inspección del sitio, empieza a marcar los límites del sitio en un mapa y registra las coordenadas GPS. Luego, estudia la regeneración natural a lo largo de un transecto a través del sitio en su punto más ancho. Selecciona el punto de partida y decide con la brújula el rumbo a seguir por la línea.

En el punto de partida, posiciona el poste de bambú y usa la cuerda atada a ella para marcar una parcela circular de muestreo de 5 m de radio. Si hubiera cualquier señal de presencia de ganado en la parcela de muestreo (por ejemplo, estiércol, huellas de pezuñas, marcas de mordidas en la vegetación etc.) haz una marca en la columna 'ganado' en la hoja de datos; lo mismo para señales de fuego (ceniza, o marcas negras en la base de la vegetación leñosa). Registra todas las informaciones provistas por los participantes locales, referentes a la historia del uso de la tierra del sitio. Estima la extensión del suelo expuesto en la parcela (como porcentaje del área), pregunta a los participantes locales que clasifiquen las condiciones del suelo (buenas, medianas, pobres etc.) y toma nota de cualquier señal de erosión del suelo. Estima el porcentaje de cobertura y la altura promedio de los pastos y malezas herbáceas a través de la parcela, y anota si las plántulas de árboles están fuertemente representados en la flora terrestre.

Registra el número de a) árboles más grandes de 30 cm de perímetro a la altura del pecho (PAP) (es decir, 1.3 m desde el suelo), b) árboles jóvenes más altos de 50 cm (pero más pequeños de 30 cm PAP) y c) tocones de árboles vivos (con rebrotes verdes) dentro de cada parcela. El número de 'árboles regenerados' por parcela es el número total de árboles en todas las tres categorías. Coloca muestras de hojas de cada especie de árbol que encuentres en bolsas de plástico. Finalmente, toma fotos desde el poste hacia el norte, sur, este y oeste.

Mide a pasos la distancia requerida a lo largo del rumbo del compás predeterminado hasta el siguiente punto de muestreo. Recoge datos en un mínimo de 10 puntos de muestreo a través del sitio, cada uno a unos 20 pasos de distancia del otro. Si el sitio es grande, posiciona los puntos de muestreo a distancias más grandes y usa más puntos (por lo menos 5 por hectárea). Si el sitio es pequeño y no es posible ubicar el número requerido de puntos en un solo transecto, usa dos o más líneas paralelas en lugares representativos a través del sitio. Una vez que has decidido la dirección del transecto en el rumbo de la brújula y la distancia entre los puntos de muestreo para cada línea, sigue estrictamente estos parámetros durante la inspección.

Al final de la inspección, encuentra un espacio limpio y ordena las muestras de hojas. Agrupa las hojas de las mismas especies y cuenta el número de las especies comunes en el sitio (por ejemplo, aquellos representados en más del 20% de las parcelas). Pide a los participantes locales que te den los nombres locales de las especies y trata de determinar si son especies pioneras o clímax.

Ejemplos de evaluación rápida

Parcela	Señales de ganado	Señales de fuego	Suelo – % expuesto/condición/erosión	Malezas – % cobertura/altura media/± plántulas de árboles	Núm. árboles >50 cm altura (<30 cm PAP)	Núm. tocones de árboles vivos	Núm. árboles >30 cm PAP	Núm. total de árboles regenerados
1	✓	✓	5%/pobre/no	95%/1,0 m/ninguna	6	14	0	20
2	✓	✗	15%/pobre/no	85%/0,5 m/pocas	9	15	0	24
3	✓	✗	5%/pobre/no	95%/1,5 m/ninguna	12	12	1	25
4	✓	✓	30%/pobre/no	70%/0,3 m/ninguna	4	3	0	7
5	✓	✓	5%/pobre/no	95%/1,5 m/muchos	14	15	2	31
6	✗	✓	0%/pobre/no	100%/1,5 m/pocas	7	13	1	21
7	✓	✓	5%/pobre/no	95%/0,8 m/muchas	10	15	1	26
8	✓	✓	10%/pobre/no	90%/1,2 m/muchas	9	12	2	23
9	✓	✓	20%/pobre/sí	80%/0,5 cm/ninguna	9	5	1	15
10	✗	✓	20%/pobre/no	80%/1,2 m/ninguna	6	10	0	16

Total	208	
Media	20,8	(= total/10)
Promedio/ha	2.667	(= medio × 10,000/78)
Núm. de árboles a plantar por ha	433	(= 3,100 – promedio/ha)

Localización, GPS: Siem Reap, Camboya, 13°34'3.24"N, 104° 2'59.80"E

Registrador: Kim Sobon

Fecha: 1 de Junio 2010

Núm. total de especies: 18 | Pioneras 16 | Climax 2

Otros comentarios: Los aldeanos dijeron que los dispersores de semillas grandes están ausentes, pero que es común ver aves frugívoras y pequeños mamíferos. La caza es común en el área. Los aldeanos quieren usar el bosque para hacer carbón.

Las evaluaciones rápidas para registrar la regeneración natural existente y los factores más prominentes que la previenen, se realizan usando las parcelas de muestreo circulares de 5 m radios.

Si es posible, haz especímenes disecados, incluyendo flores y frutos, y pide a los botánicos que te den los nombres científicos. Luego calcula el número promedio de árboles regenerados por parcela y por hectárea.

Al final de la inspección, organiza una corta reunión de discusión con los participantes, con el fin de identificar cualquier otro factor que impida la regeneración del bosque que no estuviera ya registrado en las hojas de datos, especialmente concerniente a las actividades de los pobladores locales, como la recolección de leña. La abundancia de animales dispersores de semillas en el área no puede ser evaluada en la inspección rápida del sitio, pero los pobladores locales probablemente sabrán cuáles son los dispersores de semillas siguen siendo comunes en el área. Trata de determinar si los dispersores de semillas están amenazados por la caza.

3.3 Interpretar los datos de una evaluación rápida del sitio

Las actividades iniciales de la restauración deben apuntar a:

i)   contrarrestar los factores que impiden la regeneración del bosque (como incendios, ganado, caza de animales dispersores de semillas etc.);

ii) mantener o aumentar la densidad de árboles regenerados a 3,100/ha;

iii) mantener la densidad de las especies de árboles comunes (en caso de que fuera alta) o aumentar la riqueza de especies de árboles hasta que estén representados por lo menos en 10% de las especies de árboles características del bosque clímax aspirado.

Tabla 3.1. Guía simplificada para escoger una estrategia de restauración

UMBRALES CRÍTICOS DEL PAISAJE			ESTRATEGIA DE RESTAURACIÓN SUGERIDA	UMBRALES CRÍTICOS DEL SITIO		
Bosque en el paisaje	Mecanismos de dispersión de semillas	Riesgo de incendios		Cobertura de vegetación	Regeneración natural	Suelo
El bosque remanente está a pocos km de distancia del sitio de restauración	En gran parte intacto, limitando la recuperación de la riqueza de especies de árboles	Bajo a medio	PROTECCIÓN	La cobertura de copas de los árboles excede la cobertura de la maleza herbácea	Los árboles regenerados naturalmente exceden 3,100/ha con más de 30[5] especies de árboles comunes representados	El suelo no limita el establecimiento de plántulas de árboles
		Medio a alto	PROTECCIÓN + RNA	La cobertura de las copas de árboles es insuficiente para producir sombra sobre la maleza herbácea		
Los parches de bosque remanente son muy escasos o ausentes en el paisaje circundante	Los animales dispersores de semillas son raros o ausentes, hasta tal punto que el reclutamiento de especies de árboles al sitio será limitado	Alto	PROTECCIÓN + RNA + PLANTACIÓN DE ESPECIES DE ÁRBOLES 'FRAMEWORK'	La cobertura de la maleza herbácea excede en gran medida a la cobertura de las copas de árboles	Los árboles regenerados naturalmente son más escasos que 3,100/ha con menos de 30[5] especies de árboles comunes representados	
			PROTECCIÓN + RNA + PLANTACIÓN DE DIVERSIDAD MÁXIMA DE ÁRBOLES			
		Inicialmente bajo (las condiciones del suelo limitan el crecimiento de las plantas); más alto a medida que la vegetación se recupera	MEJORAMIENTO DEL SUELO + PLANTACIÓN DE ÁRBOLES NODRIZA, SEGUIDA DE RALEO Y REEMPLAZO GRADUAL DE PLANTACIÓN DE DIVERSIDAD MÁXIMA DE ÁRBOLES	La cobertura de maleza herbácea está limitada por las pobres condiciones del suelo		La degradación limita el establecimiento de plántulas de árboles

[5] O aproximadamente 10% del número estimado de especies de árboles en el bosque-objetivo, si fuera conocido.

Se deben contar los tocones de árboles con rebrotes en la inspección del sitio, junto con los árboles jóvenes y los mayores.

La inspección del sitio determinará qué factores están evitando la regeneración natural del bosque. Lograr una densidad de 3,100 árboles regenerados por hectárea, tiene como resultado un espaciamiento promedio de 1.8 m entre ellos. Para la mayoría de ecosistemas de bosques tropicales, esto es lo suficientemente cercano, como para asegurar que las malezas estén bajo sombra y se logre que el dosel se cierre dentro de 2–3 años después de haber iniciado los trabajos de restauración. La pauta de "aproximadamente 10% de la riqueza de especies del ecosistema del bosque-objetivo" es ajustable, dependiendo de la diversidad del ecosistema-objetivo. Si no conoces la riqueza de especies del ecosistema-objetivo, intenta re-establecer aproximadamente 30 especies de árboles (plantando y/o asistiendo a la regeneración natural). Esto es normalmente suficiente para impulsar la recuperación de la biodiversidad en la mayoría de los ecosistemas de bosques tropicales, y 30 especies de árboles es más o menos lo máximo que puede producirse en un vivero de árboles a pequeña escala. La tasa general de recuperación de la biodiversidad aumentará con el número de especies de árboles que puedan utilizarse al comienzo de la restauración, pero algunos ecosistemas de bosques tropicales de baja diversidad (por ejemplo, bosques montanos de altura o manglares) pueden ser restaurados estableciendo inicialmente menos de 30 especies.

Compara el resultado de la evaluación del sitio con las pautas incluidas más abajo para confirmar el nivel de la degradación en tu sitio de restauración. Selecciona la estrategia de restauración general que concuerde con las condiciones registradas y empieza a planificar las tareas del manejo, incluyendo las medidas de protección (por ejemplo, exclusión del ganado y/o prevención de incendios), el equilibrio entre la plantación de árboles y asistencia a la regeneración natural, los tipos de especies de árboles a plantar, la necesidad de mejorar el suelo etc.

Degradación fase-1

Resultados de la inspección: La regeneración natural es en promedio más de 25 árboles regenerados por parcela, con más de 30 especies de árboles (o aproximadamente 10% de los números estimados de especies de árboles en el bosque-objetivo, si se conocen) representados comúnmente a través de 10 parcelas, incluyendo varias especies clímax. Los árboles jóvenes con más de 50 cm de altura son comunes en todas las parcelas, con árboles más grandes presentes en casi todos. Pequeñas plántulas de árboles son comunes entre la flora terrestre. Las hierbas y los pastos cubren menos de 50% de las parcelas y su altura promedio es normalmente más baja que la de los árboles regenerados.

Estrategia: Ni la plantación de árboles ni la RNA (regeneración natural acelerada) son necesarios. Debería ser suficiente con la protección, es decir, prevención de invasión y futura perturbación del sitio, para restaurar con rapidez las condiciones del bosque clímax. La inspección del sitio y la discusión con los pobladores locales determinarán si la prevención de incendios, la remoción del ganado, y/o medidas para prevenir la caza de animales dispersores de semillas son necesarias. Si los animales cruciales dispersores de semillas han sido eliminados, considera reintroducirlos.

Degradación fase-2

Resultados de la inspección: El número promedio de árboles regenerados sigue siendo mayor que 25 por parcela, con más de 30 especies (o aproximadamente 10% del número estimado de especies de árboles en el bosque-objetivo, si fueran conocidos) representados a través de las 10 parcelas, pero las especies de árboles pioneras son más comunes que las especies clímax. Los árboles jóvenes más altos de 50 cm siguen siendo comunes en todas las parcelas, pero los árboles más grandes son raros y la cobertura de las copas es insuficiente para producir sombra sobre la maleza. Por ello, dominan las hierbas y los pastos, cubriendo en promedio más de 50% de las áreas de las parcelas, aunque puede que siga habiendo pequeñas plántulas de árboles entre la flora terrestre. Las hierbas y los pastos sobrepasan a las plántulas de árboles y muchas veces también a los árboles jóvenes y rebrotes de los tocones.

Estrategia: Bajo estas circunstancias, las medidas protectoras descritas para la degradación fase-1 deben ser complementadas con medidas adicionales para 'asistir' a la regeneración natural, con el fin de acelerar el cierre de copas. La RNA es necesaria para romper el circuito de retroalimentación por el cual los altos niveles de luz, creados por un dosel abierto promueven el crecimiento de pastos y hierbas, que desalientan los dispersores de semillas de árboles y vuelven el sitio vulnerable a incendios. Esto a su vez, inhibe el establecimiento de los árboles. Las medidas de la RNA pueden incluir desmalezar, aplicaciones de fertilizante y/o mulching alrededor de los árboles regenerados. Si varias especies de bosque clímax no colonizan naturalmente el sitio después de que se haya logrado el cierre de copas (porque el bosque intacto más cercano está demasiado lejos, y/o los dispersores de semillas han sido extinguidos), puede ser necesaria la plantación de enriquecimiento.

Degradación fase-3

Resultados de la inspección: La regeneración natural es menor a 25 árboles regenerados por parcela, con menos de 30 especies de árboles representados a través de las 10 parcelas (o aproximadamente 10% del número de árboles estimados en el bosque-objetivo, si conocido). Las especies de árboles clímax están ausentes o son muy raras. Raras veces se encuentran plántulas de árboles entre la flora terrestre. Las hierbas y los pastos dominan, cubriendo en promedio más del 70% de las áreas de las parcelas, y normalmente crecen más alto que los pocos árboles regenerados que podrían sobrevivir. Quedan restos de bosque intacto en el paisaje a pocos kilómetros del sitio y quedan poblaciones viables de animales dispersores de semillas.

Estrategia: Bajo estas circunstancias, la protección y la RNA deben ser complementadas con la plantación de especies de árboles 'framework' (de marco). La prevención de invasión y la exclusión del ganado (si presente) siguen siendo necesarios y la prevención de incendios es importante por la abundancia de pastos altamente inflamables. Los métodos de la RNA necesarios para reparar la degradación fase-2 deben ser aplicados a la poca regeneración natural que queda, pero adicionalmente, se debe aumentar la densidad de la regeneración, plantando especies de árboles 'framework' para producir sombra sobre las malezas y atraer a animales dispersores de semillas.

El número de árboles plantados debe ser 3,100 por hectárea, menos el número estimado de árboles regenerados naturalmente por hectárea (sin contar las pequeñas plántulas en la flora terrestre). El número de especies plantadas a través de todo el sitio debe ser 30 (o aproximadamente el 10% del número de árboles estimados en el bosque-objetivo, si fuera conocido), menos el número total de especies registradas durante la evaluación. Por ejemplo, los datos de la evaluación presentados en la pág. 73 sugieren que se debían plantar en este sitio 433 árboles por hectárea de 12 especies. Estos árboles deben ser en su mayoría de especies clímax porque la evaluación muestra que ya están representadas 18 especies pioneras entre los árboles regenerados.

Las especies de árboles 'framework' deben ser seleccionadas para la plantación, usando los criterios definidos en la **Sección 5.3**. Pueden incluir ambas, las especies pioneras y las clímax, pero deben ser especies diferentes de las que se hayan registrado durante la evaluación del sitio. La plantación de especies 'framework', recupera el sitio de pastos y hierbas invasivas, y restablece los mecanismos de dispersión de semillas, a la vez que mejora la re-colonización del sitio de restauración por la mayoría de las otras especies de árboles que comprende el ecosistema-objetivo del bosque clímax. Si cualquier especie de árbol importante fracasa en recolonizarse, puede introducirse en plantaciones de enriquecimiento posteriores.

Degradación fase-4

Resultados de la inspección: Las condiciones registradas durante la evaluación del sitio son similares a las de la degradación fase-3, pero al nivel del paisaje, no quedan restos de bosque intacto a 10 km del sitio y/o los animales dispersores de semillas se han vuelto tan escasos, que ya no son capaces de traer al sitio en cantidades suficientes, semillas de especies de árboles clímax. La re-colonización del sitio por la vasta mayoría de las especies de árboles es, por ello, imposible por medios naturales.

Estrategia: Medidas protectoras, acciones de RNA y plantación de especies de árboles marco, todas deben ser llevadas a cabo igual que en la degradación fase-3. Estas medidas deben ser suficientes para restablecer la estructura básica y el funcionamiento del bosque, pero con fuentes de semillas insuficientes y escasos dispersores de semillas en el paisaje, la composición completa de especies de árboles solamente se puede recuperar, estableciendo manualmente todas las especies de árboles ausentes que caracterizan el bosque-objetivo clímax, o bien plantando y/o sembrando directamente. Este 'enfoque de máxima diversidad' (Goosem & Tucker, 1995; Lamb, 2011) es costoso y un desafío técnico.

Degradación fase-5

Resultados de la inspección: La regeneración total es menor a 2 árboles regenerados por parcela (espaciamiento promedio de regeneración >6–7 m) , con menos de 3 especies de árboles (o aproximadamente 10% del número de árboles estimados en el bosque-objetivo, si fuera conocido) representados a través de las 10 parcelas. Las especies de árboles clímax están ausentes. La tierra desnuda está expuesta, en promedio, a más de 30% de las áreas de las parcelas y el suelo está frecuentemente compactado. La población local considera que las condiciones del suelo son excesivamente pobres, y las señales de la erosión son registradas durante la evaluación del sitio. Puede haber erosión por barrancos junto con la sedimentación de los cauces de agua. La flora terrestre está limitada por las condiciones pobres del suelo, a menos de 70% de cobertura en promedio y está desprovista de plántulas de árboles.

Estrategia: Bajo estas circunstancias, es normalmente necesario mejorar el suelo antes de comenzar a plantar árboles. Las condiciones del suelo pueden mejorarse arando, añadiendo fertilizantes y/o con abono verde (por ejemplo, estableciendo un cultivo de hierbas leguminosas para añadir materia orgánica y nutrientes al suelo). Se pueden aplicar técnicas adicionales de mejoramiento del suelo durante la plantación de árboles, como la adición de compost, polímeros absorbentes de agua y/o inoculaciones de micorriza a los huecos de plantación y aplicaciones de mulch alrededor de los árboles plantados (ver **Sección 5.5**).

Mejoramientos adicionales de las condiciones del sitio pueden ser logrados plantando primero plantas nodriza (Lamb, 2011): especies de árboles que son tolerantes a las duras condiciones del suelo, pero que también son capaces de mejorar el suelo. Estos deben ser gradualmente raleados a medida que las condiciones del sitio mejoran; en su lugar debe plantarse una gama más amplia de especies forestales nativas. Para lograr la recuperación completa de la biodiversidad, en la mayoría de los casos debe emplearse el planteamiento de máxima diversidad, pero donde quedan bosque y dispersores de animales en el paisaje, plantando una gama más pequeña de especies de árboles 'framework' puede ser suficiente. Esto se conoce como el enfoque "plantaciones como catalizadores" o "ecosistema fomentador" (Parrotta, 2000).

Las plantas nodriza pueden ser especies de árboles 'framework' especialistas, que son capaces de crecer en condiciones muy pobres, particularmente los árboles fijadores de nitrógeno de la familia de las Leguminosas. A veces se ha usado la plantación de especies de árboles comerciales como cultivos nodrizos, porque su raleo genera ingresos iniciales con los que se puede pagar el caro proceso. Las medidas de protección, como prevención de incendios e invasión, y la exclusión del ganado, permanecen esenciales a través del largo proceso de proteger la inversión sustancial requerida para reparar la degradación fase-5.

Debido a los elevados costos involucrados, raras veces se realiza una restauración de bosque en sitios con degradación fase-5. A excepción de los sitios donde se exige por ley, que prósperas compañías rehabiliten las minas a cielo abierto.

Rehabilitación de una mina de lignito a cielo abierto en el norte de Tailandia. Normalmente, solo compañías ricas pueden permitirse los altos costos de restauración de bosques en sitios con degradación fase-5.

Cuadro 3.1. Orígenes del método de las especies 'framework'.

El método de la restauración con especies 'framework' se originó en los trópicos húmedos de Queensland, en la zona tropical de Australia. Quedan acerca de 1 millón de hectáreas de bosque tropical (algunas en fragmentos) en esta región y la restauración de ecosistemas de bosques húmedos en áreas degradadas empezó a comienzos de los años ochenta, poco después de que la región fuera colectivamente declarada Área de Patrimonio Mundial de la UNESCO en 1988. La difícil tarea de la restauración fue responsabilidad del Servicio de Parques y Vida Silvestre de Queensland (QPWS) y gran parte del trabajo fue delegado al oficial de QPWS Nigel Tucker y a su pequeño equipo, con base en el Parque Nacional de Lake Eacham. Allí, el equipo estableció un vivero de árboles para cultivar muchas de las especies nativas del bosque húmedo del área.

Nigel Tucker señala al denso sotobosque, 27 años después del trabajo de restauración en el Pantano de Eubenangee.

Una de las primeras pruebas de restauración empezó en 1983 en el Parque Nacional Pantano Eubenangee en la planicie costera. Esta área de bosque pantanoso había sido degradada por la tala y el despeje para la agricultura, lo cual había interrumpido el flujo de agua necesario para mantener el pantano. El proyecto aspiraba a la restauración de la vegetación ribereña a lo largo del arroyo que alimentaba el pantano. Una mezcla de especies de árboles nativos de bosque húmedo, incluyendo *Homalanthus novoguineensis*, *Nauclea orientalis*, *Terminalia sericocarpa* y *Cardwellia sublimis*. Las plántulas fueron plantadas entre los pastos y malezas herbáceas (sin desmalezar para la preparación del sitio) y se aplicó fertilizante. Después de 3 años, los resultados iniciales fueron decepcionantes. No se había logrado el cierre de

Bosque restaurado en los bordes del Pantano de Eubenangee, ahora se mezcla imperceptiblemente con el bosque natural.

Cuadro 3.1. continuado.

Homalanthus novoguineensis, una de las primeras especies 'framework' reconocidas.

copas y la densidad de las plántulas establecidas naturalmente fue más baja de lo que se había esperado. No obstante, el experimento resultó en la observación crucial, de que la regeneración natural se dio mucho más entre ciertas especies que en otras. Las especies que más fomentaban la regeneración natural eran frecuentemente pioneras de crecimiento rápido con frutos pulposos, y el primero en la lista era el Corazón sangrante (*Homalanthus novoguineensis*).

De aquellas observaciones en el Pantano de Eubenangee, se estableció la idea de seleccionar especies de árboles para atraer a los animales dispersores de semillas. Esto, junto con reconocer la necesidad de una preparación del sitio más intensa y el control de la maleza, se desarrolló con el método de restauración de bosque de las especies 'framework'. Hoy, más de 160 de las especies de bosque húmedo de Queensland son reconocidas como especies de árboles 'framework'. El término apareció primero en un folleto, 'Repairing the Rainforest'[6] publicado por la Wet Tropics Management Authority en 1995, que Nigel Tucker escribió conjuntamente con el colega de QPWS Steve Goosem. El concepto reconoce que donde hay árboles remanentes y quedan animales dispersores de semillas (es decir, fases de degradación 1–3), plantar relativamente pocas especies, que son seleccionadas para mejorar los mecanismos de la dispersión natural de semillas y re-establecer la estructura básica del bosque, es suficiente para impulsar la sucesión de bosques hacia el ecosistema de bosque clímax, con un manejo posterior mínimo. Ahora, más de 20 años después del inicio, el enfoque de las especies 'framework' es ampliamente aceptado, como uno de los métodos estándar en la restauración de bosques tropicales. Se ha adaptado para restaurar otros tipos de bosques, mucho más allá de los límites de Queensland.

La restauración de bosque en el Pantano de Eubenangee creó hábitat para miles de especies de la vida silvestre, incluyendo a esta oruga *Dysphania fenestrata*.

Por Sutthathorn Chairuangsri

6 www.wettropics.gov.au/media/med_landholders.html

ESTUDIO DE CASO 2: Restauración de bosque litoral en el sureste de Madagascar

País: Madagascar.

Tipo de bosque: Bosque húmedo litoral, suelo arenoso pobre en nutrientes.

Naturaleza de propiedad: Tierra propiedad del estado con un arrendamiento a largo plazo para la minería de ilmenita.

Manejo y uso de la comunidad: El paisaje de matorral abierto, bosque degradado fragmentado, humedales y bosque protegido fue co-gestionado por la comunidad, el gobierno y la QIT Madagascar Minerals (QMM). Años de explotación y manejo insostenible para construcción, leña y carbón han provocado el paisaje actual. Los usos están ahora regulados por una 'Dina', un contrato social fidedigno para el manejo de los recursos naturales.

Nivel de degradación: Matorral abierto degradado con fragmentos residuales de bosques altamente degradados.

Antecedentes

El área de estudio, cerca del emplazamiento de la minera Mandena QMM, queda en la región sureste de Madagascar, cerca de Tolagnaro (Fort Dauphin). El 80% de QMM pertenece al grupo minero internacional Rio Tinto y el 20% al gobierno de Madagascar, y explotará arenas minerales en la región de Anosy durante los siguientes 40 años. Siendo uno de los focos de biodiversidad más importantes, Madagascar continúa experimentando traumas medio ambientales. La restauración de bosques naturales se ha vuelto un tema importante en las actividades forestales y conservacionistas. También han tenido lugar varias iniciativas en las que se han plantado árboles nativos en zona neutral, alrededor de bosques naturales después de la explotación o de la destrucción total, pero el trabajo y el conocimiento en este campo sigue siendo muy preliminar. Uno de los compromisos dentro del Plan de Manejo Medioambiental que debe llevarse a cabo bajo los términos de su permiso de minería, es la restauración de bosques naturales y humedales después de la explotación minera. El plan es duplicar el área

Localización del área de estudio.

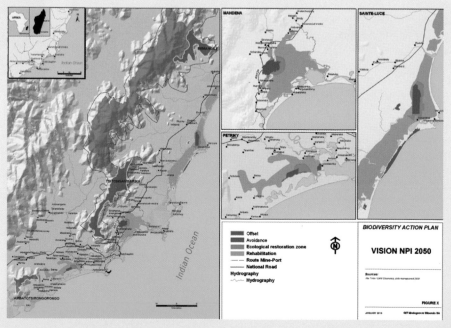

Las especies de árboles incluidas en el estudio, de acuerdo con su categoría asignada.

	Amantes del sol	Pioneras	Intermedias	Clímax y amantes de la sombra
Características	• Especies de bosque verdadero • Requieren luz del sol	• Necesitan toda la luz del sol para su crecimiento óptimo	• Ni amantes del sol, ni amantes de la sombra • Tasa mediocre de germinación bajo las condiciones de almácigo sin sombra	• Sombra para el crecimiento óptimo
Especies	*Canarium bullatum* inedit (Burseraceae), *Eugenia cloiselii* (Myrtaceae), y *Rhopalocarpus coriaceus* (Sphaerosepalaceae)	*Vernoniopsis caudata* (Asteraceae), *Gomphia obtusifolia* (Ochnaceae), *Dodonaea viscosa* (Sapindaceae), *Aphloia theiformis* (Aphloiaceae), *Scutia myrtina* (Rhamnaceae), y *Cerbera manghas* (Apocynaceae)	*Tambourissa castri-delphini* (Monimiaceae), *Vepris elliottii* (Rutaceae), *Dracaena reflexa* var. *bakeri* (Asparagaceae), *Psorospermum revolutum* (Hypericaceae), *Eugenia* sp. (Myrtaceae), y *Ophiocolea delphinensis* (Bignoniaceae)	*Dypsis prestoniana* and *D. lutescens* (Arecaceae), *Pandanus dauphinensis* (Pandanaceae), *Podocarpus madagascariensis* (Podocarpaceae), *Diospyros gracilipes* (Ebenaceae), *Apodytes bebile* (Icacinaceae), y *Dombeya mandenensis* (Malvaceae)

de la superficie de la zona de conservación existente en Mandena, restaurando 200 ha de bosque natural y 350 ha de humedales después de la explotación minera. Las pruebas se están haciendo en los últimos 15 años.

Investigar la selección de especies

Este caso práctico resume 10 años de experimentos de restauración. Durante la primera ronda de recolección cualitativa de datos, las características del crecimiento de los árboles jóvenes, de varias especies de árboles de bosque de litoral que crecían en un vivero, fueron observadas y descritas cualitativamente. El objetivo de la primera etapa del programa de plantación, era instalar una vegetación que pudiera servir de punto de partida, para la sucesión natural o facilitada de la restauración de los componentes del bosque deseados. Las especies de árboles fueron categorizadas de acuerdo a su tolerancia a la exposición del sol, alta evaporización y a las pobres condiciones del suelo, y su capacidad para desarrollar rápidamente un sistema de raíces extenso y denso. Noventa y dos especies de árboles nativos fueron examinados y asignados como especies amantes del sol, pioneras, intermedias o de sucesión tardía (clímax amantes de la sombra).

Explorar los factores para la restauración

Se hicieron pruebas para probar los efectos de varios factores en el crecimiento de árboles y las tasas de supervivencia:

1. Los efectos del alcance de la desmineralización en la restauración y sucesión, fueron examinados en un experimento en el que las condiciones del suelo post-minería fueron simuladas. Crecieron plantas en suelos que fueron desmineralizados a uno de tres niveles: a) desmineralización a gran escala a una profundidad de 2 m (simulando el proceso minero), b) desmineralización simulada (simulando la eliminación del humus después de la explotación) o c) no hay desmineralización.

2. Los efectos de añadir una capa de suelo vegetal fueron probadas en un experimento en el que árboles jóvenes fueron plantados en la capa vegetal que fue o bien a) añadida para cubrir continuamente el área de plantación a una profundidad de 20 cm o b) añadida solamente al hueco en el que se plantó el árbol joven.

3. Un estudio adicional observó los efectos de la distancia a bosques naturales como fuentes de regeneración.

4. Se plantaron especies nativas con y sin especies exóticas (incluyendo *Eucalyptus robusta* y *Acacia mangium*) como árboles de sombra en un intento de promover la sucesión.

5. De acuerdo a los resultados de los estudios de sucesión de bosques, las especies de árboles de bosque fueron asignados en una de las tres clases: pioneras (amantes del sol), intermedias o de sucesión tardía (clímax o amantes de la sombra).

6. Las influencias de ectomicorriza, fijación de nitrógeno y asociaciones desconocidas microbiales sobre la sucesión también fueron consideradas.

Lecciones aprendidas

La desmineralización de suelos arenosos durante la explotación minera (como la ilmenita ($FeTiO_2$) y zircón), no tuvo ningún efecto medible en las tasas de supervivencia de los árboles. Estos minerales son estables y no parecen ser absorbidos por las plantas, que necesitan que los iones estén en soluciones de agua para la asimilación. Varios árboles que fueron plantados en suelos desmineralizados produjeron flores y frutos; de ahí que la desmineralización no pareció afectar el estado reproductivo de las plantas.

Los árboles nativos que fueron plantados en combinación con las especies exóticas *Eucalyptus robusta* y *Acacia mangium* tuvieron una tasa de supervivencia muy baja o fueron totalmente sobrepasadas por las especies exóticas. En cinco años, las especies exóticas alcanzaron alturas de por lo menos 5 m. Sólo unas cuantas especies tolerantes a la sombra como *Apodytes bebile*, *Astrotrichilia elliotii* y *Poupartia chapelieri* sobrevivieron bajo estas condiciones. No está claro, sin embargo, si la baja tasa de supervivencia de las especies nativas es debido a la competencia por la luz o a interacciones aleloquímicos con productos de los árboles exóticos. En las parcelas experimentales sin especies de árboles exóticos, las especies nativas de la clase intermedia de los pioneros/amantes del sol sobrevivieron bien. Estas plantas serán probablemente importantes para la primera fase de la restauración del bosque nativo litoral después de la minería.

Los árboles jóvenes que estaban cerca del borde del bosque natural crecieron más rápido que aquellos más alejados. Adicionalmente, los árboles que crecen en pequeños parches aislados de bosque (es decir, grupos de árboles creciendo en un paisaje abierto) son generalmente, mucho más pequeños que aquellos en grandes bloques de bosque. Estas observaciones refuerzan la idea de que las actividades de restauración deben empezar agrandando los bloques de bosque existente, antes que empezar con plantaciones aisladas.

La adición de una capa superficial de suelo tiene un impacto mayor en el crecimiento de los árboles jóvenes. Los árboles jóvenes plantados con una capa de suelo vegetal de 20 cm concentrada alrededor de ellos, crecieron al mismo ritmo que aquellos plantados en un área cubierta con una capa continua de 10 cm de suelo superficial. En Mandena, el suministro de suelo vegetal se ha convertido en un tema significativo del manejo, ya que la mayoría de los bosques naturales fuera de la zona de conservación fueron destruidos. Es por ello importante que la capa superficial del suelo restante se use lo más eficazmente posible.

La idea de usar árboles exóticos para proveer sombra, y un microclima adecuado para los jóvenes árboles nativos, debe ser abandonada. La competencia por la luz y los componentes que permiten el crecimiento, hacen que las especies exóticas sean inadecuadas como plantas pioneras en la restauración de bosques nativos litorales.

Otra consideración de primordial importancia para el crecimiento y la supervivencia de los árboles, es la asociación ubicua de árboles con bacterias fijadoras de nitrógeno y micorrizas. Los hongos específicos pueden penetrar en las células de las raíces de sus compañeros simbióticos y formar micorrizas arbusculares, o permanecer en asociación cercana con las raíces sin penetrar la célula, formando ectomicorrizas. Las ectomicorrizas forman estructuras de raíz de micelio que eficazmente aumentan la superficie de resorción del árbol y facilitan la absorción de nutrientes. Además, parece que los hongos también son capaces de movilizar nutrientes esenciales para las plantas directamente desde minerales. Esto podría ser importante para la restauración del bosque, ya que podría permitirle a las plantas extraer nutrientes esenciales desde fuentes minerales insolubles a través de la excreción de ácidos orgánicos.

La simbiosis ectomicorrizal es conocida por menos del 5% de las especies de plantas terrestres y es más común en zonas templadas que en los trópicos. Se recomiendan las investigaciones de seguimiento de las asociaciones ectomicorrizales de Sarcolaenaceae, una familia de árboles que es endémica de Madagascar y tiene ocho especies que crecen en el bosque litoral. Se deberá estudiar con más detalle, si las asociaciones ectomicorrizales aportan alguna ventaja en la formación de endomicorriza en las plantas que crecen en arena pobre en nutrientes. La importancia de cualquiera de las formas de micorriza para las especies de árboles del bosque litoral del sud-este de Madagascar es desconocida. Sin embargo, se ha observado, que los árboles jóvenes plantados en suelo desmineralizado crecieron muy poco durante algunos años y leugo súbitamente aumentaron en altura. Esto podría indicar que la planta tenía que adquirir sus hongos micorrizales o bacterias fijadoras de nitrógeno, antes de poder empezar a crecer. Las especies con ectomicorriza o bacterias fijadoras de nitrógeno, parecen haber mejorado el crecimiento en suelos desmineralizados, al crecer aproximadamente tres veces más rápido que otras especies de especificidad podrían facilitar los programas de restauración de bosques.

Por Johny Rabenantoandro

Capítulo 4

Planificación de la restauración de bosques

La planificación de la restauración de bosques es un proceso largo y complejo, que involucra muchas partes interesadas, las cuales tienen con frecuencia opiniones contradictorias sobre dónde, cuándo y cómo, debe ser implementado el proyecto de restauración. El proyecto debe ser apoyado por la población local y las autoridades relevantes, y cuestiones de propiedad de tierra y repartición de beneficios deben ser resueltas. Allí donde se necesite plantar árboles, se deberán encontrar las semillas de las especies requeridas, construir un vivero y criar los almácigos hasta que las plántulas tengan el tamaño adecuado, en el momento óptimo de la estación de ser plantados en el sitio de restauración. Si se empieza desde cero, estas preparaciones llevarán de 1–2 años, de manera que es importante empezar el proceso de planificación con mucha antelación.

Al ser cada vez más urgente la necesidad de resolver los problemas medioambientales, los financiadores frecuentemente exigen ver resultados en un periodo de uno a tres años. Esta presión puede llevar a proyectos apurados y en gran parte no planificados, que a menudo tienen como resultado la plantación de especies de árboles equivocadas en los sitios equivocados y en la temporada equivocada. El fracaso del proyecto entonces, desanima tanto a las partes interesadas como a los patrocinadores de involucrarse en futuros proyectos. La planificación por adelantado es, por ello, esencial para el éxito.

Los desafíos técnicos que la planificación del proyecto debe superar, se deciden evaluando el sitio y reconociendo el nivel de degradación (ver Capítulo 3). En este Capítulo, hablaremos del 'quién', 'qué', 'dónde' y 'cómo' de la planificación del proyecto. Específicamente, veremos cómo involucrar a las partes interesadas, cómo aclarar los objetivos del proyecto, cómo encajar la restauración de bosque en paisajes dominados por humanos, cómo sincronizar las actividades de gestión y finalmente, cómo combinar todas estas consideraciones en un plan coherente.

4.1 ¿Quiénes son las partes interesadas?

Las partes interesadas son individuos o grupos de gente, que tienen algún interés en el paisaje donde se propone que la restauración tenga lugar, tales como los usuarios del agua río abajo. También podrían incluir a aquellos que pudieran influir en el éxito, a largo plazo, del proyecto de restauración, como asesores técnicos, organizaciones de conservación locales e internacionales, patrocinadores y autoridades del gobierno. Las partes interesadas deben representar, a todos aquellos que puedan beneficiarse del rango completo de beneficios ofrecidos por el bosque (ver **Sección 1.3**), así como todos aquellos que pudieran sufrir desventajas con la continua degradación (ver **Sección 1.1**).

Es esencial que todas las partes interesadas tengan la oportunidad, y sean animadas, a participar completamente en las negociaciones, en todas las etapas de la planificación del proyecto, implementación y monitoreo (ver **Sección 4.3**). Inevitablemente surgirán diferencias en las opiniones sobre el eventual uso del bosque reforestado, y los intereses particulares que se aprovechen de ello. Las partes interesadas, también podrían estar en desacuerdo sobre qué método de restauración pudiera ser más exitoso. Si no se entienden bien los beneficios de la restauración del bosque, algunos interesados podrían estar a favor de plantaciones de silvicultura tradicional (es decir, plantaciones de monocultivos, frecuentemente de especies exóticas) pero, al permitir que todos los puntos de vista sean escuchados, el caso de la conservación puede ser claramente expuesto desde el principio y normalmente se pueden encontrar metas comunes. La restauración de bosque exitosa depende frecuentemente, de la resolución de conflictos en una etapa temprana de la planificación del proceso, celebrando reuniones regulares con las partes interesadas, en las que se llevarán registros para referencias futuras. El propósito de estas reuniones, debería ser alcanzar un consenso en un plan de proyecto, que claramente defina las responsabilidades de cada grupo de interesados, y con ello prevenir confusiones y replicaciones de esfuerzos.

Se deben reconocer los puntos fuertes y débiles de cada parte interesada, de manera que se pueda divisar una estrategia conjunta, mientras se le permite a cada grupo de interesados mantener su propia identidad. Una vez que se han identificado las capacidades de cada grupo de interesados, se pueden definir sus roles y la asignación de las tareas que se han acordado.

Esto es frecuentemente un proceso complicado, que podría ser llevado a cabo por un facilitador. Es decir, una persona u organización neutral que esté familiarizada con las partes interesadas, pero no sea vista como autoritaria o que pudiera aprovecharse de los beneficios de su involucración en el proyecto. Su papel es el de asegurar que se discutan todas las opiniones, que todos concuerden con la meta del proyecto y que la responsabilidad para las tareas varias, fuera aceptada por aquellos que son más capaces y deseosos de llevarlas a cabo.

El éxito es más probable, cuando todas las partes interesadas están contentas con los beneficios que podrían recibir del proyecto, y creen que su contribución es beneficiosa para el éxito del mismo. Cuando todos están satisfechos de haber aportado lo suyo a la planificación del proyecto, se genera un sentido de 'gestión comunitaria' (aun cuando esto no signifique necesariamente la propiedad legal de la tierra o de los árboles). Esto ayuda a establecer las relaciones de trabajo esenciales entre las partes interesadas, que deberán mantenerse a lo largo del proyecto.

4.2 Definiendo los objetivos

¿Cuál es la meta?

La restauración dirige y acelera la sucesión natural de los bosques, con la meta final de crear un ecosistema de bosque clímax auto-sostenido es decir, el ecosistema-objetivo (ver **Sección 1.3**). De modo que, la inspección de un ejemplo de ecosistema-objetivo es una parte importante a la hora de fijar los objetivos del proyecto.

Localiza restos del ecosistema-objetivo del bosque usando mapas topográficos, Google Earth o visitando los miradores. Selecciona uno o más remanentes como sitio(s) de referencia. El o los sitio(s) de referencia deben:

- tener el mismo tipo de bosque clímax que el que se va a restaurar;
- ser uno de los remanentes menos perturbados en la vecindad;
- estar ubicado lo más cerca posible del o de los sitio(s) de restauración;
- tener condiciones similares (por ejemplo, elevación, ladera, aspecto etc.) a los del o de los sitio(s) de restauración propuesto(s);
- ser accesible para la investigación y/o recolección de semillas etc.

Invita a todas las partes interesadas a reunirse para una inspección del o de los sitio(s) de referencia. Antes de la inspección, prepara etiquetas de metal y clavos de 5 cm de cinc galvanizado con los que etiquetar los árboles. Para hacer las etiquetas, corta y desecha la parte superior e inferior de latas de gaseosas, abre la lata por la mitad y corta 6–8 etiquetas cuadradas del suave aluminio de ambas mitades. Coloca las etiquetas en una superficie suave y usa una punta de metal para engravar los números secuenciales en el metal (superficie inferior), luego escribe encima de los números engravados con un bolígrafo imborrable.

Camina lentamente a lo largo de los senderos del bosque restante y etiqueta los árboles maduros que crecen a 5 metros a la izquierda y derecha del sendero. Clava en los árboles las etiquetas enumeradas de metal en el orden en el que se van encontrando, 1, 2, 3, 4,.... etc. Coloca el margen superior de las etiquetas exactamente a 1.3 m del suelo y clávala. Pero sólo clava el clavo hasta la mitad, pues al crecer los árboles se expandirán alrededor de la mitad expuesta de los clavos. Mide la circunferencia de cada árbol a la altura de 1,3 m sobre el suelo y registra los nombres locales de las especies de árboles. Recolecta hojas, flores y especímenes de frutos (donde los haya) para su identificación formal. Continúa hasta que hayas registrado aproximadamente 5 individuos de cada especie. Toma suficientes fotos para ilustrar la estructura y composición del ecosistema-objetivo de bosque y registra cualquier observación o señal de vida silvestre.

Usa la oportunidad para hablar con las partes interesadas:

- la historia del bosque restante y por qué ha sobrevivido;
- cualquier uso de las especies de árboles registrados;
- el valor del bosque en cuanto a productos no maderables, protección de la cuenca etc.;
- animales silvestres que se hayan visto en el área;

Después de la inspección, dale los especímenes de árboles a un botánico para obtener los nombres científicos. Luego usa una flora o búsqueda en la web para determinar el estado sucesional de las especies identificadas (árboles pioneros o clímax), las estaciones típicas de floración y fructificación de las especies y sus mecanismos de dispersión de semillas. Esta información será útil para planificar la selección de especies y posterior recolección de semillas.

Selecciona los remanentes cercanos del ecosistema-objetivo de bosque como sitios de referencia, e inspecciona las plantas y los animales silvestres dentro de éstos, como ayuda para fijar los objetivos del proyecto.

El sitio de referencia puede entonces ser usado para la recolección de semillas (ver **Sección 6.2**) y, si estuviera incluido en el proyecto (ver **Sección 6.6**), para estudios de la fenología de los árboles. Más importante aún, es que se convierta en un punto de referencia, con el que se pueda medir el progreso y éxito final de la restauración del bosque.

¿Apuntar a un blanco móvil?

Ya hemos afirmado que el objetivo de la reforestación de bosques, debe ser el eventual re-establecimiento del ecosistema del bosque clímax, es decir, un bosque con la máxima biomasa, complejidad estructural y diversidad de especies que puedan ser soportadas por las condiciones del suelo y clima prevalecientes. Puesto que el bosque clímax depende del clima, el cambio climático global podría significar que el tipo de bosque clímax para un sitio particular en algún momento del futuro, podría ser diferente de aquel que es el más adecuado en el tiempo presente (ver **Sección 2.3**). El problema es que no sabemos durante cuánto tiempo se puede prolongar el cambio climático global, hasta que sean eficaces las medidas adoptadas para detenerlo, especialmente mientras que (como en el momento de escribir esto) las negociaciones internacionales para implementar estas medidas estén paralizadas. Con tanta incertidumbre, es imposible saber exactamente cómo será el clima en el futuro en cualquier sitio, y por consiguiente qué tipo de bosque clímax tener en miras. Así que es posible que al menos algunas especies de árboles seleccionadas del bosque clímax restante actual, podrían no ser adecuadas en el clima del mañana. Algunas especies pueden ser tolerantes al cambio climático, pero otras puede que no lo sean. De modo que, además de aspirar a riqueza ecológica, la restauración de bosques debe también buscar el establecimiento de ecosistemas de bosques que sean capaces de adaptarse a futuros cambios climáticos.

Creciente adaptabilidad ecológica

Las claves para asegurar la adaptabilidad de los ecosistemas de bosques tropicales a los cambios del clima global son i) diversidad (tanto en especies como genética) y ii) movilidad.

Las especies de árboles varían considerablemente sus respuestas ante la temperatura y la humedad del suelo. Algunas pueden tolerar grandes fluctuaciones en las condiciones (y se dice que tienen un 'nicho amplio'), mientras que otras mueren cuando las condiciones se desvían ligeramente de lo óptimo ('nicho estrecho'). Cuantas más especies de árboles estén presentes al comienzo de la restauración, más probable es que, al menos algunas de ellas, se adecuen al clima futuro, independientemente de cómo resulte. De modo que, en cualquier proyecto de restauración, se trata de aumentar lo antes posible la diversidad de especies de árboles al inicio de la sucesión.

La diversidad genética de las especies de árboles también es importante. La respuesta al cambio climático entre árboles individuales dentro de una especie, también puede variar. De modo que, mantener una alta diversidad genética dentro de las especies, puede aumentar la probabilidad de que al menos algunos individuos sobrevivan, para representar la especie en el futuro bosque. Estas variantes genéticas, serán entonces capaces de transmitir los genes que permiten la supervivencia a sus vástagos, en un mundo más caliente. Hasta hace poco, se recomendaba que las semillas fueran recolectadas de árboles que crecen lo más cerca posible del sitio de restauración (porque están genéticamente adaptadas a las condiciones locales y mantienen la integridad genética). Ahora se tiene en cuenta la idea de incluir al menos algunas semillas, de los límites más cálidos de la distribución de una especie, con el fin de ampliar la base genética desde la cual podrían emerger a través de la selección natural, las variantes genéticas adecuadas para un clima futuro (ver **Cuadro 6.1**). Los límites más cálidos de la distribución de una especie, incluirían típicamente las poblaciones al extremo sur de las especies en el hemisferio norte, la población al extremo norte de las especies en el hemisferio sur y los límites de las elevaciones más bajas en las especies montanas.

Los árboles no pueden 'arrancar' del cambio climático, pero sus semillas sí (ver **Sección 2.2**). De modo que cualquier acción para facilitar la dispersión de semillas a través de los paisajes, aumentará la probabilidad de que más especies de árboles sobrevivan. La movilidad de las semillas a través de los paisajes, puede ser maximizada plantando especies de árboles 'framework', ya que están especialmente seleccionadas por su atracción a animales silvestres dispersores de semillas. Las especies de árboles que tienen semillas grandes, particularmente aquellos que dependían de animales extirpados (por ejemplo, elefantes o rinocerontes) para su dispersión, también deben ser especies objetivo para la plantación. Sin sus dispersores de semillas, la intervención humana para mover sus semillas (o plántulas) puede ser la única oportunidad que queda para su dispersión. Las campañas para prevenir la caza de los animales dispersores de semillas, son obviamente importantes en este respecto (ver **Sección 5.1**). La creciente conectividad de los bosques al nivel del paisaje, también facilita la dispersión de semillas, porque muchos animales dispersores son reacios a cruzar grandes áreas abiertas. Esto se puede lograr restaurando bosque en forma de corredores y refugios de paso (ver **Sección 4.4**).

Es ilusorio suponer que algo tan dinámico y variable como un bosque tropical, puede ser 'a prueba del clima', pero algunas de las medidas sugeridas arriba, pueden al menos ayudar a asegurar un futuro a largo plazo, de alguna forma de ecosistema de bosque tropical en los sitios de restauración actuales.

4.3 Incorporando los bosques en el paisaje

Hoy en día, ningún proyecto de restauración de bosque es llevado a cabo en aislamiento. La destrucción del bosque es una característica de los paisajes dominados por humanos, y por consiguiente, la restauración es siempre implementada dentro de una matriz de otros usos de la tierra. Por ello, considerar los efectos de los proyectos de restauración en el carácter del paisaje, y *vice versa*, es frecuentemente una de las primeras consideraciones a tener en cuenta, en el momento de elaborar el plan del proyecto y restauración (ver **Capítulo 11** de Lamb, 2011). La consideración de todo el paisaje en la planificación de la restauración, ha sido ahora formalizada dentro del marco de la restauración de paisajes forestales.

La restauración de paisajes forestales

La restauración de paisajes forestales (RPF o FLR, 'Forest Landscape Restoration', en inglés) es "un proceso planificado, que apunta a la recuperación de la integridad ecológica y mejora el bienestar humano en paisajes deforestados o degradados" [1] (Rietbergen-McCracken *et al*., 2007). Provee procedimientos por los cuales, las decisiones de restauración a nivel del sitio, se conforman con los objetivos a nivel del paisaje.

La meta de la RPF es un compromiso entre satisfacer las necesidades humanas y las de la vida silvestre, restaurando una gama de funciones del bosque a nivel del paisaje. Apunta a reforzar la resistencia y la integridad ecológica de los paisajes y de ahí a mantener abiertas futuras opciones de gestión. Las comunidades locales juegan un papel crucial en la formación del paisaje, y ganan beneficios significativos de los recursos de los bosques restaurados, de manera que su participación es primordial en el proceso. Por ello, la RPF es un proceso inclusivo y participativo.

La RPF combina varios principios y técnicas de desarrollo existentes, conservación y gestión de los recursos naturales, tales como la evaluación del paisaje, valoración participativa rural y gestión adaptativa, dentro de un marco claro y consistente de evaluación y aprendizaje. La RNA y la plantación de árboles son solo dos de las muchas prácticas forestales, que pueden ser implementadas como parte del programa de la RPF. Otras incluyen la protección y el manejo de bosques secundarios y degradados, agro-silvicultura e incluso plantaciones de árboles convencionales.

Los logros de la RPF pueden incluir:
- identificación de las principales causas de la degradación del bosque y prevención de más deforestación;
- el compromiso positivo de las partes interesadas en la planificación de la restauración del bosque, solución de conflictos de uso de la tierra y acuerdo en los sistemas de repartición de los beneficios;
- compromisos y compensaciones para el uso de la tierra, que son aceptables para todas las partes interesadas;
- un depósito de la diversidad biológica, tanto de valor local como global;
- entrega de una gama de beneficios utilitarios a las comunidades locales incluyendo —
  - una fuente fiable de suministro de agua limpia;
  - un suministro sostenible de una gama de diversos alimentos, medicinas y otros productos forestales;
  - ingresos del ecoturismo, comercio de carbono y de los pagos de otros servicios medioambientales;
  - la protección medioambiental (por ejemplo, mitigación de inundaciones o sequías y el control de la erosión del suelo).

---

[1] Se considera que un paisaje de bosque está degradado, cuando ya no es capaz de mantener el suministro adecuado de productos forestales o servicios ecológicos para el bienestar humano, el funcionamiento del ecosistema y la conservación de la biodiversidad. La degradación puede incluir una disminución de la biodiversidad, la calidad del agua, la fertilidad del suelo y suministros de los productos del bosque, así como crecientes emisiones de dióxido de carbono.

El concepto de la RPF es el resultado de la colaboración entre las principales organizaciones de conservación del mundo, incluyendo la Unión Internacional para la Conservación de la Naturaleza (UICN), el Fondo Mundial para la Naturaleza (WWF) y la Organización Internacional de las Maderas Tropicales; recientemente se han publicado varios libros de texto exhaustivos sobre el concepto (por ejemplo, Rietbergen-McCracken *et al.*, 2007; Mansourian *et al.*, 2005; Lamb, 2011).

El carácter del paisaje

La evaluación del carácter del paisaje es frecuentemente el primer paso en la iniciativa de la RPF. El carácter del paisaje es la combinación de los elementos del paisaje (por ejemplo, geología, relieve, influencia humana , clima e historia), que definen la identidad única local de un paisaje. Esto resulta de las interacciones entre los factores físicos y naturales, como la geología, el relieve, los suelos y ecosistemas, y los factores sociales y culturales, como el uso de la tierra y asentamientos. Identifica las distintas características del paisaje y sirve de guía para las decisiones sobre dónde se pueden restaurar bosques en un sentido positivo y sostenible, que sea relevante para las partes interesadas.

Evaluación del carácter del paisaje.

La evaluación del carácter de un paisaje es esencialmente un ejercicio participativo de cartografía, llevado a cabo con el objetivo de llegar a un consenso sobre dónde se puede restaurar el bosque, a la vez que se conservan o mejoran las características del paisaje que las partes interesadas consideran deseables.

Comienza con una revisión de la información existente sobre el área, incluyendo su geología, topografía, clima, distribución de tipos de bosque, diversidad de plantas y animales, proyectos previos de conservación o desarrollo, población humana y condiciones socio-económicas. Esta información se podrá obtener de mapas (especialmente de aquellos que muestren la cobertura forestal), artículos e informes de investigación publicados o sin publicar. Se pueden obtener documentos como éstos en las oficinas gubernamentales (particularmente de las autoridades de conservación de bosques locales o nacionales, la oficina meteorológica y el departamento de bienestar social), cualquier ONG que haya trabajado en el área, y cualquier universidad que haya hecho investigaciones. También hay disponible una cantidad considerable de información en internet. Google Earth es un recurso útil de información sobre áreas con una limitada accesibilidad a mapas.

El siguiente paso es celebrar una serie de reuniones con las partes locales interesadas, para combinar la información de la revisión del conocimiento local y las observaciones de campo. La población local, particularmente las generaciones mayores, pueden ofrecer invalorable información sobre el carácter del paisaje, particularmente si tienen recuerdos del área antes de la perturbación. Podrían ser capaces de identificar los cambios en los productos del bosque o procesos ecológicos, que han sucedido como resultado de la degradación, tales como un flujo reducido de arroyos, y podrían tener otros conocimientos que pueden ayudar a priorizar ciertos usos de la tierra. Las partes interesadas deben trabajar juntas para elaborar un mapa que identifique los sitios potenciales de reforestación de bosque, dentro de una matriz de otros usos deseables de la tierra. Los procesos y habilidades requeridos para ejecutar valoraciones participativas eficientes, están más allá del alcance de este libro, pero las herramientas de apoyo a las decisiones, tales como el mapeo participativo, el escenario de análisis, los juegos de roles e instrumentos basados en el mercado han sido todos muy bien estudiados por Lamb (2011), y existe una gran cantidad de literatura disponible de la gente que practica silvicultura de comunidades (por ejemplo, Asia Forest Network, 2002; www.forestlandscaperestoration.org y www.cbd.int/ecosystem/sourcebook/tools/).

La evaluación del carácter del paisaje debe identificar i) características deseables del paisaje que deben ser conservadas, ii) problemas con el manejo actual del paisaje y iii) los beneficios potenciales de la restauración. Las salidas de campo deben incluir evaluaciones participativas de i) los remanentes del ecosistema forestal objetivo, si estuviesen presentes (ver **Sección 4.2** arriba) y ii) sitios potenciales de restauración (ver **Sección 3.2**).

El principal resultado de la evaluación del carácter del paisaje, es un mapa que muestre los usos actuales de la tierra, las características deseables que deban ser conservadas y los sitios degradados que requieran restauración. El mapa puede mostrar varios sitios que son potencialmente adecuados para la restauración, de modo que el siguiente paso es la priorización. Podría ser tentador restaurar los sitios menos degradados primero, porque su restauración costará menos y se percibe como que tendrá una mejor oportunidad de éxito, pero esto podría no ser la mejor opción. Considera cada una de las siguientes cuestiones:

- la condición de cada sitio degradado, y el tiempo y el esfuerzo requerido para restaurarlo;
- si la restauración de bosque podría impactar adversamente un hábitat existente de alto valor de conservación (por ejemplo, humedales o pastizales naturales) en el sitio o en la vecindad;
- si un sitio restaurado contribuirá a la conservación de la biodiversidad en el paisaje más amplio, expandiendo el área de bosque natural como zona de amortiguamiento, o reduciendo la fragmentación de bosque.

La fragmentación de bosques

La fragmentación es la sub-división de grandes áreas de bosque en parches que van incesantemente reduciéndose. Sucede cuando se dividen grandes áreas continuas de bosque con carreteras, tierra cultivada etc. Los pequeños parches desconectados de bosque, pueden ir reduciéndose aún más por los efectos de borde: factores dañinos que penetran al bosque desde afuera. Estos podrían incluir luz, que promueve el crecimiento de malezas, aire caliente que diseca las plántulas jóvenes, o gatos domésticos que cazan las aves que anidan. Los fragmentos pequeños son más vulnerables a los efectos de borde que los grandes, porque cuanto más pequeño es el fragmento, mayor es el borde de la proporción total del área.

Un ejemplo bien conocido de fragmentación, es el resultado de la construcción de carreteras en la Amazonía brasileña. Las carreteras, frecuentemente construidas para facilitar la exploración de petróleo y gas, permiten que les sigan taladores, cazadores ilegales y ganaderos. La fragmentación de bosque resultante es propensa a los efectos de borde, que pueden impactar los procesos ecológicos en un área perímetro de al menos 200 m en profundidad (Bennett, 2003). Si tal fragmentación continúa, gran parte de la Amazonía podría convertirse en una vegetación de matorral propensa a incendios (Nepstad *et al.*, 2001).

La fragmentación tiene importantes implicaciones para la conservación de la vida silvestre, porque muchas especies requieren un área mínima de hábitat continuo para poder mantener poblaciones viables. Muchas veces, estas especies no pueden dispersarse a través de tierras agrícolas inhóspitas, carreteras u otras barreras de 'no-hábitat'. Pocos animales del bosque pueden atravesar grandes áreas no forestadas (excepciones son algunas aves, murciélagos y otros mamíferos pequeños). Hasta un 20% de las especies de aves encontradas en bosques tropicales, son incapaces de atravesar brechas más amplias de unos cuantos cientos de metros (Newmark, 1993; Stouffer & Bierregaard, 1995). Esto significa que las grandes semillas dispersadas por animales, raras veces son transportadas entre los fragmentos de bosque.

DISECCIÓN

Carreteras, vías férreas, líneas de alta tensión etc. cortando grandes extensiones de bosque.

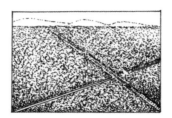

PERFORACIÓN

Se van formando huecos en el bosque, a medida que los colonos explotan la tierra a lo largo de las líneas de comunicación.

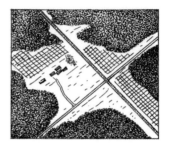

FRAGMENTACIÓN

Los parches se vuelven mayores que el bosque remanente.

DESGASTE

Los restos de bosque aislados son gradualmente erosionados por los efectos de borde.

Minúsculos fragmentos de bosque solo pueden soportar poblaciones muy pequeñas de animales, que son muy vulnerables a la extirpación. Una vez desaparecidas las especies no pueden volver, porque la migración entre los parches de bosque es impedida por vastas áreas de tierra agrícola o barreras peligrosas, como carreteras. La restauración de los corredores de vida silvestre para re-conectar los fragmentos de bosque, puede llevar a superar algunos de estos problemas y ayudar a crear poblaciones de vida silvestre viables en un paisaje fragmentado.

Las poblaciones de animales y plantas, pequeñas y aisladas, que resultan de esto son fácilmente extinguidas por la caza, enfermedades, sequías e incendios, que normalmente no eliminarían a poblaciones mayores y resistentes, en grandes áreas de bosque. El aislamiento genético y la endogamia aumentan el riesgo de extinción. En un fragmento tras otro, las pequeñas poblaciones de especies desaparecen y no pueden re-establecerse por migración, de modo que finalmente, las especies se extinguen a través de todo el paisaje (ver **Sección 1.1**). La re-colonización se vuelve imposible porque los terrenos inhóspitos (como tierra agrícola o urbanizada) entre los fragmentos de bosque, bloquean la dispersión de potenciales nuevos fundadores de las especies extinguidas.

4.4 La elección de los sitios

La restauración de bosques puede ser relativamente costosa a corto plazo (aunque es más rentable que permitir que continúe la degradación), de modo que tiene sentido implementarla, primero allí donde genera un máximo de beneficios ecológicos, como protegiendo los cursos de agua, previniendo la erosión del suelo y revirtiendo la fragmentación.

¿Cómo se puede revertir la fragmentación?

Pequeños fragmentos de bosque que son re-conectados, tienen un valor de conservación mayor que aquellos que se dejan aislados (Diamond, 1975). La restauración de bosque se puede usar para establecer 'corredores de vida silvestre', que reconectan los fragmentos de bosque. Proveen a la vida silvestre de la seguridad que necesita para moverse de una zona de bosque a otra. La mezcla genética comienza nuevamente, y si la población de una especie es eliminada de una zona de bosque, se puede restablecer a través de la inmigración de individuos a lo largo de los corredores, desde otra zona de bosque. Los corredores de vida silvestre también pueden ayudar a re-establecer las rutas de migración naturales, particularmente para las especies que migran desde arriba hacia abajo de las montañas.

El concepto de corredores de vida silvestre no está libre de controversia. Por ejemplo, los corredores podrían convertirse en 'galerías de tiro' que animan a los animales silvestres a salir de la seguridad de las áreas de conservación y los convierten en objetivos fáciles para los cazadores. Los corredores también podrían facilitar la expansión de enfermedades o incendios. Los primeros corredores fueron creados con poca orientación en cuanto a su localidad, diseño y manejo (Bennett, 2003), pero hay creciente evidencia para sugerir que los beneficios de los corredores, sobrepasan las potenciales desventajas. En Costa Rica, por ejemplo, los corredores ribereños han conectado exitosamente poblaciones fragmentadas de aves. (Sekercioglu, 2009), y en Australia, se ha confirmado recientemente que la mezcla genética entre pequeños mamíferos, puede ser re-establecida conectando zonas de bosque con corredores estrechos (Tucker & Simmons, 2009; Paetkau *et al.*, 2009) (ver **Cuadro 4.1**). También en Australia, se descubrió que los restos lineales de bosque de 30–40 m de ancho soporta el movimiento de casi todos los mamíferos arbóreos, aunque la calidad del bosque es muy importante (Laurance & Laurance, 1999).

¿Qué ancho debe tener un corredor?

Cuánto más ancho sea el corredor, más especies lo usarán. Bennett (2003) recomendó que los corredores deberían tener 400–600 m de ancho, de modo que los núcleos de vegetación sean amortiguados contra los efectos de borde y así sean atraídos los animales y plantas del interior del bosque. No obstante, el ejemplo australiano (ver **Cuadro 4.1**) muestra que corredores tan estrechos como 100 m, pueden eficazmente revertir al aislamiento genético, siempre y cuando estén bien diseñados para minimizar los efectos de borde. Los corredores de este ancho pueden ser usados por mamíferos pequeños o medianos y aves forestales, que no pueden cruzar tierra abierta (Newmark, 1991). Los herbívoros vertebrados grandes usarán probablemente corredores más anchos de 1 km, mientras que los mamíferos predadores grandes prefieren corredores aún más amplios (de 5–10 km de ancho). Una estrategia razonable, es empezar con la restauración de un corredor de bosque estrecho y luego gradualmente ampliarlo cada año, plantando más árboles, mientras se van haciendo registros de las especies observadas que se trasladan a través de este.

Cuadro 4.1. Especies 'framework' para crear corredores.

Las Mesetas de Atherton en Queensland, Australia, estuvieron alguna vez cubiertas de selva tropical de montaña, que proveía hábitat para una enorme diversidad de especies de plantas y animales. Entre ellos, el espectacular casuario del sur (*Casuarius casuarius johnsonii*), un ave grande no voladora, es una dispersora de semillas fundamental en estos bosques y está ahora seriamente amenazada. Los primeros colonos en ser atraídos al área fueron europeos, en los 1880s por las oportunidades de extracción de madera y, posteriormente el bosque fue despejado para crianza de ganado y agricultura. En los 1980s sólo quedaban unos pocos fragmentos del bosque húmedo original en las Mesetas de Atherton, y éstos contenían pequeñas poblaciones aisladas de vida silvestre, cada una encaminada hacia un futuro incierto.

Se planificaron corredores de vida silvestre para reconectar los fragmentos aislados y monitorear la migración de los animales silvestres a través de estas conexiones. El Corredor de Donaghy fue la primera de estas conexiones, con el propósito de conectar el aislado Parque Nacional de Lago Barrine (491 ha) al bloque más grande del Bosque Estatal de Gadgarra (80,000 ha). El corredor fue establecido plantando especies de árboles 'framework', en un cinturón de 100 m de ancho a lo largo de los bancos del Toohey Creek, que serpenteaban por 1.2 km a través de tierras de pastoreo. Con el énfasis en la mejora de la dispersión de semillas desde el bosque cercano, el método de las especies 'framework' fue la elección obvia para crear un corredor como este.

Se alcanzó un acuerdo con los propietarios de las granjas, incorporando sus necesidades al proyecto; por ejemplo, proveyendo bebederos de agua y árboles de sombra para el ganado. El equipo de Parques de Queensland y Vida Silvestre en el vivero del Parque Nacional Lago Eacham, formaron una sociedad con un grupo de la comunidad, TREAT (Trees for the Evelyn and Atherton Tablelands) para criar y plantar más de 20,000 árboles entre 1995 y 1998. En adición al manejo del ganado, otros puntos de diseño clave incluyeron cortavientos para minimizar los efectos de borde, un programa de mantenimiento riguroso (incluyendo desmalezar y aplicar fertilizantes) y un monitoreo a largo plazo, de la colonización de animales y plantas.

Los árboles plantados para establecer el Corredor de Donaghy, Febrero 1997.

Cuadro 4.1. continuación.

La misma área en febrero 2010.

La recuperación de la vegetación a lo largo de la conexión de hábitat fue rápida, con 119 especies de plantas colonizando los transectos dentro del corredor después de 3 años. Varias especies de árboles dieron frutos rápidamente después de haber sido plantados; por ejemplo, *Ficus congesta* produjo higos después de 6–12 meses. Varios estudios que usaron la marca-recaptura y el análisis genético, mostraron que el corredor de hecho, promovió la migración de la vida silvestre y re-estableció la mezcla genética (Tucker & Simmons, 2009; Paetkau *et al.*, 2009), proveyendo una base más segura para la viabilidad a largo plazo de las poblaciones.

El involucramiento del grupo de la comunidad, produjo desde el principio un amplio interés, tanto en el método de las especies de árboles 'framework', como en la conectividad de los hábitats. Otras conectividades están ahora restaurándose dentro y fuera de la región, algunas de ellas muchos kilómetros de largo.

Uno de los aspectos más difíciles de la creación de corredores largos, a través de tierras de propiedad privada, es asegurar la colaboración de todos los propietarios a lo largo de la ruta. Pero, según Nigel Tucker (ver **Cuadro 3.1**), no es necesario que todos esten interesados antes de que el proyecto empiece. "Trabajamos primero con los propietarios que están de acuerdo. A los otros propietarios se les convence posteriormente, cuando vean los beneficios que obtienen sus vecinos del corredor. Se trata de formar relaciones y asegurar la colaboración con un buen apretón de manos — antes que con un contrato formal".

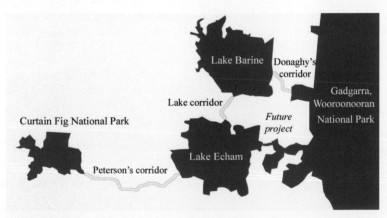

Este sitio de demostración bien estudiado, es la prueba de que los corredores soportan la conservación de la biodiversidad. Ahora, varios corredores conectan los fragmentos de bosque a través de las Mesetas de Atherton.

Por Kwankhao Sinhaseni

¿Dónde se deben crear los corredores?

No todos los fragmentos de bosque tienen el mismo valor ecológico. Los fragmentos grandes, y los que han sido aislados recientemente de grandes áreas de bosque, retienen más biodiversidad que los fragmentos más pequeños y antiguos. De modo que, los corredores que reconecten grandes fragmentos recientemente formados, tendrán mayor valor ecológico que los que reconectan a otros más pequeños. En caso de que haya conocimiento de que alguno de los fragmentos retiene poblaciones de especies amenazadas, su reconexión con grandes zonas de bosque también debe recibir alta prioridad (Lamb, 2011).

¿Qué sucede con los 'stepping stones' o refugios de paso?

Podría no haber suficientes fondos para reconectar todos los fragmentos de bosque con corredores continuos, y en esta situación los 'stepping stones' o refugios de paso podrían ser más viables. Los refugios de paso son islas de bosque restaurado, creados principalmente para facilitar el movimiento de la vida silvestre, a través de paisajes hostiles como tierra agrícola. Los hábitats de los refugios de paso, podrían también mejorar la regeneración natural alrededor de tierra degradada, al animar visitas de dispersores de semillas, que podrían depositar semillas de restos de áreas de bosque, donde se habían previamente alimentado. Una vez que los árboles plantados y regenerados, alcancen naturalmente la madurez, también se convertirán en fuentes de semillas en su propio territorio, conllevando a la regeneración continua de bosque, tanto dentro como fuera de los límites de los refugios de paso.

El tamaño y la forma de los refugios de paso

Cualquier sitio restaurado en pequeña escala, puede sufrir las desventajas de los pequeños fragmentos, de modo que el diseño de los 'refugios de paso' es importante. La forma de la parcela de restauración, debe tener un borde mínimo al ratio del área. Como guía general, trata de que el largo y el ancho de los 'refugios de paso' sean aproximadamente iguales y no plantes árboles en parcelas largas y estrechas, excepto cuando tu objetivo sea establecer un corredor de vida silvestre. Alrededor del sitio de restauración, se debe plantar una zona de amortiguamiento de densos arbustos y pequeños árboles frutales, para que actúe como cortaviento y reducir aún más el efecto de borde. En el resto del refugio de paso se pueden plantar especies de árboles 'framework', para re-establecer la estructura del bosque y atraer dispersores de semillas.

En términos generales, las grandes zonas de bosque soportan más recuperación de biodiversidad que las pequeñas. Soule y Terborgh (1999) sugieren que, idealmente, una cobertura de bosque que aumenta rápidamente el 50% del paisaje, minimiza la subsiguiente pérdida de especies. No obstante, las pequeñas parcelas de restauración pueden tener un efecto positivo significativo, especialmente si están bien diseñadas en términos de la composición de especies de árboles, minimización de los efectos de borde (zonas de amortiguamiento) y creciente conectividad de bosque. De esta manera, la calidad y el posicionamiento de las parcelas de restauración pueden ayudar a compensar por su pequeño tamaño (p. 448 of Lamb, 2011).

Restaurar grandes sitios

El tamaño de las parcelas que son restauradas cada año depende de la disponibilidad de tierra, financiación y trabajo, para sacar la maleza y cuidar los árboles plantados durante los primeros dos años, después de empezar el trabajo de restauración (ver **Sección 4.5**). Los sitios grandes necesitarán grandes cantidades de semillas. Las semillas de las más bien pocas especies 'framework', se pueden adquirir con una recolección y almacenamiento cuidadosamente planificados de antemano. Pero donde debería usarse el planteamiento de máxima diversidad

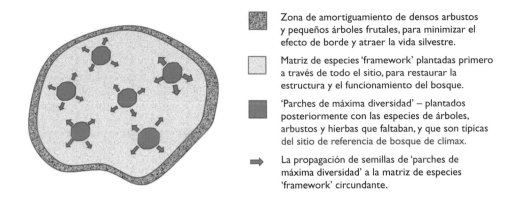

Zona de amortiguamiento de densos arbustos y pequeños árboles frutales, para minimizar el efecto de borde y atraer la vida silvestre.

Matriz de especies 'framework' plantadas primero a través de todo el sitio, para restaurar la estructura y el funcionamiento del bosque.

'Parches de máxima diversidad' – plantados posteriormente con las especies de árboles, arbustos y hierbas que faltaban, y que son típicas del sitio de referencia de bosque de clímax.

La propagación de semillas de 'parches de máxima diversidad' a la matriz de especies 'framework' circundante.

Plan sugerido para la restauración de un sitio grande de bosque, que está lejos del resto más cercano de bosque remanente. NB: El área plantada es más o menos de forma circular, para minimizar los efectos de borde.

en tierra altamente degradada (ver **Sección 3.1**), podría ser imposible adquirir suficientes semillas para plantar todas las especies requeridas a través de todo el sitio. En estos casos, una aproximación alternativa, es plantar en todo el sitio especies de árboles 'framework' para re-establecer la estructura del bosque y atraer dispersores de semillas, y entonces crear pequeños 'parches de máxima diversidad' dentro de la matriz de árboles 'framework', usando la técnica de máxima diversidad (ver **Sección 5.4**).

Restauración para la conservación del agua y suelo

Los efectos de la deforestación y la restauración de bosque en el agua y el suelo, se explican en las **Secciones 1.2** y **1.4**. Tanto la regularidad del suministro del agua, como la calidad del agua pueden ser mejoradas, focalizando la restauración en las cuencas superiores, particularmente aquellas alrededor de manantiales. Aunque los árboles absorban agua del suelo a través de la transpiración, ellos también aumentan la capacidad del suelo de retener el agua a través de la adición de materia orgánica, de modo que puedan absorber más agua durante la estación de agua y liberarla en los períodos secos. De esta manera, la restauración de bosque puede convertir arroyos estacionalmente secos en corrientes de flujo permanente, y también puede ayudar a reducir la cantidad de sedimentos en los suministros de agua.

Plantar a lo largo de las orillas de los arroyos puede crear hábitats ribereños, que son esenciales para las especies especializadas (desde libélulas hasta nutrias) que viven en, o al costado, de los cursos de agua protegidos. Estos hábitats también funcionan como refugios esenciales para muchas otras especies menos especializadas durante la época seca, cuando los hábitats vecinos se secan o se queman. Plantar árboles ribereños también previene la erosión de las orillas de los arroyos y la obstrucción de los cauces con arena. Esto reduce el riesgo de que los arroyos rompan sus orillas, llevando a inundaciones repentinas en la estación de lluvias.

La erosión del suelo reduce la capacidad de una cuenca de agua, de almacenar el agua, lo que contribuye tanto a inundaciones en la estación de lluvia, como a sequía en la estación seca. Los deslizamientos de tierra pueden ser considerados la forma más extrema de la erosión del suelo. Pueden ocurrir con tal brusquedad y fuerza, que pueden destruir completamente pueblos, infraestructura y tierra agrícola y pueden llevar a la pérdida de vidas humanas. La restauración del bosque puede ayudar a reducir la erosión del suelo, y la frecuencia y severidad de los deslizamientos de tierra, porque las raíces de los árboles aglutinan el suelo, previniendo así el movimiento de las partículas del suelo. La hojarasca también ayuda a mejorar la estructura y el drenaje del suelo. Aumenta la penetración del agua de la lluvia en el suelo (infiltración) y reduce el escurrimiento de la superficie.

Para obtener el máximo valor de conservación, restaura corredores de bosque de vida silvestre, para conectar las parcelas de bosque y crear bosque permanente para reducir el riesgo de erosión del suelo o deslizamientos de tierra y para proteger los cursos de agua y su vida silvestre asociada.

Para prevenir la erosión del suelo y los deslizamientos de tierra, la restauración debe focalizarse en sitios montañosos con laderas largas, escarpadas e ininterrumpidas. Las zanjas de la erosión y los sitios despejados con laderas que exceden el 60%, deben ser completamente restauradas con vegetación densa (Turkelboom, 1999). Los sitios con laderas más moderadas, pueden estabilizarse con menos del 100% de cobertura, si las parcelas de restauración son estratégicamente ubicadas para seguir el contorno de la ladera. La mayoría de los países tiene un sistema clasificado de cuencas hidrológicas, con mapas que muestran el riesgo relativo de la erosión del suelo en cualquier área particular. Pregunta si puedes consultar estos mapas en el servicio de extensión local de agricultura, para determinar hasta qué punto la restauración de bosques, puede ayudar a reducir la erosión del suelo en tu localidad.

¿Quién es dueño de la tierra?

Al emprender actividades de restauración, lo último que quieres es una disputa por las tierras.

Al restaurar bosque en tierra pública, obtén permisos de las autoridades relevantes que incluyan un mapa para confirmar la localidad del sitio. La mayoría de las autoridades aceptan ayuda con reforestación de bosque de grupos comunitarios o ONGs, pero obtener permisos por escrito puede llevar mucho tiempo, de modo que empieza los debates al menos un año antes de la fecha de plantación deseada. Asegúrate de que todas las autoridades relevantes estén completamente involucradas en la planificación del proyecto. Cualquier persona involucrada, debe entender que plantar árboles no significa necesariamente una demanda legal de la tierra, y la población local necesitará la confirmación de que podrán acceder al sitio para implementar las actividades de restauración y/o para cosechar los productos del bosque.

Si está en tierra de propiedad privada, asegúrate de que el propietario (y sus herederos) estén plenamente comprometidos en mantener el área como bosque, a través de un memorándum de entendimiento o acuerdo de conservación. Plantar árboles aumenta considerablemente el valor de la propiedad privada, de modo que los propietarios de las tierras deben cubrir plenamente los costos.

Con el inminente potencial en el horizonte, de que se podrán ganar grandes sumas de dinero vendiendo créditos de carbono bajo REDD+, parte del programa de la ONU para Reducir las Emisiones de la Deforestación y Degradación, la cuestión de quién será el dueño del carbono se ha vuelto casi tan importante como 'quién es dueño de la tierra'. Los argumentos sobre cómo se repartirán los beneficios del comercio de carbono entre las partes interesadas, puede llevar al fracaso del proyecto. Si cualquiera de las partes interesadas que contribuye al proyecto, es posteriormente excluida de la repartición de los ingresos del carbono, ésta podría decidir quemar el bosque restaurado. Es por ello esencial, resolver los asuntos de propiedad y/o acceso a las tierras, carbono y otros productos forestales, con las partes interesadas durante el proceso de planificación del proyecto.

4.5 Hacer un borrador del plan del proyecto

Una vez que todas las partes interesadas en el proyecto hayan contribuido a las actividades de la pre-planificación, es hora de tener un encuentro formal, para hacer un borrador del plan del proyecto.

Un plan de proyecto debe incluir:
- las metas y objetivos del proyecto;
- una declaración de los beneficios esperados del proyecto y un acuerdo sobre cómo serán repartidos estos beneficios entre todas las partes interesadas;
- una descripción del sitio a ser restaurado;
- los métodos que se usarán para restaurar el bosque en el sitio, incluyendo los requerimientos para el monitoreo (y la investigación);
- un cronograma de tareas, detallando quién es responsable de cada tarea y el cálculo del trabajo requerido para llevar a cabo cada tarea;
- un presupuesto.

Metas y objetivos

Todas las actividades dependen de las metas y objetivos del proyecto. Haz un esquema de la meta general del proyecto (por ejemplo, 'asegurar los suministros de agua', 'conservar la biodiversidad' o 'reducir la pobreza'), seguido por declaraciones más específicas de los objetivos inmediatos del proyecto (por ejemplo, 'restaurar 10 hectáreas de bosque siempreverde en la localidad X para crear un corredor de vida silvestre entre Y y Z'). La investigación del 'bosque-objetivo' (ver **Sección 4.2**) proveerá los objetivos técnicos detallados, como el tipo de bosque, la estructura y la composición de especies, que el proyecto se propone lograr.

Acuerdo de repartición de beneficios

Enumera la gama completa de los beneficios del proyecto y cómo será repartido cada uno de ellos, entre las partes interesadas. Una vez que se haya alcanzado el consenso, todas las partes interesadas deben firmar el acuerdo.

Tabla 4.1. Ejemplo de una matriz de repartición de beneficios

Beneficio	Autoridad de área protegida	Pobladores locales	Financiador	ONG	Universidad
Pagos por trabajos en el proyecto	30%	60%	0%	10%	0%
Productos de bosque no maderables	0%	100%	0%	0%	0%
Agua	50%	50%	0%	0%	0%
Ingresos del ecoturismo	40%	50%	0%	10%	0%
Venta de créditos de carbono	30%	40%	10%	20%	0%
Datos de investigación	30%	0%	0%	10%	60%
Buena publicidad	20%	20%	20%	20%	20%

Cuando los beneficios son económicos (por ejemplo, ingresos del comercio de carbono, ingresos del ecoturismo), las participaciones que se han acordado en el plan del proyecto, pueden servir como base para los contratos legales más formales cuando ese ingreso se realiza. Una tabla como ésta sirve para enfatizar el rango de diferentes beneficios no-monetarios y sus valores varios, para las diferentes partes interesadas. Por ejemplo, una 'buena publicidad' podría resultar en un aumento no cuantificado de ingresos para un patrocinador corporativo, mientras que para los pobladores locales, esto podría servir para reforzar su derecho a quedarse viviendo en el área protegida o podría atraer eco-turistas.

Cuando se hace un borrador del acuerdo de la repartición de beneficios, también es necesario asegurar que los beneficiarios potenciales sean conscientes de cualquier restricción legal para obtener cualquier beneficio (por ejemplo, leyes que prohíben la recolección de ciertos productos forestales), así como de cualquier inversión futura que se requiera, antes de que se pueda obtener el beneficio (por ejemplo, inversión en una infraestructura para el ecoturismo). Cada grupo de interesados puede entonces decidir por sí mismo, cómo serán compartidos los beneficios del proyecto entre sus miembros (por ejemplo, cómo se compartirá el agua entre los propietarios de las tierras río abajo).

Beneficios intangibles podrían ser evaluados de otro modo por diferentes grupos de depositarios. Buena publicidad podría fortalecer el derecho de las minorías étnicas de vivir en un área protegida, mientras que para una empresa patrocinadora, podría atraer a nuevos clientes.

Descripción del sitio

El informe de la inspección del sitio de restauración (ver **Sección 3.3**), incluye todos los detalles necesarios para la descripción del sitio. Debe ser suplementado con mapas anotados y/o imágenes satélites y fotografías. Un esbozo de cómo el paisaje podría aparecer después de la restauración, también es útil.

Métodos

El informe de la inspección del territorio de restauración, también provee la mayoría de la información necesaria para determinar los métodos requeridos para implementar el proyecto de restauración. Por ejemplo, ayudará a determinar qué medida de protección se requiere, el equilibrio entre plantar árboles y RNA, qué acciones de RNA ejecutar, cuántos árboles y qué especies se debe plantar, etc. Enumerar formalmente en el plan del proyecto los métodos que se usarán, hace más fácil identificar las acciones requeridas para implementarlos y así desarrollar un cronograma de tareas. En el **Capítulo 5,** se dan más detalles sobre los métodos requeridos para implementar las principales estrategias de restauración de bosques.

Tabla 4.2. Ejemplo de cronograma de tareas, para la restauración de bosque tropical estacionalmente seco en un área protegida, plantando especies de árboles marco en combinación con RNA.

Deber	Cuándo	Parte interesada con responsabilidad para la organización
Tiempo antes del evento de plantación		
Las partes interesadas han alcanzado el consenso, inspección del bosque-objetivo y sitios potenciales de restauración, empieza a establecer vivero	18–24 meses	Autoridad de área protegida
Borrador del plan de proyecto, decisión final sobre sitios de restauración	18–24 meses	Autoridad de área protegida
Empieza recolección de semillas y germinación	18 meses	ONG y comunidad local
Monitorea producción de árboles jóvenes, suplementar con árboles de otros viveros si fuera necesario	6 meses	ONG
Endurece los árboles jóvenes, organiza equipos de plantación	2 meses	Comunidad local
Etiqueta los jóvenes árboles para monitorear	1 mes	Comunidad local
Preparación del sitio: identifica y protege la regeneración natural, despeja el sitio de la maleza	1 mes	Comunidad local
Transporta árboles jóvenes y equipo al sitio, informa a jefes de los equipos de plantación	1–7 dias	Autoridad de área protegida
Evento de plantación	0 días (comienzo de estación de lluvia)	Autoridad de area protegida
Tiempo después del evento de plantación		
Controla calidad de plantación, ajusta todas las plántulas mal plantadas, remueve basura del sitio	1–2 dias	Comunidad local
Recolecta datos de línea de base sobre árboles monitoreados	1–2 semanas	Investigadores de Universidad
Desmalezar y fertilizar según se necesite	Durante la primera estación de lluvia	Comunidad local
Monitorea crecimiento y supervivencia de árboles plantados	Final de la estación de lluvia	Investigadores de Universidad
Corta cortafuegos, organiza patrullas de incendio	Comienzo de la primera estación seca	Comunidad local
Monitorea crecimiento y supervivencia de árboles plantados, desmaleza y aplica fertilizante según se necesite, evalúa la necesidad de reemplazar árboles muertos	Fin de la estación seca	Investigadores de Universidad
Plantación de mantenimiento según se necesite	Comienzo de la segunda estación de lluvia	ONG
Continúa desmalezando y aplicando fertilizante según se necesite	Segunda estación de lluvia	Comunidad local
Monitorea crecimiento y supervivencia de árboles plantados	Fin de estación de lluvia	Investigadores de Universidad
Continúa desmalezando en la estación de lluvia hasta que el dosel se cierre, monitorea crecimiento de árboles si necesario, monitorea recuperación de biodiversidad	Años siguientes	Comunidad local

Cronograma de tareas

Enumera cronológicamente las tareas necesarias para implementar los métodos, y asigna la responsabilidad para organizar cada tarea, a los grupos de interesados que tengan las habilidades y los recursos más adecuados (ver **Tabla 4.2** para un ejemplo).

Procura incluir un programa de monitoreo en el cronograma. El monitoreo es un componente esencial del plan del proyecto, importante tanto para demostrar el éxito del proyecto (ojalá), como para identificar errores y las maneras de evitarlos en el futuro. Involucra evaluaciones, tanto del rendimiento de los árboles (los plantados y los que son sujetos a la RNA), como de la recuperación de la biodiversidad (ver **Sección 7.4**).

Un error común es la subestimación de la cantidad total de tiempo requerido, para implementar proyectos de restauración de bosque. Si los árboles son sembrados localmente desde semillas, la recolección de semillas y la construcción de un vivero, deben empezar de 18 meses a 2 años antes de la primera fecha de plantación planificada.

Presupuesto

Calcular los requerimientos de mano de obra

La disponibilidad de mano de obra es un factor crucial, que determina el área máxima que pueda ser restaurada cada año. Es probablemente también, el punto más costoso en el presupuesto del proyecto, de modo que calcular los requerimientos de mano de obra determina la viabilidad del proyecto en general.

Esquemas grandiosos, con metas ambiciosas de replantar vastas áreas, fracasan con frecuencia porque no toman en cuenta la capacidad limitada de las partes locales interesadas, para llevar a cabo la eliminación de malezas y la prevención de incendios. El esfuerzo requerido para producir grandes cantidades de plántulas de la especie correcta, también es muchas veces subestimado. Es por ello, mejor restaurar anualmente áreas más pequeñas (las cuales pueden ser adecuadamente cuidadas por los trabajadores localmente disponibles), a lo largo de muchos años, que plantar árboles en un área grande en un solo evento de alto perfil, solamente para ver después morir a los árboles a causa de la negligencia.

Allí donde los pobladores locales provean la mayor parte del trabajo para un proyecto de restauración, las tareas podrán ser organizadas como actividades comunitarias. Por ejemplo, un comité de pueblo podría solicitar, que cada familia en el pueblo provea un adulto para trabajar cada día, en una tarea registrada en el cronograma que ha de ser llevada a cabo. Por ello, el área máxima que puede ser restaurada cada año, depende del número de las familias que participen. A medida que aumenta el tamaño de la comunidad, entra en efecto una 'economía de escala', lo cual significa que un área mayor, puede ser plantada con menos días de trabajo invertido por familia.

Al principio de cualquier proyecto de reforestación, todas las partes interesadas tienen que ser conscientes de sus compromisos de trabajo. Los planificadores de los proyectos, tienen también que determinar si el trabajo es voluntario o si se tienen que pagar tasas diarias por trabajos casuales. En caso de lo último, los costos de mano de obra dominarán el presupuesto. Si los pobladores locales aprecian los beneficios de la restauración de bosque y se incluye un esquema de repartición de beneficios en el plan del proyecto, muchos estarán dispuestos a trabajar voluntariamente para asegurarse esos beneficios.

Tabla 4.3 Esboza los requerimientos de trabajo para algunas de las tareas más comunes de restauración de bosques. Observa que algunas tareas son solamente requeridas durante el primer año del proyecto, mientras que otras deben ser repetidas durante 4 años después de la primera plantación, dependiendo de las condiciones.

Tabla 4.3. Lista de control para mantener el requerimiento de mano de obra en las tareas más comunes de restauración de bosque (para sitios con degradación fase 1–3 (ver Sección 3.1)).

	Mano de obra requerida (persona días) por hectárea por año	Explicación	Requerimiento anual (años 1 a 4)			
			A1	A2	A3	A4
PROTECCIÓN						
Cortafuegos	Longitud cortafuegos (m) dividido entre 30–40	Asume 1 persona puede cortar 30–40 m de cortafuego (8 m de ancho) por día (dependiendo de la densidad de la vegetación). Calcula desde la longitud del perímetro del sitio de restauración.	+	+	+	?
'Miradores' de fuego y equipo de supresión	16 × núm. de días en la estación de incendios	Equipos de 8 personas trabajando en turnos de 12 horas (día y noche), durante la estación caliente y seca, pueden cuidar sitios de 1–50 ha.	+	+	+	?
RNA						
Localizar y marcar la regeneración natural	12	3,100 árboles regenerados/ha ÷ 250 (promedio/persona/día).	+	–	–	–
Aplastado de malezas	30	1,000 m² (promedio/persona/día) × 3 veces/año (durante 3 años).	+	+	+	?
Desmalezado de anillo	50	3,100 árboles regenerados/ha ÷ c. 180 (promedio/persona/día) × 3 veces por año (durante 3 años).	+	+	+	?
PLANTACIÓN DE ÁRBOLES						
Preparación del sitio	25	Cortar la maleza y aplicar glifosfato (ver **Sección 7.1**).	+	–	–	–
Plantación	Núm. de árboles a plantar/ ha dividido por 80	Núm. de árboles a plantar = 3,100 – el núm. de árboles regenerados/ha (ver **Sección 3.3**). Una persona puede plantar aprox. 80 árboles/día (siguiendo los métodos descritos en **Sección 7.2**).	+	–	–	–
Desmalezar y aplicación de fertilizante	50	3,100 árboles/ha (incluyendo regeneración natural + árboles plantados) ÷ c. 180 (promedio/persona/día) × 3 veces por año (durante 2 años).	+	+	–	–
Monitoreo	32	16 personas pueden monitorear 1 ha/día. Monitorea dos veces por año (al comienzo y fin de la estación principal de crecimiento). Para sitios grandes, selecciona al azar unas cuantas hectáreas de muestra para monitorear.	+	+	+	+

Calcular los costos

Los costos de la restauración varían considerablemente con las condiciones locales (tanto ecológicas como económicas) y se incrementan marcadamente con las fases de degradación. Por ello, sólo podemos presentar pautas para calcular los costos, ya que cualquier estimación de costos actuales se volvería obsoleto rápidamente. Asegúrate de que todos los gastos sean cuidadosamente registrados, para permitir una evaluación costo-beneficio del proyecto en el futuro y para ayudar a otras iniciativas locales a planificar sus propios proyectos.

La restauración de las fases de degradación 3-5 incluye la plantación de árboles, de modo que los costos del vivero deben ser incluidos en el presupuesto del proyecto. La construcción de un vivero simple en la comunidad no tiene que ser caro: por ejemplo, el uso de materiales localmente disponibles, como bambú y madera, mantendrá los costos bajos. Los viveros de árboles duran muchos años, de modo que los costos de construcción del vivero representan sólo un pequeño componente de la producción de árboles. Reduce los costos de materiales, usando medios localmente disponibles, como cáscaras de arroz y suelo de bosque, en vez de mezclas comerciales para macetas. Aunque muchos de estos materiales locales son generalmente 'gratuitos', no te olvides de incluir los costos de mano de obra y transporte. Los únicos artículos esenciales de vivero, para los que no existe un sustituto eficaz natural, son las bolsas de plástico u otros contenedores, y medios para suministrar el agua a las plantas.

Un administrador de vivero debe tener la responsabilidad general del manejo del vivero y asegurar la producción de suficientes árboles de adecuada calidad y de la especie requerida. Esto puede ser una posición asalariada a tiempo completo o parcial, dependiendo de la cantidad de plántulas producidas. El trabajo casual puede ser voluntario o pagado con tasas diarias, según se requiera. El trabajo en vivero es estacional, con la carga de trabajo más pesada justo antes de plantar y menos trabajo en otras temporadas del año. El equipo del vivero también debe ser responsable de la recolección de semillas. Para un vivero típico, la tasa de producción debe ser de 6,000–8,000 árboles producidos por miembro de equipo del vivero al año.

Las líneas del presupuesto para la producción de árboles deben, por ello, incluir:
- construcción de un vivero (incluyendo un sistema de riego);
- equipo de vivero;
- herramientas;
- suministros, por ejemplo, bandejas de germinación, contenedores, medios, fertilizantes y pesticidas
- agua y electricidad;
- transporte (para aprovisionamiento, recolección de semillas y transporte de plántulas al sitio de plantación).

El mantenimiento de la plantación de árboles y los costos del monitoreo, pueden ser divididos en i) mano de obra, ii) materiales y iii) transporte. Le mano de obra es con diferencia el elemento de presupuesto mayor y dentro de éste, la prevención de incendios tiene el costo más alto. Por ello, la viabilidad financiera de la restauración de bosques, depende muchas veces de hasta qué punto se puede sustituir el trabajo pagado, con voluntarios. Por lo general, es fácil encontrar gente en colegios y negocios locales para ayudar en el día de la plantación. La prevención de incendios también es una actividad que normalmente se organiza a través de los comités del pueblo, como 'actividad comunitaria'. Por ello, sacar la maleza y aplicar fertilizante son las dos actividades que probablemente requerirán más trabajo pagado.

Para calcular los costos de la mano de obra, empieza con las aportaciones estimadas del trabajo sugeridas en **Tabla 4.3**. Selecciona aquellas tareas que han sido incluidas en tu cronograma de tareas y quita cualquiera para la que esté asegurado el trabajo voluntario. Suma el total de persona-mano de obra, requeridos para todas las tareas durante 1 año y multiplica la suma por el número de hectáreas a ser restauradas y el pago aceptable para el pago diario del trabajo. A continuación, considera cuántas tareas se tienen que repetir en el año 2 y repite el cálculo de los costos del trabajo, añadiéndole un porcentaje de incremento a los pagos diarios, considerando la inflación. En el año 3, la cantidad de trabajo requerido para sacar la maleza y aplicar fertilizantes, debería reducirse considerablemente, a medida que el cierre de copas empieza a tener efecto. Por ello, atrasa el cálculo de los costos de trabajo para los años posteriores, hasta que se haya evaluado el progreso logrado en los años 1 y 2.

Los materiales para plantar incluyen glifosato (un herbicida), fertilizante y un poste de bambú, y si es posible, una esterilla de mulch para cada árbol plantado. Calcula el costo de aplicar 155 kg de fertilizante por hectárea (asume 50 g por árbol × 3,100 (tanto plantados como regenerados naturalmente)) cuatro veces en el primer año y tres veces en el segundo. Si se usa glifosato para despejar la maleza, calcula el costo de 6 litros de concentrado por hectárea.

4.6 Obtención de fondos

Hecho el borrador del plan y el presupuesto, la siguiente etapa es la obtención de fondos. Los fondos para la restauración de bosques pueden provenir de muchas fuentes diferentes, incluido gobiernos, ONGs y el sector privado, tanto local como internacional. Una campaña vigorosa de obtención de fondos, debe apuntar a varias potenciales fuentes financieras.

Los esquemas de responsabilidad corporativa social (RCS) han sido tradicionalmente, una gran fuente de patrocinio para eventos de plantación de árboles, a cambio de promover una 'imagen verde' para sus patrocinadores. Contacta compañías locales involucradas en la industria de energía (por ejemplo, compañías de petróleo), en la industria del transporte (por ejemplo, líneas aéreas, agencias navieras o fabricantes de autos), o en las industrias que se benefician de un medio ambiente más verde (por ejemplo, la industria de turismo o los fabricantes de alimentos y bebidas), así como compañías que hayan adoptado un árbol o algún animal silvestre como su logo.

Los procedimientos de solicitud para patrocinadores del sector privado y la administración de éstos, son normalmente directos. No obstante, antes de aceptar patrocinios corporativos, considera las cuestiones éticas, como el uso de tu proyecto para promover la imagen verde de una compañía que pudiera estar involucrada en actividades dañinas para el medio ambiente. Para evitar estos dilemas, asegúrate de que tu proyecto es soportado por el fondo de responsabilidad social de una compañía, no por su presupuesto de publicidad, y revisa rigurosamente el contrato.

El reciente aumento de interés por los bosques tropicales como sumideros de carbono, debería incrementar los patrocinadores corporativos para proyectos de restauración. Podría no obstante, tener el efecto contrario, porque ahora muchas compañías solamente patrocinan proyectos de plantación de árboles, a cambio de créditos voluntarios de carbono. Esto requiere que los proyectos se registren con un exceso de organizaciones[2] que han establecido recientemente esquemas de estandarización, que monitorean los proyectos para verificar la cantidad adicional de carbono almacenado y para asegurarse de que no tengan efectos negativos. Estos servicios actualmente cuestan entre US$5,000–40,000 e inscribirse puede llevar hasta 18 meses. Teniendo que enfrentarse a costos iniciales tan contundentes, está ahora excluyendo proyectos más pequeños de los patrocinadores corporativos, y el largo y complicado proceso de inscripción retarda la ejecución del proyecto.

[2] Como Carbon Fix Standard (CFS, www.carbonfix.info/), Verified Carbon Standard (VCS, www.v-c-s.org/), Plan Vivo (www.planvivo.org/), y The Climate Community and Biodiversity Standard (CCBS, www.climate-standards.org/).

Para proyectos más pequeños, organizaciones benéficas y fundaciones son muchas veces buenas fuentes para obtener fondos. Generalmente dan pequeñas subvenciones con procedimientos de revisión de cuentas nada complicados. Organizaciones domésticas del gobierno, especialmente aquellas involucradas en implementar las obligaciones del país bajo la Convención de la Diversidad Biológica (CDB), también deben ser abordadas. Las organizaciones del gobierno local deben también proveer pequeñas subvenciones para la conservación del medio ambiente.

Si solicitar fondos a compañías te parece abrumador, entonces considera organizar tu propia campaña para conseguir fondos. Para proyectos pequeños, los eventos tradicionales para obtener fondos (patrocinio de rifas, subastas etc.) podrían ser suficientes para obtener los fondos necesarios. Pero eventos así requieren mucha organización y normalmente, algunos pagos por adelantado (como el alquiler de un local). Internet hace ahora posible llegar a más gente que nunca, con un mínimo esfuerzo. Publicitar tu proyecto en las redes sociales o a través de una página web dedicada al proyecto, puede generar tanto interés como fondos.

Un acercamiento común es la campaña 'patrocina un árbol'. Calcula los costos totales de tu proyecto (ver **Sección 4.5**) y divide esa cantidad por el número de árboles que intentas plantar (para obtener el costo por árbol), luego invita a la gente a visitar tu página web o Facebook, para que patrocine uno o más árboles. Muchas páginas web ofrecen actualmente esquemas, así desde US$ 4 hasta US$ 100 por árbol. Sistemas de pago por internet PayPal pueden ser usados para transferir los fondos. Para superar la naturaleza impersonal de internet, muestra tu aprecio a los donantes con un reconocimiento personalizado. Invita a los patrocinadores a unirse a los eventos de plantación de árboles y/o provéelos con imágenes individuales de 'su' árbol al crecer. Una página web incluso envía a los patrocinadores imágenes de Google Earth de los sitios plantados. Aprender los pros y contras de la construcción de páginas web y los esquemas de pago a través de internet, tomará tiempo al comienzo, pero pagará dividendos en la medida en que se va conociendo mejor el proyecto.

En su página web dedicada, "Plant a Tree Today" ofrece patrocinio de plantación de árboles, en uno de muchos proyectos de restauración desde alrededor de US$ 4 por árbol.

Una fuente exhaustiva para encontrar fondos para agencias de proyectos de restauración, es la Collaborative Partnership on Forests (CPF) *Sourcebook on Funding for Sustainable Forest Management* (www.cpfweb.org/73034/es/). Esta excelente página web incluye una base de datos de fuentes de obtención de fondos para la gestion forestal sostenible, un fórum de discusión y un *boletín informativo,* sobre asuntos de obtención de fondos, así como consejos útiles sobre la elaboración de solicitudes de patrocinios.

Capítulo 5

Herramientas para restaurar bosques tropicales

Con un plan de proyecto en su lugar y el financiamiento aprobado, es hora de empezar a trabajar. En este capítulo, trataremos sobre cómo implementar las cinco herramientas principales de la restauración de bosques: protección, RNA, plantación de especies de árboles 'framework' (de marco), el enfoque de máxima diversidad y plantaciones nodrizas (o plantaciones como catalizadores). En el Capítulo 3 establecimos que estas cinco herramientas básicas, raramente se usan de forma aislada. Cuanto más alto es el grado de degradación, más herramientas deben ser combinadas para lograr un resultado satisfactorio. En los Capítulos 6 y 7, seguiremos dando más detalles sobre el crecimiento y plantación de especies nativas de bosques.

"La restauración exitosa de un ecosistema perturbado es la prueba de fuego de nuestro entendimiento de ese ecosistema." Bradshaw (1987).

5.1 Protección

No tiene sentido restaurar sitios que no puedan ser protegidos de las actividades dañinas que han destruido al bosque original. Por ello, prevenir la degradación es fundamental para todo proyecto de restauración, sin importar la fase de degradación que se esté afrontando. La protección tiene dos elementos básicos: i) prevenir una invasión adicional y ii) remover las barreras existentes contra la regeneración natural. El primero involucra a la prevención de nuevas actividades humanas dañinas en el sitio de restauración, mientras que el segundo, compromete a las comunidades locales existentes en la prevención de incendios, exclusión de ganado y protección de los animales dispersores de semillas de la caza.

Prevención de invasión

Las tierras de bosque sin ocupar, siempre han sido como un imán para la gente sin tierra, con bajos ingresos. En el pasado, el despeje de bosque se consideraba como un derecho legal de propiedad de tierra y una manera de salir de la pobreza. Pero en las sociedades civiles modernas, y conforme las poblaciones crecen exponencialmente, 'la propiedad por despeje' ya no es aceptable. La vasta mayoría de tierra de bosques tropicales está ahora bajo control estatal, y hay leyes para prevenir su explotación para beneficio personal. Desafortunadamente, el cumplimiento de la ley para desalojar a los invasores de bosques, frecuentemente se dirige a gente pobre rural y es por ello, fuertemente criticada por los grupos de derechos humanos, especialmente donde corporaciones o prósperos propietarios de tierras pueden salir impunes por la invasión. En última instancia, estos problemas sólo pueden ser resueltos por un mejor gobierno forestal[1], pero se pueden tomar varias medidas prácticas a nivel local para prevenir más invasiones.

Los pobladores empobrecidos, muchos de ellos con una educación muy básica, frecuentemente desconocen la ley. Por ello, simplemente asegurarse de que todos conozcan la ley y las penalidades impuestas si ésta se viola, puede a veces ser suficiente para disuadirlos (Thira & Sopheary, 2004). Límites bien definidos, con letreros visibles a lo largo de ellos, en los que se explica el estatus de área protegida, también ayuda a asegurar que todos sean conscientes de las restricciones legales y su procedencia.

La invasión tiende a suceder a lo largo de carreteras, de modo que prevenir la construcción de carreteras y/o mejorar los bosques protegidos es, quizás, la manera más eficaz de prevenirla (Cropper *et al.*, 2001), especialmente en áreas remotas. Puntos de control donde carreteras existentes entran y salen de sitios protegidos, también puede disuadir la invasión.

La presencia humana, en forma de patrullaje aleatorio, es quizás el último disuasivo. Mantener un sistema de patrullaje es caro, pero los guardabosques pueden tener múltiples tareas. Mientras estén patrullando, también pueden recolectar semillas de árboles que están fructificando para suministrar al vivero de árboles, o registrar observaciones de la fauna silvestre, incluyendo a dispersores de semillas y polinizadores. La tecnología GPS se puede usar para registrar la posición de árboles semilleros y animales silvestres, así como la cobertura del patrullaje y señales de invasión. Si estos datos son integrados en sistemas de información geográfica (SIG), pueden ser compartidos y usados para predecir qué áreas son las más amenazadas por invasión. Este es el concepto del 'patrullaje inteligente' promovido por la Sociedad de Conservación de la Vida Silvestre (Stokes, 2010).

Prevenir más invasiones por comunidades que ya están establecidas dentro del paisaje del bosque, depende de la formación de un fuerte 'sentido de custodia' tanto para el bosque remanente como para el restaurado. Los pobladores locales trabajarán juntos para desalojar a

[1] www.iucn.org/about/work/programmes/forest/fp_our_work/fp_our work_thematic/fp_our_work_flg

invasores externos, si sienten que la invasión amenaza sus intereses comunitarios. La silvicultura comunitaria, para la cual un comité del pueblo (antes que un agente estatal) se hace responsable del manejo del bosque restaurado, provee una fuerte 'sensación de custodia', porque el comité del pueblo trata con cualquiera que dañe los recursos del bosque comunitario, usando reglas y regulaciones auto-impuestas. La presión del grupo, reemplaza la necesidad de involucrar agencias estatales de fiscalización. La silvicultura comunitaria es obviamente imposible donde no hay bosque. De manera que, la perspectiva del control comunitario sobre los recursos del bosque (una vez que el bosque ha sido re-establecido) es una motivación poderosa para los pobladores locales, para contribuir con los proyectos de reforestación.

Las comunidades cerca de los sitios de restauración, también pueden beneficiarse del empleo directo creado por los proyectos de restauración. También se pueden proporcionar esquemas de desarrollo de subsistencia. Estos se capitalizan de los beneficios de la restauración de bosque (por ejemplo, el desarrollo del ecoturismo), reducen las necesidades de despejar bosque (por ejemplo, intensificando la agricultura) o reducen la explotación de recursos forestales (por ejemplo, introduciendo biogás como sustituto de la leña). Sin embargo, si beneficios como éstos son ofrecidos solo a las comunidades en áreas protegidas, su efecto podría resultar en la atracción de más invasores, que quieran acceder a los beneficios de los programas de desarrollo.

Cuando se introdujeron por primera vez los sistemas de áreas protegidas, la opinión general era que los colonos debían ser desalojados para mantener la naturaleza 'prístina'. Esta opinión se desentendía del hecho de que la mayoría de las áreas habían sido ocupadas por humanos, en mayor o menor medida, mucho antes de que fueran declaradas protegidas. La re-ubicación forzada de colonos de áreas protegidas tiene una triste historia. En la mayoría de los casos se pagó una compensación inadecuada (si les pagaron algo), los sitios de re-ubicación eran de pobre calidad y el apoyo prometido para la agricultura, educación y salud en los sitios de reubicación fracasó a menudo (Danaiya Usher, 2009). Además, el vacío que es dejado atrás cuando se mueve a gente fuera de áreas protegidas, es muchas veces rápidamente ocupado de nuevo por invasores.

Los pobladores locales que tienen una larga historia viviendo en paisajes de bosques, son una gran ventaja para los programas de restauración. Son una fuente valiosa de conocimiento local, especialmente en lo que se refiere a la selección de especies de árboles y recolecta de semillas. Pueden proporcionar la mayor parte del trabajo requerido para las tareas de restauración, tanto en el vivero como en el campo, y también pueden implementar las medidas de protección, como patrullajes y en puntos de control en las carreteras, a manera de deber cívico.

Prevención de daños por incendio

Proteger los sitios de restauración de bosque, de incendios, es esencial para el éxito. En los trópicos estacionalmente secos, la prevención de incendios es una actividad anual, y aún en los trópicos húmedos, es necesario durante las épocas de sequía. La mayoría de incendios son provocados por humanos, de modo que la mejor manera de prevenirlos, es asegurándose de que todos en la vecindad apoyen el programa de restauración y entiendan la necesidad de no empezar fuegos. Pero, sin importar cuánto esfuerzo se pone en concienciar a las comunidades locales acerca de la prevención de incendios, los incendios siguen siendo una causa común de fracaso para los proyectos de restauración. La mayoría de las autoridades forestales locales tienen unidades de extinción de fuegos, pero no pueden estar en todas partes, de modo que, iniciativas de prevención de incendios locales, basadas en la comunidad son muchas veces una manera eficaz de enfrentar el problema. Las medidas de prevención, incluyen cortar cortafuegos y organizar patrullas de incendios para detectar y apagar incendios que se acercan, antes de que alcancen el sitio de restauración.

Cuadro 5.1. Reservas extractivas.

Las reservas extractivas proveen a las comunidades locales, con un interés directo en proteger los bosques tropicales, permitiéndoles que exploten los productos forestales no maderables (PFNMs), de una manera sostenible. Esto enlaza los ingresos de los pobladores, con el mantenimiento de ecosistemas de bosque intactos. La supervivencia del bosque y la subsistencia se vuelven interdependientes.

Este concepto se aplicó por primera vez en Brasil, a mediados de los 1980s, cuando recolectores de caucho y gremios de trabajadores rurales locales, pidieron la asignación de áreas en la Amazonía donde pudieran recolectar caucho, para apoyar el desarrollo sostenible de las comunidades locales. Las reservas extractivas fueron propuestas como áreas de conservación, en las que las comunidades locales podían cosechar PFNMs como nueces y látex. Esencialmente, la designación de áreas como éstas, esperaba reconciliar asuntos que las autoridades tradicionalmente pensaban que eran incompatibles, como por ejemplo, proteger bosques como áreas de conservación y permitir a la gente que los explote de manera sostenible.

In 1989, el Gobierno de Brasil incluyó reservas extractivas en su política nacional. La tierra habría de ser declarada propiedad del Gobierno para dos propósitos, salvaguardar los derechos de la gente local y conservar la biodiversidad. Se decidió que las reservas extractivas solamente serían establecidas si fueran solicitadas por la población local y donde fuera evidente una larga tradición de uso del bosque. Esto se ha convertido ahora en una estrategia federal principal, para la conservación y el desarrollo económico entre la gente local. En el caso de los gremios de recolectores de caucho, bajo el liderazgo de Chico Mendes, esto fue concebido para que el bosque se conservara tanto para el uso de los recolectores de caucho, como para que la población local pudiera cosechar los PFNMs.

Mapa de Acre que muestra la localidad de la Reserva Extractiva Chico Mendes (© IUCN).

Cuadro 5.1. continuación.

Chico Mendes demostrando el proceso de 'sangrar' un árbol de caucho para producir látex en 1988. (Foto: M. Smith, Miranda Productions Inc.)

La reserva extractiva más conocida en América Latina, es la Reserva Chico Mendes de 980,000 ha en el estado de Acre en la Amazonía occidental. Chico Mendes fue asesinado en 1988, pero su legado sigue vivo en más de 20 reservas extractivas que cubren aproximadamente 32,000 km². En la Reserva Chico Mendes, los derechos de la población local que dependen del bosque, están protegidos. Pero en ésta y en otras reservas extractivas, la UICN reconoce que el uso de "la producción forestal comercial, medioambiental y socialmente viable como un impulso para el desarrollo local", sigue siendo un reto.

A pesar de estos esfuerzos por proteger los bosques amazónicos, la tasa de deforestación en la Amazonía aumentó dramáticamente en 2010 y 2011, y el Parlamento de Brasil tuvo que decidir, si aflojar las leyes que protegen el bosque a favor de los agricultores que buscan más espacio para criar ganado. Se propuso, por ejemplo, que los agricultores deban tener el permiso de despejar 50% del bosque en sus tierras, mientras que la ley existente les permitía solamente el 20%.

Edinaldo Flor da Silva y su familia, están sacando provecho de las nuevas unidades de producción de caucho, lo cual significa que pueden ganar más de su producto sostenible. (Foto: © Sarah Hutchison/WWF/Sky Rainforest Rescue)

Cortafuegos

Los cortafuegos son franjas de tierra que son despejadas de la vegetación combustible, para prevenir la expansión de incendios. Son eficaces para bloquear incendios moderados de la cobertura del suelo. Los incendios más intensos, lanzan escombros ardientes al aire, que pueden ser soplados por el viento por encima de los cortafuegos y empezar nuevos incendios lejos del lugar donde empezó el primero.

Haz cortafuegos de, por lo menos, 8 m de ancho alrededor de los sitios de restauración, justo antes de que empiece la estación seca. El método más rápido es cortando todos los pastos, hierbas y arbustos (los árboles no tienen que ser cortados) a lo largo de los márgenes del cortafuego. Amontona la vegetación cortada en el centro del cortafuego, déjala durante unos días para que se seque y luego quémala. Obviamente, usar fuego para prevenir incendios puede ser arriesgado. Asegúrate de que estén disponibles suficientes personas con batidores y pulverizadores de agua, para prevenir un accidental escape del fuego a las áreas circundantes. El riesgo de que se escape el fuego es reducido considerablemente, al quemar los cortafuegos justo antes del comienzo de la estación caliente y seca, cuando la vegetación circundante está todavía demasiado húmeda para quemarse con facilidad. Las carreteras y los arroyos actúan como cortafuegos naturales. Normalmente no hay necesidad de hacer cortafuegos a lo largo de cursos de agua, pero se deben hacer a lo largo de carreteras, ya que los incendios son frecuentemente provocados por conductores que tiran colillas de cigarrillos de sus vehículos.

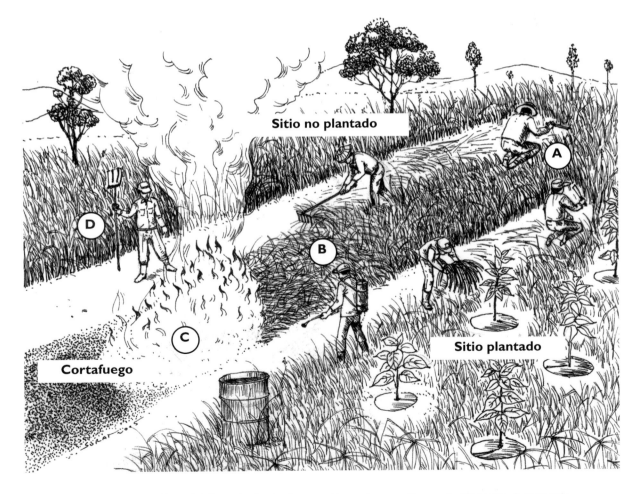

Usando fuego para combatir el fuego. (A) Corta dos franjas de vegetación, por lo menos 8 m aparte. (B) Arrastra la vegetación cortada al centro. (C) Permite unos días para que el material cortado se seque, y entonces (D) quémalo, tomando extrema precaución para no permitir que el fuego se expanda más allá del cortafuego.

Sofocar incendios

Organiza equipos de vigilantes que alerten a la población local, en caso de que detecten un incendio. Trata de involucrar a la comunidad entera, en el programa de prevención de incendios, de modo que cada casa contribuya con un miembro de la familia, cada dos o tres semanas para las tareas de prevención de incendios. Los vigías de incendios tienen que permanecer alerta día y noche, a lo largo de la estación seca.

Coloca herramientas para combatir el fuego y barriles llenos de agua, en los sitios estratégicos alrededor de los sitios plantados. Las herramientas para combatir incendios incluyen: pulverizadores de agua de mochila, batidores para extinguir el fuego, rastrillos para remover la vegetación combustible del frente del incendio y un botiquín de primeros auxilios. Se pueden usar ramas verdes de árboles como batidores de fuego. Si hay un curso de agua permanente cerca del sitio de restauración, considera colocar tubos hasta el sitio de restauración. Esto puede mejorar enormemente la eficacia de las actividades de combate del fuego, pero es muy costoso.

Incendios pequeños pueden ser controlados con (A) pulverizadores de mochila, el uso de (B) herramientas simples, como rastrillos para remover el combustible de los senderos del fuego, y (C) batidores para extinguir pequeños fuegos. Barriles de petróleo llenos de agua, pueden ser colocados estratégicamente a través del sitio por adelantado, como puntos para rellenar los pulverizadores de mochila.

Sólo los incendios de baja intensidad que se mueven lentamente, pueden ser controlados con herramientas de mano. Incendios más serios, especialmente aquellos que se alzan hasta las copas de los árboles, tienen que ser controlados por bomberos profesionales con apoyo aéreo. Tienes que estar listo para contactar a bomberos locales si el fuego se descontrola, y toma precauciones extras, ya que el fuego se mueve velozmente y puede fácilmente cobrar vidas. Las unidades de control de incendios forestales, proporcionan a menudo entrenamiento en prevención de incendios y técnicas para combatir el fuego, a la población local. Podrían ser capaces de suministrar equipos de bomberos, a las iniciativas de prevención de incendios basadas en las comunidades, de modo que contacta tu unidad local de control de incendios forestales, para asistencia.

¿Qué se puede hacer si un sitio de restauración se quema?

No todo está perdido. Algunas especies de árboles pueden rebrotar de tocones, después de haber sido quemados (ver **Sección 2.2**). Ramas quemadas, muertas, permiten la entrada de pestes y patógenos, de modo que cortándolos se puede acelerar la recuperación después de quemar. Poda las ramas muertas hasta la base, dejando un muñón no más largo de 5 mm. Después de un incendio, el suelo ennegrecido absorbe más calor, causando una evaporación más rápida de la humedad. Esto puede posteriormente matar a los árboles jóvenes, que han sobrevivido el incendio inicial. Por ello, colocar un mulch de vegetación cortada o de cartón corrugado alrededor de los árboles jóvenes quemados, aumenta la posibilidad de supervivencia y crecimiento.

Manejo del ganado

Vacas, cabras, ovejas y otro ganado puede impedir completamente la regeneración de los bosques, al merodear entre los árboles jóvenes. En última instancia, la decisión de reducir el número de ganado o sacarlo del todo, depende de la cuidadosa consideración de su valor económico para la comunidad y su potencial de jugar un papel útil en la restauración de bosques, equilibrado contra cualquier efecto dañino que tienen en los árboles jóvenes. La severidad del daño, obviamente aumenta con la densidad de los rebaños.

En el Área de Conservación Guanacaste (ACG), Costa Rica, el ganado jugó un papel positivo en las fases tempranas de un proyecto de reforestación de bosque, al pastorear en especies de pastos exóticos que alimentaban incendios forestales, pero cuando las crecientes copas de los árboles empezaron a sombrear el pasto, el ganado fue gradualmente removido (ver **Estudio de Caso 3**, pág. 149). Ocurrió algo parecido en los pastizales montanos de Colombia, donde los pastos son una barrera mayor contra la regeneración de bosques, el pastoreo de ganado favoreció el establecimiento de arbustos, que creó un microclima más adecuado para el establecimiento de especies de bosque tropical montano (Posada *et al.*, 2000).

El ganado también puede facilitar la regeneración natural de bosques al dispersar las semillas de árboles, especialmente en bosques en los que han sido extirpadas las especies silvestres unguladas (Janzen, 1981). El ganado vacuno que merodea libremente, muchas veces consume frutos de árboles en los bosques y los deposita en áreas abiertas al pastorear. Las especies de árboles dispersadas por el ganado crecen mayormente en bosques tropicales secos y tienen por lo común frutos secos, indehiscentes, marrones a negros con semillas duras, con un diámetro promedio de 7.0 mm. La familia de las leguminosas contiene muchas especies dispersadas por el ganado; otras familias con menos especies potencialmente dispersadas por el ganado incluyen las Caprifoliáceas, Moráceas, Mirtáceas, Rosáceas, Sapotaceas y Malvaceaes. Los granjeros en el Valle Central de Chiapas, México, usan el ganado a propósito para plantar semillas de árboles (Ferguson, 2007).

El manejo cuidadoso del ganado puede por ello, tener efectos benéficos en la restauración de bosques, si la densidad del rebaño es baja y el follaje de las especies de árboles deseados es incomestible. Pero aún en tales circunstancias, el ganado puede reducir la riqueza de las especies de árboles en sitios restaurados, por el merodeo selectivo.

El impacto del ganado se puede manejar, atando a los animales en el campo para restringir su movimiento o sacándolos de la zona. Se pueden poner cercos para excluir el ganado durante las fases tempranas de la restauración del bosque, pero estos cercos deben ser mantenidos, hasta que las copas de los árboles hayan crecido más allá del alcance del ganado.

El ganado puede actuar como 'cortador de pasto viviente' y dispersor de semillas, pero rebaños densos pueden suprimir la regeneración del bosque.

En Nepal, los pobladores a menudo no permiten que sus vacas merodeen libremente por los bosques comunitarios. Para promover la rápida regeneración de bosques, los pobladores mantienen a sus vacas fuera del bosque. Cortan pasto y forraje de los bosques y se lo dan a sus vacas. Esto alimenta a las vacas sin dañar los árboles jóvenes que se están regenerando y también fomenta desmalezar eficazmente las parcelas de bosque (Ghimire, 2005).

Proteger a los dispersores de semillas

Para que la restauración del bosque sea exitosa, con una recuperación de la biodiversidad aceptable, la protección de los árboles tiene que ser complementada con la protección de los animales dispersores de semillas. La dispersión de semillas desde bosques intactos hasta los sitios de restauración, es esencial para el retorno de las especies de árboles clímax. La caza de animales dispersores de semillas puede, por ello, reducir sustancialmente el reclutamiento de especies de árboles. No tiene ningún sentido restaurar un hábitat de bosque, para atraer a los dispersores de semillas, si no quedan dispersores de semillas que atraer.

Simples campañas de educación para convertir a cazadores en conservacionistas, pueden ser eficientes. En Ban Mae Sa Mai en el norte de Tailandia, los niños de la tribu de montaña eran los cazadores principales, capturando aves en trampas para matarlos con hondas, a veces para comerlos, pero mayormente como diversión. Particularmente apuntaban a los bulbules, los principales dispersores de semillas desde el bosque a las áreas abiertas. Una eficaz campaña de educación (patrocinada por el Proyecto Eden, UK) introdujo a los niños en el pasatiempo de la observación de aves, con el potencial de un posterior entrenamiento como guías para ecoturistas. El proyecto distribuyó binoculares y libros de identificación de aves, y realizó regularmente excursiones de observación de aves. Los niños establecieron su propia reserva de observación de aves y la 'policía de aves', usando la presión de grupo, disuadían a sus compañeros de clase de la caza. También llevaron el mensaje a casa, a sus padres. Ambos, las trampas de aves y las hondas, son ahora difíciles de encontrar alrededor del pueblo.

S.O.S. 'Salven a nuestros dispersores de semillas': campañas educativas simples pueden convertir a cazadores de aves, en guías de aves. (Fotos: T. Toktang).

5.2 Regeneración natural 'asistida' o 'acelerada' (RNA)

¿Qué es la RNA?

La RNA es un conjunto de actividades, en pocas palabras: plantar árboles que mejoran los procesos naturales de regeneración de bosques. Incluye medidas protectoras que remueven las barreras para la regeneración natural del bosque (por ejemplo, fuego y ganado) ya descrito en la **Sección 5.1**, a lo largo de acciones adicionales para i) 'asistir' o 'acelerar' el crecimiento de árboles regenerados naturalmente, que ya están establecidos en el sitio de restauración (es decir, árboles jóvenes y tocones vivos de especies de árboles nativas) y ii) fomentar la dispersión de semillas hacia el sitio de restauración.

La organización de las Naciones Unidas para la Alimentación y la Agricultura (FAO), en sociedad con el gobierno de Filipinas y ONGs basadas en la comunidad, apoyaron gran parte de la investigación, que ayudó a transformar la RNA en una técnica eficaz y practicable (ver **Cuadro 5.2**). Ahora la FAO, promueve la RNA como método para mejorar el establecimiento de bosques secundarios, protegiendo y cuidando árboles semilleros y plántulas silvestres, ya presentes en el área. Con la RNA, los bosques secundarios y degradados, crecen más rápido de lo que lo harían naturalmente. Puesto que este método, solo mejora los procesos naturales ya existentes en el

Cuadro 5.2. Los orígenes de la RNA.

Aunque los humanos han manipulado desde hace tiempo la regeneración natural de los bosques, el concepto de promoverla activamente para restaurar ecosistemas de bosque, es relativamente reciente. El concepto formal de RNA — regeneración natural 'asistida' o 'acelerada' — emergió primero en Filipinas en los 1980s (Dalmacio, 1989). Una sociedad de larga tradición entre la Oficina Regional de Asia y el Pacífico de la Organización de Alimentación y Agricultura de las NU (FAO) y la Fundación Bagong Pagasa (Nueva Esperanza) (FBP), una pequeña ONG en Filipinas, ha jugado desde entonces un papel crucial para propulsar este simple concepto desde la oscuridad, al frente de la tecnología de restauración de bosques tropicales.

Patrocinado por la Japan Overseas Forestry Consultants Association (JOFCA), la FBP estableció un primer proyecto de RNA en el pueblo de Kandis, Puerto Princesa, en la Isla de Palawan, Filipinas, con la meta de restaurar 250 ha de cuenca degradada dominada por pastos. La RNA fue puesta a prueba, tanto como una técnica de restauración, como una herramienta de desarrollo para mejorar el sustento de 51 familias. El proyecto combinó la RNA para restaurar el bosque, con el establecimiento de huertos. Los tratamientos incluyeron prevención de incendios, desmalezar en forma de aro alrededor de los árboles jóvenes y aplastamiento de hierba. Los árboles pioneros, que crecieron rápidamente después del tratamiento de la maleza, fomentaron la regeneración de 89 especies de árboles de bosque (representando 37 familias), incluyendo varias especies de árboles de bosque clímax. Los árboles de bosque fueron inter-plantados con café y árboles frutales domesticados, para proporcionar un ingreso a los pobladores. Después de tres años, empezó a desarrollarse un ecosistema de bosque autosuficiente. El monitoreo sistemático reveló una recuperación significativa de la biodiversidad y el mejoramiento del suelo (Dugan, 2000).

Aunque hay ahora muchos proyectos exitosos de RNA en las Filipinas, inicialmente se publicó muy poca información para permitir que otros aprendieran de las experiencias de organizaciones como Bagong Pagasa. Por ello, la FAO ha financiado varios proyectos para promover la reforestación de RNA en varios países. Lanzado en 2006, el proyecto "Promoviendo la aplicación de la regeneración natural asistida, para una restauración de bosques barata y eficaz"[2,] creó sitios de demostración, en islas geográficamente diferentes de Filipinas. El proyecto se enfocó en restaurar bosques en pastizales de *Imperata cylindrica* degradados, usando el prensado de la maleza para liberar las plántulas de la sombra. Más de 200 silvicultores, miembros de ONG y representativos de comunidades, han sido entrenados en los métodos de RNA en estos sitios de demostración. El proyecto llegó a la conclusión de que los costos de la RNA son aproximadamente, la mitad de los de la plantación de árboles convencional. Como resultado, el Departamento de Medio Ambiente y Recursos Naturales (DENR) asignó US$32 millones, para apoyar la implementación de las prácticas de la RNA, en aproximadamente 9,000 hectáreas. El proyecto ha generado interés y financiamiento de la industria minera y municipalidades, que buscan compensar sus huellas de carbono. La FAO, en colaboración con BPF, está ahora financiando pruebas similares de RNA en Tailandia, Indonesia, República Democrática de Lao y Camboya.

Patrick Dugan, Presidente Fundador de Bagong Pagasa. Formando sociedades con el Gobierno de Filipinas (Departamento de Medio Ambiente y Recursos Naturales) y la FAO, la fundación ha promovido el concepto de RNA mucho más allá de sus orígenes en Filipinas.

[2] www.fao.org/forestry/anr/59224/en/

área requiere menos trabajo que plantar árboles y no hay costos de vivero. Puede, por ello, ser una manera de restaurar ecosistemas de bosque de bajo costo. Shono *et al.* (2007) provee una revisión exhaustiva de técnicas de RNA.

La RNA y la plantación de árboles, no deben ser vistas como alternativas mutuamente exclusivas de la restauración de bosques. La restauración de bosques, con más frecuencia combina la protección y la RNA juntas, con algo de plantación de árboles. La técnica de inspección del territorio, detallada en las **Secciones 3.2** y **3.3**, puede ser usada para determinar si la protección + RNA, es suficiente para lograr las metas de la restauración, si deben ser complementadas con plantación de árboles y, si es así, cuántos árboles deben ser plantados.

¿Dónde es apropiada la RNA?

La protección y la RNA pueden ser suficientes para lograr una rápida y sustancial restauración forestal y recuperación de la biodiversidad, donde la degradación del bosque esté en la fase-2. En esta fase de degradación, la densidad de la regeneración natural excede 3,100 por hectárea, y más de 30 especies comunes de árboles típicos del bosque-objetivo clímax (o aproximadamente 10% del número estimado de especies de árboles en el bosque-objetivo, si se sabe) están presentes. La RNA debe ser usada en combinación con la plantación de árboles (ver **Sección 3.3**), allí donde la densidad de la regeneración natural sea más baja, o estén representadas menos especies de árboles. Además, el bosque intacto debe quedar a pocos kilómetros del sitio de restauración propuesto, proveyendo una fuente de semillas para el re-establecimiento de las especies de árboles del bosque clímax, y los animales dispersores de semillas deben permanecer bastante comunes (ver **Sección 3.1**).

Algunos partidarios de la RNA proponen su uso en pastizales altamente degradados, donde la densidad de los árboles regenerados (>15 cm de alto) es sólo de 200–800 por hectárea (es decir, degradación fase-3 o más alta, ver **Sección 3.1**) (Shono *et al.*, 2007). La aplicación de la RNA sola, bajo tales circunstancias, tiene normalmente como consecuencia bosques de un bajo valor productivo y ecológico, por el dominio de unas pocas y ubicuas especies de árboles pioneros. Pero incluso un bosque secundario pobre en especies, es un mejoramiento considerable en términos de recuperación de la biodiversidad, en los pastizales degradados que reemplaza; y es posible una recuperación forestal posterior, mientras que los árboles semilleros y los dispersores de semillas permanezcan en el paisaje.

(A) Aproximadamente un año antes de que fuera tomada esta foto (foto mayo 2007), unos invasores despejaron ilegalmente el Bosque de Reserva siempreverde de tierras bajas en el sur de Tailandia, para establecer plantaciones de caucho. Quedaron abundantes fuentes de regeneración natural, incluyendo tanto especies de árboles pioneros como clímax, haciendo el sitio ideal para la restauración por RNA. Se colocaron alfombrillas de mulch de cartón alrededor de los árboles jóvenes y las plántulas supervivientes, se eliminó la maleza y se aplicó fertilizante tres veces durante la estación de lluvia. (B) Sólo 6 meses más tarde, se había logrado el cierre de copas (foto noviembre 2007). La mayoría de las especies de árboles de copa eran pioneros, de modo que el sotobosque se enriqueció adicionalmente, plantando jóvenes arbolitos criados en el vivero de especies de bosque clímax.

Técnicas de la RNA

Reducir la competencia de las malezas

Eliminar la maleza reduce la competencia entre los árboles y la vegetación herbácea, incrementa la supervivencia de los árboles y acelera el crecimiento. Antes de desmalezar, marca con claridad los arbolitos o plántulas con postes pintados de un color vivo, para hacerlos más visibles. Esto previene que sean accidentalmente pisados o cortados, durante la eliminación de la maleza.

Desmalezar en forma de aro

Remueve todas las malezas, incluyendo sus raíces, usando herramientas de mano en un círculo de 50 cm de radio, alrededor de la base de la plántula o arbolito natural. Arranca a mano las malezas (ponte guantes) que están cerca de pequeñas plántulas y arbolitos, ya que desenterrar las raíces con herramientas, puede dañar su sistema de raíces. Después coloca un grueso mulch de la maleza cortada, alrededor de las plántulas y arbolitos, dejando una brecha de, al menos, 3 cm entre el mulch y el tronco, para ayudar a prevenir infecciones de hongos. Donde la maleza cortada no alcance suficiente volumen del mulch, usa cartón corrugado como mulch.

Primero, marca las fuentes de regeneración natural del bosque.

Aplastar la maleza

Quita la sombra, aplastando toda la vegetación herbácea que quede entre los árboles regenerados expuestos, usando una tabla de madera (130 × 15 cm). Ata una soga resistente a ambos extremos de la tabla, haciendo un lazo lo suficientemente largo como para pasarlo por encima de tu hombro (para mayor comodidad, usa hombreras). Levanta la tabla a la altura de la copa de la maleza y pisa en ella, con todo el peso de tu cuerpo, para doblar los tallos de los pastos y hierbas cerca de la base. Repite esta acción, avanzando a pequeños pasos[3]. El peso de las plantas debe mantenerlos doblados. Esto es particularmente efectivo donde la vegetación está dominada por pastos suaves como *Imperata*. Los pastos viejos y robustos, como los de tallos de caña (por ejemplo, *Phragmites*, *Saccharum*, *Thysanolaena* spp.), no deben ser aplastados, porque pueden fácilmente rebrotar de los nodos a lo largo de sus tallos. Aplastar la maleza es mucho más fácil que cortarla; una persona experimentada puede aplastar alrededor de 1,000 m² al día.

Aplastar el pasto con una tabla de madera es particularmente adecuado, para suprimir el crecimiento del pasto *Imperata* y liberar la regeneración natural de la competencia.

La acción de aplastar se lleva óptimamente a cabo, cuando las malezas tienen una altura de alrededor de 1 m o más: las plantas más bajas tienden a brotar nuevamente, poco después de haber sido aplastadas. El mejor momento para aplastar el pasto es, normalmente, alrededor de dos meses después de haber empezado las lluvias, cuando los tallos de los pastos se doblan fácilmente. Antes de aplastar en gran escala, haz una prueba simple en un área pequeña. Aplasta el pasto y espera hasta el día siguiente. Si el pasto se ha vuelto a levantar en la mañana, espera unas semanas más, antes de hacerlo de nuevo. Aplasta las malezas siempre en la misma dirección. En laderas, aplasta el pasto cerro abajo. Si las plantas son aplastadas cuando están húmedas, el agua en las hojas ayuda a apelmazarlas, de modo que es menos probable que se vuelvan a levantar.

La acción de aplastar usa eficazmente la biomasa de las mismas malezas para ponerlas en la sombra y matarlas. Las plantas en las capas inferiores de la masa de vegetación aplastada mueren

3 www.fs.fed.us/psw/publications/documents/others/5.pdf and www.fao.org/forestry/anr/59221/en/

por la falta de luz. Algunas plantas pueden sobrevivir y volver a crecer, pero lo hacen mucho más despacio que si hubieran sido cortadas. Por ello, la acción de aplastar no tiene que repetirse tantas veces como la de cortar. La vegetación aplastada suprime la germinación de las semillas de las malezas, al bloquear la luz. También protege la superficie del suelo de la erosión y añade nutrientes al suelo, conforme las capas inferiores empiezan a descomponerse. Aplastar la maleza abre el sitio de restauración, haciendo más fácil moverse de un lado a otro y trabajar con los árboles jóvenes. También ayuda a reducir la severidad de incendios. Las malezas aplastadas son mucho menos inflamables, que las que están erguidas por la falta de circulación de aire, dentro de la masa de vegetación aplastada. Si se queman, pero la altura de la llama es más baja, de modo que hay menos probabilidad de que las copas de los árboles se chamusquen.

No es recomendable el uso de herbicida para despejar la maleza, donde la densidad de la regeneración natural sea alta, ya que es muy difícil prevenir que el spray se extienda al follaje de los árboles regenerados naturalmente.

El uso de fertilizantes

La mayoría de las plántulas y árboles jóvenes de hasta alrededor de 1.5 m de altura, responderán bien a las aplicaciones de fertilizante, sin importar la fertilidad del suelo. Las aplicaciones de fertilizante incrementan, tanto la supervivencia como la aceleración del crecimiento y desarrollo de la copas. Esto conlleva al cierre de copas y sombreado de las malezas, más pronto que si no se hubiera aplicado fertilizante, y así reduce los costos del trabajo, por desmalezar en forma de aro o aplastar la maleza. De modo que, aunque los fertilizantes químicos pueden ser costosos, los costos son parcialmente compensados a largo plazo, por los ahorros en las acciones de desmalezar. Como alternativa más barata a los fertilizantes químicos, se puede usar fertilizantes orgánicos, tales como el estiércol. Es probablemente un desperdicio de esfuerzo y dinero, aplicar fertilizante a tocones y árboles más viejos, que ya han desarrollado su sistema de raíces.

Ayudando a los tocones a rebrotar

La importancia del rebrote de los tocones, en acelerar el cierre de copas y su contribución a la riqueza de especies de árboles en los sitios de restauración, se ha tratado en la **Sección 2.2**. Pero, además de la recomendación general de que los tocones de árboles deben ser protegidos de seguir siendo talados, quemados o ramoneados, no se ha probado casi ningún tratamiento para mejorar su papel potencial en la RNA. Experimentos en 'cultivo de tocones', pudieron probar la eficacia de i) aplicar químicos para prevenir la descomposición por hongos o ataques de termitas, ii) aplicaciones de hormonas de plantas para estimular el crecimiento de los brotes y el rebrote, y iii) podando los brotes débiles del rebrote, para liberar más recursos de la planta para los que quedan.

Raleo de los árboles regenerados naturalmente

Donde dominan rodales densos de una sola especie, el raleo sucederá naturalmente, conforme los árboles más altos vayan produciendo sombra sobre los más bajos. Este proceso puede ser acelerado, talando selectivamente algunos de los árboles más pequeños (en vez de esperar a que se mueran naturalmente). Esto provee claros de luz, en las que otras especies de árboles menos comunes pueden establecerse y debe incrementar la riqueza de especies de árboles en general.

Asistir a la lluvia de semillas

A lo largo de este libro se ha enfatizado la importancia de la dispersión de semillas, como un servicio ecológico vital y gratuito, que asegura la re-colonización de los sitios de restauración por especies de árboles de bosque clímax (ver **Secciones 2.2, 3.1** y **5.1**). ¿Cómo puede ser mejorada?.

Las perchas artificiales para aves son, en teoría, una manera rápida y barata de atraer aves e incrementar la lluvia de semillas en los sitios de restauración. Las perchas constan normalmente de 2-3 postes, que tienen barras cruzadas que apuntan en diferentes direcciones. Aunque la lluvia de semillas se incrementa debajo de la percha (Scott *et al.*, 2000; Holl *et al.*, 2000; Vicente *et al.*, 2010), el establecimiento de plántulas se incrementa solamente si las condiciones para la germinación y el crecimiento de éstas, es favorable debajo de las perchas. Las semillas pueden ser dispersadas o las plántulas jóvenes pueden ser dejadas fuera de la competencia con la maleza herbácea (Holl 1998; Shiels & Walker 2003). De modo que, eliminar la maleza debajo de las perchas, es necesario si no están en sitios con baja densidad de maleza.

Aunque las perchas artificiales atraen a aves, son menos eficaces que los mismos árboles y arbustos, que proveen el beneficio adicional de sombrear la maleza, y así mejorar las condiciones para el establecimiento de las plántulas. Establecer una vegetación estructuralmente diversa, incluyendo arbustos frutales o árboles remanentes, es la mejor manera de atraer a aves y animales dispersores de semillas, pero lleva tiempo. Entre tanto, las perchas artificiales para aves pueden ser una medida provisional.

En áreas perturbadas, la lluvia de semillas natural es dominada por especies de árboles de bosque secundario, frecuentemente de árboles que fructifican dentro del mismo sitio degradado (Scott *et al.*, 2000). Por ello, las perchas pueden incrementar la densidad, sin incrementar la riqueza de especies. Bajo tales circunstancias, la lluvia de semillas traída por las aves, debe ser complementada con la siembra directa de árboles de bosque clímax menos comunes.

Perchas artificiales que pueden ser usadas para incrementar la dispersión de semillas del bosque intacto, a los sitios de restauración.

Las limitaciones de la RNA

La RNA actúa solamente en la regeneración natural que ya está presente en los sitios deforestados. Puede lograr un dosel rápidamente, pero solo donde la regeneración está presente en una densidad suficientemente alta. La mayoría de los árboles que colonizan áreas degradadas son especies pioneras, relativamente pocas, comunes, demandantes de luz (ver **Sección 2.2**), que producen semillas que son dispersadas por el viento o pequeñas aves. Representan solamente una fracción pequeña de especies de los árboles que crecen en el bosque-objetivo. Donde los animales silvestres siguen siendo comunes, los árboles 'asistidos' atraerán animales dispersores de semillas, resultando en el reclutamiento de especies de árboles. Pero donde las especies de grandes animales dispersores de semillas han sido extinguidas, plantar especies de árboles de bosque clímax de semillas grandes, puede ser la única manera para transformar el bosque secundario, creado por la RNA, en un bosque clímax.

5.3 El método de las especies 'framework'

La plantación de árboles debe ser usada para complementar la protección y la RNA siempre, donde haya menos de 3,100 árboles regenerados naturalmente por hectárea y/o menos de 30 especies de árboles (o aproximadamente 10% del número estimado de especies de árboles en el bosque-objetivo, si fuera conocido) estén representados. El método de las especies 'framework' (es decir, 'de marco') es la opción menos intensiva de las opciones de plantación de árboles: explota los mecanismos naturales (y gratuitos) de dispersión de semillas, para facilitar la recuperación de la biodiversidad. Este método consiste en plantar la menor cantidad de árboles, necesarios para sombrear las malezas (es decir, para proveer la 're-captura' del sitio) y atraer animales dispersores de semillas.

Para que el método surta efecto, los árboles remanentes del tipo de bosque-objetivo que puedan actuar como fuentes de semillas, deben estar a pocos kilómetros del sitio de restauración. Los animales (mayormente aves y murciélagos), que son capaces de dispersar semillas, desde retazos de bosque remanente o árboles aislados hacia el sitio de restauración, también deben ser bastante comunes (ver **Sección 3.1**). El método de las especies 'framework' mejora la capacidad de dispersión de semillas natural, para lograr un reclutamiento rápido de especies de árboles en las parcelas de restauración. Por consiguiente, los niveles de biodiversidad se recuperan, hacia aquellos típicos de los ecosistemas de un bosque clímax, sin la necesidad de tener que plantar todas las especies de árboles que comprende el ecosistema del bosque-objetivo. Adicionalmente, los árboles plantados rápidamente re-establecen la estructura y el funcionamiento del bosque, y crean las condiciones en el suelo del bosque, que propician la germinación de semillas de árboles y el establecimiento de plántulas. El método se concibió primero en Australia, donde se usó inicialmente para restaurar sitios degradados, en el Área de Patrimonio Mundial de los Trópicos Húmedos en Queensland (ver **Cuadro 3.1**). Desde entonces, ha sido adaptado para el uso de varios países del sudeste asiático.

¿Qué son las especies de árboles 'framework'?

El método de especies de árboles 'framework', supone plantar mezclas de 20–30 (o aproximadamente 10% del número estimado de especies de árboles en el bosque-objetivo, si fuera conocido) de especies de árboles de bosque nativo, que son típicos del ecosistema del bosque-objetivo y comparten las siguientes características ecológicas:

- altas tasas de supervivencia al ser plantados en sitios deforestados;
- crecimiento rápido;
- copas densas y extensas para producir sombra sobre las malezas;
- la provisión de flores, frutos u otros recursos a una edad joven, que atrae a animales salvajes dispersores de semillas.

En los trópicos estacionalmente secos, donde los incendios forestales son un riesgo anual, una característica deseada adicional de las especies 'framework' es su resistencia al fuego. Cuando las medidas de prevención de incendios fracasan, el éxito de las plantaciones de restauración de bosque depende de la habilidad de los árboles plantados para re-brotar de sus raíces, después de que el fuego haya quemado sus partes por encima del suelo (es decir, rebrote, ver **Sección 2.2**).

Una consideración práctica es que las especies de árboles 'framework' deben ser fáciles de propagar e, idealmente, sus semillas deben germinar rápidamente y en sincronización, con crecimiento posterior de plántulas vigorosas y de un tamaño plantable (30–50 cm de altura) en menos de 1 año. Además, cuando la restauración de bosque deba rendir beneficios a las comunidades locales, los criterios económicos como la productividad y el valor de los productos y los servicios ecológicos provistos por cada especie, pueden ser tomados en cuenta.

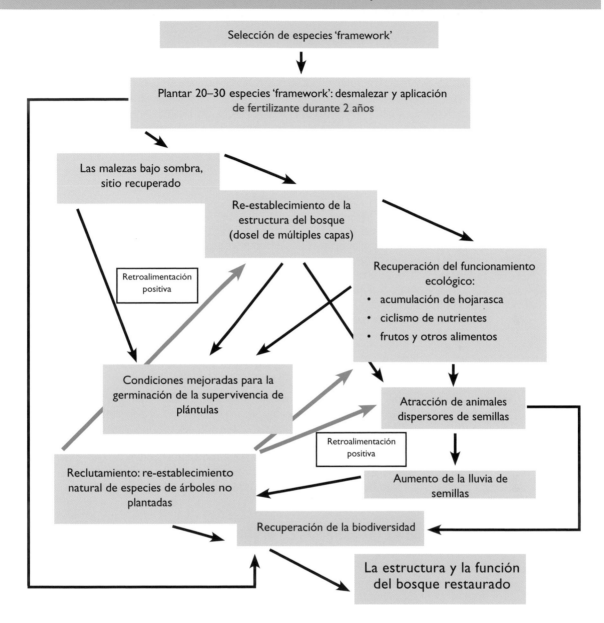

Cómo funciona el método de las especies 'framework'

Selección de especies 'framework'

Plantar 20–30 especies 'framework': desmalezar y aplicación de fertilizante durante 2 años

Las malezas bajo sombra, sitio recuperado

Re-establecimiento de la estructura del bosque (dosel de múltiples capas)

Retroalimentación positiva

Recuperación del funcionamiento ecológico:
- acumulación de hojarasca
- ciclismo de nutrientes
- frutos y otros alimentos

Condiciones mejoradas para la germinación de la supervivencia de plántulas

Atracción de animales dispersores de semillas

Retroalimentación positiva

Reclutamiento: re-establecimiento natural de especies de árboles no plantadas

Aumento de la lluvia de semillas

Recuperación de la biodiversidad

La estructura y la función del bosque restaurado

¿Son los árboles 'framework' pioneros o clímax?

Las mezclas de especies de árboles 'framework' para plantar, deben incluir tanto especies pioneras como clímax (o las especies que representan todas las 'asociaciones' sucesionales explicadas en la **Sección 2.2**, si fueran conocidas). La sucesión de bosques puede ser 'acortada' plantando, tanto árboles pioneros como clímax, en un solo paso. Pero, para lograr un rápido cierre de copas, Goosem y Tucker (1995) recomiendan, que al menos 30% de los árboles plantados sean pioneros.

Muchas especies de árboles de bosque clímax se comportan bien en condiciones abiertas, soleadas, de áreas deforestadas, pero fracasan en colonizar áreas como éstas naturalmente, por la falta de dispersión de semillas. Las especies de árboles clímax tienen frecuentemente semillas grandes, dispersadas por animales y la disminución de grandes mamíferos en vastas áreas, impide la dispersión de estos árboles a los sitios deforestados. Al incluir alguno de ellos entre los árboles plantados, es posible superar las limitaciones y acelerar la recuperación del bosque clímax.

Los árboles pioneros plantados, aportan la mayor contribución a un cierre temprano de copas y sombreado de la maleza. El punto en que las copas de los árboles dominan sobre la capa herbácea, se llama 're-capturación del sitio'. Las especies pioneras maduran temprano, y algunas empiezan a florecer y a tener frutos solo 2–3 años después de haber sido plantadas. El néctar de flores, frutas pulposas, y los sitios percha y de anidamiento creados dentro de las copas de los árboles, atraen a todos los animales silvestres del bosque cercano. La diversidad de los animales aumenta dramáticamente, al tiempo que se van estableciendo los árboles nuevos y, lo más importante, muchos animales que visitan los sitios de restauración cargan semillas de árboles del bosque clímax. Además, el suelo fresco, sombreado, húmedo, rico en humus y libre de maleza, creado debajo de la copa de los árboles plantados, provee condiciones ideales para la germinación de semillas.

Las especies pioneras empiezan a morir después de 15 o 20 años, creando claros de luz. Éstas permiten que los árboles jóvenes de especies entrantes, crezcan y reemplacen en el dosel del bosque a los pioneros plantados. Si solamente se plantaran especies de árboles pioneros de corta vida, podrían morirse antes de que el número suficiente de especies se haya establecido, conduciendo a la posibilidad de una re-invasión del sitio por las malezas herbáceas (Lamb, 2011). Las especies de árboles clímax forman un sotobosque que previene esto. También añaden diversidad, y algunas de las características estructurales y nichos del bosque clímax, desde el comienzo mismo del proyecto de reforestación.

Especies raras o amenazadas

Las especies de árboles raras o amenazadas, son improbables de reclutar a los sitios de restauración por sus propios medios, porque su fuente de semillas está probablemente limitada y pueden haber perdido sus mecanismos primarios de dispersión de semillas. Incluir estas especies en las plantaciones de restauración de bosque, puede ayudar a prevenir su extinción, aun cuando carecen de algunas características 'framework'. La información sobre las especies de árboles del mundo amenazadas, está agrupada en el Programa Medioambiental del Centro de Monitoreo de Conservación Mundial de las Naciones Unidas [4].

La selección de las especies de árboles 'framework'

Hay dos fases para la elección de las especies 'framework': i) una evaluación preliminar, basada en el conocimiento actual, para identificar 'candidatos' para especies 'framework' para pruebas; y ii) experimentos de vivero y campo para confirmar las características. Al comienzo de un proyecto, es probable que la información detallada sobre cada especie sea escasa. La investigación preliminar debe basarse en fuentes de información existentes y la inspección del bosque-objetivo. Conforme se van acumulando gradualmente los resultados de los experimentos de vivero y campo, la lista de especies de árboles 'framework' puede ser gradualmente refinada (ver **Sección 8.5**). La elección de especies 'framework' irá mejorando gradualmente con cada plantación, conforme se vayan descartando las especies de pobre rendimiento y se vayan probando nuevas especies.

Las fuentes de información para investigaciones preliminares incluyen: i) floras, ii) los resultados de la inspección del bosque-objetivo (ver **Sección 3.2**), iii) conocimiento local nativo y iv) artículos científicos y/o informes de proyectos que describan cualquier trabajo previo en el área (**Tabla 5.1**).

[4] www.earthsendangered.com/plant_list.asp

En el método de especies 'framework', tanto las especies de árboles pioneros (coloreados en azul) y las especies clímax (coloreados en rojo) son plantadas al mismo tiempo con un espaciamiento de 1.8 m, como 'atajo' en la sucesión, mientras se preservan también todos los árboles y plántulas que crecen naturalmente (verde).

Los árboles pioneros plantados crecen rápidamente y dominan el dosel superior. Empiezan a florecer y dar frutos pocos años después de haber sido plantados. Esto atrae a animales dispersores de semillas. Las especies de árboles clímax plantadas forman un sotobosque, mientras que las plántulas son 'reclutadas', es decir, especies no-plantadas (traídas por los animales silvestres atraídos) crecen en el suelo del bosque.

En 10-20 años, algunos de los árboles pioneros empiezan a morir, formando claros de luz en las que las especies reclutadas puedan florecer. Las especies de árboles clímax se alzan para dominar la estructura del dosel del bosque, el funcionamiento ecológico y los niveles de biodiversidad avanzan hacia el bosque clímax.

Tabla 5.1. Análisis preliminar y selección final de especies de árboles 'framework' se basa en una diversa gama de diferentes fuentes de información*.

'Framework' característica	Análisis preliminar				Selección final	
	Floras	Estudio de bosque-objetivo	Conocimiento nativo	Artículos e informes de proyectos previos	Estudios de vivero (ver Sección 6.6)	Pruebas de campo (ver secciones 7.5 y 7.6)
Nativos, no-domesticados, adecuados al hábitat o a la altura	Indicados con frecuencia en descripciones de plantas en la literatura botánica	Listas especies de árboles del estudio del bosque-objetivo	No confiable: pobladores frecuentemente fracasan en distinguir entre especies nativas y exóticas	EIAs** y estudios previos para planes de manejo de conservación frecuentemente enumeran especies de árboles locales	–	–
Alta supervivencia y crecimiento	–		Pregunta a los pobladores locales qué especies de árboles crecen bien y sobre-viven en campos de barbecho	Improbable, excepto para especies comerciales en proyectos de silvicultura previos	Estima la supervivencia y el crecimiento de plántulas que crecen en los viveros	Muestra de monitoreo de árboles plantados de cada especie para la supervivencia y el crecimiento (**Sección 7.5**)
Copa densa y ancha produce sombra sobre la maleza	Pocos textos se ocupan de la estructura de copas de árboles	Observa la estructura de las copas de árboles en el bosque objetivo	–	–	Tamaño de hoja y arquitectura de copa puede indicarse por los árboles jóvenes en el vivero	Muestra de monitoreo de árboles plantados para cada especie en cuanto a ancho de la copa y cubierta de malezas reducida debajo
Atractivo para la vida salvaje	Frutos pulposos y flores ricas en néctar indicadas en descripciones taxonómicas	Observa el tipo de fruto y los animales que comen frutos o flores en bosques objetivo	Los pobladores saben frecuentemente qué especies de árboles atraen a las aves	–	–	Estudios de fenología de los árboles después de la plantación
Resistentes al fuego	–	Inspección de árboles en áreas recientemente quemadas	Los pobladores suelen saber qué especies de árboles se recuperan después de quemar en campos en barbecho	–	–	Donde las medidas de prevención de incendios fracasen, inspecciona los árboles en las parcelas quemadas inmediatamente después de un incendio y un año después
Fácil de propagar	–	–	–	Poco probable excepto para especies comerciales en proyectos de silvicultura	Experimentos de germinación y monitoreo de plántulas	–
Especies clímax o de semillas grandes	Frecuentemente indicados en descripciones de plantas en la literatura botánica	Observa los frutos y las semillas de los árboles en el bosque objetivo			–	–

* La organización e integración de esta información es analizada en la **Sección 8.5**

** Evaluación de impacto ambiental

La flora puede aportar datos taxonómicos básicos sobre especies en consideración, así como su idoneidad para los requerimientos específicos del sitio, como la restauración del bosque-objetivo o el rango de elevación. También indican si una especie produce frutos pulposos o flores ricas en néctar, que puedan atraer a los animales salvajes.

La inspección del bosque-objetivo (ver **Sección 3.2**) aporta un montón de información original, que es útil para la selección de especies de árboles 'framework', incluyendo una lista de especies de árboles nativos, y listas de especies que tienen flores ricas en néctar, frutos pulposos o copas densas y extensas, que son capaces de sombrear las malezas. Los estudios de fenología ofrecen información sobre qué árboles atraerán a los animales silvestres dispersores de semillas. Estudios del conocimiento botánico de la población local (la etnobotánica), también pueden echar luz sobre el potencial de los árboles de actuar como especies 'framework'. Al realizar estudios como éstos, es importante trabajar con las comunidades que tienen una larga historia de convivencia cerca de bosques, especialmente aquellos que practican la agricultura de rotación (quema y roce). Los agricultores de estas comunidades, normalmente saben qué especies de árboles colonizan fácilmente los campos de barbecho y crecen rápidamente, y cuáles atraen a los animales silvestres. No obstante, los resultados de estos estudios se deben examinar críticamente. La población local a veces aporta información que ellos piensan que va a gustar al investigador, en vez de basarse en la experiencia real. Las supersticiones y creencias tradicionales, también pueden distorsionar la evaluación objetiva de las capacidades de las especies de árboles. Por consiguiente, la información etnobotánica es fiable, solamente si es proporcionada independientemente por los miembros de varias comunidades diferentes, con diferentes antecedentes culturales. Para diseñar estudios etnobotánicos efectivos, por favor consulten a Martin (1995).

La población local también sabe si otros investigadores han estado activos en el área, y de qué organizaciones o instituciones vinieron. Los departamentos forestales y las autoridades de área protegidas, realizan frecuentemente inspecciones de biodiversidad, aunque los resultados podrían estar en informes inéditos. Contacta a estas organizaciones y pregunta por el acceso a tales informes. El herbario local o nacional podría también tener especímenes de árboles de tu sitio de proyecto. Revisar las etiquetas del herbario, puede revelar mucha información útil. Si se han realizado proyectos de desarrollo cerca del sitio de tu proyecto, es probable que se haya realizado una evaluación de impacto ambiental (EIA), incluyendo un estudio de la vegetación. De manera que vale la pena contactar a la agencia que realizó la EIA. Si han estado activos estudiantes de investigación en el área, las universidades también podrán ser una fuente de información más detallada. Finalmente, siempre está internet. Simplemente escribir el nombre del sitio de tu proyecto en el buscador, puede revelar fuentes de información adicionales importantes.

Actualmente sólo existen listas de especies de árboles 'framework' probadas en Australia (Goosem & Tucker, 1995) y Tailandia (FORRU, 2006). Pero especies de árboles del mismo género que aquellos enumerados para Australia y Tailandia, podrían dar buen rendimiento en otros países, de manera que incluir algunas en las pruebas de especies 'framework' iniciales, valdrá la pena. Dos taxones pan-tropicales merecen una mención especial, concretamente las higueras (*Ficus* spp.) y las leguminosas. Las especies nativas dentro de estos dos taxones, casi siempre rinden buenos resultados como especies 'framework'. Las higueras tienen sistemas de raíces densos y robustos, que les permiten sobrevivir aún en las condiciones más severas. Los higos que producen, son una fuente irresistible de alimento para una amplia gama de animales dispersores de semillas. Los árboles leguminosos frecuentemente crecen rápido, y tienen la capacidad de fijar el nitrógeno atmosférico en nodos de las raíces, que contienen bacterias simbióticas, dando como resultado un rápido mejoramiento de las condiciones del suelo.

Manejo del sitio

Primero, implementa las medidas de protección usuales, descritas en la **Sección 5.1**, particularmente las medidas de prevención, tanto de incendios como de la caza de animales dispersores de semillas. Segundo, protege y cuida cualquier regeneración natural, usando las técnicas de la RNA descritas en la **Sección 5.2**. Tercero, planta suficientes especies de árboles 'framework' para traer el total de las especies al sitio (incluyendo la regeneración natural), hasta alrededor de 30 (o aproximadamente 10% del número estimado de especies de árboles en el bosque-objetivo, si fuera conocido), separados con un espaciamiento de más o menos 1.8 m o a la misma distancia de los árboles regenerados naturalmente: esto traerá la densidad total de árboles al sitio hasta alrededor de 3,100/ha.

Se recomienda desmalezar y aplicar fertilizante frecuentemente, tanto a los árboles plantados, como a los árboles jóvenes que se regeneran naturalmente durante las primeras estaciones de lluvia. Desmalezar previene que los pastos y las hierbas, particularmente las rastreras, ahoguen a los árboles plantados, permitiendo que las copas de los árboles crezcan por encima de la maleza. Las aplicaciones de fertilizantes aceleran el crecimiento de los árboles, resultando en un rápido cierre de copas. Finalmente, monitorea la supervivencia y el crecimiento de los árboles plantados y la recuperación de la biodiversidad en los sitios restaurados, de modo que la elección de especies de árboles 'framework' para futuras plantaciones, pueda ser continuamente mejorada.

Para más información sobre la plantación, el manejo post-plantación y el monitoreo de especies de árboles 'framework', ver **Capítulo 7**.

La siembra directa como alternativa a la plantación de árboles

Algunas especies de árboles pueden ser establecidos directamente en el campo a partir de semillas. La siembra directa conlleva:

- recolectar semillas de árboles nativos en el ecosistema del bosque-objetivo y, si fuera necesario, almacenarlos hasta la siembra;
- sembrarlas en el sitio de restauración, en el momento óptimo del año para la germinación de semillas;
- manipular las condiciones de campo para maximizar la germinación.

La siembra directa es relativamente barata, porque no hay gastos de vivero y plantación (Doust *et al.*, 2006; Engel & Parrotta, 2001). Transportar las semillas al sitio de restauración es obviamente más fácil y más barato, que llevar plántulas en vehículos motorizados, de modo que este método, es particularmente adecuado para sitios menos accesibles. Los árboles que se establecen por la siembra directa, tienen normalmente un mejor desarrollo de su sistema de raíces, y crecen más rápido que los árboles jóvenes criados en viveros (Tunjai, 2011), porque sus raíces no están apretadas dentro de un contenedor. La siembra directa puede ser implementada en combinación con los métodos de la RNA y plantación de árboles convencional, para incrementar tanto la densidad, como la riqueza la regeneración. Adicionalmente al establecimiento de especies de árboles 'framework', la siembra directa puede ser usada con el método de máxima diversidad o para establecer plantaciones de árboles nodriza, pero no funciona con todas las especies de árboles. Se necesitan experimentos para determinar qué especies pueden ser establecidas por la siembra directa y cuáles no.

Obstáculos potenciales para la siembra directa

En la naturaleza, un porcentaje muy bajo de semillas de árboles dispersadas germina, y aún menos plántulas sobreviven para convertirse en árboles maduros. Lo mismo vale para la siembra directa (Bonilla-Moheno & Holl, 2010; Cole *et al.*, 2011). Las mayores amenazas para las semillas sembradas son: i) desecación, ii) depredación de semillas, particularmente por hormigas y roedores (Hau, 1997) y iii) competencia de malezas herbáceas (ver **Sección 2.2**). Al contra restar estos factores, es posible mejorar las tasas de germinación y supervivencia de semillas, por encima de aquellas de las semillas dispersadas por vía natural.

El problema de la desecación puede superarse seleccionando especies de árboles, cuyas semillas son resistentes a la desecación (es decir, aquellos con cubiertas gruesas) y enterrando las semillas o cubriendo los puntos de siembra con mulch (Woods & Elliott, 2004).

Enterrar las semillas también reduce la depredación, al hacer que las semillas sean más difíciles de encontrar. Tratamientos pre-siembra que aceleren la germinación, pueden reducir el tiempo disponible para que los predadores de semillas las encuentren. Una vez que comienza la germinación, el valor nutricional de las semillas y su atractivo para los predadores disminuye rápidamente. Pero los tratamientos que rompen las cubiertas de las semillas y exponen los cotiledones, a veces aumentan el riesgo de desecación o las hacen más atractivas para las hormigas (Woods & Elliott, 2004). También podría valer la pena explorar la posibilidad de usar químicos, para repeler a los predadores de semillas. Cualquier carnívoro que cace roedores (por ejemplo, aves de rapiña o gatos silvestres), debe ser considerado como recurso valioso en sitios de RNA. La prevención de la caza de estos animales, puede ayudar a controlar las poblaciones de roedores y reducir la depredación de semillas.

Carnívoros, como este gato leopardo (*Felis bengalensis*), pueden ayudar a controlar las poblaciones de roedores predadores de semillas, de modo que se debe evitar capturarlos o matarlos en los sitios de restauración.

Las plántulas de semillas que germinan, son pocas comparadas con los árboles jóvenes criados en viveros, de modo que desmalezar alrededor de las plántulas es especialmente importante y debe ser ejecutado con especial cuidado. Eliminar la maleza meticulosamente, puede incrementar bastante los costos de la siembra directa (Tunjai, 2011).

Las especies adecuadas para la siembra directa

Las especies que tienden a establecerse exitosamente a través de la siembra directa, son generalmente aquellas que tienen grandes semillas esféricas (>0.1 g masa seca), con contenido de humedad mediana (36–70%) (Tunjai, 2012). Las grandes semillas tienen grandes contenidos de alimento, de modo que pueden sobrevivir más tiempo que las más pequeñas y producir plántulas más robustas. Para los predadores es difícil manejar grandes semillas redondas, especialmente si estas semillas también tienen una cubierta dura y lisa.

Las especies de árboles de la familia de las leguminosas, son las más comunes en ser declaradas como adecuadas para la siembra directa. Las semillas leguminosas tienen típicamente cubiertas duras y lisas, haciéndolas resistentes a la desecación y depredación. La capacidad de fijar nitrógeno de muchas especies leguminosas, puede darles una ventaja competitiva sobre las malezas. Las especies de árboles de muchas otras familias, también se han mostrado prometedoras y están enumeradas en la **Tabla 5.2** (Tunjai, 2011).

Los informes publicados de siembras directas, han tendido a concentrarse en las especies de árboles pioneros (Engel & Parrotta, 2001), porque sus plántulas crecen rápidamente, pero las especies de árboles clímax también pueden establecerse exitosamente, a través de la siembra directa. De hecho, dado que generalmente tienen grandes semillas y reservas de energía, las semillas de árboles clímax podrían ser particularmente adecuadas para la siembra (Hardwick, 1999; Cole *et al.*, 2011; Sansevero *et al.*, 2011). Con la desaparición de los grandes dispersores de semillas vertebrados en gran parte de sus rangos, la siembra directa podría ser la única manera de que las semillas grandes de algunas especies de árboles clímax, puedan llegar a los sitios de restauración (el trabajo humano sustituye eficazmente el papel jugado por estos animales).

Tabla 5.2. Informes de especies y técnicas para una siembra directa exitosa de alrededor del mundo tropical. (Preparado por Panitnard Tunjai.)

Localización	Tiempo óptimo de siembra	Tipo de bosque	Altitud (m)	Especies exitosas	Métodos recomendados	Referencia
Tailandia del sur	Comienzo de estación de lluvia	De tierra baja siempreverde	<100	Artocarpus dadah (Moraceae), Callerya atropurpurea (Leguminosae), Vitex pinnata (Lamiaceae), Palaquium obovatum (Sapotaceae) y Diospyros oblonga (Ebenaceae)	Tubo para prevenir el movimiento de semillas sin mulch ni fertilizante en los dos primeros años	Tunjai, 2012
		Dipterocarpácea seco	300–400	Afzelia xylocarpa (Leguminosae) y Schleichera oleosa (Sapindaceae)	No desmalezar en el primer año después de sembrar; escarificación para acelerar o maximizar la germinación de ambas especies con semillas de cubierta dura	
Tailandia del norte	Comienzo de estación de lluvia	Colina siempreverde	1,200–1,300	Balakata baccata (Euphorbiaceae), Syzygium fruticosum (Myrtaceae), Aquilaria crassna (Thymeleaeaceae), Sarcosperma arboreum (Sapotaceae) y Choerospondias axillaris (Anacardiaceae)	No desmalezar en el primer año después de sembrar	Tunjai, 2012
Tailandia del norte	Comienzo de estación de lluvia	Colina siempreverde	1,200–1,300	Choerospondias axillaris (Anacardiaceae), Sapindus rarak (Sapindaceae) y Lithocarpus elegans (Fagaceae)	Enterrar; tratamientos pre-siembra para acelerar o maximizar la germinación	Woods & Elliott, 2004
Camboya	Estación de lluvia	Caducifolio tropical	85	Afzelia xylocarpa (Leguminosae), Albizia lebbeck (Leguminosae) y Leucaena leucocephala (Leguminosae)	Arar el suelo con tractor y aplicar estiércol de vaca antes de sembrar	Cambodia Tree Seed Project, 2004
Hong Kong	Comienzo de estación de lluvia	Semisiempreverde	200–550	Triadica cochinchinensis (Euphorbiaceae), Microcos paniculata (Malvaceae) y Choerospondias axillaris (Anacardiaceae)°	Enterrar semillas 1–2 cm bajo la superficie del suelo	Hau, 1999
Australia	Estación de lluvia	Enredaderas mesófilas y notófilas complejas	121–1,027	Acacia celsa (Leguminosae), Acacia aulacocarpa (Leguminosae), Alphitonia petriei (Rhamnaceae), Aleurites rockinghamensis (Euphorbiaceae), Cryptocarya oblata (Lauraceae) y Homalanthus novoguineensis (Euphorbiaceae)	Enterrar semillas; desmalezar mecánica y químicamente, antes de sembrar y dos aplicaciones de herbicidas (glifosato) subsiguientes, 1 mes aparte. Establecimiento más consistente al usar especies de semillas grandes	Doust et al., 2006 y 2008

Tabla 5.2. continuación.

Localización	Tiempo óptimo de siembra	Tipo de bosque	Altitud (m)	Especies exitosas	Métodos recomendados	Referencia
Brasil	Comienzo de estación de lluvia	Semi-caducifolio estacional	464–775	Enterolobium contorstisiliquum (Leguminosae) y Schizolobium parahyba (Leguminosae)	Herbicida (glifosato) antes de sembrar; adicionalmente aplicación puntual y desmalezar manualmente alrededor de la plántula	Engel & Parrotta, 2001
Brasil	Finales estación de lluvia	Semi-caducifolio estacional	574	Enterolobium contortisiliquum (Leguminosae) y Schizolobium parahyba (Leguminosae)	Subsolador profundo para preparar surcos de siembra de 40 cm de profundidad	Siddique et al., 2008
Brasil	Finales estación de lluvia	Tierra firme	N/A	Caryocar villosum (Caryocaraceae) y Parkia multijuga (Leguminosae)	Sembrar especies de semillas grandes no-pioneras	Camargo et al., 2002
Brasil	Comienzos de estación de lluvia	Bosque húmedo siempreverde	—	Spondias mombin (Anacardiaceae), Parkia gigantacarpa (Leguminosae), Caryocar glabrum (Caryocaraceae), Caryocar villosum (Caryocaraceae), Couepia sp. (Chrysobalanaceae), Bertholletia excelsa (Lecythidaceae), Carapa guianensis (Meliaceae) y otras 27 especies	En mina de tajo abierto: surcos profundos de 90 cm, añadir 15 cm suelo superficial; siembra las semillas a lo largo de surcos alternados, 2 × 2 m	Knowles & Parrotta, 1995
Costa Rica	Comienzos de estación de lluvia	Montano	1,110–1,290	Garcinia intermedia (Clusiaceae)	Sembrar semillas de sucesión tardía después del establecimiento de árboles fijadores de nitrógeno, de crecimiento rápido	Cole et al., 2011
México	—	Semi-siempreverde estacional	—	Brosimum alicastrum (Moraceae), Enterolobium cyclocarpum (Leguminosae) y Manilkara zapota (Sapotaceae)	Sembrar semillas en bosque joven de sucesión (8–15 años) o bosque de referencia (>50 años)	Bonilla-Moheno & Holl, 2010
México	Comienzos de estación de lluvia	Tropical estacional	—	Swietenia macrophylla (Meliaceae)	Enterrar semillas a 0.5 cm bajo la superficie del suelo; desbroce y quema para el despeje de los sitios	Negreros & Hall, 1996
Jamaica	Comienzos de estación de lluvia	Seco	140	Eugenia sp. (Myrtaceae) y Calyptranthes pallens (Myrtaceae)	Sembrar semillas bajo sombra con suplemento de humedad	McLaren & McDonald, 2003
Uganda	Comienzos de estación de lluvia.	Siempreverde húmedo semi-caducifolio	1,250–1,827	Strombosia scheffleri (Olacaceae), Craterispermum laurinum (Rubiaceae), Musanga leo-errerae (Urticaceae) y Funtumia africana (Apocynaceae)	Aflojar el suelo antes de la siembra	Muhanguzi et al., 2005

Siembra aérea

La siembra aérea es una extensión lógica de la siembra directa. Puede ser útil donde la siembra directa deba aplicarse en áreas muy grandes, para restaurar sitios escarpados inaccesibles, o donde escasea la mano de obra. Muchas de las especies elegidas y tratamientos pregerminativos de las semillas, desarrollados para la siembra directa, pueden ser aplicados igualmente en la siembra aérea.

China es el líder en esta tecnología, habiendo ejecutado decenas de programas de investigaciones en la siembra aérea desde los años 1980s y habiendo aplicado el método en millones de hectáreas, para establecer plantaciones mayormente de coníferas y para contrarrestar la desertificación. Enterrar las semillas para prevenir su depredación no es una opción en la siembra aérea, de modo que el Instituto de Investigación Forestal de Beipiao, Provincia de Liaoning, desarrolló un 'agente de propósito múltiple' que previene la desecación, mejora las raíces e incrementa la resistencia de las semillas contra enfermedades (Nuyun & Jingchun, 1995).

Las siembras aéreas previas para la silvicultura en América y Australia (normalmente para establecer monocultivos de pinos y eucalipto) involucraban tirar semillas, bien sin protección o bien incrustadas en bolas de barro, desde aviones o helicópteros (Hodgson & McGhee, 1992). Un sistema de repartición más efectivo para especies de árboles mixtas, puede consistir en colocar las semillas en proyectiles biodegradables, que son capaces de penetrar la cubierta de maleza y alojar las semillas en la superficie del suelo. Además de las semillas mismas, estos proyectiles podrían contener gel de polímero (para prevenir la desecación), bolitas de fertilizantes que se liberan lentamente, químicos que repelen a predadores e inoculaciones de microbios (Nair & Babu, 1994), que juntos maximizarían el potencial de la germinación de las semillas, y la supervivencia y el crecimiento de las plántulas. Actualmente se está investigando un avión tele-dirigido, que es capaz de repartir exactamente 4 kg de semillas por vuelo, usando la tecnología GPS (Hobson, pers. comm.). Un avión tele-dirigido ofrece una repartición aérea de bajo costo, provee la opción de monitorear con más frecuencia y hace posible el monitoreo en áreas de difícil acceso.

Uno de los obstáculos principales para el éxito de la siembra aérea en sitios grandes e inaccesibles, es la incapacidad de desmalezar eficazmente y el fracaso consiguiente de proteger a las plántulas en germinación, de la competencia con hierbas y pastos. La fumigación aérea es rutinaria en la agricultura y podría ser usada para, inicialmente, despejar la maleza en los sitios de restauración, provisto de que exista poca regeneración natural que valga la pena ser salvada. No obstante, después de que las semillas de los árboles hayan germinado, las fumigaciones aéreas podrían matar las plántulas junto con la maleza. Se necesitan herbicidas específicos que puedan matar malezas, sin matar la regeneración natural o plántulas en germinación de las semillas repartidas por la siembra aérea.

Limitaciones del método de las especies 'framework'

Para la recuperación de la riqueza de especies de árboles, el método de las especies 'framework' depende de remanentes cercanos de bosque para proveer i) una fuente diversa de semillas y ii) un hábitat para animales dispersores de semillas. Pero, ¿cómo de cerca debe estar el bosque restante?. En sitios de bosque siempreverde fragmentados, en el norte de Tailandia, mamíferos de tamaño mediano como los gatos civetas, pueden dispersar las semillas de algunas especies de árboles de bosque hasta 10 km. De manera que la técnica puede potencialmente funcionar a pocos kilómetros de los restos de bosque, pero obviamente, cuanto más cerca esté el sitio de restauración de remanentes de bosques clímax, tanto más rápido se recuperará la biodiversidad. Si las fuentes de semillas o los dispersores están ausentes en el paisaje, la recuperación de la riqueza de árboles no sucederá, salvo que casi todas las especies del bosque original sean replantadas, o bien como semillas o bien como plántulas criadas en viveros. Este es el enfoque de la 'máxima diversidad' para la restauración.

Cuadro 5.3. 'Rainforestation'

La 'Rainforestation' comparte muchas similitudes con el método de restauración de bosque de especies 'framework', particularmente su énfasis en plantar especies de árboles nativos en altas densidades, para sombrear la maleza herbácea y restaurar los servicios ecológicos, la estructura del bosque y el hábitat de animales salvajes. Pero el método de la Rainforestation ha sido adaptado a la particular situación ecológica y socio-económica de Filipinas. Con la población humana más densa y en rápido ascenso, de todos los países del sudeste asiático (excluyendo a Singapur), creciendo de 27 millones en 1960 a 92 millones (o 313 por km²) hoy, una tasa de crecimiento anual de 2.1%[5], la deforestación ha dejado menos de 7% del país cubierto con bosque primario. Con tantas de las especies endémicas de Filipinas, en inminente peligro de extinción por la disminución de la cobertura de bosque primario, la restauración de bosque, claramente tiene que jugar un papel principal en la conservación de la biodiversidad. Por otro lado, con una presión humana tan intensa, se hacen necesarios métodos de restauración que también generen ingresos en efectivo.

"Introducir la idea de 'plantemos para nuestros bosques' los agricultores siempre dijeron que debemos pensar en mejorar su agricultura también, entonces, ¿por qué no incluir un componente de sustento de vida?. La Rainforestation es una estrategia de restaurar los bosques, pero al mismo tiempo podría ser una manera de mejorar el ingreso de los agricultores, de modo que tienes que mejorarla incluyendo cultivos ... de manera que se convierta en un sistema de agricultura." Paciencia Milan (Interview 2011)

Los árboles pioneros son normalmente plantados durante el primer año, seguidos por especies de árboles clímax tolerantes a la sombra (frecuentemente Dipterocarps), que son sub-plantados en el segundo año. La densidad de plantación varía de acuerdo a los objetivos del proyecto: por ejemplo, para la producción de madera, 400 árboles/ ha (25% pioneros a 75% clímax árboles maderables); para la agro-silvicultura, 600–1000 árboles/ha (dependiendo de la copa de los árboles frutales que sean incorporados); y para la conservación de la vida salvaje, 2,500 árboles/ ha. Puesto que en Filipinas dominan las especies de los dipterocarpios dispersados por el viento, los bosques y el bosque primario remanente, están frecuentemente reducidos a fragmentos remotos, la dispersión de semillas de los bosques a los sitios de restauración por animales, es menos evidente en la Reforestation de lluvia, que es el caso con el método de las especies 'framework'.

El concepto de Rainforestation fue desarrollado conjuntamente por la Prof. Paciencia Milan de la Universidad Estatal de Visaya (VSU, antes Escuela Estatal de Agricultura de Visaya) y el Dr Josef Margraf de la GTZ (Deutsche Gesellschaft für Internationale Zusammenarbeit) bajo el Programa de Ecología Tropical Aplicada ViSCA-GTZ. Las primeras parcelas de pruebas fueron establecidas en 1992 en 2.4 ha de pastizales de *Imperata*, dentro del campus de la VSU que tenía parcelas de café, cacao y bananos y porciones de pradera.

Una parcela original de demostración de Rainforestation de 19 años, plantada en 1992 en la reserva de bosque de 625 ha de la VSU en las faldas del Monte Pangasugan (50 m de altura). En el sitio donde originalmente había pastizales de Imperata, ahora hay un bosque con una estructura compleja y una flora y fauna altamente diversa, incluyendo al Tarsero filipino.

---

[5] Cifras del 2010 en www.prb.org/Publications/Datasheets/2010/2010wpds.aspx

Cuadro 5.3. continuación.

La Rainforestation se desarrolló rápidamente, desde el concepto original de un enfoque ecológico en la restauración de bosques húmedos, hacia una 'Agricultura de Rainforestation' o 'agricultura de dosel cerrado y alta diversidad', diseñada para satisfacer las necesidades económicas de la población local, incluyendo el cultivo de árboles frutales y otros cultivos, junto con los árboles del bosque. La premisa básica es que, "cuanto más se asemeja el sistema de una agricultura tropical al bosque húmedo natural, más sostenible es". La meta de la Agricultura de Rainforestation es sostener una producción de alimentos de bosques tropicales, a la vez que se mantiene la biodiversidad y el funcionamiento ecológico. La idea es reemplazar las formas de agricultura de quema y roce, que son más destructivas, con sistemas agrícolas ecológicamente más sostenibles y más rentables.

De 1992 a 2005, la VSU estableció 25 granjas de demostración de Rainforestation en diferentes tipos de suelos en la Isla de Leyte, y los monitoreó en colaboración con pobladores locales. La Rainforestation no solo proveyó a los agricultores de un ingreso, sino que también re-estableció los ecosistemas de bosque con una alta biodiversidad y mejoró la calidad del suelo. La técnica ahora se ha diversificado en tres tipos principales (con 10 sub-tipos) para diferentes propósitos: i) la conservación de la biodiversidad y protección medio ambiental (por ejemplo, la introducción de zonas de amortiguamiento y corredores de vida salvaje hacia las áreas protegidas, prevención de deslizamientos de tierra o estabilización de los bancos de ríos); ii) producción de madera y sistemas agrícolas; y iii) proyectos en áreas urbanas (por ejemplo, embellecimiento de las calles o creación de parques). Se recomiendan diferentes especies de árboles y técnicas de manejo, para optimizar la conservación y/o compensación económica de cada sub-tipo de proyecto, pero el uso de especies de árboles nativas sigue siendo central en el concepto de Rainforestation.

"La Rainforestation no se necesita solo para la restauración de bosque. Se puede usar por otras razones, provisto de que se planten árboles nativos." Paciencia Milan (entrevista 2011)

Un fundo de Rainforestation de15 años de edad, registrado y basado en la comunidad, establecido en 1996 en una plantación de coco sobre-madura, plantando 2,123 árboles/ha, incluyendo 8 especies de Dipterocarpaceae y un sotobosque de frutales tolerantes a la sombra (por ejemplo, mangostán o durian). Los beneficios se comparten entre los miembros de la comunidad, proporcionalmente a sus colaboraciones de labor voluntaria.

Cuadro 5.3. continuación.

Se ha aceptado la Rainforestation como una estrategia nacional para la restauración de bosque, por el Departamento Filipino de Medio Ambiente y de Recursos Naturales (Circular de Memorando 2004-06). Viveros de especies nativas y parcelas de demostración de Rainforestation son ahora establecidos, para seguir desarrollando la técnica en más de 20 universidades y colegios a través de Filipinas, apoyados por la Fundación Filipina de Conservación de Bosques Tropicales y la Red Filipina de Educación Forestal. La 'Iniciativa de Liderazgo y Capacitación Ambiental (ELTI, por sus siglas en inglés)', junto con la Iniciativa de restauración de Bosques húmedos y el FORRU-CMU, están trabajando con estas instituciones para promover la adopción de la investigación estandarizada y los protocolos de seguimiento, para facilitar la creación de bases de datos nacionales de las especies nativas de árboles y la adaptación de la Rainforestation a los innumerables escenarios medio ambientales que hay en Filipinas.

Fuentes: Milan *et al.* (sin fecha y entrevista 2001); Schulte (2002).
Para información actualizada, por favor entre en el Portal de la Rainforestation en www.rainforestation.ph/

5.4 Los métodos de máxima diversidad

El término 'método de máxima diversidad' fue acuñado primero por Goosem y Tucker (1995), quienes definieron este enfoque como "intentos de recrear en la mayor cantidad posible, la diversidad original (pre-despeje)". El método trata de, eficazmente, recrear la composición de especies de árboles de bosque clímax, a través de una preparación intensa del sitio y un solo evento de plantación, simultáneamente contrarrestando, tanto las limitaciones de hábitat como de dispersión. Para los sitios en los trópicos húmedos de Queensland, Australia, Goosem y Tucker (1995) recomendaron una preparación intensiva del sitio, incluyendo el subsolado profundo, aplicar mulch y riego, conforme fuera requerido, seguido de la plantación de árboles jóvenes de 50–60 cm de altura de hasta 60 tipos, mayormente especies de árboles de vegetación clímax, separados por un espacio de 1.5 m.

"El método se adecúa bien a plantaciones más pequeñas, donde el manejo intensivo es posible y también para áreas aisladas de la vegetación nativa, que podría proveer semillas." Goosem & Tucker (1995)

El enfoque de la máxima diversidad se vuelve aplicable siempre, donde la dispersión natural de semillas ha disminuido hasta tal punto, que ya no es capaz de recuperar la riqueza de especies de árboles en los sitios de restauración, a un ritmo aceptable. Esto podría ser porque quedan demasiado pocos individuos o especies de árboles semilleros, dentro de las distancias de la dispersión de semillas de los sitios de restauración, o porque los animales dispersores de semillas se han vuelto raros o han sido extinguidos. La ausencia de este servicio 'gratuito' de dispersión de semillas debe, por ello, ser compensado con la plantación de casi todas, cuando no de todas, las especies de árboles que comprende el bosque-objetivo clímax, asegurando la alta riqueza de especies de árboles y la representación de especies de dispersión limitada, desde el principio del proceso de restauración.

"Gente plantando árboles, reemplazan a las aves dispersoras de semillas."

Por consiguiente, los métodos de máxima diversidad en la restauración de bosques, son mucho más intensivos y costosos, que las técnicas de especies 'framework'. La diferencia en los costos entre los dos métodos, puede verse como el valor monetario de la pérdida de los mecanismos de dispersión de semillas.

Los gastos son altos en todas las fases del proceso. Primero, se necesita una gran cantidad de investigación para lograr un diseño efectivo de la plantación, y la investigación no es barata. La colección y propagación de semillas de la gama completa de especies de árboles, que comprende el ecosistema del bosque-objetivo clímax, son tan difíciles técnicamente como caros.

Las parcelas de bosque que son restauradas con este método, tienden a estar aisladas de bosques naturales, de modo que lamentablemente, están afectadas por todos los problemas de fragmentación descritos en la **Sección 4.3**. Podrían ser necesarios esfuerzos de manejo para i) reducir efectos de borde (por ejemplo al plantar densamente las zonas de amortiguamiento con arbustos y pequeños árboles como cortavientos, ver **Sección 4.4**) y ii) retener a las pequeñas poblaciones de plantas y animales, que pudieran eventualmente colonizar estas parcelas de bosque.

Los árboles de bosque clímax plantados crecen lentamente, de modo que los árboles deben ser plantados cerca el uno del otro para compensar la demora en el cierre de copas y el sombreado de las malezas herbáceas (ver **Cuadro 5.4**). Comparado con la RNA y el método de las especies 'framework', la demora del cierre de copas significa que el control de la maleza debe continuar por más tiempo. Además, los árboles clímax necesitan muchos años para madurar y producir semillas, de las cuales puede desarrollarse un sotobosque de árboles jóvenes clímax. Entre tanto, las parcelas de restauración pueden ser invadidas por especies de malezas leñosas (Goosem & Tucker, 1995), que finalmente compiten con la progenie de las plántulas de árboles clímax plantados. Erradicar este sotobosque indeseado, también se añade a los costos.

A causa de los altos costos, el enfoque de máxima diversidad sólo ha sido implementado por organizaciones con los recursos financieros y/o obligación legal de hacerlo, particularmente compañías mineras y otras grandes corporaciones, así como autoridades urbanas.

Las compañías mineras estuvieron entre los primeros en experimentar con el enfoque de máxima diversidad, principalmente por los requerimientos legales de restaurar o transformar minas a cielo abierto, en áreas de bosques tropicales, a su condición original. Trabajando en una mina de bauxita a cielo abierto en la Amazonía Central, Knowles y Parrotta (1995) reconocieron la necesidad de examinar el rango más amplio posible de especies de árboles nativos, para la posible inclusión en programas de reforestación "donde la sucesión natural está atrasada por barreras físicas, químicas y/o biológicas", para "duplicar, de una manera acelerada el bosque natural, para procesos de sucesión que conduzcan a ecosistemas complejos y auto-sostenidos".

> *"Al incluir una amplia gama de especies de árboles en el programa de examinación ... sin importar su valor económico... es mucho más probable que puedan establecerse bosques diversificados, que se parezcan y funcionen como bosques naturales."* Knowles y Parrotta (1995)

Aunque el bosque primario crecía cerca de la mina, los dispersores de semillas raramente visitaban los sitios de restauración, porque las operaciones mineras continuas creaban barreras tales como áreas desoladas abiertas y carreteras con tráfico pesado. De modo que el método de especies 'framework', que depende de la dispersión natural de semillas para que tenga éxito, no habría facilitado el reclutamiento de especies de árboles.

Por consiguiente, Knowles y Parrotta sistemáticamente examinaron 160 especies de árboles (alrededor del 76%) del bosque húmedo siempreverde ecuatorial cerca de la mina, para desarrollar un sistema de selección de especies que fueran adecuadas para plantaciones de varias especies a una escala operacional. Desarrollaron un sistema de rango de especies (un enfoque similar al descrito en la **Sección 8.5**), que estaba basado en la habilidad de germinar de las semillas, el tipo de material de plantación y las tasas de crecimiento temprano. Los taxones de árboles que eran recomendados para la plantación inicial, fueron clasificados como 'altamente adecuados y tolerantes al sol', aunque 'inicialmente prefieran condiciones sombreadas' (59 taxones (37% de los probados) y 30 taxones (19%), respectivamente). Los 71 taxones restantes demandantes de sombra, representaron casi la mitad de los taxones de árboles del ecosistema del bosque-objetivo, y de ahí que Knowles y Parrotta recomendaran que estos taxones deberían ser plantados unos 5 años más tarde, una vez que los árboles plantados inicialmente hubieran creado las condiciones de sombra y suelo propicios para su establecimiento. Así, Knowles y Parrotta abogaron esencialmente por un enfoque de máxima diversidad en dos etapas, usando principalmente pioneros tolerantes al sol, para crear las condiciones necesarias para añadir todas las otras especies de árboles, que eran representativas para el ecosistema del bosque-objetivo.

Los territorios de restauración fueron nivelados y cubiertos con 15 cm de suelo superficial, a un año de que el bosque hubiera sido despejado para la extracción de bauxita. Fueron subsolados a 90 cm de profundidad (1 m entre los surcos) y se plantaron propágulos (siembra directa (**Tabla 5.2**), plantas silvestres o plántulas criadas en viveros) a lo largo de los surcos, a un espaciamiento de 2 × 2 m (2,500 plantas/ha). Se plantaron al menos 70 especies en un patrón que aseguró que los árboles de la misma especie, no fueran plantados adyacentemente.

El enfoque de máxima diversidad también es particularmente adecuado para la silvicultura urbana, que añade biodiversidad a los paisajes de la ciudad y provee a las viviendas de la ciudad, de una rara oportunidad de conectarse con la naturaleza. Las autoridades urbanas tienen la responsabilidad de cuidar los parques, jardines y bordes de las calles, y tienen presupuestos que son suficientemente elevados como para pagar operaciones de paisajismo intensivo. En sitios urbanos, los altos costos de las técnicas de máxima diversidad son justificados por el uso intensivo y la apreciación de los bosques urbanos por densas poblaciones, y por el alto valor de los terrenos. Cuando se plantan árboles en terrenos urbanos, es importante asegurar que no rompan cables eléctricos o tuberías de agua. Las consideraciones estéticas, como el atractivo de las especies plantadas, también deben ser tomadas en cuenta (Goosem & Tucker, 1995).

En suma, el enfoque de la diversidad máxima puede ser implementado por plantaciones únicas de, mayormente, especies de árboles de bosque clímax o a través de las plantaciones en dos etapas, empezando principalmente con árboles pioneros y, a continuación, después de que se hayan cerrado las copas de los pioneros, plantando un sotobosque con especies de árboles clímax tolerantes a la sombra. La meta es plantar la mayoría de las especies de árboles que comprende el bosque-objetivo clímax. No obstante, las dificultades de la recolecta de semillas y las capacidades limitadas de los viveros, obligan a limitar el tiempo de las pruebas de máxima diversidad a 60–90 especies de árboles. La mayoría de las especies deben estar representadas por al menos, 20–30 árboles/ha. Más prominencia se le puede dar a i) especies de semillas grandes, ii) especies 'clave' (por ejemplo, *Ficus* spp.) y iii) especies amenazadas, vulnerables o raras, para incrementar el valor de la operación de conservación de la biodiversidad. Normalmente, los métodos de plantación y mantenimiento que son usados para el enfoque de las especies 'framework' (a saber, desmalezar, aplicar mulch y fertilizante, ver **Sección 7.3**), también pueden ser usados para el enfoque de la máxima diversidad (Lamb, 2011, pp. 342–3), aunque puede que sea necesario una preparación más intensiva del territorio, como subsolado profundo en áreas severamente degradadas (Goosem & Tucker, 1995; Knowles & Parrotta, 1995).

5.5 Mejora del territorio y plantaciones de nodrizas

En territorios con degradación fase-5, donde las condiciones del suelo y microclimáticas se han deteriorado más allá del punto que puede soportar el establecimiento de árboles, la mejora del territorio se vuelve un precursor necesario para los procedimientos de la restauración del bosque. Normalmente la compactación y erosión del suelo son los problemas principales, pero la exposición a condiciones calientes, secas, soleadas y ventosas también pueden prevenir el establecimiento de árboles, incluso allí donde las condiciones del suelo no están tan severamente degradadas. La mejora del suelo puede suponer procedimientos de cultivo de suelo, que son normalmente más asociados con la agricultura y la silvicultura comercial (como los que se usan en el método Miyawaki, ver **Cuadro 5.4**), y/o establecer plantaciones de especies de

Cuadro 5.4. El método Miyawaki.

Una de las formas más tempranas y, quizás, más famosas del enfoque de máxima diversidad es el método Miyawaki, inventado por el Dr Akira Miyawaki, Profesor Emérito de la Universidad Nacional de Yokohama, Japón y director del IGES – Centro Japonés para Estudios Internacionales de Ecología (JISE). Desarrollado en los 1970s, el método está basado en 40 años de estudio, tanto de la vegetación natural como la perturbada, alrededor del mundo. Fue empleado al principio, para restaurar bosques en cientos de sitios en Japón, y posteriormente fue modificado exitosamente para aplicarse en los bosques tropicales en Brasil[6], Malasia[7] y Kenia[8].

El método de Miyawaki, o 'Bosque Nativo por Árboles Nativos', está basado en el concepto de la 'vegetación natural potencial' (VNP) (sinónimo de 'tipo de bosque-objetivo': la idea de que la vegetación clímax de cualquier sitio perturbado, pueda ser prevista por las condiciones actuales del sitio, tales como la vegetación existente, suelo, topografía y clima. Por ello, la restauración empieza con inspecciones detalladas del suelo y mapeo de la vegetación (usando métodos fitosociológicos), que se combinan para producir un mapa de unidades VNP a través del sitio de restauración. El mapa VNP, es entonces usado para seleccionar las especies de árboles para plantar y preparar el plan del proyecto (Miyawaki, 1993).

La siguiente etapa es recolectar semillas localmente, de las especies de árboles representativos de la(s) VNP(s). Las plántulas de todas las especies de árboles dominantes dentro de la(s) VNP(s), y la mayor cantidad posible de especies asociadas (particularmente especies de sucesión media a tardía), haciéndolas crecer en contenedores dentro de viveros a la altura de 30–50 cm, listos para ser plantados en el sitio. La preparación del sitio puede involucrar el uso de máquinas que muevan la tierra para nivelar o aplanar el sitio y desarrollar una capa de 20–30-cm de buena tierra de superficie, mezclando paja, estiércol y otros tipos de abono orgánico, con las capas superficiales del suelo. En sitios erosionados, el suelo superficial se importa de sitios de construcciones urbanas. El suelo es entonces amontonado para incrementar la aireación. Hasta 90 especies de árboles son plantadas al azar, en densidades muy altas, 2–4 árboles/m². Después de plantar, se desmaleza el sitio (y las malezas arrancadas usadas como mulch) hasta tres años, hasta que se haya logrado el cierre de copas y cese el mantenimiento.

"Después de tres años, el no manejo es el mejor manejo" (Miyawaki, 1993)

Prof. Akira Miyawaki (con el gorro verde) posa con niños plantando árboles en Kenia, como parte de un proyecto que usa su hoy famosa técnica. (Foto: Prof. K. Fujiwara.)

[6] www.mitsubishicorp.com/jp/en/csr/contribution/earth/activities03/activities03-04.html

[7] Actualmente a través de un proyecto en colaboración, con la participación de UPM, University Malaysia Sarawak y JISE, que está patrocinada por la Corporación Mitsubishi.

[8] www.mitsubishicorp.com/jp/en/pr/archive/2006/files/0000002237_file1.pdf

Cuadro 5.4. continuación.

Las primeras pruebas tropicales que usaron el método Miyawaki, empezaron en 1991 en el Campus de Bintulu (Sarawak) de la University Pertanian de Malasia (actualmente conocida como University Putra Malaysia (UPM))[8]. Dieciocho años más tarde, las parcelas restauradas por el método Miyawaki, demostraron una mejor estructura de bosque y los árboles plantados eran más altos, tenían un diámetro a la altura de pecho (dap) más ancho y un área de base mayor, comparados con aquellos del adyacente bosque secundario regenerado naturalmente (Heng *et al.*, 2011). La recuperación de la fauna del suelo es particularmente rápida (Miyawaki, 1993). Los experimentos en el norte de Brasil, sin embargo, fueron menos exitosos: los pioneros comerciales de crecimiento rápido fueron usados en la mezcla de especies, y estos por un lado crecieron por encima, y por otro lado retardaron el crecimiento de las especies nativas sucesionales tardías y eran más susceptibles a ser sopladas por el viento (Miyawaki & Abe, 2004). Aunque la alta densidad de plantación rápidamente resulta en un dosel cerrado, puede a veces, tener efectos indeseados. La competencia entre los árboles plantados muy juntos, puede resultar en una alta mortandad inicial y bajo dap (más de el 70% de los árboles, tenía un dap de menos de 10 cm cuando fueron medidos 18 años después de haber sido plantados (Heng *et al.*, 2011)).

Parcelas de 16 años restauradas con el método Miyawaki en el Bintulu Campus de University Pertanian Malaysia (UPM). Los árboles plantados muy juntos crecieron bien, creando un dosel de múltiples capas (izquierda) y eliminando las malezas totalmente (derecha). (Fotos: Mohd Zaki Hamzah.)

La naturaleza intensiva del método de Miyawaki (particularmente la necesidad de inspecciones realizadas por expertos, la preparación mecánica del sitio y las densidades de plantación muy altas) significa que está entre las técnicas de restauración de bosques más caras. Como tal, depende enormemente del financiamiento de corporaciones ricas (por ejemplo, Mitsubishi[9], Yokohama[10], Toyota[11]) y su uso es, en gran parte, confinado a 're-verdecer' sitios pequeños, de alto valor, industriales o urbanos para propósitos recreacionales y de mejoramiento climático. Los beneficios para los patrocinadores corporativos incluyen relaciones públicas mejoradas, particularmente la promoción de una 'imagen verde'. En Japón también se aboga por el potencial del método, para la mitigación de desastres en áreas urbanas.

[9] www.mitsubishicorp.com/jp/en/csr/contribution/earth/activities03/
[10] yrc-pressroom.jp/english/html/200891612mg001.html
[11] www.toyota.co.th/sustainable_plant_end/ecoforest.html

árboles altamente resistentes para mejorar el suelo y modificar el micro-clima — el enfoque de la plantación denominada 'plantación nodriza' (también conocido como 'plantaciones como catalizadores' (Parrotta *et al.*, 1997a) o 'ecosistemas fomentadores' (Parrotta, 1993).

Los sitios de minas a cielo abierto son probablemente los ejemplos más extremos de degradación de las tierras. El reemplazo del suelo superficial y el subsolado profundo de los sitios de minas, ya han sido mencionados en la **Sección 5.4,** en conexión con el método de la máxima diversidad. El subsolado profundo involucra la creación de surcos estrechos profundos (hasta 90 cm de profundidad, aproximadamente 1 m apartados) a través del suelo con púas fuertes y delgadas, sin invertir el suelo. El subsolado profundo sólo abre el suelo que se ha vuelto compactado (por ejemplo, debido a la maquinaria o al pisoteo del ganado), permitiendo que el agua y el oxígeno penetren en el subsuelo, hacia donde crecerán posteriormente las raíces de los árboles. Es realizado por maquinaria pesada, y es solo posible en territorios relativamente planos y accesibles, además es muy caro[12]. Hacer montículos es otro tratamiento que puede mejorar las condiciones del suelo, pues airea el suelo y reduce el riesgo de que el agua se aniegue.

La adición de materias orgánicas como paja y otros desechos orgánicos (hasta se probaron las cáscaras de naranjas de una fábrica de jugo de naranja durante el proyecto de ACG (ver **Cuadro 5.2**) (Janzen, 2000)) mejora la estructura del suelo, el drenaje, la aireación y el estado de los nutrientes, y promueve una rápida recuperación de la fauna del suelo.

La aplicación de mulch verde (o 'estiércol verde') es un enfoque biológico para el mejoramiento del suelo. Involucra sembrar las semillas de leguminosas herbáceas a través del sitio de restauración, cosechando sus semillas y enseguida cortando las plantas. Las plantas muertas se dejan para que se descompongan en la superficie del suelo, o son revueltas con las capas superficiales del suelo con azadas o arados. Las semillas de especies leguminosas comerciales, pueden comprarse en tiendas de suministro agrícola, pero un enfoque más ecológico y más barato (aunque requiera más tiempo) es seleccionar una mezcla de especies de leguminosas herbáceas que crecen naturalmente en el área y cosechar sus semillas, para sembrar en el sitio de restauración. Si se recolectan entonces las semillas de las plantas, antes de cortarlas, la reserva de semillas gradualmente se acumula con cada ciclo de aplicación de mulch verde, y finalmente las semillas podrán usarse para otros sitios. Podría ser necesario repetir el procedimiento durante varios años, antes de que el suelo esté listo para soportar plantones de árboles. El mulch verde puede suprimir el crecimiento de malezas sin usar herbicidas, protegiendo la superficie del suelo de la erosión, mejorando la estructura, el drenaje, la aireación y el estado de nutrientes del suelo, y facilitando la recuperación de la micro- y macro-fauna del suelo.

La aplicación de fertilizantes químicos también mejora el estado de los nutrientes del suelo, pero no provee los beneficios que ofrecen las materias orgánicas a la estructura y fauna del suelo. Varias técnicas pueden ser empleadas para determinar qué nutrientes del suelo escasean, incluyendo observaciones de síntomas visuales de deficiencia nutricional, análisis químicos del suelo y/o de las hojas, y pruebas de parcela de omisión de nutrientes (Lamb, 2011, pp. 214–9). Sin embargo, la mayoría de estas técnicas requieren de expertos especializados. Si se consideran éstas como poco prácticas o demasiado costosas, se puede aplicar un fertilizante para propósitos generales (NPK 15:15:15 a 50–100 g por árbol) que debe resolver la mayoría de problemas de deficiencia de nutrientes.

Se presentan oportunidades adicionales para aplicar tratamientos de suelo, a la hora de cavar los huecos para la plantación de árboles. Es una práctica común en sitios altamente degradados, añadir compost a los huecos antes de plantar los árboles (aproximadamente 50:50 mezclado con la tierra excavada). Se puede también añadir a los huecos gel de polímero que absorbe agua: o bien 5 g de gránulos secos mezclados con la tierra excavada o, en suelos secos, dos cucharaditas de gel hidratado. Hay disponibles varios tipos de gel y la terminología para nombrarlos lleva a

---

[12] www.nynrm.sa.gov.au/Portals/7/pdf/LandAndSoil/10.pdf

confusiones, y es frecuentemente inconsistente, de manera que infórmate sobre las opciones con el proveedor agrícola y lee las instrucciones en el envoltorio del producto. Colocar mulch alrededor de los árboles plantados también ayuda a conservar la humedad, añade nutrientes y crea las condiciones que favorecen a la fauna del suelo.

Los suelos que están severamente degradados, probablemente carecen de muchas de las variedades de micro-organismos que se requieren, para el alto rendimiento de todas las especies de árboles que se están plantando (particularmente las bacterias *Rhizobium* o *Frankia* que forman relaciones simbióticas con las leguminosas, y después los hongos micorrizas que mejoran la absorción de nutrientes de la mayoría de especies tropicales). Mezclar un puñado de suelo del ecosistema del bosque-objetivo con abono y añadirlo a los huecos de plantación, es probablemente la manera más simple y barata para iniciar la recuperación de la micro-flora del suelo.

Otra posibilidad es inocular árboles en los viveros. Normalmente basta incluir suelo del bosque en los tiestos de plantación, para asegurar que los árboles se infecten con los micro-organismos benéficos. La investigación sugiere, sin embargo, que aplicar inoculaciones obtenidas a través del cultivo de micro-organismos recogidos de árboles adultos, tiene el potencial adicional de acelerar el crecimiento. Por ejemplo, Maia y Scotti (2010) demostraron que inoculando *Rhizobia* en el árbol leguminoso *Inga vera*, que es ampliamente usado para restauraciones de riberas en Brasil, redujo hasta en 8% el requerimiento de fertilizante y mejoró el crecimiento. Inoculaciones de *Rhizobia* son producidas comercialmente para cultivos de leguminosas agrícolas, pero no pueden ser necesariamente usados para árboles de bosque, porque las diferentes especies leguminosas necesitan diferentes cepas de *Rhizobium* para una fijación óptima del nitrógeno (Pagano, 2008). Es poco probable que las variedades específicas de *Rhizobium* requeridas para las especies de árboles plantadas, estén comercialmente disponibles. Hacer la inoculación, implica recolectar bacteria de la misma especie de árbol y cultivarla en laboratorios. Lo mismo es aplicable para los hongos micorrizas. La aplicación de una mezcla producida comercialmente de diferentes especies de hongos micorrizas, a las plántulas forestales criadas en un vivero en el norte de Tailandia, fracasaron en producir cualquier beneficio (Philachanh, 2003).

La plantación de árboles nodriza (Lamb, 2011, pp. 340–1) puede mejorar las condiciones del sitio, allanando el camino para las prácticas de restauración posteriores, para recuperar la biodiversidad. Al re-establecer rápidamente un dosel cerrado y la caída de hojarasca, las plantaciones pueden crear condiciones más frescas, sombreadas y húmedas, tanto encima como debajo del suelo. Esto debe conducir a la acumulación de humus y nutrientes del suelo y, últimamente, a condiciones mucho mejores para la posterior germinación de semillas y el establecimiento de las plántulas de especies de árboles menos tolerantes (Parrotta *et al.*, 1997a)[13]. Plantaciones como éstas, también son capaces de producir madera y otros productos del bosque, en una etapa temprana del proceso de restauración.

Las plantaciones de árboles nodriza están generalmente compuestos de una sola (o unas pocas) especie(s) pionera(s) de crecimiento rápido, que son tolerantes a las duras condiciones del suelo y micro-climáticas, que prevalecen en el sitio con degradaciones fase-5, pero que también son capaces de mejorar el suelo. Se prefieren las especies de árboles nativas, por su habilidad de promover la recuperación de la biodiversidad más rápidamente que las exóticas (Parrotta *et al.*, 1997a). Un estudio de la flora de árboles local, revelará normalmente especies de árboles pioneras nativas, que crecen igual de bien que cualquier exótica importada.

---

[13] Un número especial de Forest Ecology and Management (Vol. 99, Nos. 1–2) publicado en 1997, estuvo dedicado al potencial que tienen las plantaciones de árboles de 'catalizar' la restauración de bosques tropicales. Usar 'plantaciones de árboles' en el sentido más amplio (desde monocultivos hasta la máxima diversidad), los 22 folios que contiene se han convertido desde entonces en una lectura esencial, para aquellos involucrados en la restauración de bosques.

No obstante, se pueden usar las exóticas como árboles nodriza, siempre que cumplan con las condiciones siguientes:

1) son incapaces de producir plántulas viables y así convertirse en malezas leñosas y ...

2) o bien, son de vida corta, pioneros intolerantes a la sombra que serán sombreados por los árboles clímax introducidos posteriormente o ...

3) se les mata a propósito (por ejemplo, son cosechados o anillados en su corteza y se les deja en el sitio para que se pudran) después de que hayan mejorado el sitio y los árboles jóvenes del reemplazo estén bien establecidos.

Por ejemplo, el uso de la exótica *Gmelina arborea* en el proyecto ACG (ver **Estudio de Caso 3**, pág. 149), estuvo justificado porque sus plántulas intolerantes a la sombra no pudieron establecerse debajo de su propia copa y sus grandes semillas, dispersadas por animales, no se propagaron fuera de la plantación. En contraste, el uso del árbol de plantación exótico *Acacia mangium* en Indonesia, se está convirtiendo en un problema mayor para el futuro de la restauración de bosques, porque sus plántulas dominan rápidamente las áreas alrededor de las plantaciones. Removerlos de los futuros sitios de restauración de bosques será muy costoso. Lo mismo vale para *Leucaena leucocephala* en América del Sur y en el norte tropical de Australia. Las plántulas de las especies exóticas podrían ser más fáciles de conseguir en viveros comerciales, pero si no estás seguro de que las especies que están siendo consideradas cumplen con los criterios enumerados arriba, es mejor buscar en la flora local alternativas nativas.

Las especies de plantación deben ser pioneras demandantes de luz (como lo son muchos árboles maderables comerciales), extremadamente resistentes y de corta vida. En general, se han logrado mejores resultados con especies de hojas anchas que con coníferas. Materiales de plantación deben ser de la más alta calidad (Parrotta *et al.*, 1997a).

Las leguminosas (es decir, los miembros de la Familia Leguminosae) y las especies de higueras nativas (*Ficus* spp.) casi siempre son buenas especies de plantación, así como especies 'framework' útiles (ver **Sección 5.3**). Las raíces de las higueras son capaces de penetrar y romper los suelos compactados e incluso piedras en los sitios más degradados, mientras la capacidad de fijar nitrógeno de muchas especies de árboles leguminosos puede rápidamente mejorar el estado del suelo. Plantar mezclas de higueras y leguminosas como plantaciones nodrizas podría, por ello, mejorar tanto la estructura física como la fertilidad de los suelos, sin necesidad de los tratamientos intensivos y caros descritos arriba, o la aplicación de fertilizante de nitrógeno.

Cuando se establece una plantación de árboles convencional, es tentador seguir las prácticas convencionales de la silvicultura. Pero el diseño y manejo de plantaciones nodrizas para la restauración de bosque, requiere un acercamiento más considerado. El cierre de copas es el primer objetivo de la plantación, de modo que los árboles deben ser plantados más juntos de lo normal en la silvicultura comercial (Parrotta *et al.*, 1997a). Si es posible, busca árboles de la misma especie plantados cerca, y trata de determinar aproximadamente qué extensión tienen sus copas después de 2–3 años de crecimiento. Esto proveerá la distancia necesaria para cerrar el dosel en 2–3 años. Lamb (2011) recomienda una densidad de plantación de 1,100 árboles por hectárea. La copa debe ser lo suficientemente densa como para sombrear las malezas, pero no tanto como para inhibir el crecimiento de los árboles plantados posteriormente, o para prevenir la colonización del sitio por especies entrantes dispersadas naturalmente.

La silvicultura convencional demanda desmalezar intensivamente o 'limpiar' las plantaciones. Mientras que las malezas herbáceas no amenacen la supervivencia temprana del joven árbol nodriza (en sitios fase-5, la degradación normalmente limita incluso el crecimiento de las malezas), no será necesario desmalezar. Incluso donde fuera requerido, se debe dejar de desmalezar apenas las copas de los árboles jóvenes plantados hayan crecido por encima de la

maleza. En sitios donde la dispersión de semillas entrante es todavía posible, desmalezar con demasiado vigor puede ser un duro revés para las plántulas de árboles que logran establecerse.

Al mejorarse las condiciones del sitio, los árboles nodriza pueden ser raleados y reemplazados, plantando una gama más amplia de especies de árboles de bosque nativo. Esto debe hacerse gradualmente para prevenir la invasión del suelo, ahora fértil, por las malezas herbáceas intolerantes a la sombra. Si los árboles nodriza son de una especie comercial, los árboles caídos pueden proporcionar un ingreso a los participantes del proyecto a lo largo de varios años. Cuando se realiza el raleo, se deben tomar precauciones para no perturbar el sotobosque y dañar la biodiversidad acumulada. No es fácil arrastrar los troncos fuera de una plantación sin dañar el sotobosque, pero ahora se están promoviendo varias técnicas de tala de 'impacto mínimo' o 'Aprovechamiento de Impacto Reducido' (AIR) (por ejemplo, usando animales en vez de maquinaria) (Putz *et al*., 2008).

Allí donde la dispersión de semillas hacia un sitio de restauración sea todavía posible, se deben plantar especies de árboles 'framework', a medida que se van despejando los árboles nodriza: especies 'framework' pioneras para reemplazar a los árboles nodriza y especies 'framework' clímax para formar el sotobosque. Pero en la mayoría de los sitios de restauración con degradación fase-5, las fuentes de semillas y/o animales dispersores de semillas habrán sido eliminados del área circundante, de modo que la recuperación de la biodiversidad requiere el enfoque de la máxima diversidad.

El uso de plantaciones nodriza no se restringe necesariamente a degradaciones fase-5 con condiciones de suelo limitantes. Se les ha usado frecuentemente en sitios menos severamente

Si las higueras pueden germinar y posteriormente romper los ladrillos de construcción de Angkor Wat, Cambodia, no tendrán dificultad en penetrar suelos aún más degradados.

degradados, donde la dispersión de semillas natural todavía tiene lugar, como una alternativa más simple y barata para el método de las especies 'framework'. El uso de plantaciones de especies de árboles exóticos, como *Gmelina arborea*, adyacente a un bosque superviviente en Costa Rica, está descrito en el **Estudio de caso 3**. Una especie nativa, *Homalanthus novoguineensis*, fue usada con un éxito similar en Australia para atraer aves dispersoras de semillas desde bosques cercanos al sitio de restauración (Tucker, com. pers.). Las plantaciones de la exótica *Eucalyptus camaldulensis*, sin embargo, no facilitaron la regeneración de los bosques nativos de Miombo en la Montañas de Ulumba en Malawi (Bone *et al.*, 1997).

En Costa Rica, un cultivo nodriza de la exótica *Gmelina arborea* estimuló el establecimiento de árboles nativos y generó ingresos de la tala después de 8 años.

5.6 Costos y beneficios

A los practicantes de restauración se les pregunta frecuentemente: "¿Por qué no plantan solamente especies comerciales?". La respuesta a esta pregunta es: "No hay tal cosa como especies de árboles *no* comerciales". Todos los árboles secuestran carbono y producen oxígeno, todos contribuyen a la estabilidad de la cuenca hidrológica y todos están hechos de combustible. La pregunta no es si la restauración de bosque es económica, sino si los beneficios económicos pueden ser convertidos en flujo de efectivo.

¿Cuánto cuesta?

Se han publicado muy pocos informes sobre los costos de la restauración de bosques (**Tabla 5.3**). Esto refleja la dificultad de llevar a cabo comparaciones significativas de costos y tal vez también, una pobre recopilación de registros entre los practicantes de restauración de bosques y/o de su poca voluntad de revelar información financiera. La comparación de los costos entre los métodos y las localidades, se confunde con las fluctuaciones en las tasas de intercambio, la inflación y las enormes variaciones en los costos de mano de obra y materiales. Los costos son altamente específicos de la localidad y el tiempo. Pero no son necesarias calculaciones precisas para mostrar lo obvio: los costos de restauración se incrementan desde la degradación fase-1 hasta la fase-5, a la par con el incremento de la intensidad de los métodos requeridos.

Tabla 5.3. Ejemplos de costos publicados para varios métodos de restauración

Fase de degradación	Método	País	Costo publicado (US$/ha)	Fecha	Referencia	Costos actuales US$/ha*[14]
Fase 1	Protección	Tailandia	–	–	Estimado	300–350
Fase 2	RNA (**Cuadro 5.2**)	Filipinas	579	2006–09	Fundación Bagong Pagasa, 2009	638–739
	RNA (Castillo, 1986)	Filipinas	500–1,000	1983–85	Castillo, 1986	1,777–3,920
Fase 3	Método de especies 'Framework' (**Sección 5.3**)	Tailandia	1,623	2006	FORRU, 2006	2,071
Fase 4	Máxima diversidad con mejoramiento de sitio de mina (**Sección 5.4**)	Brasil	2,500	1985	Parrotta et al., 1997b	8,890
	Método Miyawaki (**Box 5.4**))	Tailandia	9,000	2009	Toyota, com. pers.	9,922
Fase 5	Mejoramiento del sitio y plantación nodriza	–	–	–	No se encontró	?

*los costos totales para el período completo necesitaron alcanzar un sistema auto-sostenible.

Valor potencial de los beneficios

El potencial valor económico de los beneficios del logro de un ecosistema de bosque clímax, en términos de servicios ecológicos y diversidad de productos forestales, es el mismo, sin importar el punto de partida. El estudio de la Economía de los Ecosistemas y la Biodiversidad (TEEB, 2009)[15] estima el valor promedio anual de bosques completamente restaurados, en US$ 6,120/ha/año en 2009 (**Tabla 1.2**), equivalente a US$6,747 hoy, teniendo en cuenta la inflación. Incluso los métodos más caros de reforestación no superan los US$10,000/ha en total, así que el valor de los potenciales beneficios de la restauración de un bosque, supera con creces el costo de su establecimiento muy pocos años después de haber logrado las condiciones del bosque clímax.

La rapidez con la que estos beneficios serán proporcionados depende, sin embargo, de la fase inicial de degradación y los métodos de restauración que se usen. Cuanto más alta sea la fase de degradación, el tiempo requerido para realizar la gama completa de los beneficios potenciales aumenta, desde unos pocos años a unas cuantas décadas. Por ello, la compensación de la inversión tarda. El potencial entero de los beneficios, en términos de efectivo, solo podrá ser realizado si es promocionado y la población está preparada para pagar por ello. Los esquemas para promocionar los productos forestales y el ecoturismo o vender créditos de carbono y 'pagos por servicios ambientales' (PSA), requieren mucho desarrollo e inversión de antemano, antes de que se pueda realizar el potencial entero de efectivo de los bosques restaurados (ver **Capítulo 1**).

---

[14] Se calcula mediante la aplicación de una tasa de inflación del 5% anual constante.

[15] www.teebweb.org/

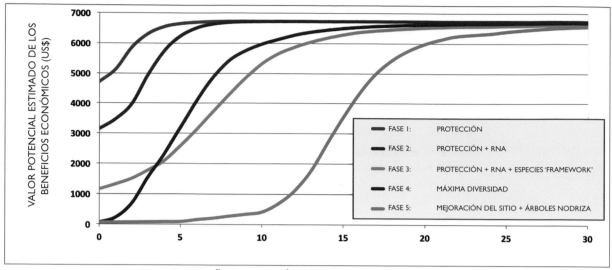

AÑOS DESPUÉS DE EMPEZAR LA RESTAURACIÓN

Las curvas hipotéticas que representan el incremento en los beneficios económicos potenciales a lo largo del tiempo, de los cinco principales enfoques de la restauración de bosques. La restauración de la degradación fase-1 proporciona considerables beneficios ya desde el inicio, mientras que los proyectos para restaurar sitios con degradaciones fase 4 y 5 empiezan proporcionando cero beneficios. En estos sitios, el incremento inicial en beneficios económicos potenciales es lento, hasta que el cierre de copas promueva la afluencia de especies reclutadas, que incrementen la tasa de la acumulación de beneficios (por ejemplo, más biodiversidad lleva a más productos forestales, o la hojarasca mejora la capacidad del suelo de retener el agua). Al acercarse al máximo la acumulación de beneficios, la tasa de incrementación se ralentiza, porque los últimos pocos beneficios tardan mucho tiempo en lograrse (debido a su dependencia de procesos medioambientales lentos o el retorno de especies raras). Se advierte que el método de la máxima diversidad, logra más rápidamente beneficios económicos porque se plantan más especies de árboles desde el comienzo. Con una degradación fase-5, el mejoramiento del sitio y el cultivo de árboles nodriza, proporcionan pocos beneficios hasta que se establezca una comunidad de árboles más diversa.

Degradación	Costos de restauración	Incrementos graduales de los beneficios	Entrega de los beneficios completos
Fase 1	BAJO	PEQUEÑO	RÁPIDO
Fase 2			
Fase 3			
Fase 4			
Fase 5	ALTO	GRANDE	RETRASADO

Resumen de los costos y beneficios económicos de la restauración de bosques, con diferentes fases de degradación.

ESTUDIO DE CASO 3   Área de Conservación Guanacaste (ACG)

País: Costa Rica

Tipo de bosque: Un mosaico de bosques tropicales secos, fragmentos de bosque húmedo y bosque de neblina, rodeados de pastizales.

Propiedad: El Fondo de Conservación de Bosque Seco Guanacaste (GDFCF) ha financiado la compra de 13,500 hectáreas de bosque de propietarios privados.

Manejo y uso comunitario: Pastoreo de ganado y potencial de cosecha de 'plantaciones nodrizas' de *Gmelina arborea*.

Nivel de degradación: Despejado de todo, salvo fragmentos de bosque para ganado y cultivos agrícolas.

Uno de los primeros grandes proyectos de restauración de bosque, con base científica en América Central, se sigue manejando en el Área de Conservación Guanacaste (ACG), en el noreste de Costa Rica (www.gdfcf.org/). En gran medida ideado por el biólogo norteamericano Daniel Janzen y su esposa Winnie Hallwachs, el proyecto se ha convertido en un clásico ejemplo de cómo la restauración de bosque en el nivel del paisaje, puede lograrse en gran medida a través de las medidas de protección descritas en la **Sección 5.1** y luego dejando que la naturaleza siga su curso.

El sitio del proyecto, la Hacienda Santa Rosa (la segunda hacienda española que se fundó en Costa Rica) había sido despejado hasta dejar sólo fragmentos de su bosque tropical seco, empezando a finales de los años 1500s, y fue usado principalmente para la ganadería de mulas y reses, carne de caza salvaje, agua para riego, y cultivos. La Carretera Interamericana fue trazada a través de su centro en los años 1940s y se introdujo desde el este de África, el pasto para pastoreo jaragua (*Hyparrhenia rufa*). Este pasto proporcionaba gran parte del combustible para incendios anuales de estación seca provocados por humanos, que eficazmente bloqueaban la sucesión de bosques, porque los ganaderos querían pastizales 'limpios'. El resultado fue un mosaico de fragmentos de bosque seco, bosque húmedo y bosque de neblina rodeados de pastizales.

En 1971, fueron designados como Parque Nacional 10,000 ha de la Hacienda Santa Rosa. En los años 1990s, la expansión de 165,000 ha del ACG fue integrado en el nuevo Sistema Nacional de Áreas de Conservación (SINAC), una de las 11 unidades de conservación que cubren alrededor del 25% de Costa Rica. Se removieron las reses y los caballos, pero esto permitió que el pasto jaragua creciera 2 m de altura, alimentando incendios voraces que anualmente consumían los árboles y bosques remanentes. Si no se podían detener los incendios, pronto no quedarían más restos de bosque, para suministro de las semillas necesarias para la restauración.

En setiembre de 1985, Janzen y Hallwachs escribieron un plan no solicitado para la supervivencia a largo plazo del bosque seco, que se convirtió en el Proyecto Parque Nacional Guanacaste (PPNG). La misión del proyecto incluía: i) permitir que las semillas de bosques remanentes restaurasen 700 km^2 de bosque seco original, para "mantener en perpetuidad de todas las especies de plantas y animales, y sus hábitats, que habían originalmente ocupado el sitio"; ii) "ofrecer un menú de bienes materiales" a la sociedad; y iii) proveer un estudio para la investigación ecológica y un "renacimiento de las ofertas intelectuales y culturales del mundo natural".

"La receta tecnológica para la restauración de este sistema de bosque principalmente seco, fue obvia: comprar grandes extensiones de terreno de ganadería y agrícola marginal, adyacente a Santa Rosa, y conectarlos con los bosques más húmedos hacia el este, detener los incendios, la agricultura y la caza y tala ocasional, y dejar que la naturaleza recupere su terreno original" (Janzen, 2002).

Se contrataron residentes de la Provincia de Guanacaste para prevenir incendios, pero con el pasto creciendo tan alto, era difícil controlarlo con herramientas de mano. Una parte importante de la solución, fue traer de vuelta al ganado. Durante los primeros cinco años del proyecto, los pastizales del ACG que habían de ser restaurados en bosques, fueron arrendados como pastizales con 7,000 cabezas de ganado en todo momento. El ganado actuaba como 'cortador de césped biótico', manteniendo el volumen de combustible tan bajo, que el programa de control de incendios pudo manejar los incendios menos severos. Al establecerse naturalmente los primeros árboles y empezar a sombrear el pasto, se removió el ganado.

También se probó la plantación de árboles en unos pocos sitios selectos durante un par de años, pero esto se abandonó porque la regeneración natural del bosque a partir de semillas que fueron dispersadas por el viento y vertebrados, hacia los sitios de restauración desde las parcelas intercaladas de bosque secundario, de lejos superó el esfuerzo y los gastos de plantar árboles.

En la parte de bosque húmedo del ACG, sin embargo, la regeneración natural de pastizales abandonados fue mucho más lenta. Comparado con el bosque seco, menos especies fueron dispersadas por el viento, menos animales dispersores de semillas se aventuraron fuera del bosque a los pastizales de bosque húmedo, y la supervivencia de plántulas de árboles era impedida por las condiciones calientes, secas y soleadas de los pastizales. En áreas como éstas, se aplicó un enfoque de 'plantación nodriza' (ver **Sección 5.5**), usando plantaciones abandonadas de la especie exótica de árbol maderero, *Gmelina arborea*. Las densas copas de las plantaciones de *G. arborea* sombrearon los pastos en 3–5 años y el sotobosque se llenó con una comunidad diversa de árboles de bosque húmedo, arbustos y trepadoras, que fueron traídos como semillas por pequeños vertebrados del bosque húmedo vecino. Después de una rotación de 8–12 años, la madera de *G. arborea* pudo ser cosechada y los tocones matados con herbicida, generando ingresos para apoyar el proyecto, pero debido a la falta de compradores, el ACG eligió dejar morir a los árboles viejos a los 15–20 años. Pruebas como éstas demuestran que, mientras haya cerca fuentes de semillas de bosque y animales dispersores de semillas, los pastizales de bosque húmedo pueden fácilmente ser transformados en jóvenes bosques húmedos, plantándolos con *G. arborea* y luego abandonando el bosque a su suerte (en vez de podarlo y limpiarlo como es común en las plantaciones).

En los años 1980s, cuando Janzen y Hallwachs iniciaron el proyecto, la restauración de bosque era una idea nueva, un desvío de la noción clásica de que los parques nacionales se creaban solamente para proteger a bosques existentes. El proyecto fue desaprobado por varias ONGs que sobrevivían, en gran parte, apoyándose en el eslogan de recaudación de fondos de que "una vez que se ha talado el bosque tropical, desaparecerá para siempre." Hoy, las actitudes han cambiado. El ACG y las publicaciones de Janzen son vistos como los hitos de la ciencia de restauración de bosques tropicales. Habiendo establecido firmemente muchas prácticas necesitadas para restaurar el bosque tropical en Costa Rica, la necesidad ahora es determinar qué hacer para lograr y mantener condiciones políticas y sociológicas estables, que permitirán que estas técnicas se puedan implementar en otros lugares en una base sostenible y a largo plazo, y cómo mantener el financiamiento anual normal, para pagar al personal y las operaciones necesarias para cualquier tierra salvaje conservada de gran extensión:

"La práctica clave del manejo fue detener daño — fuego, caza, explotación maderera, agricultura — y dejar que la biota re-invada al ACG. La práctica clave sociológica fue ganar la aceptación social local, nacional e internacional para el proyecto … La pregunta no es si un boque tropical puede ser restaurado, sino más bien si la sociedad permitiría que esto ocurriera" (Janzen, 2002)

Resumido a partir de Janzen (2000, 2002) www.gdfcf.org/articles/Janzen_2000_longmarchfor ACG.pdf

A) Los límites del bosque de jaragua fueron características de decenas de miles de hectáreas en el ACG al comienzo del proceso de restauración (foto diciembre 1980). Con al menos 200 años de antigüedad, el pastizal estuvo antes ocupado por pastos nativos y había sido quemado cada 1–3 años. El antiguo bosque secundario de robles retuvo a más de 100 especies de árboles. (B) La misma vista (foto noviembre 2000) después de 17 años de prevención de incendios. La copa de robles sigue siendo visible y la mano de Winnie Hallwach está 2 m por encima del suelo. La regeneración está dominada por *Rehdera trinervis* (Verbenaceae), un árbol de tamaño mediano dispersado por el viento, mezclado con otras 70 especies leñosas. Estas invasiones de pastizales por bosque, como resultado de la prevención de incendios, son ahora características de decenas de miles de hectáreas en el ACG. (Fotos: Daniel Janzen.)

Capítulo 6

Producir tus propios árboles

El material de plantación de alta calidad es esencial para el éxito de todos los proyectos de restauración que involucran la plantación de árboles (es decir, para las fases 3–5 de degradación). Se debe hacer crecer árboles jóvenes de todas las especies de árboles a una estatura adecuada, y deben ser robustos, crecer vigorosamente y estar libres de enfermedades cuando la estación es óptima para plantar árboles. Esto es difícil de lograr cuando se está haciendo crecer un gran número de diferentes especies de árboles de bosque nativo, que tendrán frutos en momentos diferentes del año y varían mucho en su germinación y tasas de crecimiento de las plántulas, especialmente si aquellas especies nunca antes habían sido reproducidas masivamente en viveros. En este capítulo daremos consejos generales que son aplicables para un primer intento de reproducir árboles de bosque nativo para un programa de restauración de bosque. También incluimos protocolos de investigación que se pueden usar para mejorar tus métodos de propagación de árboles, que conducirán al desarrollo de cronogramas de producción detallados para cada especie que se esté propagando.

6.1 Construcción de un vivero

Un vivero debe proveer las condiciones ideales para el crecimiento de plántulas de árboles y debe protegerlas del estrés. También debe ser un lugar confortable y seguro para los trabajadores del vivero.

Elegir un lugar

El lugar para un vivero debe estar protegido de las condiciones climáticas. Debe ser:
- llano o ligeramente inclinado, con buen drenaje (pendientes mas pronunciadas requieren aterrazamiento);
- protegido y parcialmente en la sombra (un sitio que esté protegido por árboles existentes es ideal);
- cerca de una fuente permanente de agua limpia (pero libre del riesgo de inundación);
- lo suficientemente grande como para producir la cantidad de árboles requeridos y con la posibilidad de una futura expansión;
- cerca de una fuente de suelo adecuado;
- lo suficientemente accesible como para permitir el transporte conveniente de árboles jóvenes y provisiones.

Si no es posible evitar un lugar expuesto, se podría plantar un cinturón de árboles o arbustos como protección, o colocar grandes árboles en contenedores que provean sombra.

¿Cuánto espacio se necesita?

El tamaño del vivero depende últimamente del tamaño del área que se va a restaurar, lo cual a su vez, determina cuántos árboles deben producirse cada año. Otras consideraciones incluyen las tasas de supervivencia y crecimiento de las plántulas (lo que determina cuánto tiempo deben permanecer las plantas en el vivero).

Tabla 6.1 se relaciona con el área que ha de ser restaurada cada año al tamaño mínimo del vivero requerido. Estos cálculos están basados en la germinación de las semillas en bandejas y su posterior trasplante a contenedores, con tasas de supervivencia relativamente altas. Por ejemplo, si el área que se quiere restaurar es de 1 ha por año, se necesitarán hasta 3,100 árboles, que requiere un vivero de aproximadamente 80 m².

Las características esenciales de un vivero de árboles

La construcción de un vivero no tiene que ser caro. Se pueden usar materiales localmente disponibles, como madera reciclada, bambú y hojas de palmera, todo puede ser usado para construir un vivero de bajo costo. Los requerimientos esenciales incluyen:
- un área sombreada con bancos para la germinación, protegida de predadores de semillas por una malla metálica; la sombra se puede proveer con materiales comerciales, pero las alternativas incluyen hojas de palmera, pastos gruesos y listones de bambú;
- un área en la sombra donde puedan crecer plántulas en macetas hasta que estén listas para ser plantadas (el sombreadero debe ser removido si los árboles jóvenes han de ser endurecidos antes de ser plantados);
- un área de trabajo para la preparación de semillas, repique etc.;
- una fuente fiable de agua;
- un almacén que se pueda cerrar con llave para los materiales y herramientas;
- un cerco para mantener fuera a animales sueltos;
- un área techada y un baño para el equipo y los visitantes.

Tabla 6.1. Relación entre el espacio necesario para un vivero y el tamaño del sitio de restauración.

Área a ser restaurada (ha/año)	Número máximo de árboles necesarios[a]	Área de germinación de semillas (m²)	Área de almacenamiento de plantas[b] (m²)	Almacén, área techada, baño etc. (m²)	Área total necesaria para el vivero (m²)
0.25	775	3	11	15	29
0.5	1,550	6	22	15	43
1	3,100	13	44	15	72
5	15,500	63	220	15	298
10	31,000	125	440	15	580

[a] Asumiendo ausencia de regeneración natural.
[b] Un área adicional de tamaño similar podría ser requerida para el endurecimiento de las plántulas si no fuera posible remover la sombra de las plántulas en contenedores.

Diseñar un vivero

Un diseño de vivero cuidadosamente pensado puede incrementar significativamente la eficacia. Piensa sobre las varias actividades que se han de ejecutar y el desplazamiento de materiales alrededor del vivero. Por ejemplo, posiciona las camas para los contenedores y el área de endurecimiento cerca del punto de acceso principal, es decir, cerca de donde los árboles serán eventualmente cargados a los vehículos para el transporte al sitio de restauración; sitúa el almacén de herramientas (con cerradura) y el almacén de medios, cerca del área de las macetas.

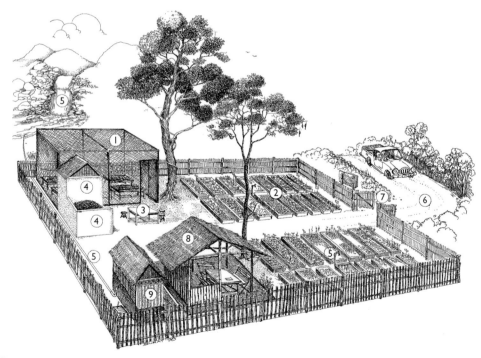

Diseño de un vivero ideal: (1) área de refugio para la germinación que esté protegida contra predadores de semillas; (2) área donde se almacenan las plantas antes de ser llevadas a plantación (sombra removida); (3) área de trasplante; (4) almacén de sustratos y almacén de herramientas con cerradura; (5) fuente de agua fiable; (6) acceso fácil; (7) cerco para excluir a animales sueltos; (8) protección del sol y de la lluvia; y (9) baño.

Herramientas del vivero

Los árboles en crecimiento requieren de un equipo simple y de bajo costo. Muchos de los artículos ilustrados aquí se pueden conseguir en comunidades agrícolas comunes y podrían ser prestados para el trabajo en el vivero:

- pala (1) y baldes (2) para recoger, mover y mezclar los sustratos de cultivo;
- pala jardinera (3) o cucharas de bambú (4) para llenar los contenedores con el sustratos de cultivo;
- regaderas (5) y una manguera, ambos equipados con un rociador fino;
- espátulas o cucharas para el repique de las plántulas;
- tamices (6) para preparar el medio de macetas;
- carretillas (7) para desplazar las plantas y los materiales alrededor del vivero;
- azadón (8) para desmalezar y mantener el área donde se almacenan las plantas hasta ser plantadas afuera;
- tijeras de podar (9) plántulas;
- una escalera y herramientas básicas de construcción de sombreaderos, redes etc.

Un almacén que se pueda cerrar con llave y un almacén de sustratos, son partes esenciales de un vivero de árboles.

Equipo esencial de vivero.

6.2 Recolección y tratamiento de semillas de árboles

¿Qué son los frutos y las semillas?

La estructura que se siembra en una bandeja de germinación no es siempre solamente la semilla. Para especies de árboles como los robles y las hayas (Fagáceas en el hemisferio norte y Nothofagáceas en el hemisferio sur), se siembra toda la fruta. Para otras especies, sembramos el pireno, que consiste de varias semillas encerradas dentro del duro compartimento interior del fruto (es decir, el endocarpio, que puede demorar la penetración del agua hasta el embrión de la semilla). De modo que un entendimiento básico de la morfología del fruto y de la semilla puede ser útil al decidir qué tratamientos pregerminativos (si hubiera alguno) son apropiados.

Una semilla se desarrolla de una célula de huevo fertilizada (óvulo) que está dentro del ovario de una flor, normalmente después de la polinización y fertilización. Siendo los productos de la reproducción sexual, durante la cual los genes de ambos padres se combinan, las semillas son una fuente esencial de la diversidad genética dentro de las poblaciones de árboles.

Las semillas consisten de tres partes principales: una cubierta, un almacén de alimento y un embrión. La cubierta de la semilla la protege de las condiciones extremas del medio ambiente y juega un papel importante en la 'latencia'. Las reservas de alimento, que sostienen el metabolismo durante e inmediatamente después de la germinación, están almacenadas en el endosperma o los cotiledones. El embrión consiste de un brote rudimentario (la plúmula), una raíz rudimentaria (la radícula) y hojas de semilla (cotiledones).

Los frutos se derivan de la pared del ovario. Pueden clasificarse ampliamente como 'simples' (formados desde el ovario de una sola flor); 'agregados' (formados desde el ovario de una sola flor, pero con varios frutos fusionados en una estructura más grande) o 'múltiples' (formados desde los ovarios de varias flores fusionados). Cada categoría amplia contiene varios tipos de frutos.

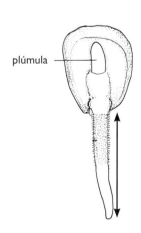

plúmula

En la germinación, la radícula (la primera raíz) y la plúmula (el brote) revientan la cubierta exterior (testa) de la semilla, fomentados por las reservas de alimento en el endosperma.

A

B

C

D

Frutas simples pueden o bien tener un pericarpio pulposo, como el tomate, o A) una cubierta seca, como las vainas de leguminosas. B) la chirimoya (*Annona reticulata*) produce frutos agregados, mientras que C) los árboles de jaca (*Artocarpus heterophyllus*) producen frutos múltiples. D) el fruto múltiple de las higueras consiste esencialmente de una infructescencia encerrada (siconia).

¿Cuándo se debe recolectar semillas?

En todos los bosques tropicales, las diferentes especies de árboles tienen frutos en cada mes del año, de modo que se necesita al menos una excursión de recolecta cada mes. En bosques estacionalmente secos, la fructificación llega a su punto culminante al final de la estación seca. Una reducida cantidad de especies de árboles frutales al comienzo de la estación de lluvia, significa que se necesitarán menos excursiones de recolecta de semillas.

En partes del sureste de Asia y América Central, los meses de fructificación de muchas especies de árboles son bien conocidos, pero en muchas regiones se necesitan estudios de fenología para proveer esta información (ver **Sección 6.6**). Encuentra árboles semilleros en el bosque y monitoréalos frecuentemente, a partir del momento de su floración hacia adelante, para juzgar el mejor momento para recolectar sus frutos. Recolecta los frutos una vez que estén completamente maduros, pero justo antes de que sean dispersados o consumidos por animales. Las semillas que se recolectan demasiado temprano estarán sin desarrollar y fracasarán en germinar, mientras que las que se recolectan demasiado tarde podrían haber perdido su viabilidad.

Para frutos pulposos, la madurez es normalmente indicada por un cambio en el color del fruto, normalmente de verde a un color más vivo que atrae a animales dispersores de semillas. Animales que forrajeen en los frutos es un signo seguro de que las semillas están listas para ser recolectadas. Los frutos dehiscentes, como los de las leguminosas, empiezan a abrirse por el medio una vez que están maduros. Suele ser mejor cortar los frutos del árbol en vez de recogerlos del suelo.

Si has recibido el entrenamiento apropiado, trepa el árbol para cortar los frutos maduros. Usa un arnés de seguridad y nunca lo hagas solo. Un método más conveniente de recolectar semillas de árboles bajos es usando una cortadora fijada a un palo largo. Los frutos también se pueden hacer caer, sacudiendo los árboles bajos o las ramas más bajas.

La recolección de frutos del suelo del bosque puede ser la única opción para árboles muy altos. Si este fuera el caso, asegúrate que la semillas no están podridas, abriéndolas con un corte y buscando un embrión bien desarrollando y/o endosperma sólido (si lo hubiera). No recolectes frutos o semillas que tengan signos de infección de hongos, marcas de dientes de animales o pequeños huecos hechos por insectos perforadores de semillas. Recolecta los frutos o semillas del suelo del bosque, cuando empiecen a caer los primeros frutos realmente maduros.

Las excursiones de recolecta de semillas requieren de planificación y cooperación con la gente responsable para el tratamiento y la siembra de las semillas porque las semillas son vulnerables a la desecación y/o a los ataques de hongos si no son procesados rápidamente. Siembra las semillas lo antes posible después de ser recolectadas o prepáralas para el almacenamiento descrito más adelante en este capítulo. Antes de sembrar, no las dejes en sitios húmedos, donde se podrían podrir o germinar prematuramente. Si son sensibles a la desecación, no los dejes a pleno sol.

Escoger las semillas para la recolección

La variabilidad genética es esencial para permitir a las especies sobrevivir en un medio ambiente cambiante. Por ello, mantener la diversidad genética es una de las consideraciones más importantes en cualquier programa de restauración, que tiene como meta conservar la biodiversidad. Es crucial que los árboles plantados no estén estrechamente emparentados. La mejor manera de prevenir esto, es recolectar semillas localmente de, por lo menos 20 a 25 árboles parentales de alta calidad, y preferiblemente aumentar esto con algunas semillas de árboles, que crecen en áreas eco-geográficamente correspondientes más alejadas (ver **Cuadro 6.1**). Si las semillas se recolectan de solo unos cuantos árboles locales, su diversidad genética puede ser baja, reduciendo su capacidad de adaptarse al cambio climático. Se deben mezclar cantidades iguales de semillas de cada árbol semillero (conocido como aumento) antes de sembrar, para asegurar que todos los árboles semilleros están representados de igual manera. Una vez que los árboles maduran dentro de las parcelas restauradas, puede que se reproduzcan endogámicamente entre ellos, reduciendo aún más la variabilidad genética en las generaciones posteriores. La polinización cruzada con árboles no emparentados puede restaurar la diversidad genética, pero solamente donde árboles como éstos crezcan cerca de los sitios de restauración.

La cantidad de semillas recolectadas depende de la cantidad de árboles requeridos, el porcentaje de germinación de semillas y las tasas de supervivencia de las plántulas. Mantén registros exactos para determinar las cantidades para colecciones futuras.

La información que se debe registrar al recolectar semillas

Cada vez que recolectas semillas de una nueva especie, dale a esa especie un número único de especie. Clava una etiqueta metálica numerada en el árbol, de modo que lo puedas encontrar nuevamente. Recolecta un espécimen de hojas y frutos para la identificación de la especie. Coloca el espécimen en una prensa de plantas, sécalo y pide a un botánico que identifique la especie. Usa un bolígrafo para escribir el nombre de la especie (si fuera conocido), fecha y número de especie en una etiqueta y colócala dentro de la bolsa con las semillas.

En una hoja de datos (ver ejemplo abajo), registra los detalles esenciales sobre los lotes de semillas recolectados y lo que ha sucedido con ellos desde el momento de recolección, hasta su siembra en las bandejas de germinación. Esta información ayudará a determinar por qué algunos lotes de semillas germinan bien mientras que otros fracasan, y así mejorar los métodos de recolección de semillas en el futuro. Una hoja de datos para recolección de semillas más detallada que se podría usar para propósitos de investigación se provee en el **Apéndice (A1.3)**.

Número de especie: Número de lote:

HOJA DE RECOLECCIÓN DE SEMILLAS

Familia:

Especie: Nombre común:

Fecha de colección: Nombre del colector:

Etiqueta de árbol núm.:   Circunferencia del árbol:

Recolectado del suelo [ ] o del árbol [ ]

Lugar: Elevación:

Tipo de bosque:

Núm. aproximado de semillas recolectadas::

Detalles de almacenamiento/transporte:

Tratamiento pregerminativo: Fecha de siembra:

Espécimen voucher recolectado [ ]

Notas para la etiqueta del herbario:

Cuadro 6.1. Flujo de genes, diversidad genética adaptiva y suministro de semillas.

El cambio climático global tiene profundas consecuencias para los ecosistemas de los bosques tropicales. La adaptabilidad de una especie, su capacidad de sobrevivir los cambios medio ambientales, depende de la diversidad genética presente entre los individuos de una especie. Las poblaciones de árboles que tienen un amplio rango de variaciones genéticas adaptivas tienen la mejor posibilidad de sobrevivir al cambio climático o cambios en otros factores medio ambientales, como el incremento de la salinidad, el uso de fertilizantes y la redistribución de la vegetación resultante de la conversión de hábitat.

Considera a los árboles individuales de una especie, cada uno de los cuales podría poseer diferentes versiones o 'alelos' de un gen que codifica cierta proteína. Si uno de estos alelos funciona mejor en condiciones más secas, entonces los individuos portadores de este alelo pueden sobrevivir mejor en caso de que las precipitaciones pluviales disminuyan y así serían más probables de transmitir su versión de gen a las generaciones posteriores. A la inversa, los árboles que portan un alelo diferente del mismo gen podrían sobrevivir mejor si las condiciones se volvieran más húmedas. Por consiguiente, mantener la variabilidad genética entre los árboles individuales que comprende la población de una especie, es una de las consideraciones más importantes en cualquier programa de restauración para la conservación de la biodiversidad.

La variación genética adaptiva depende de las tasas de mutación de genes, el flujo de genes y otros factores. La selección natural incrementa la frecuencia de características, que confiere ventajas a los individuos, en un momento y sitio particular. En el caso de los árboles tropicales, puede actuar en la fase de plántula, cuando los árboles jóvenes tienen una oportunidad de reemplazar dentro del dosel a un árbol caído. Puede ayudar a las poblaciones de árboles a hacer frente al estrés inducido por el cambio climático.

La diversidad genética adaptiva aumenta como resultado del flujo de genes, esto ocurre cuando diferentes genes son introducidos a una población por polen o semillas de otro árbol, o población de árboles. El flujo de genes puede ocurrir a distancias de hasta cientos de kilómetros (Broadhurst *et al.*, 2008). La fragmentación del hábitat impide la dispersión tanto del polen como de las semillas. Además, las poblaciones de árboles que están adaptados a las actuales condiciones medio ambientales podrían no tener suficiente diversidad genética adaptiva como para permitir que un número suficiente de vástagos sobrevivan al cambio climático. Los practicantes de restauración de bosques deben considerar si los fondos de genes tienen suficiente diversidad genética adaptiva y resistencia para enfrentar los desafíos del cambio climático, y adaptarse lo suficientemente rápido, en la medida que el medioambiente va cambiando. Por consiguiente, podría haber una fuerte razón para abastecerse con una proporción de semillas de otras áreas, que no sean locales, para los proyectos de restauración de bosques en un intento de imitar el flujo natural de genes.

Se ha recomendado que las semillas para los proyectos de restauración de bosques se recolecten localmente, de árboles parentales de "alta calidad", porque los árboles locales son el producto de una larga historia de selección natural que los ha adaptado genéticamente a sobrevivir y reproducirse en las condiciones locales prevalecientes. Sin embargo, dada la necesidad de mantener altos niveles de diversidad genética para asegurar la adaptabilidad a los cambios climáticos, los abastecimientos locales de semillas podrían ser enriquecidos con un pequeño porcentaje de semillas colectadas en otras áreas que tengan condiciones medio ambientales y climáticas, similares al sitio de plantación. La "procedencia compuesta" se ha propuesto como una manera de mejorar el flujo natural de genes (Broadhurst *et al.*, 2008). Por ejemplo, la mayoría de las semillas podrían ser recolectadas de tantos árboles padres locales como fuera posible, pero también incorpora fuentes cercanas y eco-geográficamente combinadas (Sgró *et al.*, 2011). Una pequeña proporción (10–30%) podría provenir de más lejos (Lowe, 2010). La nueva combinación resultante podría permitir a las poblaciones de árboles responder al cambio medio ambiental, lo cual es crucial para que la selección natural pueda funcionar en las plantaciones de restauración.

Cuadro 6.1. continuación.

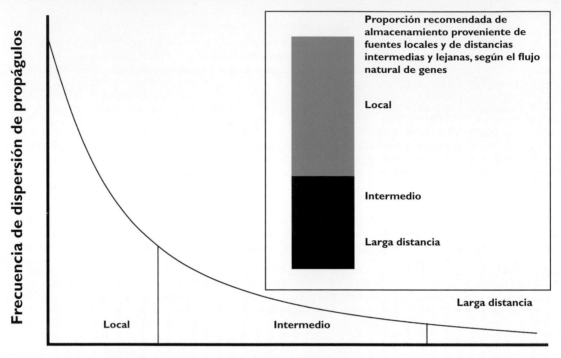

Cifras reproducidas con el gentil permiso de Sgró et al. (2011).

Para la mayoría de especies, la dispersión de semillas es local, con proporciones mucho menores de semillas que son dispersadas a distancias intermedias o lejanas. La proveniencia compuesta imita esta dispersión, usando una alta proporción de semillas adaptadas localmente, y proporciones más bajas de semillas recolectadas en lugares a distancias intermedias (imitando el flujo de genes intermedio) y lejanas. Las semillas recolectadas a cierta distancia del sitio de restauración podrían introducir nuevos genes a la población.

Extracción de semillas de los frutos

En la mayoría de especies, se deben extraer las semillas de sus frutos y limpiarlas antes de ser sembradas.

En el caso de los frutos pulposos, remueve la pulpa lo más que puedas con un cuchillo y lava la pulpa restante con agua. Remoja los frutos sólidos en agua durante 2–3 días, para suavizar la pulpa lo suficientemente como para facilitar la extracción de semillas. Una vez que se ha quitado la pulpa, las semillas podrían germinar rápidamente, de manera que o bien las siembras inmediatamente o bien hay que procesarlas para su almacenamiento. El fracaso de remover la pulpa fomenta la infección de hongos. En algunas especies, el removimiento de la pulpa revela un pireno duro o leñoso que contiene una o más semillas. Si las semillas han de ser plantadas inmediatamente, rompe el duro endocarpio para permitir que penetre el agua hasta el embrión y fomentar la germinación. Usa un cascanueces, martillo o cuchillo para romper cuidadosamente el endocarpio sin dañar a la(s) semilla(s) en su interior.

Frutos secos dehiscentes, como las vainas de los árboles de la familia de las Leguminosas, frecuentemente se abren solos de manera natural, por lo que debes extenderlas en un lugar seco y soleado hasta que se abran, y las semillas o bien caen por si solas o bien puedan ser sacudidas con facilidad.

En cuanto a los frutos secos indehiscentes que no se abren naturalmente, debes cortar las vainas o abrirlas con una tijera u otro instrumento. Las semillas de algunos frutos indehiscentes, como los frutos secos o sámaras, no se extraen normalmente, más bien se debe colocar el fruto entero en las bandejas de germinación. Apéndices del fruto, como las alas de las sámaras (por ejemplo, *Acer*, *Dipterocarpus*) o las cúpulas de los frutos secos, incluyendo las bellotas y castañas, deben ser removidas para un manejo más fácil. La germinación de semillas que están cubiertas por un arilo se acelera casi siempre raspando el arilo.

Asegurar la calidad de las semillas

Es muy importante sembrar solamente las semillas de la más alta calidad disponibles. No deben tener ningún signo de crecimiento de hongos, marcas de dientes de animales o pequeños huecos hechos por insectos perforadores de semillas como los gorgojos. En cuanto a las semillas más grandes, se pueden identificar rápidamente las semillas muertas, sumergiéndolas en agua y esperando 2–3 horas. Descarta las semillas que permanezcan flotando, ya que tienen aire adentro en vez del denso cotiledón y un embrión funcional. Sembrar semillas de baja calidad es una pérdida de tiempo, y podría provocar la dispersión de enfermedades.

Escogiendo las buenas semillas de entre las malas: las buenas semillas se hunden (izquierda), las malas flotan (derecha).

Almacenamiento de semillas

Aunque normalmente es mejor germinar las semillas lo antes posible después de haber sido recolectadas, el almacenamiento de semillas puede ser útil para la racionalización de la producción de árboles, el intercambio de semillas entre viveros y la acumulación de semillas para la siembra directa. Dependiendo del potencial fisiológico, las semillas pueden ser clasificadas como ortodoxas, recalcitrantes o intermedias. El comportamiento de almacenamiento de muchas especies se puede encontrar en http://data.kew.org/sid/search.html.

Semillas ortodoxas y recalcitrantes

Las semillas ortodoxas permanecen viables al secarse a bajos contenidos de humedad (2–8%) y refrigeradas a bajas temperaturas (normalmente unos pocos grados por encima del congelamiento), de modo que pueden almacenarse durante muchos meses e incluso años.

Las semillas recalcitrantes son más comunes en las especies de la mayoría de hábitats tropicales y tienden a ser grandes y tener cubiertas de semillas o cáscaras de frutos delgados. Son muy sensibles al desecamiento y no se les puede secar a un contenido de humedad por debajo de 60–70%. Además, no se pueden refrigerar y son relativamente efímeras. Por ello, es muy difícil almacenar las semillas recalcitrantes durante varios días sin perder su viabilidad.

También hay un sub-grupo de especies que tienen semillas 'intermedias'. Estas pueden ser secadas hasta lograr bajos contenidos de humedad, similares a los tolerados por las semillas ortodoxas, pero son sensibles a condiciones de refrigeración una vez secas.

Secar y almacenar semillas ortodoxas

Primero, determina si la mayoría de semillas están maduras o todavía no, porque los árboles individuales pueden dispersar sus semillas en momentos ligeramente diferentes. Las semillas maduras que están listas para ser dispersadas, son las que mejor responden al secado. Semillas inmaduras son, por lo general, más difíciles de secar.

Las semillas inmaduras, tanto frescas como después de secar, no germinan. Sin embargo, pueden ser maduradas y su viabilidad mejorada significativamente, almacenándolas a una humedad y temperatura controlada. Una humedad relativa de 65% es lo suficientemente baja para reducir la posibilidad de moho. Alternativamente, almacena los frutos bajo las condiciones más naturales posibles, es decir, dejando al fruto en sus ramas y las semillas en su fruto. Examina ocasionalmente algunas semillas para determinar cuando alcanza la madurez el lote.

Desarrollo de la calidad de semillas con tiempo de maduración. (Reproducido con el gentil permiso del Consejo Directivo del Royal Botanic Gardens, Kew)

Las semillas maduras deben ser manejadas con cuidado entre la recolección en el bosque y su almacenamiento o siembra en el vivero. Una vez que se han cosechado las semillas, empiezan a envejecer, particularmente si son guardadas con altos contenidos de humedad. Pueden ser atacadas por insectos, ácaros y/o hongos (si no se les guarda bien aireadas) o podrían germinar.

Desarrollo de la calidad de las semillas

	Inmaduras	Tiempo óptimo de recolección	Post-cosecha
	Las semillas pueden no ser del todo tolerantes a la desecación. **Las semillas podrían no haber alcanzado el potencial máximo de almacenamiento·**		**Las semillas podrían perder rápidamente su viabilidad en condiciones calientes y húmedas.**

Formación de las semillas – diferenciación	**Acumulación de las reservas**	**Maduración post-abscisión**	**Dispersión/envejecimiento o reparación post-cosecha**

Desarrollo de las semillas — tiempo después del florecimiento

Medir el contenido de humedad

Para retener su viabilidad durante el almacenamiento, las semillas ortodoxas deben ser secadas, pero, ¿cómo de secas es lo suficientemente seco?. Para determinar si las semillas están lo suficientemente secas para el almacenamiento, llena un frasco hasta la mitad con semillas y añádele un pequeño higrómetro o una tira indicadora de humedad (Bertenshaw & Adams, 2009a). Espera a que el aire en el frasco alcance una humedad estable a la sombra. Esto es denominado humedad relativa en equilibrio (HRe). La **Tabla 6.2** muestra que un %HRe de 10–30% es recomendado para el almacenamiento a largo plazo de semillas ortodoxas.

Se puede usar o bien un costoso y sofisticado higrómetro digital (izquierda) o higrómetros de dial baratos (derecha) para evaluar el contenido de humedad de las semillas.

Tabla 6.2. Relación entre el contenido de %HRe de las semillas y la supervivencia de las semillas en almacenamiento.

%HRe	Contenido aproximado de humedad (varía con el contenido de aceite de las semillas y la temperatura)		Supervivencia de las semillas
	Semillas no aceitosas (2% aceite)	Semillas aceitosas (25% aceite)	
85–100%	>18.5%	> 16%	Alto riesgo de moho, pestes y enfermedades.
70–85%	12.5–18.5%	9.5–16%	Semillas con riesgo de perder rápidamente la viabilidad.
50–70%	9–12.5%	6–9.5%	Tasa de deterioro más lenta; las semillas pueden sobrevivir de 1–2 años.
30–50%	7.5–9%	5.5–6%	Las semillas pueden sobrevivir durante varios años.
10–30%	4.5–7.5%	3–5.5%	Las semillas pueden mantenerse vivas durante décadas.
< 10%	< 4.5%	< 3%	Riesgo de daño, por ello es mejor evitarlo.

Prueba de sal cruda para el contenido de la humedad de las semillas. El pequeño frasco de mermelada (adelante), el tercer frasco de la derecha y el frasco a la extrema derecha contienen sal, que fluye libremente indicando que las semillas están lo suficientemente secas como para ser almacenadas.

Se puede usar también sal para una prueba cruda de contenido de humedad. Llena un cuarto de un frasco de vidrio con sal de mesa seca, añade un volumen igual de semillas y sacude. Si la sal forma terrones, la HRe es más alta de 70%. Si la sal permanece fluida libremente, entonces las semillas pueden ser almacenadas, al menos a corto plazo.

Un método alternativo de determinar el contenido de humedad de semillas secas es pesar una sub-muestra de las semillas secadas al sol, luego ponerlas en un horno a 120–150^{0}C durante una hora antes de volver a pesarlas. Si el siguiente cálculo arroja valores de <10%, las semillas están listas para ser almacenadas:

$$\frac{(\text{Masa de semillas después del secado al sol} - \text{Masa de semillas después del secado al horno}) \times 100\%}{\text{Masa de semilla después del secado al sol.}}$$

Desecha la sub-muestra de semillas usadas para esta prueba

Secado de semillas

La manera más simple de secar semillas es limpiándolas y luego extendiéndolas al sol durante unos días. Extiende las semillas en capas delgadas en una esterilla, y revuélvelas regularmente con un rastrillo de modo que se sequen rápida y uniformemente sin sobrecalentarse. La luz directa del sol durante períodos prolongados reduce la viabilidad de las semillas. Dales sombra a las semillas durante la parte más calurosa del día y protégelas en la noche o después de la lluvia para prevenir la re-absorción de humedad. Si fuera posible, transfiere las semillas a contenedores sellados durante la noche. Una vez cada 24–48 horas, haz una prueba del contenido de humedad de una muestra de las semillas, y continúa secándolas hasta que la HRe descienda a 10–30% (equivalente al 5–10% del contenido de humedad de las semillas). El tiempo del secado dependerá del tamaño de las semillas, la estructura y el grosor de la cubierta de las semillas, la ventilación y la temperatura.

Semillas secándose en una esterilla en Tanzania.
(Foto: K. Gold)

Desecantes

Los desecantes son sustancias que absorben la humedad del aire. Se puede usar una amplia gama de desecantes para secar semillas en contenedores sellados. El gel de sílice es, quizás, el más conocido, pero productos locales, como arroz tostado y carbón, son alternativas más baratas. El Jardín Botánico Real, Kew ha desarrollado una técnica de secado de semillas que usa carbón de leña natural, que se puede conseguir universalmente en comunidades rurales tropicales (Bertenshaw & Adams, 2009b). Primero, seca las semillas durante 2–3 días en condiciones de ambiente; al mismo tiempo seca pequeños terrones de carbón en un horno o directamente al sol. Coloca el carbón al fondo de un contenedor que se pueda precintar, luego cúbrelo con un papel de periódico y coloca las semillas encima. Añade un higrómetro o tira de humedad, sella el contenedor y almacénalo en un lugar fresco. Alternativamente, coloca las semillas en bolsas de tela y cuélgalas en contenedores más grandes, como bidones de plástico, con carbón en el fondo. Para lograr una HRe del 30% usa una ratio de peso de carbón:semilla de 3:1; para una %HRe de 15% usa una relación de 7.5:1.

El carbón es un desecante barato y está ampliamente disponible en comunidades rurales tropicales.

Una vez secas las semillas, almacénalas en un contenedor hermético bajo condiciones que reduzcan el metabolismo de las semillas y prevengan la entrada (o el crecimiento) de pestes y patógenos. Los contenedores pueden ser de plástico, vidrio o metal y sus sellos pueden ser mejorados con el uso de cámaras de caucho interiores. Llena los contenedores hasta arriba para minimizar el volumen de aire (y humedad) en el interior. El sellado eficaz de los contenedores es crucial, para prevenir la entrada de humedad o esporas de hongos. Incluso el aumento de solo 10% de HRe puede reducir a la mitad la vida de almacenamiento de las semillas. Si los contenedores han de ser abiertos con cierta frecuencia, almacena las semillas en pequeños paquetes sellados dentro de contenedores más grandes para minimizar la exposición de las semillas restantes al aire y la humedad. Colocar un pequeño sobre de gel de sílice de colores en los contenedores, permitirá determinar si hay alguna humedad penetrando en el contenedor.

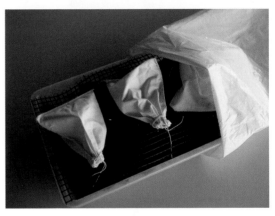

Carbón en un contenedor sellado o en bolsas selladas como desecante natural.
(Foto: K. Mistry)

Debe ser suficiente almacenar los contenedores a temperaturas ambiente, para mantener la viabilidad de las semillas durante 12–24 meses. Mantener semillas por períodos más largos puede requerir temperaturas de almacenamiento más bajas, pero esto podría ser costoso y no es normalmente necesario para proyectos de restauración de bosques.

Almacenar semillas recalcitrantes e intermedias

La tolerancia de almacenamiento de las semillas recalcitrantes o intermedias varía enormemente. Algunas especies no tienen ningún período de latencia. Semillas altamente recalcitrantes mueren al caer su contenido de humedad por debajo de 50–70%, mientras que las menos sensibles pueden permanecer viables hasta con un contenido de solo 12% de humedad. La tolerancia al enfriamiento también varía. Mantén la duración de almacenamiento para semillas recalcitrantes a un mínimo absoluto. Si no se puede evitar el almacenamiento, se debe prevenir su desecamiento y la contaminación de microbios y mantener un suministro de aire adecuado.

Para un informe exhaustivo de la recolección y el tratamiento de semillas, se recomienda altamente el texto de referencia "A Guide to Handling Tropical and Subtropical Forest Seed", por Lars Schmidt (publicado por DANIDA Centro de Semillas de Bosque, Dinamarca, 2000).

6.3 Germinación de semillas

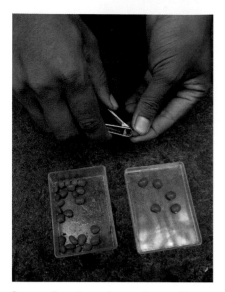

En el vivero, la latencia de semillas prolonga el tiempo de producción (ver **Cuadro 6.2**). Por ello, se aplican normalmente varios tratamientos pregerminativos para romper la latencia. El tratamiento usado para cada especie depende del (los) mecanismo(s) de latencia particular(es) presente(s).

Una cubierta gruesa, impermeable, puede prevenir que el agua o el oxígeno alcancen al embrión, de modo que una de las técnicas más simples para romper la latencia es cortar un pequeño pedazo de la cubierta con una cuchilla afilada o cortaúñas. Para semillas más pequeñas, frotarlas suavemente con papel lija puede ser igualmente efectivo. Estas técnicas se llaman escarificación. Durante la escarificación, debe tenerse cuidado de no dañar el embrión dentro de la semilla.

Para especies con latencia mecánica, se recomienda la técnica del ácido. El ácido puede matar al embrión, de manera que las semillas deben ser remojadas en ácido el tiempo suficiente para suavizar la cubierta de la semilla, pero no tanto como para permitir que el ácido alcance al embrión

Cuando la germinación es inhibida por químicos, simplemente asegurarse de remover toda la pulpa del fruto puede resolver el problema. Pero si los inhibidores químicos están presentes dentro de la semilla, deben ser lavados, remojándolos repetidas veces. Para más información sobre tratamientos pregerminativos, ver **Sección 6.6**.

Para semillas más grandes que tienen cubiertas duras, la latencia puede romperse, cortando manualmente la cubierta de la semilla.

Sembrar semillas

Siembra las semillas en las bandejas de germinación llenadas con un sustrato adecuado. Las semillas grandes pueden sembrarse directamente en bolsas de plástico o contenedores. La ventaja de usar bandejas es que se las puede mover con facilidad alrededor del vivero, pero acuérdate que pueden secarse rápidamente si se descuidan. Las bandejas de semillas deben tener 6–10 cm de profundidad, con suficientes huecos de drenaje en el fondo.

El medio de germinación debe tener una buena aireación y drenaje, y debe proveer un soporte adecuado para germinar plántulas hasta que estén listas para el repique. Las raíces de las plántulas necesitan respirar, de modo que el medio de germinación debe ser poroso. Demasiado agua llena los espacios de aire en el medio y ahoga las raíces de las plántulas. También provoca enfermedades. Un suelo compactado inhibe tanto la germinación como el crecimiento de las plántulas.

La germinación es el momento más vulnerable en la larga vida de un árbol.

Mezcla el suelo de bosque con materiales orgánicos para crear un medio bien estructurado. La Unidad de Investigación de Restauración de Bosques de la Universidad de Chiang Mai (FORRU-CMU), recomienda mezclas de dos tercios de suelo superior de bosque, con un tercio de cáscara de coco. Una mezcla de 50% de suelo de bosque con 50% de arena gruesa es más adecuada para semillas pequeñas, especialmente aquellas (por ejemplo, *Ficus* spp.) susceptibles al 'damping off'. Incluye algo de suelo de bosque en el medio para proporcionar una fuente de hongos micorrizales, que son requeridos por la mayoría de especies de árboles de bosque. Si no hay disponible suelo superficial de bosque, usa una mezcla que incluya arena gruesa (para alentar un buen drenaje y aireación) y materia orgánica tamizada (para proveer textura, nutrientes y retención del agua). No añadas fertilizantes al medio de germinación de las semillas (excepto al germinar semillas *Ficus* spp.), ya que las plántulas no lo requieren.

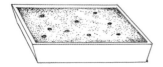
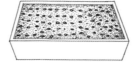

Sembrando semillas demasiado separadas (izquierda) es un desperdicio del espacio, pero sembrarlas demasiado juntas (centro) incrementa el riesgo de enfermedades.

Siembra semillas pequeñas a medianas sobre la superficie del sustrato y luego cúbrelas con una delgada capa de sustrato de germinación (con una profundidad de aproximadamente 2–3 veces el diámetro de la semilla), dejando 1 cm de borde en la bandeja. Semillas mayores de 5 mm de diámetro requieren una profundidad equivalente del medio de germinación. Esto protege las semillas de predadores y de la desecación y las previene de ser arrasadas durante el riego. Si las ratas o ardillas son un problema, entonces cubre las bandejas de germinación con una malla metálica. Coloca las bandejas en la sombra para reducir la desecación y las quemaduras de las hojas.

Siembra las semillas con un espaciamiento de por lo menos 1–2 cm entre una y la otra (o más lejos si las semillas son más grandes) para prevenir el hacinamiento. Si las semillas son sembradas demasiado juntas, las plántulas podrían debilitarse y por lo tanto, ser más susceptibles a enfermedades tales como el 'damping off'. Riega ligeramente las bandejas de germinación, inmediatamente después de sembrar las semillas y regularmente de allí en adelante, usando un pulverizador o regadera con un rociador fino para prevenir la compactación del medio. Regar con demasiada frecuencia provoca enfermedades de 'damping off'.

Un espacio perfecto de germinación en el Parque Nacional del Lago Eacham en Queensland, Australia, con bandejas de germinación en bancos de malla metálica. Las bandejas al fondo están protegidas por jaulas de alambre, que se bajan en la noche para evitar ratas y aves. Nota que todas las bandejas de germinación están etiquetadas claramente con el nombre de la especie y fecha de la siembra.

Cuadro 6.2. La latencia y germinación.

La latencia es el período durante el cual las semillas viables fracasan en germinar, a pesar de tener las condiciones (humedad, luz, temperatura etc.) que normalmente son favorables para las fases más tardías de la germinación y el establecimiento de las plántulas. Es un mecanismo de supervivencia, que previene que las semillas germinen durante las estaciones en que es probable que las plántulas mueran.

La latencia puede originarse en el embrión o en los tejidos que lo rodean (es decir, el endosperma, la testa o el pericarpio). La latencia que se origina en el embrión puede deberse a i) una necesidad de más desarrollo del embrión (después de la madurez); ii) la inhibición química del metabolismo; iii) una movilización de las reservas de alimento bloqueada; o iv) insuficientes hormonas de crecimiento de la planta. La latencia provocada por la cubierta de las semillas puede ser causada por i) restricción del transporte del agua u oxígeno hacia el embrión; ii) una restricción mecánica de la expansión del embrión; o iii) químicos que inhiben la germinación (siendo el más común el ácido abscísico). En muchas especies de plantas, la latencia resulta de una combinación de varios de estos mecanismos.

La germinación consiste de tres procesos superpuestos. i) La absorción de agua causa el hinchamiento de la semilla y la rotura de la cobertura de la semilla. ii) Las reservas de alimento en el endosperma son movilizadas y transportadas a la raíz del embrión (radícula) y el brote (plúmula), que empiezan a crecer y empujar contra la cubierta de la semilla. iii) La fase final (y la definición más precisa de la germinación) es la emergencia de la raíz del embrión a través de la cubierta de la semilla. En pruebas de germinación, esto puede ser difícil de observar ya que las semillas están enterradas, de modo que la emergencia del brote del embrión puede usarse también para indicar la germinación.

Número de especie: **Número de lote:**

HOJA DE REGISTRO DE GERMINACIÓN

Especie:

Fecha de siembra: **Cantidad de semillas plantadas:**

Germinó	Fecha	Días desde la siembra
Primera semilla		
Semilla mediana		
Semilla final		

Cantidad germinada   **% de germinación:**

Fecha de repique:

Núm. de plántulas repicadas:

Fecha	Núm. germinado	Fecha	Núm. germinado

La germinación de semillas es influenciada por la humedad, la luz y la temperatura. Las plántulas están en su momento más vulnerable a enfermedades, daños mecánicos, estrés fisiológico y depredación justo después de germinar, de modo que debes poner cuidado en proteger las semillas que están germinando de infecciones, vientos desecantes, lluvias y rayos solares fuertes.

Hacer un seguimiento de la germinación gradualmente, mejora la eficacia del vivero a lo largo del tiempo.

Enfermedades de 'damping off'

El término 'damping off' (o caída de plántulas) se refiere a enfermedades que son causadas por varios géneros de hongos del suelo, incluyendo *Pythium*, *Phytopthera*, *Rhizoctonia* y *Fusarium*, que pueden atacar a las semillas, brotes pre-emergentes y plántulas jóvenes. El 'damping off' preemergente ablanda la semilla y la vuelve marrón o negra. El 'damping off' postemergente ataca los tejidos suaves de las plántulas recién germinadas justo por encima de la superficie del suelo. Las plántulas infectadas parecen estar pellizcadas en la base del tallo, que se vuelve marrón.

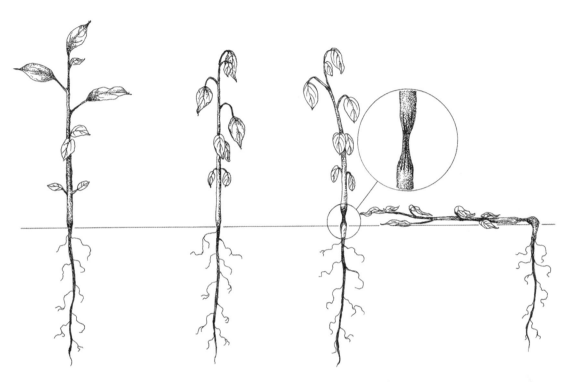

Las enfermedades de 'damping off', que son causadas por varios hongos, empiezan con lesiones marrones que aparecen en los tallos, justo encima de la superficie del suelo. Las lesiones se expanden y las hojas se marchitan. Finalmente, el tallo colapsa y la plántula muere.

En caso de que se conviertan en un problema serio, las enfermedades de 'damping off' se pueden controlar con fungicidas como Captan. El uso de químicos no es deseable, pero una aplicación puntual de fungicida en el momento de la erupción de la enfermedad, puede significar la diferencia entre salvar el cultivo de árboles o esperar otro año para volver a recolectar semillas.

Remueve inmediatamente las plántulas infectadas y destrúyelas para prevenir que la enfermedad se propague. Medidas básicas de higiene pueden reducir significativamente la incidencia del 'damping off' y son preferibles a la fumigación con fungicidas. Éstas incluyen no sembrar las semillas demasiado juntas, mantener un medio de germinación bien estructurado, no regar demasiado, asegurar una circulación libre del aire alrededor de las plántulas y desinfectar cualquier herramienta del vivero que haya tenido contacto con el suelo.

Cuadro 6.3. Propagación de las especies de *Ficus*.

Las especies de *Ficus* juegan un papel vital en la restauración de bosques tropicales (ver **Cuadro 2.2**) y varias especies deberían estar siempre creciendo en un vivero de árboles de restauración. Pero propagarlos requiere unas cuantas técnicas especiales. La mejor manera de crear material de plantación de *Ficus* es a partir de las semillas: aunque la propagación a partir de estacas es eficiente, el material de plantación derivado de semillas suele ser más sano y vigoroso. El material que se ha creado a partir de semillas también es genéticamente más diverso, una consideración crucial para los proyectos de conservación de la biodiversidad. Pero producir higueras que son lo suficientemente grandes para ser plantadas a partir de semillas puede tomar de 18–22 meses, de manera que si el material de plantación es requerido con cierta urgencia, prueba con esquejes.

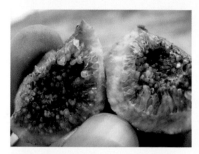

Primero asegúrate de que hay semillas dentro de los higos, así como se observa en este higo hembra de *Ficus hispida*. (Foto: C. Kuaraksa)

Separa las semillas de la masa blanda dentro del fruto y déjalas airear por unos días.

Recolecta higos maduros, pártelos y mira si contienen semillas. Los higos de las especies de *Ficus* monoicos contienen tanto flores masculinas como femeninas, de manera que todos sus higos tienen el potencial de producir semillas si es que han sido visitados por las polinizadoras avispas de los higos (ver **Cuadro 2.2**). Los higos dioicos tienen árboles masculinos y femeninos separados. Obviamente, los higos en los árboles masculinos nunca contienen semillas, de modo que consulta una flora para averiguar si la especie que quieres propagar es monoica o dioica.

Un solo higo puede contener cientos o miles de minúsculas semillas duras de color marrón claro. Escarba la masa blanda que contiene las semillas del interior del higo con una cuchara. Prensa la masa a través de un pedazo de malla mosquetera sobre una jarra de agua. Las semillas viables pasarán a través de la red y se hundirán. Derrama la mayor parte del agua y el resto viértelo junto con las semillas (que se han hundido al fondo de la jarra), a través de un filtro fino de té. Lava las semillas cuidadosamente y déjalas que se sequen lentamente durante 1–2 días.

Espolvorea uniformemente las semillas (apuntando a brechas de 1–2 cm) sobre la superficie del medio de germinación compuesto de un mezcla de 50:50 de arena y cáscara de arroz carbonizada o materiales similares (no incluyas suelo de bosque en el medio). No cubras las semillas. Riega las bandejas a mano usando un fino pulverizador.

La mayoría de las especies empezarán a germinar dentro de 3–4 semanas y la germinación estará completa dentro de 7–8 semanas. Las plántulas de las higueras son diminutas y crecen lentamente al principio. Añadir unos cuantos gránulos de fertilizante de lenta entrega (por ejemplo, Osmocote) justo debajo de la superficie del medio de germinación puede acelerar el crecimiento de las plántulas, pero también puede incrementar la mortandad de las plántulas. Las plántulas de higueras son particularmente susceptibles al 'damping off', de modo que remueve las plántulas infectadas inmediatamente y aplica un fungicida como Captan si hubiera una erupción. Repica las plántulas después de que hayan expandido su segundo par de hojas verdaderas (4–10 meses después de la germinación) y plántalas en contenedores y una mezcla de trasplante estándar.

Para producir el material de plantación de esquejes, sigue el método en el **Cuadro 6.5**. Si se está propagando una especie dioica, recolecta un número igual de esquejes tanto de árboles machos como hembras. Aplica auxinas sintéticas para estimular el enraizamiento (Vongkamjan, 2003).

Por Cherdsak Kuaraksa

Sombra

Germina todas las semillas bajo sombra, tanto si son de especies demandantes de luz o tolerantes a la sombra. Si fuera posible, proporciona más sombra a las especies tolerantes de sombra. Al acercarse el momento de repique, reduce el nivel de sombra al existente en el área de crecimiento. Si se han usado varias capas de malla de sombra, remuévelas de una en una.

6.4 Trasplante

¿Contenedores o platabandas?

Los árboles que han sido producidos en platabandas (o camas de trasplante) son conocidos como árboles 'a raíz desnuda', porque retienen muy poco suelo con las raíces cuando se les desentierra para plantarlos. Sus raíces expuestas pierden rápidamente el agua y se dañan con facilidad. Si el sistema de raíces está reducido pero el área de las hojas sigue siendo la misma, las raíces son incapaces de suministrar suficiente agua hasta los brotes para mantener la transpiración y retener la turgencia de las células de las hojas, resultando en marchitamiento y la incrementación de la mortandad. Por ello, el material de plantación a raíz desnuda frecuentemente sufre un 'shock de trasplante' cuando es plantada en sitios deforestados, resultando en tasas de mortandad que son mucho mayores que aquellas de los árboles que han crecido en contenedores.

Con un sistema de contenedores las plántulas son trasplantadas de las bandejas de germinación a contendores, en los cuales crecerán hasta que estén lo suficientemente grandes para ser plantadas afuera. Los contendores protegen los árboles durante el transporte hacia los sitios de plantación donde se podrá sacar todo el conjunto de raíces del contenedor, minimizando de esta manera el estrés de trasplante.

Elección de los contenedores

Los contenedores deben ser suficientemente grandes para permitir el desarrollo de un buen sistema de raíces y para soportar un crecimiento adecuado de los brotes. Deben tener suficientes huecos para permitir un buen drenaje, y ser ligeros, baratos, durables y siempre disponibles. Los contenedores pueden estar hechos de una variedad de materiales, como polietileno, barro y materiales biodegradables. Si el financiamiento no alcanza para comprar contenedores, trata de improvisar, convirtiendo cartones, botellas de plástico o latas viejas (no te olvides de hacer huecos de drenaje); hasta las hojas de bananos pueden ser dobladas para hacer contenedores adecuados.

Las bolsas de plástico son probablemente los contenedores más usados. Vienen en una gama de tamaños y son fuertes, ligeras y baratas, y han sido usadas con éxito con una gama muy amplia de especies. Las bolsas de plástico grandes son difíciles de transportar y requieren gran cantidad de sustrato de trasplante, mientras que las pequeñas restringen el desarrollo de las raíces. El tamaño óptimo es 23 × 6.5 cm, que permite que las raíces pivotantes crezcan a una longitud razonable antes de alcanzar el fondo de la bolsa y empezar a crecer en espiral.

Las bolsas de plástico (23 × 6.5 cm) son baratas pero no re-usables y pueden causar el rizado de las raíces en las especies de árboles de crecimiento rápido.

Sin embargo, las bolsas de plástico tienen algunas desventajas. Pueden doblarse con facilidad, particularmente durante el transporte; esto puede dañar el conjunto de raíces, causando que se desmorone durante la plantación. Las raíces de árboles de crecimiento rápido pueden llenar las bolsas rápidamente y empezar a crecer en espiral alrededor del fondo. Esta formación pobre de las raíces, puede incrementar la vulnerabilidad de los árboles al daño por el viento más tarde en la vida. Las raíces pueden crecer a través de los huecos de drenaje y penetrar la tierra debajo, de manera que las raíces son mutiladas cuando se levanta el árbol justo antes de plantarlo, causando un shock de trasplante. Los formadores de raíces pueden reducir este problema.

'Root trainers' (formadores de raíces)

Los 'root trainers' (formadores de raíces) son macetas de plástico rígido con ranuras a lo largo de los costados que dirigen el crecimiento de las raíces hacia abajo, previniendo que las raíces crezcan en espiral. Los huecos grandes en el fondo permiten la poda por medio del aire (ver **Sección 6.5**). Aunque al inicio es más costoso que muchos otros tipos de contenedores, pueden ser re-usados muchas veces y su rigidez protege el conjunto de raíces durante el transporte.

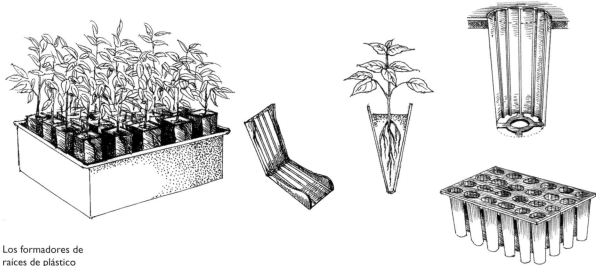

Los formadores de raíces de plástico rígido vienen en varios diseños y tamaños.

¿En qué consiste un buen sustrato de trasplante?

Una mezcla de trasplante consiste en partículas de suelo finas y gruesas con poros entre ellos que permiten una buena aireación y drenaje. La mezcla debe proveer a los árboles crecientes soporte, humedad, oxígeno, nutrientes y micro-organismos simbióticos.

Las raíces de árboles que crecen dentro de contenedores tienen acceso solo a un volumen limitado de la mezcla. El suelo por si solo es un sustrato inadecuado, porque se compacta con facilidad y el contenedor previene un libre drenaje, causando un anegamiento que ahoga las raíces. Un buen drenaje es esencial, pero la mezcla también debe tener un contenido de materia orgánica que sea adecuado para asegurar que la mezcla permanezca adecuadamente húmeda entre los riegos.

Se pueden incluir varios materiales al sustrato de trasplante, incluyendo arena gruesa o grava (lavada previamente para remover la sal) y suelo superior de bosque. Se puede añadir materia orgánica en forma de carbón de cáscara de arroz, cáscara de coco, cáscara de maní e incluso productos de desecho de la producción agrícola, como la pulpa del fruto de café o caña de azúcar prensada. Alternativamente, trata de hacer compost de los desechos orgánicos. Añadir estiércol de vacas puede incrementar drásticamente las tasas de crecimiento de las plántulas por su rico contenido en nutrientes.

Aunque el suelo superior de bosque por si solo sea un sustrato de trasplante pobre, es un componente importante para ésta porque lleva las esporas de micro-organismos del suelo que ayudan a crecer a los árboles, tales como la bacteria *Rhizobium* y hongo micorriza. Para prevenir la compactación, mezcla suelo de bosque con materia orgánica voluminosa y arena gruesa. Mezcla suelo de bosque con estos ingredientes, 'abre' la mezcla y mejora el drenaje y la aireación. Elijas los materiales que elijas, deben ser baratos y disponibles localmente a lo largo del año.

Tabla 6.3. Sustrato de trasplante estándar

Ingredientes	Proporción	Propiedades benéficas	Ejemplos
Suelo de bosque	50%	Nutrientes, micro-organismos del suelo, soporte estructural	15 cm de suelo negro superior de bosque
Materia orgánica gruesa	25%	Espacios de aire	Cáscara de maní, hojarasca, compost doméstico, corteza de árboles
Materia orgánica fina	25%	Retención de humedad, nutrientes	Fibra de coco, carbón hecho de cáscara de arroz, estiércol seco de ganado

Un sustrato estándar para propósitos generales consiste en 50% de suelo superior de bosque, mezclado con 25% de materia orgánica fina y 25% de materia orgánica gruesa (ver **Tabla 6.3**).

Almacena el sustrato de trasplante en condiciones húmedas, pero protégela de la lluvia. Para prevenir la propagación de enfermedades, nunca recicles el sustrato de trasplante. Cuando deseches árboles débiles o enfermos, desecha también el sustrato en la que crecieron lejos del vivero.

Al hacer una mezcla de sustrato de trasplante, tamiza los materiales para remover piedras o terrones grandes y mézclalo en una superficie dura y lisa con una pala. Los viveros grandes usan mezcladoras de cemento para mezclar sus sustratos de trasplante.

Cuadro 6.4. Plántulas silvestres como semillas alternativas.

Producir un cultivo mixto de especies de árboles 'framework' a partir de semillas, puede llevar 18 meses o más porque se debe esperar a que los árboles parentales fructifiquen y las semillas germinen. De modo que cabe preguntarse si hay una manera más rápida de producir plántulas de árboles 'framework'. Las plántulas silvestres son plántulas que se desentierran del bosque y se cultivan en el vivero. Los árboles del bosque normalmente producen una gran cantidad de plántulas excedentes, la mayoría de las cuales mueren, de manera que desenterrar algunas de éstas y transferirlas al vivero no hace ningún daño al ecosistema del bosque. Si se trasplantan plántulas silvestres de un bosque fresco y umbroso directamente a un sitio abierto y deforestado suelen morirse de shock al trasplantarse. De manera que las plántulas silvestres deben ser primero plantadas en macetas, cuidadas en un vivero y endurecidas antes de ser llevadas a plantación. Los investigadores de la Unidad de Investigación de Restauración de Bosques de la Universidad de Chiang Mai (FORRU-CMU) han determinado cómo usar las plántulas silvestres para producir árboles 'framework' para la plantación (Kuarak, 2002).

En el bosque, localiza varios árboles parentales adecuados de la especie requerida, que hayan tenido una fuerte producción de frutos en la temporada previa. Lo mejor es recolectar plántulas de alrededor, de la mayor cantidad posible de árboles parentales para mantener la diversidad genética. Recolectar plántulas que no sean más altas de 20 cm (las más altas tienen alta mortandad por shock severo de trasplante) dentro de un radio de 5 m del árbol parental (que de otra manera moriría como resultado de la competencia con el árbol parental). La consideración primaria al recolectar plántulas silvestres es minimizar el daño a la raíz, de modo que desentiérralos en la estación de lluvia, cuando el suelo es suave. Extrae las plántulas más jóvenes cuidadosamente con una cuchara o desentierra a las más grandes con una pala jardinera, reteniendo un terrón de suelo alrededor de las raíces. Coloca las plántulas en un balde con un poco de agua, o usa contenedores hechos de tallos de bananos.

Si las plántulas silvestres tienen más de 20 cm. de alto, considera podarlos justo después de desenterrarlos para reducir la mortandad e incrementar la tasa de crecimiento. Corta de un tercio a la mitad del tallo, pero acuérdate que no todas las especies toleran la poda, de modo que podrías tener que realizar algunos experimentos. Haz un corte de 45° a unos 5 mm por encima de un brote axilar. Alternativamente corta las hojas más grandes a un 50%. Puede que se tengan que podar las raíces secundarias para que las plántulas puedan fácilmente ser trasplantadas a bolsas de plástico de 23 × 6.5 cm llenadas con sustrato de trasplante estándar, sin torcer la raíz pivotante. Mantén las plántulas silvestres trasplantadas bajo sombra densa (20% de luz diurna normal), durante unas 6 semanas o construye una cámara de recuperación. De ahí, sigue el mismo procedimiento usado para el cuidado y endurecimiento de los árboles jóvenes que han sido producidos a partir de semillas. Una vez comparado el crecimiento de las plantas silvestres trasplantadas, con aquellas producidas a partir de semillas, se puede deducir si este método es mas rápido y barato.

En las Filipinas, contenedores hechos de secciones de tallos de plantas de banano hacen las veces de contenedores baratos para transportar plántulas silvestres del bosque al vivero.

Cuadro 6.4. continuación.

Una cámara de recuperación de 1 × 4 m es suficientemente grande para 1,225 plantas. Este ejemplo está construido en un área de sombra del vivero con un marco hecho de bambú partido. El marco está cubierto con una lámina de polietileno, cuyos bordes están hundidos en una zanja poco profunda alrededor de la estructura, de esta manera la cámara queda sellada. La humedad que empieza a acumularse dentro de la cámara, previene el shock de trasplante. Después de unas pocas semanas, se abre parcialmente la cámara de manera que las plantas puedan aclimatarse a las condiciones ambientales y finalmente la cubierta es totalmente removida.

Por Cherdsak Kuaraksa

¿Cuánto sustrato de trasplante se necesita?

Para calcular el volumen de sustrato requerido para llenar los contenedores, mide su radio y altura, y aplica la siguiente fórmula:

Volumen total requerido de sustrato = (radio del contenedor)^2 × altura del contenedor
× 3.14 × número de contenedores

Por ejemplo, para 2,000 bolsas de plástico de 23 × 6.5 cm, necesitarás (6.5/2)^2 × 23 × 3.14 × 2,000 = 1,525,648 cm^3 o aproximadamente 1.5 m^3 de media.

Llenar los contenedores

Primero, asegúrate de que el sustrato esté húmedo pero no mojado: rócialo con agua si fuera necesario. Al repicar las pequeñas plántulas, llena los contenedores hasta el borde con el sustrato, usando una pala jardinera o cuchara de bambú. Golpea cada contenedor contra el suelo unas cuantas veces para permitir que el sustrato se asiente, antes de añadir más sustrato hasta 1 o 2 cm por debajo del borde del contenedor. El sustrato no debería ser tan compacto, como para inhibir el crecimiento de las raíces y el drenaje, pero tampoco debe estar demasiado suelto. La consistencia del sustrato dentro de las bolsas de plástico puede ser comprobada cogiendo firmemente la bolsa con la mano. La impresión en tu mano debe permanecer después de que hayas soltado la bolsa y la bolsa debe quedarse parada sin apoyo.

'Repicar'

'Repicar' (trasplantar) es transferir las semillas de las bandejas de germinación a contenedores, una tarea que debe llevarse a cabo en la sombra, tarde en el día. Las plántulas están listas para repicar cuando los primeros 1–3 pares de hojas estén completamente expandidos. Llena los contenedores como se ha descrito arriba. Luego usa una cuchara para hacer un hueco en la mezcla que sea lo suficientemente grande como para meter las raíces de la plántula sin doblarlas. Trata a las frágiles plántulas con cuidado. Suavemente agarra una hoja (no el tallo) de una plántula y lentamente extráela fuera de la bandeja de germinación con una cuchara. Coloca la raíz de la plántula en el hueco del sustrato y llena el hueco con más sustrato. Golpea el contenedor contra el piso para que el sustrato se asiente. Llena la superficie del sustrato hasta 1 o 2 cm por debajo del borde del contenedor y hasta que el cuello de raíces de la plántula (la

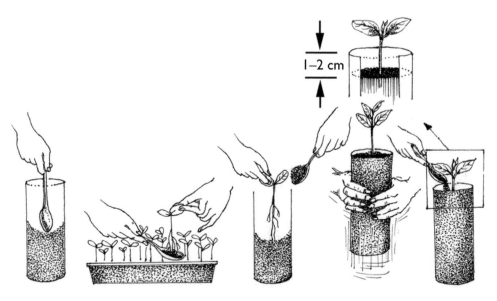

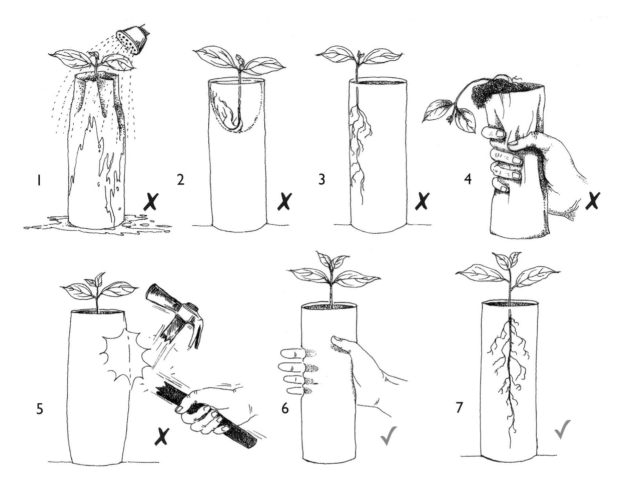

Problemas potenciales con el trasplante: (1) el sustrato se ha asentado, causando que el borde de la bolsa de plástico colapse y bloquee el riego; (2) las raíces enrolladas harán que los árboles adultos sean vulnerables a las ráfagas de viento; (3) la plántula no está colocada en el centro; (4) el sustrato es demasiado suave; (5) el sustrato está compactado; (6) excelente consistencia del sustrato; y (7) ¡la plántula trasplantada a la perfección!

juntura entre la raíz y el brote) esté a la altura de la superficie del sustrato. Luego, aprieta el sustrato para asegurarte que la planta quede erecta y colocada centralmente. Para plantas más grandes, suspende las raíces en contendores parcialmente llenos y luego añade cuidadosamente el sustrato alrededor de las raíces.

Almacenamiento de las plantas antes de la plantación

El almacenamiento antes de la plantación se refiere al tiempo que los árboles jóvenes se mantienen en el vivero, desde el trasplante en contenedores hasta el transporte a los sitios de plantación. Después del trasplante de las plántulas, coloca los contendores en un área de sombra y riega las plántulas. Asegúrate de que las bolsas de plástico permanezcan erectas y no estén muy apretadas. Al comienzo, los contenedores pueden tocarse, pero conforme las plántulas van creciendo, separa los contenedores algunos centímetros el uno del otro para prevenir que las plántulas vecinas les den sombra.

Los contenedores pueden almacenarse en el suelo desnudo, en suelo cubierto con varios materiales o en rejillas de alambre elevadas. Si los contenedores se almacenan en la tierra desnuda, las raíces de los árboles pueden crecer a través de los huecos en la base del contendor y penetrar en el suelo.

Cuadro 6.5. Esquejes como alternativa a las semillas.

La propagación vegetativa no se recomienda normalmente para producir material de plantación para proyectos de restauración de bosques, porque tiende a reducir la adaptabilidad de diversidad genética (ver **Cuadro 6.1**). Puede ser apropiado, sin embargo, para especies 'framework' raras y altamente deseables cuyas semillas son difíciles de germinar. Para especies como éstas, la propagación por esquejes es aceptable, siempre que éstos sean recolectados de la mayor cantidad posible de árboles parentales.

Los árboles que se producen a partir de esquejes frecuentemente maduran pronto — una característica deseable para una especie de árbol 'framework'. Se pueden usar métodos de baja tecnología para enraizar los esquejes. Longman y Wilson (1993) informaron que la mayoría de especies de árboles tropicales examinadas hasta la fecha, podían enraizarse como esquejes de tallo con hojas en 'poli-propagadores' de baja tecnología y/o bajo niebla. Estos autores proveen una revisión exhaustiva de técnicas, pero recuerda que se han hecho pocos trabajos sobre la propagación vegetativa de la mayoría de especies de árboles tropicales que han der ser útiles para restaurar los ecosistemas de bosques tropicales.

Un estudio de propagación vegetativa en la Unidad de Investigación de Restauración de Bosques de la Universidad de Chiang Mai (FORRU-CMU) proveyó las siguientes recomendaciones para enraizar esquejes de especies 'framework', usando un simple método basado en bolsas de plástico (Vongkamjan, 2003).

Corta brotes de tamaño mediano de brotes jóvenes y vigorosos (se pueden encontrar frecuentemente brotes con hojas en tocones después de la tala o quema), de la mayor cantidad posible de árboles parentales, con un par de tijeras o un cuchillo limpio y afilado. Coloca los esquejes en bolsas de plástico con un poco de agua y llévalos inmediatamente al vivero. En el vivero, corta los esquejes en longitudes de 10–20 cm. Remueve las partes leñosas inferiores y la frágil sección apical. Si cada nudo tiene una hoja o botón, se pueden usar nudos solos, pero para brotes que carecen de botones y tienen internudos cortos, los esquejes pueden incluir 2–3 nudos.

Corta las hojas transversalmente un 30–50%. Corta las bases de los esquejes con un cuchillo afilado de propagación en forma de tacón justo debajo del nudo.

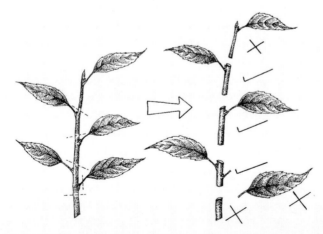

Normalmente se requieren tratamientos de hormonas para estimular la producción de raíces por los esquejes. Cada especie responde de una manera diferente a los varios preparados de hormonas que están disponibles, de modo que será necesario un poco de experimentación. Los productos que contienen auxinas, o ácido de indole-3-butírico (IBA) o ácido naftaleno-1-acético (NAA), en varias concentraciones son los que prometen ser más eficaces. Estos productos vienen normalmente en polvo, que debe ser ligeramente rociado en las bases de los esquejes. Algunos polvos de enraizamiento también contienen un fungicida como Thiram o Captan que ayudan a prevenir enfermedades.
Sigue las instrucciones del envoltorio. Para obtener más consejos sobre el enraizamiento de esquejes de árboles tropicales ver: www.fao.org/docrep/006/AD231E/AD231E00.htm#TOC

Cuadro 6.5. continuación.

Se pueden usar bolsas dentro de bolsas para mantener el 100% de humedad mientras que los esquejes desarrollen sus raíces.

Mezcla 50% de arena con 50% de carbón de cáscara de arroz, para hacer un sustrato de enraizamiento y viértelo en pequeñas bolsas de plástico negras. Planta las bases de los esquejes en el sustrato, riégalo y prénsalo para afirmarlo alrededor de cada esqueje. Coloca grupos de 10 bolsas pequeñas en bolsas de plástico más grandes (20 × 30 cm). Añade un litro de agua y sella la bolsa más grande, resultando en una atmósfera de 100% humedad que mantendrá los esquejes vivos hasta que las raíces crezcan y sean capaces de administrar agua al brote. Fija una etiqueta en cada bolsa con el nombre de la especie y la fecha de propagación. Mantén registros de cuántos esquejes desarrollan raíces y brotes. Riega las bolsas semanalmente y remueve los esquejes y hojas muertas. Cuando los esquejes muestren raíces vigorosas y desarrollo de brotes, trasplántalos en bolsas de plástico de 23 × 6.5 cm y cuídalos como se describe en la **Sección 6.5**.

Por Suphawan Vongkamjan

Cuando se levanten los árboles para plantarlos, esas raíces se romperán de golpe, reduciendo el suministro de agua desde la raíz al brote. Esto puede causar que la planta entre en shock aún antes de que llegue al sitio de plantación. Por ello, los contenedores deben ser levantados cada par de semanas, y cualquier raíz protuberante debe ser podada, antes de que penetre al suelo. Cubrir las camas de almacenamiento con grava muy gruesa puede ayudar a prevenir este problema. Las raíces que crecen dentro de la grava no encuentran nutrientes ni humedad, y mueren gradualmente por exposición al aire. Cubrir el área de almacenamiento con toldos de plástico también previene que las raíces penetren en el suelo, pero el plástico no poroso puede obviamente generar problemas de drenaje.

(A) El almacenamiento en tierra desnuda funciona bien, pero los árboles jóvenes requieren una atención constante para prevenir que las raíces crezcan en el suelo, debajo de los contenedores. En este vivero, se usan barandas de protección de bambú para mantener las plantas erectas. (B) Cubrir el suelo con grava y luego con una manta porosa ('alfombrilla de maleza') previene que las raíces crezcan en el suelo subyacente. En este vivero, un sistema de riego nebulizado automático riega las plantas, que son producidas en macetas de plástico cuadradas, rígidas y re-usables.

La solución última (y más costosa) es almacenar los contenedores encima de rejillas de alambre elevadas. Las raíces que crecen fuera de sus contenedores son expuestas al aire y dejan de crecer o mueren. A esto se le llama 'poda aérea' (ver **Sección 6.5**). Fomenta la ramificación de las raíces dentro de los contenedores y la formación de cepellones densos, que incrementan la supervivencia de los árboles después de haber sido llevados a plantación.

Alojamiento de cinco estrellas para los árboles. Los árboles se asientan sobre rejillas de alambre elevadas del suelo, permitiendo la poda de las raíces por medio del aire. Mallas de sombra removibles permiten el control de las condiciones de luz.

6.5 El cuidado de los árboles en el vivero

Requerimientos de sombra

Después de repicar, coloca las plántulas debajo de un 50% de sombra para prevenir que las hojas se quemen y marchiten. Las mallas de sombra, graduadas según el porcentaje de sombra que proporcionan, se pueden comprar en la mayoría de tiendas de suministro agrícola. Cuélgalas en un marco de 0.5–2.5 m por encima del suelo. Si no puedes conseguir mallas de sombra o si son demasiado caras, materiales locales como hojas de cocoteros, tiras delgadas de bambú e incluso pasto seco son efectivos, pero procura no dar demasiada sombra con estos materiales. Más del 50% de sombra producirá árboles altos y débiles que son susceptibles a enfermedades. Aún bien establecidos en sus contenedores, los árboles permanecerán vulnerables a temperaturas demasiado altas y a pleno sol. Por consiguiente, también deben ser mantenidos bajo sombra ligera hasta que estén listos para el endurecimiento.

Riego

Cada contenedor retiene una cantidad de agua relativamente pequeña, de manera que las plántulas pueden secarse rápidamente si el riego es interrumpido por más de un día, especialmente en la estación seca. Por otro lado, regar demasiado puede saturar el estrato y ahogar las raíces, lo cual puede ser tan dañino para la planta como la deshidratación.

Riega los árboles cada mañana y/o al anochecer para evitar el calor del día. Si hay alguna duda sobre la fiabilidad del suministro de agua, instala un sistema de tanques de agua como suministro de reserva. Los trabajadores del vivero responsables del riego, deben registrar en un calendario cada vez que se realiza un riego.

Los grandes viveros comerciales frecuentemente usan un sistema de pulverizadores que están interconectados con tubos, permitiendo un riego sin esfuerzo siempre que se abra el grifo, pero estos sistemas son caros. En viveros que producen muchas especies diferentes de árboles, con diferentes requerimientos de riego, se recomienda el riego a mano usando una regadera o una manguera con una roseta de agujeros finos. Esto permite a los trabajadores del vivero evaluar la sequedad de cada lote de árboles y ajustar de acuerdo a la cantidad de agua suministrada.

Normalmente se requiere un entrenamiento de la persona responsable del riego, para que pueda juzgar cuánta agua debe proveer. Durante la estación de lluvia, puede ser posible que no se requiera regar los árboles jóvenes durante varios días en un vivero abierto. Por otro lado en la estación seca, puede que sea necesario regarlos dos veces al día. Los árboles jóvenes están listos para ser regados cuando la superficie del suelo empieza a secarse. La presencia de musgos, algas o líquenes en la superficie del sustrato, indica que se está dando demasiada agua a

El riego a mano permite más control que el que se proporciona con sistemas automáticos.

las plántulas; éstos se deben remover y se debe reducir el riego. Las malezas pueden competir agresivamente por agua, así que elimínalas de los contenedores.

Un cuidado especial se requiere al regar las bandejas de germinación: se debe usar una roseta de agujeros finos y el riego debe llevarse a cabo con un movimiento de barrido para no dañar las plántulas.

Fertilizantes

Los árboles requieren grandes cantidades de nitrógeno (N), fósforo (P) y potasio (K), cantidades moderadas de magnesio, calcio y azufre, y cantidades ínfimas de hierro, cobre y boro y otros nutrientes minerales para sustentar un crecimiento óptimo. El sustrato de trasplante puede suministrar las cantidades adecuadas de estos nutrientes, especialmente si se usa rico suelo de bosque, pero la aplicación de fertilizantes adicionales puede acelerar el crecimiento. Tu servicio de extensión agrícola o departamento de agricultura local, puede analizar el contenido de nutrientes del sustrato que usas y aconsejarte sobre los requerimientos de fertilizantes.

La decisión de aplicar fertilizantes depende, no solamente de la disponibilidad de nutrientes en el sustrato de trasplante, sino también de la tasa de crecimiento requerida, o de la apariencia de las plántulas. Las plantas que tienen síntomas de deficiencia de nutrientes, como hojas amarillas, deben recibir fertilizantes. También se deben aplicar fertilizantes cuando sea necesario acelerar el crecimiento para asegurar que las plantas estén listas para la estación de plantación.

La aplicación de 10 gránulos de fertilizante de lenta difusión cada 3–6 meses, puede significar la diferencia entre las plántulas que crecen lo suficientemente altas para el momento de la plantación, y tener que mantenerlos otro año en el vivero.

Se recomienda el uso de un fertilizante de lenta entrega, de alrededor de 1.5 g por litro de mezcla. En la FORRU-CMU, se obtuvieron buenos resultados para muchas especies, añadiendo aproximadamente 10 gránulos de 'Osmocote' NPK 14:14:14 (aprox. 0.3 g) a la superficie del sustrato en cada contenedor cada 3 meses. También se consigue con facilidad y es recomendado 'Nutricote'. Aunque los fertilizantes de lenta entrega son caros, se aplican solamente cantidades muy pequeñas cada 3–6 meses, así que los costos de mano de obra para su aplicación son muy bajos.

Alternativamente, se puede usar un fertilizante ordinario, o bien un fertilizante sólido mezclado con el sustrato (como guía general 1–5 g por litro de sustrato) o disuelto en agua. Disuelve aproximadamente 3–5 g de fertilizante por litro de agua y aplícalo con una regadera. Luego, riega otra vez los árboles jóvenes con agua fresca para lavar la solución del fertilizante de las hojas. Este tratamiento debe repetirse cada 10–14 días, de modo que requiere bastante más tiempo y trabajo que usando los gránulos de lenta entrega.

No apliques fertilizantes i) a especies de crecimiento rápido que llegarían a un tamaño plantable antes de la estación óptima de plantación (y que crezcan fuera de sus contenedores), ii) a especies de la familia de las leguminosas, o iii) justo antes del endurecimiento (ya que en este período no se debe fomentar el crecimiento de nuevos brotes). El exceso de fertilizante puede resultar en la 'quema química' de las plantas y puede matar a los micro-organismos benéficos del suelo, como los hongos micorrizas.

Hongos micorrizas

Los hongos micorrizas (asociación hongo-raíz) forman relaciones 'simbióticas' benéficas con las plantas. Forman extensas redes de finas hifas fúngicas que irradian de las raíces de los árboles hacia el suelo de alrededor. Los hongos transfieren nutrientes a los árboles de un volumen de suelo mucho mayor de lo que podría explotar el sistema de raíces del árbol por sí solo. A su vez, los hongos obtienen de los árboles carbohidratos (como fuente de energía). Hay dos tipos principales de micorriza que se asocian con los árboles: las ectomicorrizas y las micorrizas arbusculares vesiculares (MAV). Las ectomicorrizas forman una funda de hilos fúngicos alrededor de las raíces del árbol que se extiende entre las células de la planta pero no las penetra. Todos los dipterocarpios, algunas leguminosas, muchas coníferas y algunos árboles de hoja ancha (por ejemplo, los robles) tienen ectomicorrizas. Los MAV viven dentro de las raíces y en verdad penetran las células de éstas. Pueden encontrarse en la vasta mayoría de árboles tropicales, pero sabemos relativamente poco sobre la diversidad de las micorrizas en los bosques tropicales o sobre su papel en mantener la complejidad de los ecosistemas de los bosques tropicales. Es por ello imposible prescribir acciones detalladas para el uso de micorrizas en viveros de árboles de bosque.

Sin embargo, sí sabemos que la inoculación de micorrizas puede incrementar la supervivencia y el crecimiento de árboles producidos en viveros después de que hayan sido llevados a plantación, especialmente en tierras altamente degradadas que han estado sin vegetación nativa o suelo superior por varios años (por ejemplo, tierra de mina). Al incluir suelo de bosque en el sustrato de trasplante, la mayoría de especies de árboles nativos es naturalmente infectada con hongos micorriza y la inoculación con micorrizas producidas comercialmente no tienen ninguna ventaja significativa (Philachanh, 2003).

Control de maleza

Las malezas que están presentes en el vivero pueden albergar pestes, y sus semillas pueden propagarse de contenedor en contenedor. Pastos, hierbas y trepadoras deben ser removidas del suelo del vivero antes de que lleguen a florecer. Las malezas que colonizan los contenedores compiten con la plántula del árbol por agua, nutrientes y luz. Si no se actúa cuando aún son pequeñas, las malezas pueden ser difíciles de remover de los contendores, sin dañar las raíces de las plántulas. Examina frecuentemente los contenedores y usa una espátula sin filo para remover las malezas cuando son todavía pequeñas. Desmaleza por la mañana, de manera que los fragmentos de maleza restantes se sequen durante el calor del día. Ponte guantes cuando tengas que remover malezas espinosas o nocivas. También remueve todos los musgos o algas que crezcan en la superficie de la mezcla. Obviamente, en un vivero de árboles no se pueden usar herbicidas para controlar la maleza.

Cuídate y evita las serpientes o insectos venenosos que se esconden en el denso follaje de un lote de plántulas creciendo en los contendores.

Más maleza que árboles. Desmaleza regularmente el vivero para prevenir la acumulación de malezas en los contenedores.

Enfermedades

Prevención de enfermedades

Las enfermedades pueden ocurrir aún en los viveros mejor mantenidos y hay tres causas principales:

- **hongos** — aunque algunas especies son benéficas, otras causan el 'damping off', putrefacción de las raíces y manchas en las hojas (plagas y corrosión).
- **bacterias** — la mayoría son inofensivas, pero algunas causan 'damping off' y úlceras; y
- **virus** — la mayoría no causa problemas, pero algunos causan manchas en las hojas.

La prevención es mejor que la cura, de modo que mantén los contenedores, herramientas y superficies de trabajo limpios, lavándolos en una solución de cloro doméstico. Sigue las instrucciones del fabricante en cuanto a la concentración, poniendo cuidado que el cloro no entre en contacto con tu piel o tus ojos. Si vas a re-usar contendores de plástico rígido, lávalos meticulosamente. No recicles las bolsas de plástico o el sustrato.

Las macetas de plástico rígido pueden re-usarse provisto de que se limpien adecuadamente, pero las bolsas de plástico deben desecharse lo suficientemente lejos del vivero, para prevenir la acumulación de patógenos.

Detectar y controlar las enfermedades

Se necesita una constante vigilia para prevenir la erupción de enfermedades. Asegúrate de que todo el personal del vivero aprenda a reconocer los síntomas de las enfermedades comunes de las plantas y que todos los árboles jóvenes sean inspeccionados al menos una vez a la semana. Para prevenir la propagación de enfermedades, asegúrate de que las plantas no se rieguen demasiado, que haya un drenaje adecuado dentro y debajo de los contenedores, y que las plantas estén suficientemente espaciadas para permitir la circulación del aire alrededor de ellas y para prevenir la transferencia directa de patógenos desde plántulas individuales a sus vecinas. Usa desinfectante para lavar las herramientas y aquellos guantes de coma que entren en contacto con plantas enfermas.

Si hubiera una epidemia, remueve todas las hojas infectadas y desecha inmediatamente todas las plantas muertas. Quémalas a una buena distancia del vivero. No recicles el sustrato o las bolsas de plástico en las que crecieron. Si usas contenedores rígidos, lávalos con desinfectantes y sécalos al sol durante varios días antes de reusarlos. Inspecciona diariamente las plantas hasta que la epidemia haya terminado.

No debería ser necesario fumigar rutinariamente con químicos. Los químicos son caros y son un riesgo para la salud si no se utilizan adecuadamente. Si fuera necesario fumigar un lote de plantas infectadas, trata primero de identificar la enfermedad (fúngica, bacteriana o viral) y selecciona el químico adecuado. Por ejemplo, el Iprodione es activo contra las manchas fúngicas en las hojas, mientras que el Captan es particularmente efectivo contra el 'damping off'.

Al usar cualquier fungicida, lee las advertencias de salud en el envoltorio y sigue las precauciones de protección recomendadas.

Donde las enfermedades se vuelven predominantes, considera desinfectar el sustrato, al calentarlo al sol. Esto matará la mayoría de patógenos, pestes y semillas de malezas, pero también podría matar a los micro-organismos benéficos del suelo, de manera que considera re-inocular la mezcla con micorriza.

Control de pestes

La mayoría de insectos son inofensivos e incluso benéficos, pero algunos pueden rápidamente desfoliar a árboles jóvenes o dañar sus raíces y causar la muerte. No todas las pestes son insectos: los gusanos nematodos, las babosas y los caracoles, e incluso animales domésticos, pueden causar problemas.

Las pestes más importantes incluyen insectos defoliadores, como orugas, gorgojos y grillos; perforadores de brotes, particularmente las larvas de escarabajos y polillas; insectos chupadores como el pulgón, chinches harinosas y cochinillas; comilones de raíces, como los gusanos nematodos; gusanos cortadores, las larvas de ciertas polillas; y termitas, que también destruyen las estructuras del vivero. Además de comerse las plantas, las pestes pueden transmitir enfermedades.

Inspecciona los árboles cuidadosa- y regularmente por pestes para asegurar que la infección no se desarrolle. Remueve animales dañinos o sus huevos a mano, o fumiga los árboles jóvenes con un fungicida suave. Si esto no es suficiente para prevenir la plaga, entonces fumiga los árboles jóvenes con insecticida. La prevención es mejor que la cura, ya que la mayoría de insecticidas son perjudiciales para los humanos. Es por ello esencial que leas las etiquetas en los envoltorios del insecticida y sigas las instrucciones cuidadosamente, observando todas las precauciones recomendadas por el fabricante. Selecciona el químico más apropiado para la especie particular de peste presente. Por ejemplo, el 'Pirimicarb' es activo contra pulgón, el 'Aldrin' se puede usar contra termitas, y 'Pyrethrin' es un insecticida más general.

No todas las pestes son pequeñas — este vivero en el oeste de Tailandia está protegido de los elefantes por un cerco eléctrico.

No todas las pestes son pequeñas. Perros, cerdos, gallinas, reses y otros animales pueden causar estragos en un vivero en pocos minutos. De modo que, donde hubiera estos animales, asegúrate de que el vivero esté protegido por un cerco resistente.

Control de calidad por clasificación

La clasificación es un método efectivo de control de calidad. Implica ordenar los árboles en crecimiento por su tamaño, a la vez que se remueve a los atrofiados, enfermos o débiles. De esta manera, solo los árboles más sanos y vigorosos son seleccionados para el endurecimiento y la posterior plantación y así se maximiza la supervivencia post-plantación. Cuando el vivero está lleno, las plantas más pequeñas y débiles pueden identificarse fácilmente, y ser removidas para hacer sitio a plantas nuevas y más vigorosas.

La clasificación es la mejor manera de control de calidad.

Realiza la clasificación al menos una vez al mes. La poda de raíces y la inspección pueden realizarse al mismo tiempo. Lava frecuentemente tus manos, los guantes y las tijeras de podar en desinfectante, para prevenir la propagación de enfermedades de un bloque a otro. Desecha las plantas de baja calidad y quémalas lejos del vivero, y no recicles el sustrato ni las bolsas de plástico en las que crecieron. Los trabajadores del vivero, a veces, se resisten a eliminar las plantas de baja calidad, pero mantenerlas es una falsa economía, ya que desperdician espacio, trabajo, agua y otros recursos del vivero que sería más eficientes proveer a las plantas sanas. Las plantas de calidad baja son susceptibles a enfermedades, y por ello plantean un riesgo de salud para todo el vivero.

El administrador del vivero debe producir árboles de alta calidad, que se desempeñarán adecuadamente una vez plantados afuera, en las duras condiciones que son típicas de los sitios deforestados. Tanto los brotes como el sistema de raíces de los árboles jóvenes, deben estar sanos y equilibrados entre ellos. Esto reduce el estrés de trasplante, la mortandad de los árboles y el riesgo de tener que replantar al año siguiente. Es una falsa economía y un desperdicio de tiempo plantar árboles de baja calidad.

1. Crecimiento de raíces y brotes desequilibrado: el brote es demasiado largo y delgado y podría quebrarse fácilmente al ser manipulado. Pódalo lo suficiente antes del tiempo de plantación.
2 Un tallo malformado compromete al crecimiento futuro, las plantas que tienen tallos como éstos deben ser desechadas.
3 Las plantas que han sido atacadas por insectos deben quemarse, y las plantas supervivientes fumigadas con insecticida, para prevenir que la plaga se propague.
4 Desecha las plantas cuyo crecimiento sea atrofiado al compararlas con otras plantas de la misma edad.
5 Esta planta está perdiendo sus hojas, posiblemente como resultado de una enfermedad; debe quemarse.
6 Este contenedor fue desechado y permaneció algún tiempo yaciendo a un costado, resultando en un tallo chueco – desecha plantas como éstas.
7 La planta perfecta está bien equilibrada, libre de enfermedades y recta; con un cuidado adecuado y una clasificación rigurosa, todas las plantas en tu vivero deberían verse como ésta.

Un sistema de raíces sano

Los sistemas de raíces son mucho más importantes para la supervivencia de los árboles que los brotes. Una planta puede sobrevivir y rebrotar después de haber perdido su brote, pero no de haber perdido sus raíces. El sistema de raíces debe constantemente suministrar agua y nutrientes a los brotes. El crecimiento de las raíces es afectado por el contenedor, el sustrato de trasplante, el régimen de riego y por pestes y enfermedades. Al momento de llevar a plantación, el sistema de raíces de los árboles en contenedores debe:

- formar un conjunto de raíces compacto que no se desmorone cuando el árbol sea removido de su contenedor;
- estar densamente ramificado con un equilibrio entre raíces gruesas de soporte y finas que absorben agua y nutrientes;
- no haber formado espirales en la base del contenedor;
- ser capaces de soportar el sistema de brotes;
- estar infectados con hongos micorriza y (si el árbol fuera una leguminosa) con una bacteria fijadora de nitrógeno; y
- estar libres de pestes y enfermedades.

Si los contenedores son almacenados en la tierra desnuda, álzalos con frecuencia y poda las raíces protuberantes usando un par de tijeras de podar limpias (haz esto al final de la tarde para minimizar la pérdida de humedad). Alternativamente, inhibe el crecimiento de las raíces más allá de los contenedores, almacenando los árboles en grava o mesones de rejillas de alambre elevados, que permiten la poda de raíces por medio del aire (ver **Sección 6.4**).

Tamaño de los árboles jóvenes al momento de la plantación

La altura de los árboles jóvenes al momento de la plantación no es tan importante como lo es su capacidad de producir brotes nuevos y vigorosos. Algunas especies de árboles pioneros de crecimiento rápido pueden ser llevados a plantación cuando tienen solo 30 cm de altura; para las especies de *Ficus*, el tamaño recomendado es de 20 cm (Kuaraksa & Elliott, 2012). Para especies de árboles de bosque clímax de crecimiento más lento, es mejor plantarlas cuando los arbolitos tengan una altura de 40–60 cm. Los árboles jóvenes pequeños tienen una tasa de mortandad post-plantación mucho más alta que los más grandes por la competencia con las malezas, pero árboles jóvenes muy altos son más susceptibles al shock de trasplante y más difíciles de transportar.

La poda de raíces fomenta tanto la ramificación de las raíces dentro de la maceta como la formación de un conjunto de raíces compacto, incrementando de este modo la supervivencia de los árboles después de haber sido llevados a plantación.

Poda de brotes

La poda de brotes es necesaria para las plantas de especies de crecimiento rápido, que deben mantenerse en el vivero durante mucho tiempo. Estos árboles se vuelven demasiado incómodos de manejar durante el transporte y la plantación. Los tallos de árboles jóvenes muy altos, se quiebran con facilidad cuando se les mueve. En algunas especies, la poda fomenta la ramificación. Esta es una característica deseable porque la expansión de las copas sombrea a las malezas y rápidamente cierra el dosel. Nunca podes los brotes en el mes antes de ser plantados, porque la poda promueve el crecimiento de nuevas hojas justo cuando los árboles jóvenes están a punto de ser expuestos al estrés de trasplante. Justo después de plantar, el sistema de raíces podría ser incapaz de absorber el agua suficiente para suministrar a las nuevas hojas, de modo que cualquier cosa que estimule el rompimiento de brotes debe ser evitado. Algunas especies no responden bien a la poda, o se vuelven altamente susceptibles a infecciones fúngicas después de la poda. De manera que, antes de intentar podar una gran cantidad de árboles jóvenes, experimenta con unos pocos para comprobar los efectos de la poda.

Endurecimiento

El destete o 'endurecimiento', prepara los árboles jóvenes para la difícil transición del medio ambiente ideal en el vivero, a las duras condiciones de los sitios deforestados. Si no se les endurece para las condiciones cálidas, secas y soleadas de los sitios de plantación, los árboles plantados sufrirán el shock de trasplante y las tasas de mortandad serán altas.

Aproximadamente 2 meses antes de la plantación, traslada todos los árboles jóvenes a un área separada del vivero y gradualmente reduce su sombra y la frecuencia de riego. Los árboles demandantes de luz deben permanecer a pleno sol durante el último mes en el vivero. La sombra debe ser reducida, pero no quitada del todo, para las especies tolerantes a la sombra que no serán plantadas en pleno.

Reduce gradualmente el riego a aproximadamente el 50%, para disminuir el crecimiento de los brotes y asegurar que las hojas nuevas que se van formando no sean relativamente pequeñas. Durante el endurecimiento, riega los árboles jóvenes solo una vez a última hora de la tarde, en vez de dos (temprano en la mañana y en la tarde). Riega los árboles jóvenes que normalmente se riegan una vez al día, un día sí y otro no. No reduzcas el riego hasta el punto en que las hojas empiecen a marchitarse, ya que esto estresará y debilitará los árboles jóvenes. Sin importar el cronograma normal, riega las plantas apenas observes algún marchitamiento.

Mantener un registro

Mantener un registro y etiquetar las bandejas de semillas facilita el manejo eficiente del vivero.

Aprender de la experiencia es solo posible si tanto las actividades del vivero como el desempeño de cada especie se registra con exactitud. Los registros son esenciales para prevenir que los nuevos trabajadores del vivero, cometan los mismos errores que los anteriores. También se usan para evaluar la productividad y los logros del vivero (por ejemplo, el número de especies de árboles jóvenes en crecimiento) y para elaborar los cronogramas de la producción de especies.

Provee con etiquetas las bandejas de semillas y plantas en el vivero con el nombre de la especie, número de lote y fechas de recolección de semillas y repique. Usa la hoja de registro en el **Apéndice** (**A1.6**) para registrar cuándo y dónde ha sido recolectado cada lote de semillas y qué tratamientos fueron aplicados, junto con las tasas de germinación y crecimiento, las enfermedades observadas, y así seguidamente. Finalmente, registra cuándo y hacia dónde los árboles jóvenes fueron despachados para la plantación.

6.6 Investigar para mejorar la propagación de los árboles nativos

Los protocolos estándar trazados arriba, son suficientes para que puedas empezar a producir una amplia gama de especies de árboles de bosque. Pero, a la vez que vas ganando experiencia, querrás refinar estas técnicas y desarrollar cronogramas de producción individuales para cada especie que se está propagando, y así mejorar la eficacia y reducir los costos de tu vivero. Aquí, proveemos algunos procedimientos básicos de investigación para ayudarte a producir árboles jóvenes de alta calidad, vigorosos y libres de enfermedades, del tamaño requerido en el momento óptimo de plantación, lo más rápido y económico posible. Esto se logra realizando experimentos básicos controlados, para probar los tratamientos que, o bien aceleran o bien disminuyen la germinación de las semillas y/o el crecimiento de las plántulas.

Selección de especies para la investigación

Se proporcionó una guía de candidatos para especies 'framework' y plantación de vivero en las **Secciones 5.3** y **5.5**, respectivamente. Es muy probable que los protocolos de propagación ya hayan sido bien investigados para cualquier especie de valor comercial. De modo que empieza por una investigación de la literatura, para averiguar qué es lo que ya se sabe sobre las especies que quieres producir y dónde se encuentran las brechas en el conocimiento.

Reconocer e identificar árboles

Al comienzo del programa de investigación de la restauración, no se conocerán todos los nombres científicos de las especies, de modo que es útil asignar un número a cada especie de la que se recolecta semillas: la primera especie que proporcione semillas será E001, la segunda E002 y así sucesivamente. Los lotes posteriores de semillas que se recolectaren de la misma especie, serán etiquetados con la misma "E", pero se le asignará su número propio de lote. Es decir, "E001L1" sería el primer lote de semillas recolectadas de la especie num. 1, y "E001L2" sería el segundo lote de semillas recolectadas de la especie núm. 1, o bien del mismo árbol en otra fecha o de un árbol diferente de la misma especie. El personal del vivero frecuentemente recuerda mejor el número de una especie que el nombre científico y, con un poco de experiencia, los números serán usados con más consistencia que los nombres locales. Enumera todas las especies y sus números "E" en una pizarra en el vivero y mantenlo al día. Luego, provee con una etiqueta, cada bandeja de germinación de semillas y bloque de plántulas en contenedores en sus números "E" y "L".

Despliega una lista de números "E", junto con los nombres científicos, de manera que todo el personal del vivero sepa con qué especie está trabajando.

A cada número de especie le debe corresponder un nombre científico. Los nombres locales, coloquiales, también se pueden anotar, pero no se puede confiar en ellos porque los pobladores frecuentemente agrupan bajo un mismo nombre varias especies similares o usan nombres diferentes para referirse a la misma especie. Recolecta especímenes voucher (testigos) de todos los árboles de los que se recolectan semillas. Si hubiera cualquier duda posterior sobre una especie de árbol en el vivero o aquellos plantados en las pruebas de campo, se puede re-examinar el espécimen voucher del árbol semillero para confirmar o cambiar el nombre de la especie. Los taxonomistas botánicos frecuentemente revisan las clasificaciones de las plantas y cambian los nombres de las especies, de modo que si se tiene un espécimen voucher con un número de especie atado, puede reducir la confusión.

Siempre recolecta un espécimen voucher que se pueda usar para confirmar la identificación de la especie.

Construye una caja simple de secado en la que se utilizan focos de luz, para suavemente secar los especímenes.

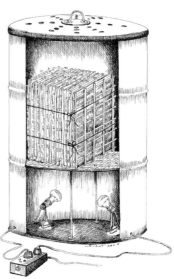

Usa un cortador fijado a un palo para conseguir muestras de follaje, frutos y/o flores. Poda los especímenes sin perder las características esenciales (por ejemplo, la disposición de las hojas, la ramificación de los racimos con frutos etc.) hasta que quepa bien en una prensa de plantas tamaño estándar. En el vivero, construye una simple caja de secado que use focos eléctricos para proveer un suave calor para secar los especímenes. Escribe una etiqueta para cada espécimen que incluya los números "E" y "L", los nombres locales, detalles de la ubicación del árbol, y descripciones de la corteza y cualquier característica que pudiera cambiar con la deshidratación, particularmente los colores.

Fija los especímenes en papel robusto usando las técnicas estándar de herbario. Si hay espacio y el personal adecuado y las facilidades, empieza a hacer tu propio herbario. Almacena los especímenes fijados en cabinas adecuadas y apunta la información en las etiquetas de los especímenes en una base de datos. Toma precauciones para prevenir que insectos u hongos ataquen los especímenes. Como seguridad adicional, haz varias hojas de herbario para cada espécimen y aloja los duplicados en herbarios reconocidos. Para mayor información revisa el libro 'The Herbarium Handbook' publicado por el Royal Botanic Gardens, Kew, UK (www.kewbooks.com).

Fenología

La fenología es el estudio de las respuestas de los organismos vivos a los ciclos estacionales y a las condiciones medio ambientales. En silvicultura, los estudios de fenología se usan para determinar cuándo colectar semillas y para aprender cómo funciona el bosque (particularmente en cuanto a la reproducción y las dinámicas del bosque se refiere), de manera que la misma funcionalidad se pueda replicar en un bosque restaurado.

El florecimiento y fructificación de muchos árboles tropicales, están normalmente relacionados con las variaciones estacionales de la humedad (Borchert *et al.*, 2004) y radiación de energía solar (insolación) (Calle *et al.*, 2010). Los ciclos de los eventos reproductivos están muy marcados en los trópicos estacionales, pero los ciclos de florecimiento y fructificación se pueden observar incluso en los bosques ecuatoriales, menos estacionales. No todos los árboles se reproducen estacionalmente. Algunos florecen y fructifican dos o más veces cada año, mientras que otros exhiben una fructificación masiva, a intervalos de varios años.

Obtener semillas maduras es el primer gran desafío en los proyectos de plantación de árboles, de modo que vale la pena realizar los estudios fenológicos para determinar los cronogramas óptimos de la recolección de semillas, para que el vivero tenga una buena reserva de todas las especies requeridas. Los estudios fenológicos también pueden usarse para predecir la duración del período de latencia, y qué tratamientos pregerminativos son los más probables de romper o prolongar la latencia. Además, permiten la identificación de especies de árboles "clave": aquellas que florecen y fructifican, en momentos en los que otros recursos de alimento para animales escasean (Gilbert, 1980). Especies de árboles clave, como las higueras (*Ficus* spp.), soportan comunidades enteras de animales polinizadores y dispersores de semillas, de los cuales otras especies de árboles dependen para su reproducción. Son candidatos obvios para ser probados como especies de árboles 'framework'. También se pueden hacer observaciones de los mecanismos de polinización y dispersión de semillas durante los estudios de fenología. Datos adicionales sobre la fenología del follaje de los árboles son normalmente recolectados al mismo tiempo. Estos datos pueden ayudar a predecir los sitios óptimos de plantación para especies de árboles individuales; por ejemplo, las especies de hoja caduca son más adecuadas para hábitats más secos y las especies siempreverdes para hábitats más húmedos.

Establecer estudios fenológicos

Se trazan senderos fenológicos como parte de la inspección del bosque de acuerdo al procedimiento descrito en **Sección 4.2**. Etiqueta como mínimo cinco individuos de cada especie de árbol que caracterice el tipo de bosque-objetivo. Recolecta especímenes voucher (como se describe previamente) de cada árbol etiquetado y llévalos a un botánico para su identificación. Escribe una breve nota, describiendo dónde se ubica cada árbol en relación con el sendero (por ejemplo, "10 m a la izquierda"; "a la derecha 20 m al lado de una roca protuberante"). Al repetir las observaciones mes a mes, pronto serás capaz de recordar dónde se ubica cada árbol individual.

¿Con qué frecuencia se deben recoger datos?

Los árboles deben ser inspeccionados como mínimo una vez al mes. Aún con observaciones mensuales, se pueden escapar algunos eventos de florecimiento, ya que algunos árboles producen y botan sus flores en un mes. Normalmente, estos eventos de rápida renovación de eventos de florecimiento pueden inferirse cuando los árboles son posteriormente observados fructificando. En estos casos, el conjunto de datos puede ser ajustado durante el proceso para añadir el tiempo 'estimado' de un evento de florecimiento. Si se pasan por alto varios eventos de florecimiento, aumenta la frecuencia de recolección de datos a dos veces por mes.

Sistema de puntuación para la fenología

Recomendamos el método de 'densidad de copa' para registrar la fenología de los árboles, que originalmente fue ideado por Koelmeyer (1959) y posteriormente modificado en gran parte por varios autores. Este método semi-cuantitativo usa una escala linear de 0–4, en la que una puntuación de 4 representa la máxima intensidad de las estructuras (botones de flores (BF), flores abiertas (FL) y frutos (FR)) en la copa de un solo árbol. Las puntuaciones de 3, 2 y 1 representan aproximadamente ¾, ½ y ¼ de la máxima intensidad, respectivamente. La 'máxima intensidad' de un evento de florecimiento o fructificación varía entre especies, y un juicio de ello tiende a ser subjetivo primero, pero mejorará con la experiencia.

El mismo enfoque se puede usar para una puntuación del desarrollo del follaje. Para copas de árboles individuales, estima una puntuación de entre 0 y 4 para i) ramas desnudas, ii) hojas jóvenes, iii) hojas maduras y iv) hojas senescentes. La suma de estas cuatro puntuaciones debe siempre equivaler a 4 (que representa la copa entera del árbol). Las puntuaciones para flores + frutos siempre son menos de 4, excepto cuando está ocurriendo el florecimiento o la fructificación a la máxima intensidad típica de la especie que está siendo observada.

Ejemplos de puntuaciones de fenología para las flores (Diseñado por Khwankhao Sinhaseni.)

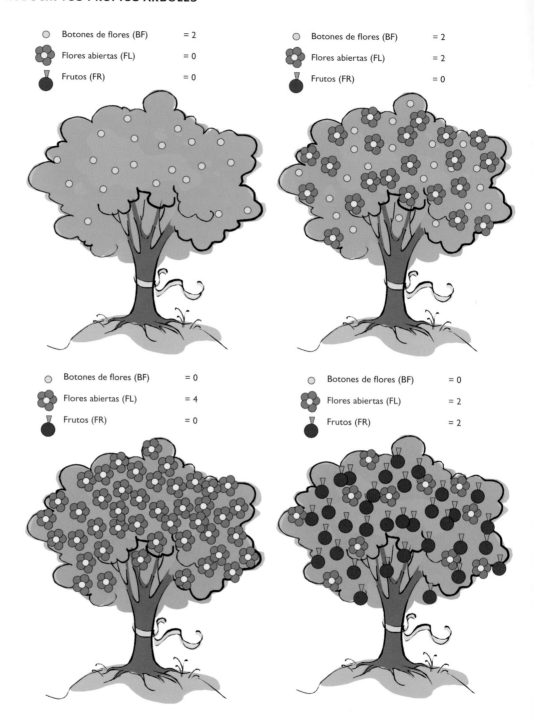

○ Botones de flores (BF)	= 2
✿ Flores abiertas (FL)	= 0
▼ Frutos (FR)	= 0

○ Botones de flores (BF)	= 2
✿ Flores abiertas (FL)	= 2
▼ Frutos (FR)	= 0

○ Botones de flores (BF)	= 0
✿ Flores abiertas (FL)	= 4
▼ Frutos (FR)	= 0

○ Botones de flores (BF)	= 0
✿ Flores abiertas (FL)	= 2
▼ Frutos (FR)	= 2

El método de densidad de copas es un compromiso entre conteos absolutos de flores y frutos que consumen mucho tiempo (o estimaciones de su biomasa usando trampas de hojarasca) y el método muy rápido de registrar, la simple presencia o ausencia. Es rápido y permite aplicar a los datos técnicas analíticas cuantitativas. Sin embargo, al comienzo de un estudio es importante capacitar a todos los recolectores de datos, para que sean consistentes en sus puntuaciones, minimizando así la subjetividad de la técnica.

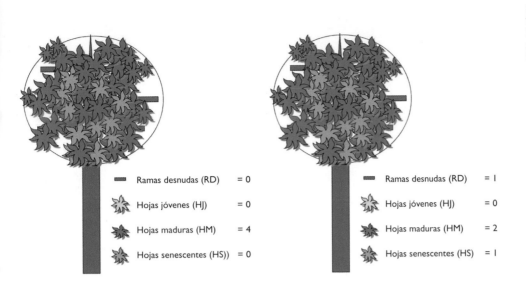

Ejemplos de puntuaciones fenológicos para las hojas (Diseñado por Khwankhao Sinhaseni.)

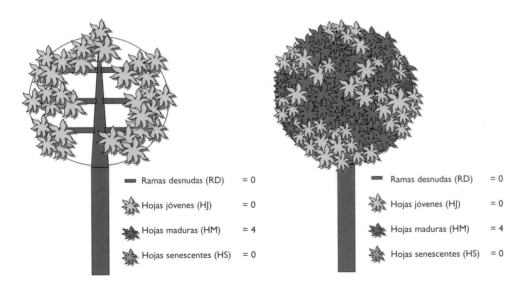

Presentar y analizar datos

Las hojas de cálculo de Microsoft Excel son ideales para almacenar y manipular los datos fenológicos. Una vez que los árboles del estudio han sido seleccionados y etiquetados, prepara una hoja de cálculo igual a la que se muestra abajo. Enumera los árboles en el orden en que se encuentran a lo largo del sendero fenológico. En el campo, lleva también las hojas del mes anterior contigo, al igual que hojas en blanco para registrar los datos del mes actual.

Mes a mes, acumula todos los datos en una sola hoja de cálculo. Siempre ingresa los nuevos datos en la parte inferior de la hoja de cálculo (en lugar de ingresarlos a la derecha). Después de cada sesión de recolección de datos, pega una copia de la hoja de registro de datos en blanco en la parte inferior de la hoja de cálculo y añade los datos recientemente recogidos.

Para analizar los datos, usa las herramientas de Excel para ordenar los datos primero por 'ESPECIES', luego por 'ETIQUETA', y finalmente por 'FECHA'. Esto ordena los datos cronológicamente, para cada árbol individual de cada especie (ver página siguiente).

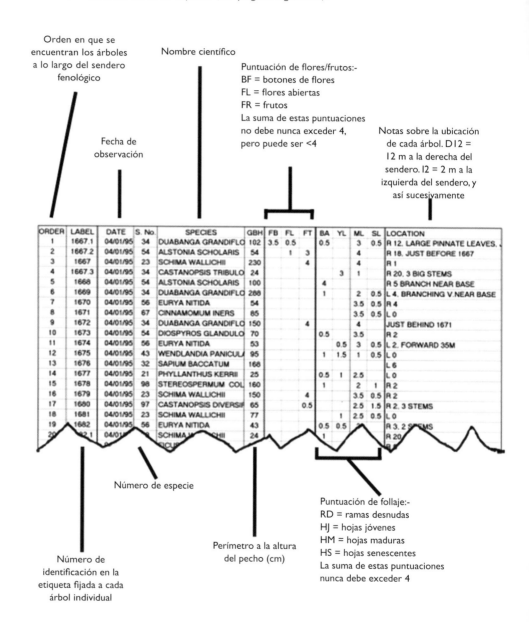

Orden en que se encuentran los árboles a lo largo del sendero fenológico

Nombre científico

Puntuación de flores/frutos:-
BF = botones de flores
FL = flores abiertas
FR = frutos
La suma de estas puntuaciones no debe nunca exceder 4, pero puede ser <4

Notas sobre la ubicación de cada árbol. D12 = 12 m a la derecha del sendero. I2 = 2 m a la izquierda del sendero, y así sucesivamente

Fecha de observación

ORDER	LABEL	DATE	S. No.	SPECIES	GBH	FB	FL	FT	BA	YL	ML	SL	LOCATION
1	1667.1	04/01/95	34	DUABANGA GRANDIFLO	102	3.5	0.5		0.5		3	0.5	R 12. LARGE PINNATE LEAVES.
2	1667.2	04/01/95	54	ALSTONIA SCHOLARIS	54		1	3			4		R 18. JUST BEFORE 1667
3	1667	04/01/95	23	SCHIMA WALLICHII	230			4			4		R 1
4	1667.3	04/01/95	34	CASTANOPSIS TRIBULO	24					3	1		R 20. 3 BIG STEMS
5	1668	04/01/95	54	ALSTONIA SCHOLARIS	100				4				R 5 BRANCH NEAR BASE
6	1669	04/01/95	34	DUABANGA GRANDIFLO	288				1		2	0.5	L 4. BRANCHING V.NEAR BASE
7	1670	04/01/95	56	EURYA NITIDA	54						3.5	0.5	R 4
8	1671	04/01/95	67	CINNAMOMUM INERS	85						3.5	0.5	L 0
9	1672	04/01/95	34	DUABANGA GRANDIFLO	150			4			4		JUST BEHIND 1671
10	1673	04/01/95	54	DIOSPYROS GLANDULO	70				0.5		3.5		R 2
11	1674	04/01/95	56	EURYA NITIDA	53					0.5	3	0.5	L 2. FORWARD 35M
12	1675	04/01/95	43	WENDLANDIA PANICUL	95				1	1.5	1	0.5	L 0
13	1676	04/01/95	32	SAPIUM BACCATUM	168								L 6
14	1677	04/01/95	21	PHYLLANTHUS KERRII	25				0.5	1	2.5		L 0
15	1678	04/01/95	98	STEREOSPERMUM COL	160				1		2	1	R 2
16	1679	04/01/95	23	SCHIMA WALLICHII	150			4			3.5	0.5	R 2
17	1680	04/01/95	97	CASTANOPSIS DIVERSIF	65				0.5		2.5	1.5	R 2. 3 STEMS
18	1681	04/01/95	23	SCHIMA WALLICHII	77					1	2.5	0.5	L 0
19	1682	04/01/95	56	EURYA NITIDA	43				0.5	0.5			R 3. 2 STEMS
20	82.1	04/01		SCHIMA WALLICHII	24				1				R 20

Número de especie

Puntuación de follaje:-
RD = ramas desnudas
HJ = hojas jóvenes
HM = hojas maduras
HS = hojas senescentes
La suma de estas puntuaciones nunca debe exceder 4

Perímetro a la altura del pecho (cm)

Número de identificación en la etiqueta fijada a cada árbol individual

Luego usa el asistente gráfico de MS Excel para construir un perfil fenológico visual como el que se muestra en la página opuesta. Empieza haciendo un perfil para cada especie individual de árbol. Esto te dará una idea de la variabilidad en el comportamiento fenológico dentro de cada población de las especies y te permitirá evaluar la sincronía de los eventos fenológicos. Sólo entonces, calcula los valores medios de las puntuaciones a través de todos los individuos dentro de la población de cada especie y forma un perfil 'promedio' para

ORDER	LABEL	DATE	S. No.	SPECIES	GBH	FB	FL	FT	BA	YL	ML	SL	LOCATION
272	296	05/01/95	34	ACROCARPUS FRAXINIF	222	3	0	0	1.5		1.5	1	L 4, OPP.297
272	296	26/01/95	34	ACROCARPUS FRAXINIF	222	0	4	0	3	1			L 4, OPP.297
272	296	15/02/95	34	ACROCARPUS FRAXINIF	222	0	1	3	1.5	2.5			L 4, OPP.297
272	296	08/03/95	34	ACROCARPUS FRAXINIF	222	0	0.5	3			4		L 4, OPP.297
272	296	30/03/95	34	ACROCARPUS FRAXINIF	222	0	0	3			4		L 4, OPP.297
272	296	20/04/95	34	ACROCARPUS FRAXINIF	222	0	0	3			4		L 4, OPP.297
272	296	12/05/95	34	ACROCARPUS FRAXINIF	222	0	0	3.5			4		L 4, OPP.297
272	296	01/06/95	34	ACROCARPUS FRAXINIF	222	0	0	3.5			4		L 4, OPP.297
272	296	23/06/95	34	ACROCARPUS FRAXINIF	222	0	0	3.5			4		L 4, OPP.297
272	296	14/07/95	34	ACROCARPUS FRAXINIF	222	0	0	1			4		L 4, OPP.297
272	296	06/08/95	34	ACROCARPUS FRAXINIF	222	0	0	0			4		L 4, OPP.297
272	296	30/08/95	34	ACROCARPUS FRAXINIF	222	0	0	0			4		L 4, OPP.297
272	296	21/09/95	34	ACROCARPUS FRAXINIF	222	0	0	0			4		L 4, OPP.297
272	296	13/10/95	34	ACROCARPUS FRAXINIF	222	0	0	0			4		L 4, OPP.297
272	296	02/11/95	34	ACROCARPUS FRAXINIF	222	0	0	0			4		L 4, OPP.297
272	296	25/11/95	34	ACROCARPUS FRAXINIF	222	0	0	0			4		L 4, OPP.297
272	296	16/12/95	34	ACROCARPUS FRAXINIF	222	0	0	0			4		L 4, OPP.297
329	464	05/01/95	34	ACROCARPUS FRAXINIF	575						4		EG 10/5
329	464	26/01/95	34	ACROCARPUS FRAXINIF	575	3	0	0	2.5		1.5		EG 10/5
329	464	15/02/95	34	ACROCARPUS FRAXINIF	575	3.5	0.5	0	3.5	0.5			EG 10/5
329	464	08/03/95	34	ACROCARPUS FRAXINIF	575	0	0	2	1.5	2	0.5		EG 10/5
329	464	30/03/95	34	ACROCARPUS FRAXINIF	575	0	0	0.5		3	1		EG 10/5
329		20/04/95	34	ACROCARPUS FRA	575	0		0					EG 10/
		12/0		AC	575								

cada especie. Al analizar los datos de las flores o frutos, el punto más importante que hay que buscar es el período durante el que las puntuaciones de frutos para cada especie disminuyen. Esto indica el mes óptimo para la recolecta de semillas para ese año, cuando suele ocurrir la dispersión natural de las semillas. Por ejemplo, el gráfico abajo muestra que el tiempo óptimo para la recolección de semillas *Acrocarpus fraxinifolius* es finales de junio, cuando sucede la dispersión máxima de semillas. El período de maduración del fruto/semilla es de febrero a junio.

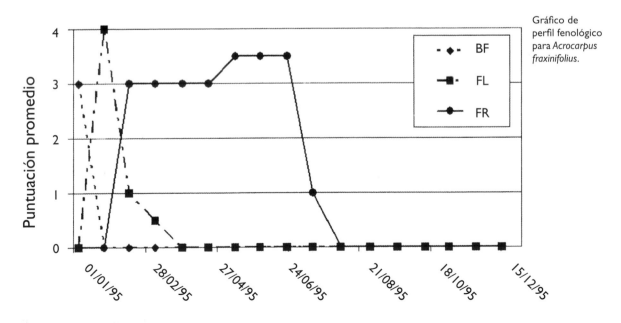

Gráfico de perfil fenológico para *Acrocarpus fraxinifolius*.

BF = botones de flores

FL = flores abiertas

FR = frutos

Después de haber estudiado la fenología durante algunos años, se pueden calcular varios índices útiles, extrayendo datos de las hojas de cálculo (Elliott *et al.*, 1994).

- **Duración** – la duración media de los episodios de florecimiento y fructificación (en semanas o meses) para cada árbol individual y el promedio resultante a través de todos los árboles de los que se han tomado muestras en una especie.

- **Frecuencia** – el número total de episodios de florecimiento y fructificación registrados para cada árbol individual, dividido por el número de años en que se viene realizando el estudio: luego el promedio resultante a través de todos los individuales de la misma especie.

- **Intensidad** – puntuaciones máximas medias de flores o frutos (para cada episodio de florecimiento-fructificación) registrado de cada árbol, individual: luego el promedio resultante de todos los individuos florecientes-fructificados en la especie muestreada.

- **Prevalencia** – número de árboles individuales que han florecido y fructificado cada año, expresado como porcentaje del número total de árboles individuales en cada muestra de la especie, luego el promedio resultante de la duración total del estudio (en años).

- **Índice de conjunto de frutos** – de cada episodio de florecimiento-fructificación, la puntuación máxima de frutos observada expresada como porcentaje de la puntuación máxima de flores: el promedio resultante de todos los episodios de florecimiento-fructificación de todos los individuos en la muestra de la especie.

Bandejas de germinación

No arriesgues tu vida por recolectar algunas semillas. Si tienes que trepar árboles, usa un arnés de seguridad.

Los estudios fenológicos proporcionan oportunidades ideales para coleccionar semillas para pruebas de germinación, pero recuerda que se pueden recolectar semillas de cualquier árbol que lleva frutos maduros, incluso si no están incluidos en los estudios de fenología. Recolecta los frutos cuando estén completamente maduros pero justo antes de que sean dispersados o consumidos por animales. Provee con una etiqueta cada árbol semillero con un número único y llena una hoja de datos de recolección de semillas. Si tienes a disposición un GPS, registra la localidad de cada árbol.

Fecha de recolección: 20/03/2005   **Núm. Especie:** 071   **Núm. lote:** I

HOJA DE DATOS DE RECOLECCIÓN DE SEMILLAS

Familia: *Rosaceae*   **Nombre botánico:** *Cerasus cerasoides* (Buch.- Ham. ex D. Don) S.Y. Sokolov

Nombre común: Nang Praya Sua Klong

Localidad: Parque Nacional de Doi Suthep-Pui, al lado de la carretera a la altura de la plantación de *Cinchona*

Ubicación GPS: 18 48 23.37 N; 98 54 44.76 E   **Altitud:** 1,040 m

Tipo de bosque: Bosque primario siempre-verde, área al lado de la carretera perturbada, base de roca de granito

Recolectado desde: ☒ suelo   ☒ árbol

Etiqueta árbol núm.: 71.1   **Perímetro del árbol:** 88 cm   **Altura del árbol:** 6 m

Recolector: S. Kopachon   **Fecha de siembra:** 20/03/2005

Notas: Los bulbules se estaban comiendo los frutos

☒ Recolección de espécimen voucher? ✂

HERBARIO, DEPARTAMENTO DE BIOLOGÍA, UNIDAD DE INVESTIGACIÓN DE RESTAURACIÓN DE BOSQUES, UNIVERSIDAD DE CHIANG MAI, VOUCHER

NOTA: todos los datos son día/mes/año

FAMILIA: *Rosaceae*

NOMBRE BOTÁNICO: *Cerasus cerasoides* (Buch.-Ham. ex D. Don) S.Y Sokolov

PROVINCIA: Chiang Mai   **FECHA:** 20/03/2005

DISTRITO: Suthep   **ELEVACIÓN:** 1,040 m

LOCALIZACIÓN: Parque Nacional de Doi Suthep-Pui, al lado de la carretera a la altura de plantación de Cinchona

HÁBITAT: bosque primario siempre-verde, área al lado de la carretera perturbada, base de roca de granito

NOTA: *Altura* 6 m; DAP 28 cm

Corteza: lenticelada, pelándose, marrón oscuro

Fruto: 14 mm × 6 mm, pericarpio jugoso, rojo vivo

Semilla: hueso pireno, aprox. 7–10 mm de diámetro, marrón claro, contiene 1 semilla

Hoja: limbos verdes en parte superior, verde claro en el inferior

RECOLECTOR: S. Kopachon   **NÚMERO:** E071   **DUPLICADOS:** 5

Las pruebas de germinación pueden responder a preguntas básicas: i) ¿cuántas semillas germinan? (germinación por ciento) y ii) ¿cuánto tardan en germinar las semillas?. Ambos parámetros se pueden usar e incluso manipular cuando se planifica el crecimiento de una cantidad suficiente de árboles jóvenes para un tiempo específico de plantación.

En bosques tropicales estacionalmente secos, las semillas de la mayoría de especies de árboles tienden a germinar al comienzo de la estación de lluvia (Garwood, 1983; FORRU, 2006). Las semillas que son producidas poco antes de la estación de lluvia tienen normalmente un período de latencia corto; mientras que las que son producidas antes tienen un período de latencia más largo. En el caso de los primeros, los árboles jóvenes van a ser demasiado pequeños para plantar en la primera temporada de plantación, de modo que puede ser necesario retardar la germinación, almacenando las semillas como se describe en la **Sección 6.2** para prevenir que los árboles jóvenes crezcan fuera de sus contenedores antes de la segunda temporada de plantación. Por otro lado, podría ser necesario romper la latencia y acelerar la germinación de las semillas que son producidas mucho antes de la temporada de plantación, para así producir un cultivo de árboles jóvenes que estén listos para ser plantados en menos de 1 año. El fracaso de romper la latencia de estas semillas podría significar que las plantas deban ser mantenidas en el vivero durante 18 meses o más.

El objetivo de una prueba de germinación no es para probar la germinación que ocurriría en la naturaleza, sino para determinar las tasas y períodos de germinación bajo las condiciones del vivero. De ahí que las semillas deban ser preparadas usando el protocolo estándar (ver **Sección 6.2**): se debe remover la pulpa de los frutos, las semillas deben ser secadas al aire y las semillas no viables deben ser identificadas por la prueba de flotación y removidas.

Probando tratamientos para superar la latencia

Para acelerar o maximizar la germinación, los tratamientos de semillas deben superar cualquier mecanismo de latencia que estuviera presente (ver **Cuadro 6.2**). Los mecanismos de latencia más comunes involucran las cubiertas de las semillas; los tratamientos que perforan estas cubiertas (escarificación) son muchas veces eficaces, ya que permiten que al agua y el oxígeno se difundan al embrión. Usa papel lija para resquebrajar toda la superficie de la semilla o un cortauñas para hacer pequeños huecos individuales en el extremo de la semilla opuesto a donde yace el embrión. Trata de abrir cuidadosamente los pirenos grandes, que están cubiertos con un duro endocarpio huesudo o leñoso, con un cascanueces o un martillo. Raspar el suave arilo, si estuviera presente, casi siempre incrementa la germinación.

También se puede probar con ácido como agente escarificador para romper las cubiertas de semillas impermeables. Remoja las semillas en ácido sulfúrico concentrado durante unos minutos y hasta varias horas (dependiendo del tamaño de la semilla y del grosor de su cubierta). Tendrás que experimentar con el tiempo requerido. Este tratamiento es normalmente eficaz con semillas de leguminosas. Obviamente, los ácidos son sustancias peligrosas y deben ser tratados con cuidado, según las medidas de seguridad recomendadas por el fabricante. Si se sospecha una latencia física (es decir, si el desarrollo del embrión está restringido por una cubierta dura pero permeable), el ácido podría penetrar rápidamente y matar al embrión, de modo que el tratamiento con ácido no es recomendado para este tipo de semillas. Tratamientos de congelamiento y calentamiento (particularmente la quema) tampoco se recomiendan para las especies de

Trata de romper las semillas grandes y duras cuidadosamente con un cascanueces.

árboles tropicales. Si la latencia es causada por inhibidores químicos, experimenta enjuagando las semillas en agua por períodos de variada duración para disolver los inhibidores químicos. Otra opción que vale la pena investigar, es recolectar las semillas en diferentes momentos del año, del mismo árbol o de otros individuales de la misma especie. Estos experimentos se pueden usar para determinar el momento óptimo de recolectar semillas.

Trata de diseñar tratamientos que cambien solamente un factor, incluso cuando esto pueda ser difícil de lograr en la práctica. Por ejemplo, poner las semillas en agua caliente tiene dos efectos simultáneos, es decir, remojo y calentamiento.

Diseño experimental para bandejas de germinación

Usa un diseño de bloques completos al azar (DBCA) como el descrito en el **Apéndice** (**A2.1**) para probar los efectos del tratamiento. Coloca las bandejas de germinación que contienen las semillas que se han preparado de manera estándar, y las bandejas de varios tratamientos, cada una conteniendo semillas que han sido sujetas a un tratamiento pregerminativo diferente, adyacentes los unos a los otros encima de un mesón del vivero como "bloque" (es decir, con el mismo número de semillas sujetos a cada uno de los tratamientos y en la bandeja de control).

Asigna las posiciones de las réplicas de control y tratamiento al azar dentro de cada bloque. El diseño típico mostrado aquí tiene cuatro tratamientos (T1–T4) y un control (C), replicado en cuatro bloques. Usando un mínimo de 25 semillas por réplica, este diseño requiere 125 semillas por bloque o 500 semillas en total. Si no tienes suficientes semillas, entonces reduce el número de tratamientos probados, pero trata de mantener el número de las réplicas por encima de tres. Si tienes suficientes semillas, entonces aumenta el número de semillas por réplica de 50–100 (lo cual requeriría 1000–2000 semillas, respectivamente, para todo el experimento).

Llena las bandejas modulares de germinación con el medio regular usado en el vivero. Luego, siembra una sola semilla en cada módulo. No entierres las semillas demasiado, pues sería difícil observar cuándo germina cada semilla. Fija claramente una etiqueta en las bandejas con el número de la especie y el tratamiento aplicado, si fuera necesario, cubre las bandejas con una malla metálica para prevenir que los animales interfieran con los experimentos.

MESÓN 2
C T1 T4 T2 T3 Bloque 1

MESÓN 5
T4 T3 C T2 T1 Bloque 2

MESÓN 7
T4 T3 T2 C T1 Bloque 3

MESÓN 8
T3 T2 C T1 T4 Bloque 4

Estableciendo un bloque de un experimento de germinación (DBCA) en Camboya.

Recolectar datos en pruebas de germinación

Prepara una hoja de datos de germinación de semillas como el que está ilustrado aquí. Inspecciona las bandejas de germinación al menos una vez por semana. Durante los períodos de germinación muy rápida, podría ser necesario una recolección de datos más frecuente. Para cada semilla que haya germinado (ver la definición en el **Cuadro 6.2**), usa un corrector líquido ('Liquid Paper') para colocar un punto impermeable en el borde del módulo, siempre en la misma orientación (por ejemplo, siempre en la parte superior del borde del módulo). Cuenta el número total de puntos blancos y registra el resultado en la hoja de datos. Los puntos blancos indican todas esas células en las que ha germinado una semilla, incluso si la plántula muere o desaparece posteriormente. Por ello, contar los puntos blancos nos da una mejor evaluación de la germinación que contar los números de plántulas visibles.

La mortandad temprana de plántulas (es decir, la muerte que ocurre después de la germinación, pero antes de que las plántulas crezcan a un tamaño suficiente para el repique), también es un parámetro útil al calcular los números de árboles que pueden ser generados de un número dado de semillas recolectadas. Para registrar la mortandad temprana, cuenta el número de módulos con puntos blancos que no contengan una plántula visible o que estén obviamente muertas. Como aseguramiento adicional, dibuja diagramas de cada bandeja modular, con un cuadrado representando cada módulo. Luego registra en cada cuadrado la fecha en la que se ha observado por primera vez la germinación o la muerte de una plántula.

Número de especie: 133   **Número de lote: 10**

HOJA DE GERMINACIÓN DE SEMILLAS Y RECOLECCIÓN DE DATOS

Nombre de especie: *Afzelia xylocarpa* **(Kurz) Craib**   **Familia: Leguminosae**

Fecha de recolección de semillas: 20/8/2010   **Fecha de siembra de semillas: 24/11/2010**

Número de semillas sembradas por réplica: 24

Descripción de los procedimientos de preparación estándar aplicados a todas las semillas:

DESCRIPCIÓN DE TRATAMIENTOS	
T1	Control
T2	Escarificación
T3	Remojado en agua por 1 noche

Fecha	BLOQUE 1 T1R1 G	T1R1 GM	T2R1 G	T2R1 GM	T3R1 G	T3R1 GM	BLOQUE 2 T1R2 G	T1R2 GM	T2R2 G	T2R2 GM	T3R2 G	T3R2 GM	BLOQUE 3 T1R3 G	T1R3 GM	T2R3 G	T2R3 GM	T3R3 G	T3R3 GM	Total de germinados	Total de muertos
1/12/2010	0	0	0	0	0	0	0	0	0	0	0	0	0	0	0	0	0	0	0	0
8/12/2010	0	0	0	0	0	0	0	0	0	0	0	0	0	0	0	0	0	0	0	0
15/12/2010	0	0	2	0	0	0	1	0	0	0	0	0	0	0	0	0	0	0	3	0
22/12/2010	0	0	5	0	0	0	1	0	0	0	0	0	0	0	0	0	0	0	6	0
29/12/2010	0	0	6	0	0	0	1	0	0	0	0	0	0	0	0	0	0	0	7	0
5/1/2011	0	0	9	0	0	0	1	0	0	0	0	0	0	0	0	0	0	0	10	0
12/1/2011	0	0	9	0	0	0	3	0	0	0	0	0	0	0	5	0	0	0	17	0
19/1/2011	0	0	12	0	0	0	5	0	0	0	0	0	0	0	6	0	0	0	23	0
26/1/2011	0	0	17	1	0	0	7	0	0	0	0	0	0	0	7	0	0	0	31	1
2/2/2011	0	0	17	1	0	0	7	0	0	0	0	0	0	0	7	0	0	0	31	1
9/2/2011	0	0	19	1	0	0	8	0	0	0	0	0	0	0	9	0	0	0	36	1
16/2/2011	0	0	22	1	0	0	12	1	0	0	0	0	0	0	9	0	0	0	43	2
23/2/2011	0	0	22	2	0	0	15	1	0	0	0	0	0	0	11	0	0	0	48	3
2/3/2011	0	0	22	2	0	0	17	1	0	0	0	0	0	0	15	1	0	0	54	4
9/3/2011	0	0	22	2	0	0	17	1	0	0	0	0	0	0	19	1	0	0	58	4

Curvas de germinación

Una de las maneras más simples y claras de representar el resultado de las pruebas de germinación es la curva de germinación, con el tiempo transcurrido desde la siembra en el eje horizontal y el número acumulativo (o porcentaje) de las semillas germinadas (combinado a través de las réplicas) en el eje vertical. La curva de germinación combina en un solo gráfico todos los parámetros, incluyendo la duración de la latencia, las tasas y sincronía de la germinación, y el porcentaje final de germinación.

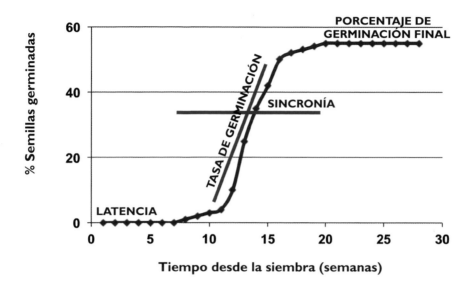

Las curvas de germinación pueden informar la toma de decisiones, sin tener que hacer pruebas estadísticas complejas. En el ejemplo ilustrado, el tratamiento pregerminativo acelera la germinación pero reduce el número de semillas que germinan. Hacer que las semillas germinen más rápido puede significar la diferencia, entre lograr un cultivo de árboles jóvenes que estén listos para plantar en la primera estación de lluvia después de la recolecta de semillas, y tener que mantener a los árboles jóvenes en el vivero hasta la segunda estación de lluvia, después de la recolecta de semillas. De manera que, incluso si el tratamiento reduce el número de semillas que germinan, puede tener resultados benéficos.

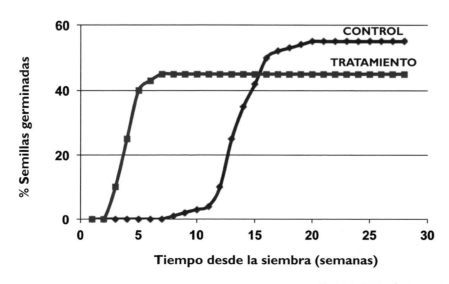

Medir la latencia

La duración del período de latencia se define como el número de días entre la siembra de una semilla y la emergencia de la radícula (la raíz embrionaria o la plúmula si la radícula no se puede ver). En cualquier lote de semillas, esta duración varía entre las semillas. Una manera de expresar la latencia de un lote de semillas es usar los números de días que cada semilla individual está latente y luego dividir el total por el número de semillas que germinan. Este es la latencia promedio. Con cualquier lote se semillas, sin embargo, siempre algunas semillas toman un tiempo excepcionalmente largo para germinar. Esto incrementa la latencia promedio desproporcionadamente y puede llevar a resultados engañosos. Por ejemplo, si germinan 9 semillas 50 días después de haber sido sembradas y una semilla germina 300 días después de sembrada, la latencia promedio es ((9×50)+300)/10) = 75 días. Incluso si la germinación estaba completa para el 90% de las semillas el día 50, una sola semilla aislada incrementó la latencia promedio en un 50%.

La duración mediana de la latencia (DML) supera este problema, definiendo la latencia como la duración entre la siembra y la germinación de la mitad de las semillas que finalmente germinan. En el ejemplo arriba, la DML sería el tiempo entre la siembra y la germinación de la 5ª semilla, es decir, 50 días.

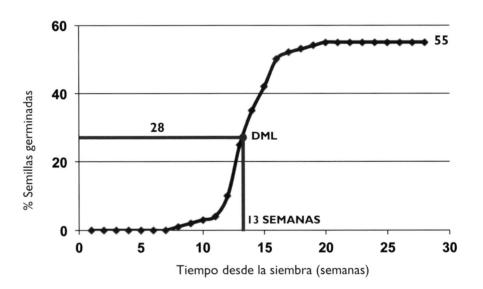

Comparar tratamientos de germinación

Para cada tratamiento y su control, suma el número final de semillas que germinan de todos los bloques replicados y divide el resultado por el número de bloques para calcular el valor medio y luego repite el cálculo para los valores de la DML. Luego usa un análisis de varianza (ANOVA) (ver **Apéndice A2.2**) para probar las diferencias significativas entre los valores medios (es decir, entre los tratamientos de control). Si el ANOVA muestra diferencias significativas, entonces haz comparaciones entre cada valor medio de tratamiento y de control, para determinar qué tratamiento aumenta o disminuye la germinación y/o la latencia (ver **Apéndice A2.3**).

Experimentar con el almacenamiento de semillas

Si quieres experimentar con el almacenamiento de semillas, trata primero de confirmar con la literatura si la especie con la que quieres trabajar tiene semillas ortodoxas, intermedias o recalcitrantes (ver **Sección 6.2** y http://data.kew.org/sid/search.html). El almacenamiento de semillas es útil para aquellas especies de árboles con semillas ortodoxas cuyos árboles jóvenes crecerían de otra manera rápidamente, alcanzando un tamaño plantable mucho antes del tiempo óptimo de plantación. Atender a estas plantas por un tiempo más largo del necesario es un desperdicio del espacio y los recursos del vivero. Además, podarlos se convierte en un trabajo adicional cuando las plantas empiezan a crecer fuera de sus contenedores, y algunas especies no responden bien a la poda.

Para especies como éstas, usa los registros de plántulas previamente germinadas para calcular cuántos meses se requieren para que los árboles jóvenes crezcan a un tamaño plantable. Haz una cuenta regresiva del número de meses desde el tiempo óptimo de plantación para obtener la fecha óptima de la siembra de las semillas. Luego, cuenta hacia adelante desde el mes de fructificación hasta la fecha óptima de siembra, para obtener la duración de almacenamiento de las semillas necesaria para optimizar la producción del vivero. Realiza pruebas de germinación con algunas semillas inmediatamente después de la recolecta, para determinar su viabilidad original (esto es el 'control'). Luego, almacena el resto de las semillas por el tiempo calculado requerido. Muestrea las semillas en intervalos para monitorear cualquier cambio en la viabilidad. Si hay suficientes semillas, experimenta con diferentes condiciones de almacenamiento (por ejemplo, seca las semillas a diferentes contenidos de humedad o varía la temperatura de almacenamiento). Luego, ejecuta pruebas de germinación para determinar si la viabilidad disminuye cuando las semillas son almacenadas durante el tiempo requerido.

Para la siembra directa, ejecuta pruebas de germinación con una muestra de semillas inmediatamente después de la recolecta. Luego, almacena el resto de las semillas por el tiempo requerido (desde la recolecta de las semillas hasta la fecha óptima de la siembra directa). Remueve las semillas del almacenamiento y siembra algunas muestras en el vivero y en el campo. Compara la germinación entre estos dos grupos y con la muestra de semillas probada justo después de la recolecta.

Para las especies que fracasan en fructificar cada año, experimenta almacenando las semillas durante 1 año o más para determinar si las semillas que han sido recolectadas en años de fructificación, se pueden almacenar para producir plántulas en los años que no fructifican. Experimentos similares son útiles para la distribución de semillas a otras localidades o si las semillas son recolectadas en otro lugar para suplementar un programa de plantación (ver **Cuadro 6.1**).

Al realizar experimentos de almacenamiento, también se pueden probar los tratamientos pregerminativos, pero para una comparación válida, aplica los mismos tratamientos tanto al lote de control (sembrado inmediatamente después de la recolecta) como a los lotes almacenados.

Crecimiento y supervivencia de las plántulas

El monitoreo del desempeño de las especies de árboles en viveros, permite calcular el tiempo necesario para producir árboles de cada especie seleccionada a tamaños plantables para la fecha de la plantación. También permite evaluar la susceptibilidad de cada especie a pestes y enfermedades, y la detección de otros problemas de salud; por ello, también provee un mecanismo de control.

Comparando los tratamientos de especies

Las especies de árboles que crecen bien en los viveros, normalmente se desempeñan bien en el campo. De modo que uno de los experimentos de vivero más útiles, es comparar la supervivencia y el crecimiento entre las especies. Adopta un método estándar de producción para todas las especies y usa un diseño experimental DBCA (ver **Apéndice A2.1**) para comparar el comportamiento entre las especies. En este caso, no hay réplicas de 'control' y 'tratamiento'. Un 'bloque' consiste en una réplica (no menos de 15 contenedores) de cada especie.

Posteriormente, se pueden realizar experimentos adicionales para desarrollar métodos de producción más eficientes para especies seleccionadas de gran actuación. Éstos deben probar diferentes técnicas para manipular las tasas de crecimiento, para poder producir árboles jóvenes que alcancen un tamaño adecuado para el momento del endurecimiento y la plantación. Hay muchos factores que afectan el crecimiento de las plantas; la cantidad de tratamientos potenciales es abrumadora. El plan es empezar con los tratamientos más simples y obvios, tales como diferentes tipos de contenedores, composición de sustrato de trasplante y regímenes de fertilizantes, y prueba los otros (por ejemplo, poda, inoculación con hongos micorrizas) en otro momento si fuera necesario.

Los beneficios de cada tratamiento deben ser sopesados en relación con sus costos y viabilidad. De manera que es importante para registrar los costos de la aplicación de cada tratamiento. La cuestión principal abordada aquí es si mejorar o no la calidad del material de plantacion del vivero últimamente, resulta en una supervivencia y crecimiento incrementada de los árboles y plantas en el campo. De manera que también es útil etiquetar los árboles que hayan sido sujetos a diferentes tratamientos y continuar monitoreándolos después de que hayan sido plantados en el campo.

Factores que podrían influenciar la supervivencia y el crecimiento de las plántulas

Tipo de contenedor

Los experimentos deben realizarse para probar qué tipo de contenedor es el más económico para la especie que se está produciendo. Empieza con un tipo de contenedor estándar, como las bolsas de plástico, y lleva a cabo experimentos simples con diferentes tamaños de bolsas, para determinar los efectos del volumen de los contenedores en el tamaño y la calidad de los árboles producidos al momento de ser plantados. Luego, compara las bolsas de plástico con otros tipos de contenedores que ejercen más control sobre la forma de la raíz (con o sin la poda por medio del aire), tales como tubos o células rígidos de plástico (ver **Sección 6.4**).

Régimen de mezclas y fertilizantes

Empieza con una mezcla de trasplante estándar (ver **Sección 6.4**) y luego experimenta con variaciones de su composición, usando diferentes formas de materias orgánicas (por ejemplo, cáscara de coco o de maní) o añadiendo materiales ricos en nutrientes como estiércol de ganado. Para especies de crecimiento lento, trata de acelerar el crecimiento, experimentando con diferentes tratamientos de fertilizantes (tipo, dosis y frecuencia de la aplicación del fertilizante).

Poda

Si los árboles empiezan a crecer fuera de sus contenedores antes del tiempo de la plantación en el campo, experimenta con tratamientos de poda de brotes. Las especies de árboles varían en sus reacciones a la poda de brotes. Algunas se mueren al ser podadas, mientras otras se ramifican, produciendo una copa más densa que permite sombrear las malezas más rápidamente, después de haber sido plantadas afuera. Compara diferentes intensidades, cronometrajes y frecuencias de la poda. Adicionalmente a los datos de crecimiento y muerte, registra también la forma de las plantas durante los experimentos de poda.

Los árboles jóvenes que tienen un sistema de raíces denso fibroso son más capaces de suministrar agua a sus brotes. Por ello, una alta relación raíz:brote mejora las posibilidades de supervivencia después de ser plantados. Las raíces grandes y leñosas son las más resistentes a la desecación, pero deben tener una red densa de raíces jóvenes y finas para una absorción eficiente de agua. Experimenta con diferentes cronogramas de poda. Al final de estos experimentos, sacrifica unas cuantas plantas para el registro de la forma de las raíces y la relación raíz:brote.

Hongos micorrizas

La mayoría de especies tropicales desarrollan relaciones simbióticas con hongos que infectan sus raíces para formar micorrizas. Estas relaciones permiten a los árboles absorber nutrientes y agua, más eficientemente de lo que podria el sistema de raíces del árbol por sí solo (ver **Sección 6.5**). Si se incluye suelo de bosque en el sustrato de trasplante, la mayoría de los árboles jóvenes se infectarán naturalmente con hongos micorrizas (Nandakwang et al., 2008). De modo que, primero inspecciona los árboles jóvenes que están creciendo en el vivero para confirmar la presencia de micorrizas y evalúa la frecuencia de la infección de las raíces.

Para micorrizas arbusculares, i) lava una muestra de raíces finas; ii) trátalas con una solución (10% (p/v) KOH a 121°C durante 15 minutos) para hacer las raíces transparentes; iii) aplica 0.05% azul de tripano en ácido láctico:glicerol:agua (1:1:1 v/v) para teñir las células fúngicas, y finalmente, iv) examina las raíces debajo de un microscopio de disección, para estimar el porcentaje del área infectada. Sigue las medidas de precaución recomendadas para cada químico.

Para las ectomicorrizas, estima el porcentaje de las raíces finas que tienen los característicos extremos hinchados, luego inspecciona las raíces debajo del microscopio para la presencia de hifas fúngicas. Las especies de los hongos micorrizas se identifican examinando sus esporas debajo de un microscopio compuesto. Esto requiere ayuda de especialistas (para técnicas generales del estudio de micorrizas, ver Brundrett et al., 1996).

Si las raíces de los árboles de cualquier especie no son colonizadas por los hongos micorrizas, o colonizados solo escasamente, considera hacer experimentos para evaluar el efecto de una inoculación artificial. Preparados comerciales que contienen mezclas de esporas de hongos micorrizas comunes, podrían estar disponibles para hacer pruebas (pero ten en cuenta que podrían no contener la especie de hongo o cepa particular requerida por la especie de árbol que se está produciendo). Alternativamente, es posible recolectar esporas fúngicas alrededor de las raíces de árboles del bosque y luego cultivarlos en macetas en plantas domésticas de cultivo, como el sorgo. Estas inoculaciones caseras podrían ser más específicas para los árboles que se están produciendo, pero cultivarlos consume tiempo y requiere técnicas especializadas. El éxito de la inoculación es frecuentemente reducido si se aplica fertilizantes a las plantas. De modo que trata de experimentar con varias combinaciones de tratamientos con fertilizantes con la inoculación de hongos micorrizas. Primero, determina si la inoculación artificial puede incrementar las tasas de infección (y por último, el desempeño del árbol) por encima de los que se han logrado naturalmente, incluyendo suelo de bosque en el sustrato de trasplante. Compara el desempeño de los árboles jóvenes crecidos en un sustrato estándar (que incluye suelo de bosque) con aquellos sujetos a fuentes suplementarias de inóculos en varias dosis. Los hongos micorrizas pueden propagarse fácilmente de un contenedor a otro por el agua, o bien por salpicaduras o por el drenaje. De modo que levanta los contenedores del suelo y colócalos encima de una rejilla de metal, y separa las réplicas del tratamiento con un toldo de plástico para prevenir las salpicaduras.

Diseña experimentos para probar el desempeño de los árboles jóvenes

Como con los experimentos de germinación, usa al azar (DBCA); un diseño de bloques completos (DRBC); ver **Apéndice A2.1**) y analiza los resultados usando un ANOVA de clasificación doble, seguido de comparaciones en parejas (**Apéndices A2.2 y A2.3**). El ejemplo de diseño experimental para las pruebas de germinaciones, se puede usar también para los experimentos de actuación de los árboles jóvenes (sustituyendo 'camas' por 'mesones').

La cantidad de tratamientos que se pueden aplicar y la cantidad posible de réplicas (es decir, la cantidad de bloques), dependen de la cantidad de plántulas que sobrevivan después del trasplante. Decide los tratamientos que se puedan aplicar. Luego, para cada bloque, selecciona un mínimo de 15 plantas (sería mejor si fueran más) para constituir una 'réplica' para cada planta, y lo mismo para el control. Asegúrate de que todos los tratamientos (y el control) estén representados por el mismo número de plantas en todos los bloques. Coloca un bloque, que consista de una réplica de cada tratamiento + control, en una cama diferente en el área de almacenamiento del vivero. Dentro de cada bloque, posiciona aleatoriamente las réplicas.

Experimentos en el crecimiento de las plántulas en Camboya: las réplicas son las 15 plántulas en las bolsas de plástico de 23 cm × 6.5 cm (3 filas de 5 plantas), circundadas por una sola línea de guardia de 20 plantas.

Selecciona plantas uniformes para los experimentos; rechaza las plantas anormalmente altas o bajas y cualquiera que muestre signos de enfermedad o malformación. Las plantas al borde de una réplica, pueden experimentar un medio ambiente diferente a aquellas que estén dentro, porque los tratamientos como el riego o las aplicaciones de fertilizante, podrían 'salpicar' de una réplica a otra. Adicionalmente, las plantas al borde de un bloque no experimentan la competencia de las vecinas de un lado y podrían estar afectadas por gente que, al pasar, se frota contra ellas. Reduce estos 'efectos de borde' rodeando cada réplica con una 'linea de guardia' de plantas que no son evaluadas en el experimento. Un experimento más simple que pruebe cuatro tratamientos + control en cuatro bloques, requeriría un mínimo de 15 × 5 = 75 plantas uniformes y sanas en cada bloque, o 300 en total, y las plantas adicionales para hacer la línea de guardia.

Evaluación del crecimiento

Recoge datos inmediatamente después de que el experimento haya sido puesto en marcha (lo antes posible después del trasplante) y a intervalos de aproximadamente 45 días a partir de entonces. La última sesión de recolección de datos, debe ser justo antes de que los árboles sean transportados al lugar de plantación (incluso si esto ocurre antes de que hayan pasado los 45 días después de la sesión previa de recolección de datos).

Mide la altura de cada árbol joven (desde el cuello de las raíces (es decir, el punto donde el brote se encuentra con las raíces) hasta el meristema apical) con una regla. Mide el DCR (es decir, el diámetro del cuello de las raíces) en el punto más ancho con un calibrador Vernier (se puede conseguir en la mayoría de tiendas especializadas). En la marca del cero en la escala deslizable inferior, lee el número de milímetros de diámetro en la escala superior. Para el punto decimal, busca el punto en el que las marcas de división en la escala inferior, están exactamente alineadas con las marcas de división de la escala superior. Luego, obtén el punto decimal en la escala

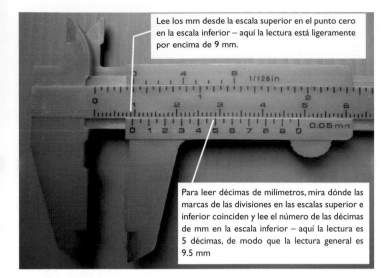

Lee los mm desde la escala superior en el punto cero en la escala inferior – aquí la lectura está ligeramente por encima de 9 mm.

Para leer décimas de milímetros, mira dónde las marcas de las divisiones en las escalas superior e inferior coinciden y lee el número de las décimas de mm en la escala inferior – aquí la lectura es 5 décimas, de modo que la lectura general es 9.5 mm

inferior. El calibrador Vernier en el ejemplo ilustrado aquí lee 9.5 mm. Como el DCR es un valor pequeño, debe ser medido con gran precisión. Para mejores resultados, mide el DCR dos veces, volteando las escalas en ángulos rectos y luego usa la lectura del promedio.

Usa un sistema simple de puntuación para registrar la supervivencia y la salud de las plantas (0 = muertos; 1 = daño severo o enfermedad; 2 = algún daño o enfermedad, pero por lo demás sanos; 3 = buena salud). También, registra descripciones de cualquier peste y enfermedad que observes, al igual que cualquier signo de deficiencia nutricional. Anota cuando ocurre una caída de hojas, rotura de botón o ramificación y registra cualquier evento climático anormal que podría afectar al experimento.

Determina la relación raíz:brote (masa seca), sacrificando unas pocas plantas al final del experimento. Al mismo tiempo, toma una fotografía de la estructura de sistema de raíces. Remueve las muestras de plantas de sus contenedores y lava el sustrato con cuidado, para no romper las raíces finas. Separa el brote de las raíces a la altura del cuello de las raíces. Sécalos en un horno a 80–100°C. Pesa los brotes y sistemas de raíces secos y calcula el peso de los sistemas de raíces secos, dividido por el peso de los brotes secos para cada muestra de planta.

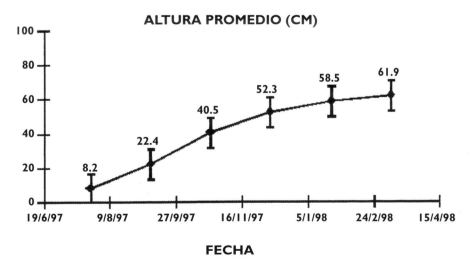

ALTURA PROMEDIO (CM)

FECHA

Los datos de crecimiento de las plántulas de una especie de árbol pionera. Los árboles alcanzan un tamaño adecuado en enero, seis meses antes de su tiempo óptimo de plantación. Por ello, se recomienda el almacenamiento de las semillas para atrasar la germinación, para prevenir el desperdicio de espacio y evitar la necesidad de podar los árboles jóvenes.

Especie: *Cerasus cerasoides*   **Núm. de especie: E7ILI**

Repicado: 6 junio 1997   **BLOQUE: I   TRATAMIENTO: NINGUNO (CONTROL)**

ALTURA (CM)

NÚMERO DE PLÁNTULAS

FECHA	DÍAS	1	2	3	4	5	6	7	8	9	10	11	12	13	14	15	AVG
7/6/97	1	5.0	4.0	3.5	2.0	4.0	3.0	4.0	3.0	3.5	3.0	5.0	4.0	3.0	4.0	4.5	3.7
25/7/97	49	11.0	12.0	8.0	3.0	8.0	5.5	7.5	5.5	6.5	8.5	12.0	9.0	8.5	9.0	9.5	8.2
8/9/97	94	29.0	38.0	23.0	33.0	x	16.0	19.0	17.0	13.0	14.0	35.0	20.0	25.0	16.0	16.0	22.4
23/10/97	139	67.0	67.0	44.0	34.0	x	32.0	35.0	25.0	32.0	29.0	66.0	27.0	50.0	28.0	31.0	40.5
7/12/97	184	70.0	70.0	55.0	34.0	x	52.0	61.0	36.0	48.0	47.0	71.0	38.0	58.0	40.0	52.0	52.3
23/1/98	231	73.0	70.0	57.0	34.0	x	64.0	67.0	41.0	52.5	53.0	80.0	46.0	72.0	43.0	66.0	58.5
9/3/98	276	73.0	70.0	60.0	34.0	x	64.0	67.0	49.0	58.0	54.0	81.0	55.0	73.0	53.0	75.0	61.9

DIÁMETRO DEL CUELLO DE LAS RAÍCES (MM)

NÚMERO DE PLÁNTULAS

FECHA	DÍAS	1	2	3	4	5	6	7	8	9	10	11	12	13	14	15	AVG
7/6/97	1	0.5	0.7	0.4	0.8	0.4	0.5	0.6	0.7	0.6	0.7	0.7	0.6	1.0	0.6	0.7	0.6
25/7/97	49	1.4	2.2	1.3	1.1	1.3	1.0	1.5	1.6	1.3	1.2	1.4	1.1	2.1	1.3	1.4	1.4
8/9/97	94	2.8	3.2	2.7	1.4	x	1.5	1.6	3.3	2.7	2.5	2.4	2.5	2.2	2.3	1.4	2.3
23/10/97	139	4.2	4.0	3.0	1.7	x	1.8	2.1	3.3	2.7	2.7	3.6	2.5	3.0	2.3	1.6	2.8
7/12/97	184	4.4	4.0	3.0	2.5	x	2.9	2.9	3.3	2.7	3.0	3.7	3.0	3.0	2.3	3.0	3.1
23/1/98	231	4.4	4.0	4.2	2.5	x	4.5	4.5	3.3	3.2	3.5	4.2	3.0	4.0	2.6	4.5	3.7
9/3/98	276	5.2	6.0	4.2	2.6	x	5.0	5.5	3.6	4.0	4.3	4.6	3.5	4.5	3.0	5.0	4.4

SALUD (0–3)

NÚMERO DE PLÁNTULAS

FECHA	DÍAS	1	2	3	4	5	6	7	8	9	10	11	12	13	14	15	AVG
7/6/97	1	2.5	2.5	2.5	1.5	2.0	1.5	3.0	3.0	2.5	3.0	3.0	2.5	2.0	3.0	3.0	2.5
25/7/97	49	3.0	3.0	3.0	2.0	3.0	2.5	3.0	2.5	3.0	3.0	3.0	3.0	3.0	3.0	3.0	2.9
8/9/97	94	3.0	3.0	3.0	2.0	x	2.5	3.0	3.0	2.5	2.5	3.0	3.0	3.0	3.0	2.5	2.8
23/10/97	139	3.0	2.5	3.0	2.5	x	3.0	3.0	3.0	3.0	3.0	3.0	3.0	1.5	3.0	3.0	2.8
7/12/97	184	3.0	3.0	3.0	3.0	x	3.0	3.0	3.0	3.0	3.0	3.0	3.0	3.0	3.0	3.0	3.0
23/1/98	231	3.0	3.0	3.0	3.0	x	3.0	3.0	3.0	3.0	3.0	3.0	3.0	3.0	3.0	3.0	3.0
9/3/98	276	3.0	3.0	3.0	3.0	x	3.0	3.0	3.0	3.0	3.0	3.0	3.0	3.0	3.0	3.0	3.0

Cálculos a partir de los datos de crecimiento

Usa una hoja estándar de recolección de datos para cada réplica en cada bloque. Después de cada sesión de recolección de datos, calcula los valores medios (y desviaciones estándar) de cada parámetro medido.

Calcula también las tasas de crecimiento relativo (TCR), removiendo los efectos de las diferencias en los tamaños originales de las plántulas o árboles jóvenes, inmediatamente después del trasplante en el crecimiento posterior. Esto hace posible evaluar los efectos de los tratamientos, a pesar de las diferencias en los tamaños iniciales de las plantas al comienzo del experimento. Las TCR están definidas como la relación del crecimiento de una planta a su tamaño medio a lo largo del período de las medidas, de acuerdo a la siguiente ecuación:

$$\frac{(\ln TF - \ln TI) \times 36{,}500}{\text{Núm. de días entre las medidas}}$$

donde ln TF = logaritmo natural del tamaño final del árbol jóven (ya sea la altura del árbol o la TCR) y ln TI = logaritmo natural del tamaño inicial del árbol joven. Las unidades son por cientos por año.

Analizando los datos de la supervivencia

En cada réplica, cuenta el número de árboles jóvenes que sobreviven hasta el tiempo de la plantación. Luego calcula el valor medio y la desviación estándar para cada tratamiento; repite para el control. Aplica el ANOVA (ver **Apéndice A2.2**) para determinar si hay diferencias significativas en la supervivencia media entre los tratamientos. Si las hubiera, entonces usa comparaciones apareadas (ver **Apéndice A2.3**) entre cada promedio de tratamiento y de control, para identificar cuál de los tratamientos incrementa significativamente la supervivencia. El mismo enfoque se puede usar para hacer comparaciones entre especies.

Analizando los datos del crecimiento

Representa el crecimiento de los árboles jóvenes gráficamente, dibujando una curva de crecimiento que se pueda actualizar después de cada sesión de recolección de datos. Traza el tiempo transcurrido desde el repique (eje horizontal) contra la altura promedio de los árboles jóvenes (o TCR promedio) y el promedio de los bloques, para cada tratamiento (eje vertical). A través de la extrapolación, estas curvas se pueden usar para estimar, aproximadamente, cuánto tiempo tardarán los árboles jóvenes en alcanzar el tamaño óptimo de plantación.

Justo antes del tiempo óptimo de la plantación, calcula el promedio de la altura de los árboles jóvenes y el DCR para cada réplica y saca el promedio de estos valores de todos los bloques para obtener los promedios del tratamiento. Realiza un ANOVA (ver **Apéndice A2.2**) para determinar si hay diferencias significativas en la supervivencia, en promedio entre los tratamientos. Si las hubiera, entonces usa comparaciones apareadas (ver **Apéndice A2.3**) para determinar cuál de los tratamientos, resulta en árboles jóvenes significativamente más grandes que los árboles jóvenes control, en el momento de ser plantados. El DCR y la TCR (tanto para la altura como la DCR) pueden ser analizados de la misma manera.

¿A qué deben apuntar los objetivos?

Adopta, como estándar, cualquier tratamiento que contribuya significativamente a lograr los siguientes objetivos al momento de realizar la plantación.

- >80% de supervivencia de los árboles jóvenes desde el repique;
- altura promedio de árboles jóvenes >30 cm para especies pioneras de crecimiento rápido (20 cm para *Ficus* spp.) y >50 cm para especies de árboles clímax de crecimiento lento;
- troncos resistentes, soportando hojas maduras, adaptadas al sol (no hojas pálidas extendidas) ('el cuociente de la resistencia' puede ser calculado como la altura (cm)/DCR (mm) de <10);
- una relación raíz:brote de entre 1:1 y 1:2; con un sistema de raíz que crece activa y densamente ramificada que no de vueltas en espiral en la base del contenedor;
- sin señales de pestes, enfermedades o deficiencia nutricional.

Morfología y taxonomía de las plántulas de árboles

Los estudios de regeneración natural de bosques requieren la identificación de plántulas y árboles muy jóvenes, pero esto es notoriamente difícil. Las descripciones de las especies de plantas en floras están basadas principalmente en las estructuras reproductivas. La morfología (particularmente la forma de la hoja) de las plántulas, frecuentemente difiere marcadamente de la del follaje maduro, y los especímenes de las plántulas difícilmente son incluidos en las colecciones de los herbarios. Casi no existen recursos para la identificación de plántulas de árboles de bosques tropicales (pero ver FORRU, 2000). Por ello, los viveros que están produciendo plántulas y árboles jóvenes de edades conocidas, a partir de semillas recolectadas de árboles adecuadamente identificados, proveen un recurso de inmenso valor para estudiar la morfología y taxonomía de las plántulas.

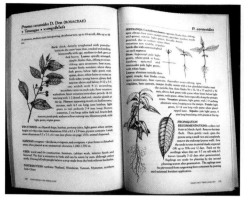

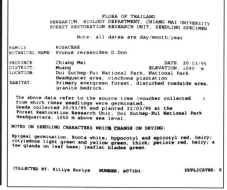

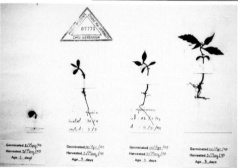

Las plántulas de bosques tropicales permanecen en gran parte sin estudiar. Un vivero de árboles provee una oportunidad única, para recolectar especímenes de plántulas de especies y edades conocidas para publicar sus descripciones.

Trata de recolectar al menos tres especímenes de plántulas o árboles jóvenes, en todas las fases del desarrollo para cada especie producida. Prepáralos como especímenes para el herbario de la manera usual, fijando varios especímenes en orden cronológico en una sola hoja de herbario. En la etiqueta del herbario, registra la edad en días de cada espécimen de plántula o árbol joven, e incluye detalles del árbol parental del que se han recolectado las semillas. Contrata a un artista para crear dibujos botánicos de las plántulas. Publica los dibujos y las descripciones de las plántulas en un manual de identificación.

Experimentos con plántulas silvestres

Producir material de plantación a partir de plántulas silvestres (ver **Cuadro 6.4**) es ventajoso i) cuando no hay semillas disponibles; ii) cuando la germinación de semillas y/o la supervivencia de las plántulas y el crecimiento son problemáticos o lentos; o iii) cuando la producción del material de plantación debe ser acelerada.

Los experimentos con plántulas silvestres deben abordar tres simples peguntas: i) ¿se puede producir material de plantación de alta calidad a partir de plántulas silvestres más rápida y económicamente que germinando semillas?, ii) ¿se puede manipular el crecimiento de plántulas silvestres en los viveros para lograr plantas del tamaño óptimo en el momento de la plantación?; y iii) ¿las plántulas silvestres se desempeñan tan bien como, o mejor que las plantas germinadas a partir de semillas?.

Todos los tratamientos de plántulas descritos arriba, se pueden aplicar para determinar las condiciones óptimas para que sigan creciendo las plántulas silvestres en los viveros hasta un tamaño plantable. Sin embargo, hay dos tratamientos adicionales específicos para las plántulas silvestres: i) el tamaño al ser recolectados y ii) la poda de brote al ser recolectados.

Las plántulas pequeñas son más delicadas que los árboles jóvenes más grandes y son dañadas más fácilmente durante el trasplante. Por otro lado, las plantas más grandes son más difíciles de desenterrar sin dejar atrás parte de las raíces y por consiguiente pueden sufrir shock de trasplante. Agrupa las plántulas silvestres recolectadas en tres clases de tamaños (bajos, medianos y altos). Éstos entonces se convierten en los 3 'tratamientos' de un experimento DBCA (no hay control). Recoge los datos de crecimiento y supervivencia (en la forma descrita previamente en este libro) y compara el promedio de supervivencia media y la TCR entre las clases de tamaño iniciales.

Al desenterrar las plantas inevitablemente se daña su sistemas de raíces, pero el sistema de brotes permanece intacto, de modo que un sistema reducido de raíces debe suministrar agua a un brote entero. Este desequilibrio puede causar que las plántulas silvestres se marchiten y posiblemente mueran. Podar el brote puede devolver el equilibrio de la relación raíz:brote. Aplica los tratamientos de poda de brote de varias intensidades, al momento de la recolecta (por ejemplo, sin podar (control) y poda $1/3$ o $1/2$ de la longitud del brote o de las hojas). Recoge los datos de crecimiento y supervivencia como se describe arriba, y compara la supervivencia media con la TCR entre los tratamientos de poda.

Continúa monitoreando el desarrollo del material de plantación a partir de plántulas silvestres, después de ser llevadas a plantación (por ejemplo, las tasas de crecimiento y supervivencia) y luego compara los resultados con aquellos árboles producidos a partir de semillas.

UNIDAD DE INVESTIGACIÓN DE RESTAURACIÓN DE BOSQUE | S. 146 B₄ |

FORRU DATOS DE PRODUCCIÓN DE PLÁNTULAS

I. RECOLECTA
ESPECIE: *Nyssa javonica* (Bl.) Wang
CÓDIGO DE ENLACE: NYSSJAVA
FECHA DE RECOLECTA: 11-agosto-06

FAMILIA: Cornaceae
VOUCHER NÚM.: 89
CANTIDAD: 3,000 SEMILLAS

2. GERMINACIÓN DE SEMILLAS
PRE-TRATAMIENTO: Se remojaron las semillas en agua durante 1 noche, después se secaron 2 días al sol
CANTIDAD SEMBRADA: 2,500 SEMILLAS
SUSTRATO/CONTENEDOR Sólo suelo de bosque, 8 canastas
FECHA DE SIEMBRA 14-agosto-06
NÚMERO GERMINADO 2,059 SEMILLAS

OBSERVACIONES
1ra germinación 26-agosto-06 a 11-sept.-06
Enfermedades de damping off destruyó aprox. el 12% de todas las plántulas germinadas

3. REPIQUE
FECHA DE REPIQUE 3-oct-06   CANTIDAD: 1,500 PLÁNTULAS
SUSTRATO/CONTENEDOR: Suelo de bosque; cáscara de coco: cáscara de maní (2:1:1) en bolsa de plástico
CUIDADO DE VIVERO:

CUIDADO DE VIVERO	1	2	3	4	5
FERTILIZANTE	13/11/06	12/2/07	13/3/07		
PODA (NO)					
DESMALEZAR	13/11/06	13/12/06	13/1/07	13/2/07	13/3/07
CONTROL DE PESTES/ENFERMEDADES	13/1/07 Insectos consumidores de hojas				

OBSERVACIONES
2–3 meses repique frecuente, hubo presencia de hongo rojo y tizón, pero todas las plántulas se ven sanas

4. ENDURECIMIENTO Y DESPACHO
FECHA EN LA QUE EMPEZÓ EL ENDURECIMIENTO 17-mayo-07
FECHA DE DESPACHO 19-jun-07
NÚMERO DE PLANTAS DE BUENA CALIDAD: 1,200 PLÁNTULAS
DONDE SE PLANTARON: MAE SA MAI, LOTE WWA

OBSERVACIONES
Se plantaron 500 plántulas el 30/6/07 en Ban Mae Sa Mai

Usa una simple hoja de datos para recopilar toda la información sobre un lote de semillas, como pasa a través del proceso de producción del vivero, desde la recolección de semillas hasta el transporte de las plántulas o el lugar de restauración.

Programa de producción – el último objetivo de la investigación en viveros

Producir una amplia gama de especies de árboles de bosque es difícil de manejar. Las diferentes especies fructifican en diferentes meses y tienen tasas de germinación y crecimiento de las plántulas que difieren enormemente; sin embargo, todas las especies deben estar listas para la plantación en la temporada óptima. Los cronogramas de producción de especies hacen este abrumador deber de manejo más fácil.

En climas tropicales estacionalmente secos, la ventana de oportunidades de plantación de árboles es estrecha, algunas veces no más de unas cuantas semanas al comienzo de la estación de lluvia. En climas menos estacionales, puede haber más flexibilidad en el tiempo de la plantación de los árboles. En ambos casos, los cronogramas de producción de especies son una excelente herramienta para asegurarse de que la especie requerida de árboles, esté lista para la plantación en el momento preciso.

¿Qué es un cronograma de producción?

Para cada especie de árbol que se produce, el cronograma de producción es una descripción concisa de procedimientos necesarios para producir material de plantación del tamaño y la calidad óptimos a partir de semillas, plántulas silvestres o esquejes al momento de su plantación. Puede representarse como un diagrama de línea de tiempo comentada, que muestra: i) cuándo debe ejecutarse cada operación y ii) qué tratamientos deben aplicarse para manipular la germinación de las semillas y el crecimiento de los árboles jóvenes.

Información requerida para preparar un cronograma de producción

El cronograma de producción combina todo el conocimiento disponible sobre la ecología reproductiva y el cultivo de las especies. Es la interpretación fundamental de los resultados, a partir de los procedimientos experimentales descritos arriba, incluyendo:

- fecha óptima de colecta de semillas;
- tiempo de germinación o duración natural de la latencia;
- como la latencia de las semillas podría ser manipulada por tratamientos pregerminativos o almacenamiento de las semillas;
- la duración del tiempo requerido desde la siembra de las semillas hasta el repique;
- la duración requerida de almacenamiento antes de la plantación, para que los árboles jóvenes alcancen el tamaño plantable;
- cómo el crecimiento y almacenamiento antes de la plantación, pueden ser manipulados con aplicaciones de fertilizantes y otros tratamientos.

El producto final.

Toda esta información la encontrarás disponible en las hojas de datos del vivero, si se están siguiendo los procedimientos detallados arriba. El cronograma de producción es en gran medida un documento de trabajo 'en curso'. Haz un borrador de la primera versión, una vez que el primer lote de plantas ha crecido a un tamaño plantable. Esto permite la identificación de áreas que requieran más investigación y de los tratamientos adecuados que deben ser probados en experimentos posteriores. Al hacerse disponibles los resultados de los experimentos con los siguientes lotes de plantas, se irá gradualmente modificando y optimizando el cronograma de producción.

Cuadro 6.6. Ejemplo de cronograma de producción (para *Cerasus cerasoides*).

En su hábitat natural, este árbol pionero de crecimiento rápido, fructifica en abril y mayo. Sus semillas tienen una latencia corta y las plántulas crecen rápidamente durante la estación de lluvia. En diciembre, sus raíces han penetrado el suelo a una profundidad suficiente, como para poder suministrar al brote con agua durante las duras condiciones de la estación seca. En el vivero, los jóvenes árboles que hayan alcanzado un tamaño plantable en diciembre, tendrían que seguir manteniéndose durante otros 6 meses, antes de la siguiente temporada de plantación (el siguiente junio), y crecerían fuera de sus contenedores.

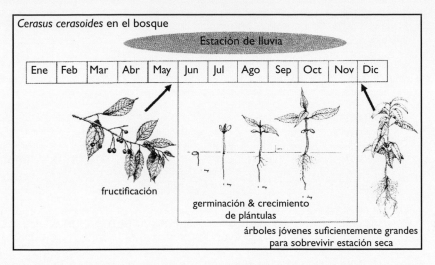

En el vivero, el cronograma de producción supone el secado al sol de los pirenos y su almacenamiento a 5°C hasta enero, cuando son germinados. Las plantas entonces crecerán a un tamaño óptimo, justo a tiempo para su endurecimiento y plantación, en junio. El desarrollo de este cronograma de producción involucró investigaciones de fenología, germinación de semillas, crecimiento de plántulas y almacenamiento de semillas.

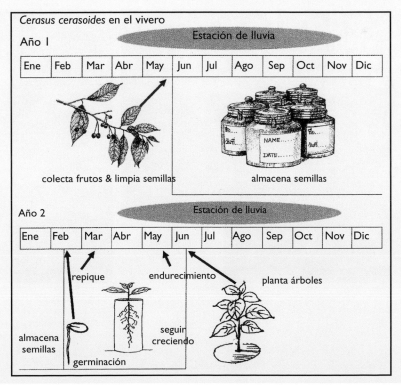

ESTUDIO DE CASO 4   Doi Mae Salong: Clubs de Tesoro de Árboles

País: Tailandia

Tipo de bosque: Bosque siempreverde en tierras de bosques tropicales estacionalmente secos.

Propiedad: El proyecto de los 'Clubes de Tesoro de Árboles' fue parte de un programa de restauración de 1,500 ha, que funcionó como sociedad entre Plant a Tree Today (PATT), la Unión Internacional para la Conservación de la Naturaleza (UICN) y la Unidad de Investigación de Restauración de Bosques de la Universidad de Chiang Mai (FORRU-CMU), trabajando para asistir a la Oficina de Comando Supremo (OCS) de Tailandia.

Manejo y uso comunitario: Se plantaron una mezcla de cultivos comerciales cuidadosamente seleccionados y árboles nativos 'framework', con el doble objetivo de aliviar la pobreza a través de la silvicultura sostenible y la restauración de la cuenca de agua degradada.

Nivel de degradación: Despejado casi totalmente para la agricultura, salvo fragmentos de bosques.

Uno de los mayores retos que encuentran los administradores de proyectos, es encontrar suficientes semillas para restaurar diversos bosques tropicales, pero también provee una oportunidad para comprometer a comunidades enteras en la restauración de bosques desde el principio. Si muchas manos alivian el trabajo, entonces ... "muchos ojos detectan más semillas"!

En Doi Mae Salong en el norte de Tailandia, la Unidad de Investigación de Restauración de Bosques de la Universidad de Chiang Mai (FORRU-CMU) y la UICN comprometieron a ocho colegios de pueblo para que hicieran sus propios viveros de árboles. Como parte de la UICN 'Estrategia de Medios de Vida y Paisajes'[1] (financiado por la PATT[2]), el 'Club de Tesoro de Árboles' proporcionó formación tanto para los profesores como para sus alumnos, aumentó la concienciación del valor de los árboles de bosques nativos, y proveyó incentivos a los niños para que recolectasen semillas para los viveros.

Etiquetando un 'árbol de tesoro': sus semillas son el tesoro y los niños son recompensados por recolectarlas.

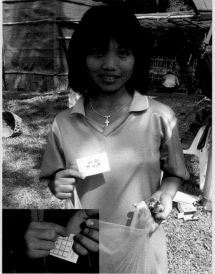

En retribución por la recolecta de semillas, los miembros del 'Club de Tesoro de Árboles' acumulan pegatinas en sus tarjetas de socios, que pueden canjear por recompensas.

[1] www.forestlandscaperestoration.org/media/uploads/File/doi_mae_salong/watershed_forest_article_6.pdf
[2] www.pattfoundation.org/what-we-do/reforestation/complete-project-list/doi-mae-salong.php

Las actividades del vivero fueron integradas como parte del programa escolar, proveyendo a los estudiantes con habilidades de producción de plantas que pueden ser aplicadas, tanto en la horticultura como en la silvicultura.

Primero, se identificaron los árboles supervivientes dentro de distancias a pie desde los colegios y se marcaron con los símbolos de los árboles de tesoro (un diamante para implicar el alto valor con una plántula de árbol creciendo de éste) junto con los nombres locales de las especies de árboles y los meses de fructificación si fueran conocidos.

A los niños se les dieron tarjetas de socio del 'Club de Tesoro de Árboles'. Cualquier miembro que entregaba una bolsa de semillas de los árboles marcados al profesor encargado del vivero escolar, recibía una pegatina para su tarjeta. También se podían ganar pegatinas por unirse a los deberes simples del vivero, como el trasplante de las plántulas.

Las actividades de los viveros de árboles incluyeron una clase semanal de agricultura y los niños también aplicaron las habilidades arboriculturales recientemente adquiridas en la producción de árboles frutales. Por cada cinco pegatinas ganadas, el miembro recibía una recompensa.

Los colegios con mayor participación ganaron trofeos y todos los colegios fueron recompensados con grandes paquetes de materiales de educación medioambiental.

Los viveros fueron usados para producir especies de árboles 'framework', para un programa de restauración de bosque de 1,500 ha en el área. Se vendieron árboles jóvenes al programa y el ingreso se usó para comprar los materiales y equipos para los colegios. Así, tanto los niños como las comunidades en su conjunto se beneficiaron del proyecto. Además, se introdujo un elemento de competencia amigable en los colegios. Se juzgaba a los colegios en base a las especies y el número de árboles jóvenes producidos, al igual que su calidad. A los alumnos se les preguntó sobre los tres procedimientos de vivero que habían aprendido y para mostrar que podían reconocer las especies de árboles 'framework' locales. El proceso de evaluación también servía como el proceso formal de monitoreo del proyecto. Los resultados de la competencia eran revelados en un evento 'gala' del proyecto, en el que los colegios con mayor participación recibieron los trofeos. En un año, el proyecto recibió un total de 10,000 árboles de 24 especies para el programa de restauración del Comando Supremo, aportando a los colegios ingresos de un total de US$ 918 de las ventas de los árboles.

Capítulo 7

PLANTACIÓN DE ÁRBOLES, MANTENIMIENTO Y SEGUIMIENTO

Sacar un árbol de su contenedor y plantarlo firmemente en el suelo, es probablemente la imagen prototípica de la restauración de bosques. Representa la culminación de meses de planificación, colecta de semillas y trabajo en el vivero. Sin embargo, de ninguna manera es el fin del proceso de la restauración de bosques. Los sitios desforestados son lugares de condiciones extremas: expuestos, soleados y calientes, y frecuentemente alternados entre estar resecos y anegados. Si a los árboles no se les da el cuidado adecuado, a lo largo de los primeros dos años después de plantados, muchos morirán y el esfuerzo invertido en producirlos habrá sido en vano. Se subestiman muchas veces la mano de obra y los materiales requeridos para asegurar que los árboles plantados se desarrollen bien. Frecuentemente, los presupuestos son bajos o no se consiguen trabajadores, lo que a veces resulta en el fracaso del proyecto y la necesidad de empezar todo de nuevo. Es por ello una economía falsa ahorrar en el mantenimiento post-plantación. El seguimiento es otro deber que se descuida con frecuencia, y que es esencial, no solamente para proveer datos de la supervivencia y crecimiento de los árboles, sino también para proveer una oportunidad de aprender de éxitos y fracasos pasados. El seguimiento es ahora un factor requerido para todos los proyectos de restauración, que son financiados a través del mercado de carbono.

7.1 Preparando la plantación

Optimizar la época de la plantación de árboles

El tiempo óptimo para plantar árboles depende de la disponibilidad del agua del suelo. En áreas que tienen un clima estacional, los árboles deben ser plantados al comienzo de la estación de lluvia, una vez que la lluvia es regular y fiable. Esto da a los árboles el tiempo máximo para desarrollar un sistema de raíces, que penetra profundamente en el suelo, permitiéndoles obtener suficiente agua para sobrevivir la primera estación de sequía, después de haber sido plantados. En lugares donde las precipitaciones pluviales son más regulares a lo largo del año (es decir, ningún mes tiene menos de 100 mm), probablemente se puedan plantar árboles durante todo el año.

Preparar el sitio de restauración

Primero, toma las medidas para proteger a todos los árboles, plántulas o tocones vivos naturalmente establecidos. Inspecciona rigurosamente las parcelas, cuidando de no pasar por alto las plántulas más pequeñas, que podrían estar ocultas entre la maleza. Coloca un poste de bambú con un color vivo al lado de cada planta y usa un azadón para eliminar la maleza en un área de 1.5 m de diámetro, alrededor de cada planta. Esto hace que los recursos naturales de la regeneración del bosque sean más visibles para los trabajadores, de modo que eviten dañarlos mientras desmalezan o plantan árboles. Deja bien claro a cada uno de los que trabajan en las parcelas, la importancia de preservar estos recursos naturales de la regeneración de bosques.

Aproximadamente 1–2 semanas antes de la fecha de plantación, despeja todo el sitio de las malezas herbáceas, para mejorar el acceso y reducir la competencia entre malezas y árboles (tanto naturales como plantados). La técnica del aplastamiento de la maleza, frecuentemente usada para la RNA, detallada en la **Sección 5.2**, podría ser adecuada para sitios que son dominados por pastos y hierbas suaves (no leñosas). Donde el aplastamiento de la maleza no es efectivo, sin embargo, las malezas deben ser desenterradas desde sus raíces. Primero, desbroza la maleza hasta unos 30 cm, luego desentierra las raíces con un azadón y deja que se sequen en la superficie del suelo. Asegúrate de tener a mano un botiquín de primeros auxilios para tratar cualquier accidente.

Remover las raíces de las malezas

El desbroce por sí solo anima a muchas especies de malezas a rebrotar. Al hacerlo, absorben más agua y nutrientes del suelo que si nunca hubiesen sido cortadas. Esto, en verdad, intensifica la competencia de las raíces con los árboles plantados, en vez de reducirla. De manera que, es esencial desenterrar las raíces de las malezas, aunque la mano de obra requerida para hacerlo es considerable. Desafortunadamente, desenterrar raíces también perturba el suelo, incrementando el riesgo de erosión del mismo. Además existe un riesgo significativo de, accidentalmente, cortar plántulas de árboles naturalmente establecidos. Por esta razón, y para reducir los costos de mano de obra, recomendamos usar glifosato para despejar las parcelas de plantación (pero NO para desmalezar después de la plantación).

Uso de herbicida

Usar un herbicida sistémico de acción lenta, de amplio espectro, como glifosato (que está disponible en varias fórmulas) puede incrementar enormemente la eficacia de desmalezar, reducir costos y evitar la necesidad de perturbar el suelo. Este tipo de herbicidas mata la planta entera, y así previene que las malezas se regeneren rápidamente a través del crecimiento vegetativo.

Espera a que la maleza desbrozada vuelva a brotar antes de fumigarla con un herbicida no-residual, como glifosato. Ponte ropa apropiada que te proteja como indica la hoja de información que acompaña al producto – normalmente guantes, botas de goma, gafas de seguridad y ropa impermeable.

Desbroza las malezas hasta debajo de la altura de las rodillas, por lo menos 6 semanas antes de la fecha de plantación. Deja la vegetación cortada en el sitio, ya que ayudará a proteger el suelo de la erosión y posteriormente puede ser usado como mulch alrededor de los árboles plantados. Espera al menos 2–3 semanas hasta que las malezas vuelvan a brotar; luego fumiga los brotes nuevos con glifosato.

¿Cómo funciona el glifosato?

El glifosato mata la mayoría de las plantas, sólo unas pocas especies son resistentes. Se descompone rápidamente en el suelo (es decir, es no-residual) y así, al contrario de algunos otros pesticidas (por ejemplo, el DDT), no se acumula en el medio ambiente. El químico es absorbido a través de las hojas y es trasladado a todas las partes de la planta, incluyendo las raíces. Las malezas se mueren lentamente, gradualmente volviéndose marrones a lo largo de 1–2 semanas, y la única manera en la que pueden re-colonizar el sitio es creciendo a través de las semillas. Esto tarda mucho más tiempo que re-brotar de raíces de malezas desbrozadas. De manera que los árboles recién plantados tienen aproximadamente 6–8 semanas, para estar relativamente libres de la competencia de las malezas. Durante este tiempo, sus raíces pueden colonizar el suelo que anteriormente estuvo completamente ocupado por las raíces de las malezas.

¿Cómo debe aplicarse el glifosato?

Aplica el herbicida en un día seco y sin viento, para prevenir que se derive a las plántulas de árboles que se están regenerando naturalmente. No fumigues si se pronostican lluvias para las 24 horas después de la aplicación. A las pocas horas de fumigar, la lluvia e incluso el rocío, puede dejar sin efecto al químico.

En comunidades agrícolas se podrán conseguir grandes bombas montadas en camionetas y mangueras largas, que se usan para fumigar los cultivos, pero no son muy precisas y su uso hace difícil evitar fumigar a la regeneración natural. Por ello, recomendamos el uso de bombas de espalda de 15 litros con boquillas pulverizadoras direccionales, montadas en largas varas.

Vierte 150 ml del concentrado de glifosato en una bomba de espalda de 15 litros y llena hasta la marca de los 15 litros con agua limpia. Tendrás que repetir esto 37–50 veces (equivalente a 5.6–7.5 litros de concentrado) por hectárea. También deberías incluir un agente humectante, para facilitar la absorción del químico por las malezas.

Comprueba la dirección del viento y trabaja con el viento a tu espalda, de modo que el spray vuele hacia adelante y no hacia tu cara. Bombea la presión en tu bomba de espalda con la mano izquierda y opera la vara con el pulverizador con la derecha. Usa una presión baja para producir gotas grandes, que se hundan rápidamente, antes de que puedan derivarse muy lejos. Camina lentamente a través del sitio, pulverizando franjas de 3 m de ancho, haciendo suaves barridos de un lado a otro frente a ti. Si accidentalmente fumigas la plántula de un árbol, arranca inmediatamente cualquier hoja a la que le hayan caído gotas del herbicida, para que el químico no sea absorbido por la planta y transportado a las raíces. Para evitar fumigar la misma área dos veces, añade un tinte al glifosato, de modo que puedas ver donde has fumigado. Si accidentalmente el químico entrara en contacto con tu piel o tus ojos, lávate con grandes cantidades de agua y vete a un médico.

Lo antes posible después de fumigar, toma una ducha y lava toda la ropa usada durante la fumigación. Lava todo el equipo usado (bomba, botas y guantes) con grandes cantidades de agua. Asegúrate de que el agua usada no se mezcle con el suministro de agua potable; deja que se filtre lentamente en un sumidero o en el suelo donde no haya vegetación, lejos de cualquier curso de agua.

¿El glifosato es peligroso?

La Agencia de Protección del Medio Ambiente de Estados Unidos (EPA) considera que el glifosato es relativamente bajo en toxicidad y no tiene efectos cancerígenos. Se descompone rápidamente en el medio ambiente y no se acumula en el suelo. Es clasificado como el menos peligroso, comparado con otros herbicidas y pesticidas. No obstante, si las instrucciones básicas de seguridad son ignoradas, el glifosato puede dañar la salud de las personas y del medio ambiente, de modo que lee las instrucciones provistas por el fabricante antes de usarlo y síguelas con cuidado. La ingestión de la solución concentrada puede ser letal.

Una vez diluido para su uso el glifosato tiene una baja toxicidad para mamíferos (incluido humanos), pero es tóxico para los animales acuáticos, de modo que no limpies ningún equipo en las corrientes de agua o lagos. Las investigaciones también están empezando a mostrar que el glifosato podría estar afectando a los organismos del suelo. Estos efectos menores potencialmente dañinos del químico en el medio ambiente, deben sin embargo, ser sopesados contra las consecuencias dañinas a largo plazo, del fracaso de la restauración de los ecosistemas del bosque. El glifosato se usa una sola vez, al comienzo del proceso de restauración del bosque. No se recomienda el uso de herbicidas después de la plantación de árboles (es.wikipedia.org/wiki/Glifosato).

No se debe usar fuego para despejar el sitio

El fuego mata los árboles jóvenes establecidos naturalmente, mientras que estimula el rebrote de algunos pastos perennes y otras malezas. También mata micro-organismos benéficos como los hongos micorriza y previene la oportunidad de usar las malezas cortadas como mulch. Si se usa fuego, la materia orgánica se quema y los nutrientes del suelo se pierden con el humo. Además, los fuegos que se inician con la intención de despejar una parcela de plantación, se pueden propagar fuera de control con el riesgo de dañar bosques o cultivos vecinos.

¿Cuántos árboles jóvenes se deben incorporar?

La densidad final combinada de árboles plantados y árboles naturalmente establecidos, debe ser de alrededor de 3,100 por ha, de modo que el número requerido de árboles jóvenes proporcionados debe ser esta figura, menos el número de árboles naturalmente establecidos o tocones vivos de árboles estimados durante la inspección del terreno (ver **Sección 3.2**). Esto resulta en un espaciamiento medio de 1.8 m entre los árboles jóvenes plantados, o la misma distancia entre árboles jóvenes plantados y árboles naturalmente establecidos (o tocones vivos). Esto es mucho menor que el espaciamiento usado en la mayoría de plantaciones forestales comerciales, porque el objetivo es el rápido cierre de copas que sombrearán las malezas y eliminará los costos del trabajo de desmalezar. La sombra es el herbicida más efectivo y amigable del medio ambiente. Plantar menos árboles crea una necesidad continua de desmalezar a lo largo de muchos años y, en consecuencia, aumenta los costos de mano de obra requerida para lograr el cierre de la canopia.

El espaciamiento usado en la restauración de bosques es menor que el existente entre los árboles de la mayoría de bosques naturales, de modo que tendrá lugar el raleo natural a causa de la alta competencia. Esto provee al ecosistema restaurado con una fuente temprana de madera muerta, un recurso vital para tantos hongos e insectos del bosque. Plantar en densidades más altas es contraproducente, ya que deja muy poco espacio para el establecimiento de especies de árboles reclutadas y por ello, demora la recuperación de la biodiversidad (Sinhaseni, 2008).

¿Cuántas especies de árboles deben ser plantadas?

Para una parcela con degradación fase-3, cuenta cuántas especies de árboles están bien representadas por los recursos de la regeneración natural registrada en la inspección del torreno (ver **Sección 3.2**) y proporciona suficientes especies para colmar ese número, al menos 30 o alrededor del 10% de la riqueza de especies estimada (si fueran conocidos) del tipo bosque-objetivo (ver **Sección 4.2**). Para una parcela con degradación fase-4, planta tantas especies del bosque-objetivo como sea posible. Las plantaciones nodrizas pueden ser monocultivos de una única especie o mezclas de algunas especies (por ejemplo, *Ficus* spp. + leguminosas; ver **Sección 5.5**).

El transporte de los árboles jóvenes

Los árboles jóvenes son muy vulnerables, particularmente a la exposición del viento y del sol, una vez que han abandonado el vivero, de modo que sé cuidadoso al transportarlos al sitio. Selecciona los árboles jóvenes más vigorosos del vivero, después de la clasificación y el endurecimiento (ver **Sección 6.5**). Provee con etiquetas los árboles jóvenes que quieres incluir en el programa de monitoreo, luego colócalos en posición erecta (para prevenir que se derrame el sustrato de trasplante) en canastas fuertes. Riega los arbolitos justo antes de cargarlos al vehículo, y transpórtalos a la parcela de plantación un día antes de plantar.

Si se está usando bolsas de plástico como contenedores, no los cargues tan apretados que se deformen. Tampoco apiles los contenedores uno encima de otro, ya que se pueden romper raíces y tallos. Si se usa una camioneta abierta, cubre los árboles con una malla de sombra para protegerlos del viento y de la deshidratación. Conduce lentamente. Una vez que se ha llegado a las parcelas, coloca los árboles en forma erecta en la sombra disponible y, si fuera posible, riégalos ligeramente otra vez. Si tienes suficientes canastas, mantén los árboles jóvenes dentro de éstas, ya que facilita cargarlos alrededor de la parcela a la hora de plantarlos.

Protege los árboles jóvenes en el camino al sitio de restauración.

REDUCE LA VELOCIDAD! No tires por la borda todo un año de trabajo en el vivero en el viaje al sitio de plantación. Cuando estés transportando los árboles jóvenes, conduce con cuidado.

Carga los árboles jóvenes al sitio de restauración así …

… no así (daña los tallos) …

… y no los dejes expuestos.

Materiales y equipo de plantación

El día antes de plantar, transporta las herramientas y los árboles jóvenes, a las parcelas de plantación. Estos incluyen un poste de bambú y materiales de mulch (si fuese necesario) para cada joven árbol, al igual que fertilizante. Protege estos materiales de la lluvia, cubriéndolos con una lona.

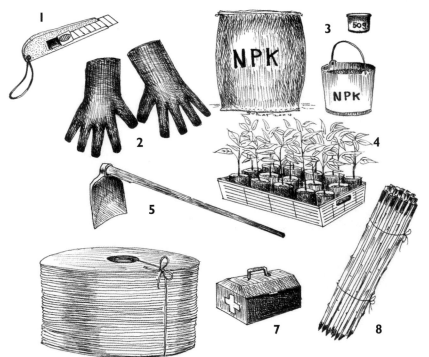

1. Cuchillo
2. Guantes
3. Fertilizante, balde y tazas de medir para proporcionar la dosis correcta
4. Canastas para la distribución de los árboles jóvenes
5. Azadones para cavar huecos
6. Alfombrillas de mulch
7. Botiquín de primeros auxilios
8. Postes de bambú

¿Otras preparaciones para el gran día?

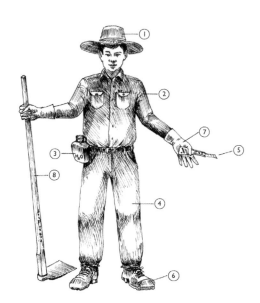

El plantador perfectamente preparado, con (1) un sombrero para la protección contra el sol; (2) una camisa de manga larga; (3) suficiente agua para beber; (4) pantalones largos; (5) un cortaplumas para abrir las bolsas de plástico; (6) fuertes botas; (7) guantes y (8) un azadón para cavar los huecos de plantación.

Unos cuantos días antes del evento de plantación, convoca una reunión de todos los organizadores del proyecto. Asigna un jefe de equipo para cada grupo de plantadores. Asegúrate de que cada jefe de equipo, esté familiarizado con las técnicas de plantación y sepa de qué área es responsable, y cuántos árboles debe plantar. Usa una tasa de plantación de 10 árboles por hora, para calcular el número de personas requeridas para completar la plantación dentro del plazo deseado.

Pide a los jefes de equipo que les digan a sus miembros de grupo que lleven guantes, cortaplumas (para abrir las bolsas de plástico), baldes, azadones o pequeñas palas (para llenar los huecos de plantación) y tazas (en caso de que se vaya a aplicar fertilizante). Adicionalmente, los jefes de equipo deben aconsejar a los plantadores que lleven una botella con agua y se pongan sombrero, zapatos fuertes, camisa de mangas largas y pantalones largos.

Haz un estimado final de las personas que participarán en el evento de plantación. Organiza suficientes vehículos para llevarlos a todos a las parcelas de plantación, y consigue suficiente comida y bebida para mantener a todos bien alimentados e hidratados. Haz un plan de contingencia en caso de mal clima. Finalmente, considera si el proyecto o la comunidad local podrían beneficiarse de un cubrimiento del evento por los medios locales y, si fuera el caso, contacta a periodistas y organismos de difusión de radio y televisión.

7.2 Plantación

El entusiasmo por sí solo no basta. Un poco de entrenamiento al comienzo del evento de plantación, ayuda a evitar errores costosos.

Los eventos de plantación de árboles hacen mucho más que plantar árboles en el suelo. Dan una oportunidad a los pobladores ordinarios, de involucrarse directamente en mejorar su medio ambiente. También son eventos sociales que ayudan a formar un espíritu de comunidad. Además, el cubrimiento de los medios de un evento de plantación puede proyectar una imagen positiva de la comunidad, como mayordomos responsables de su medio ambiente natural. La plantación de árboles también puede tener una función educacional. Los participantes aprenden no solamente cómo plantar árboles, sino también por qué. Tómate tiempo al comienzo del evento, para demostrar las técnicas de plantación que se van a usar y asegúrate de que todos hayan comprendido los objetivos del proyecto de reforestación. También aprovecha la oportunidad, para invitar a todos a participar en las operaciones subsiguientes, tales como desmalezar, aplicar fertilizante y prevenir incendios.

Distancias de espaciamiento

Primero, marca dónde ha de ser plantado cada árbol, con un palo de bambú de 50 cm cortado por el medio. Clava los palos a una distancia de 1.8 m la una de la otra, o a la misma distancia de los árboles naturalmente establecidos o de tocones de árboles vivos. Trata de no colocar los palos en líneas rectas. Una disposición casual dará una estructura más natural al bosque restaurado. Esta actividad de colocación de los palos, se puede hacer el mismo día de plantación o algunos días antes.

1.8 M

Método de plantación

Usa canastas para distribuir un árbol joven en cada palo de bambú. Mezcla las especies, de manera que los árboles jóvenes de la misma especie no se planten juntos los unos a los otros. Esta plantación 'al azar' es conocida como 'mezcla íntima'.

Usa bambú partido por la mitad para marcar el espaciamiento de los árboles.

Se pueden usar canastas y carretillas para llevar los árboles jóvenes a sus huecos de plantación.

Al costado de cada palo de bambú, cava un hueco con un azadón que tenga al menos el doble del tamaño del contenedor del árbol joven, preferiblemente con costados inclinados (romper el suelo alrededor del sistema de raíces también ayudará a las raíces a establecerse). Al mismo tiempo usa un azadón para quitar malezas muertas, en un círculo de 50–100 cm de diámetro alrededor del hueco.

Si los árboles jóvenes están solamente en bolsas de plástico, abre cada bolsa con un cortaplumas, cuidando de no dañar el conjunto de raíces, y suavemente pela la bolsa de plástico. Trata de mantener el sustrato de trasplante alrededor del conjunto de raíces intacto, y no expongas las raíces al aire durante más de unos segundos, si es posible.

Cava huecos el doble del tamaño de los contenedores de los árboles jóvenes.

Cuidadosamente corta las bolsas de plástico y pélalas.

El día de la plantación puede disfrutarse con toda la familia.

Coloca al árbol joven en posición erecta en el hueco y llena el espacio alrededor del conjunto de raíces con suelo suelto, asegurándote de que el cuello de raíces del árbol joven esté finalmente a nivel de la superficie del suelo. Si el árbol joven ha sido etiquetado para el monitoreo, asegúrate de que la etiqueta no esté enterrada. Con las palmas de tus manos, presiona el suelo alrededor del tronco del árbol para afirmarlo. Esto ayuda a juntar los poros del medio del vivero con los del suelo de la parcela, y así re-establecer rápidamente el suministro de agua y oxígeno a las raíces del árbol. Normalmente no es necesario atar el árbol al palo de bambú como apoyo. Los palos son usados simplemente para localizar dónde se debe plantar cada árbol.

A continuación, aplica 50–100 g de fertilizante alrededor del arbolito a 10–20 cm de distancia del tronco. Puede haber quemaduras químicas si el fertilizante entra en contacto con el mismo tronco. Usa tazas de medición para aplicar la dosis correcta de fertilizante. Ten en cuenta que los fertilizantes químicos son normalmente caros y quizás no sean necesarios para todos los sitios.

Presiona el suelo alrededor del tronco para afirmarlo.

Usa tazas de medida para proporcionar la dosis correcta de fertilizante.

Alfombrillas de mulch de cartón son particularmente efectivas para suelos secos y degradados. En suelos más húmedos y fértiles, desaparecen demasiado rápido.

Luego (opcionalmente) coloca una alfombrilla de cartón de 40–50 cm de diámetro, alrededor de cada árbol plantado. Fija la alfombrilla en su lugar, atravesándola con estacas de bambú y amontona las malezas muertas encima de la alfombrilla del mulch.

Si hay un suministro de agua cerca, riega cada árbol plantado con al menos 1–3 litros al final del evento de plantación. Se puede alquilar un tanque de agua, para llevar agua a los sitios que son accesibles por carretera, pero distantes de suministros naturales de agua. Para sitios inaccesibles, sin agua disponible por carretera, fija la fecha del evento de plantación cuando se pronostique lluvia.

Para sitios secos inaccesibles, planta árboles cuando se pronostique lluvia, pero si es posible regar los árboles después de plantarlos, hazlo. Bombea agua de una corriente o proporciónala mediante un tanque de agua.

Remueve las bolsas de plástico para limpiar el sitio.

La tarea final es limpiar el sitio de todas las bolsas de plástico, palos de bambú o alfombrillas de cartón sobrantes, y de la basura. Los jefes de grupo deben agradecer personalmente a todos aquellos que toman parte en el evento de plantación. Un evento social también es una buena manera de agradecer a los participantes y formar un apoyo para futuros eventos

Elegir un fertilizante químico o inorgánico

Determinar si el suelo de un sitio tiene deficiencias nutricionales, requiere análisis químicos costosos y acceso a laboratorios (ver **Sección 5.5**). Raras veces vale la pena, sin importar la fertilidad del suelo, la mayoría de árboles tropicales responden bien a la aplicación de un fertilizante químico de propósitos generales (N:P:K 15:15:15) 3–4 veces al año durante 2 años, después de ser plantados. Usa dosis de 50–100 g por árbol por aplicación. El efecto es potenciar el crecimiento en los primeros años después de plantar, acelerando el cierre de copas y sombreando las malezas herbáceas y 'recapturar' el sitio. Esparcir el fertilizante en forma de aro alrededor de la base del árbol, es más efectivo que verterlo en el hueco de plantación, porque los nutrientes se filtran hacia abajo a través del suelo, al tiempo que las raíces empiezan a crecer y penetrar el suelo circundante.

En sitios de tierras bajas con suelos pobres lateríticos, un fertilizante orgánico parece ser más efectivo que uno químico (FORRU-CMU, datos inéditos), posiblemente porque se descompone y se lava más lentamente del suelo. De modo que proporciona nutrientes a las raíces del árbol, de manera más equitativa durante un período más largo.

El costo de fertilizante químico fluctúa con el precio del petróleo, y así los costos han subido abruptamente en los últimos años y muy probablemente sigan subiendo. Los fertilizantes orgánicos varían mucho en su composición, pero son mucho más baratos que los fertilizantes químicos. Encuentra un fabricante fiable de una marca local eficaz y quédate con ella, o trabaja con comunidades locales para empezar a producir fertilizante de estiércol de animales. La compra de fertilizantes de pobladores locales, provee otra manera en la que la comunidad pueda beneficiarse económicamente a partir de un proyecto de restauración.

El mulch reduce la desecación y el crecimiento de malezas

El mulch es un material que se coloca en el suelo alrededor del árbol, que puede incrementar su supervivencia y crecimiento, particularmente al reducir el riesgo de desecación inmediatamente después de ser plantado. El mulch es particularmente recomendado, cuando se está plantando en suelos altamente degradados en zonas secas. Tiene menos efecto, cuando se usa en parcelas que tienen suelos fértiles de tierras altas o en los trópicos siempre-húmedos. Los materiales de mulch varían ampliamente desde piedras y guijarros, hasta astillas de madera, paja, aserrín, fibra de coco o de palma de aceite y cartón.

El cartón corrugado es excelente para hacer alfombrillas de mulch. Está ampliamente disponible y es relativamente barato. Pide a tu supermercado local que done sus cartones y otros materiales de embalaje para hacer alfombrillas de mulch. Corta el cartón en círculos de 40–50 cm de diámetro. Corta un hueco en el medio del círculo, de aproximadamente 5 cm de ancho y haz un corte estrecho del perímetro del círculo, hasta su centro. Abre el círculo por este corte y acomódalo alrededor del tronco del árbol. Asegúrate de que el cartón no toque el tronco, ya que podría frotarse, creando heridas que podrían infectarse con hongos. Clava una estaca de bambú a través de la alfombrilla para fijarla en su lugar. En bosques estacionalmente tropicales, los mulch de cartón duran una estación de lluvia, y gradualmente se van pudriendo y añadiendo materia orgánica al suelo. Remplazar las alfombrillas al comienzo de la segunda estación de lluvia, no parece tener beneficios adicionales (datos de FORRU-CMU).

La mayoría de las semillas de malezas son estimuladas a germinar con luz. Colocar mulch alrededor de los árboles plantados, deja fuera la luz y así previene que las malezas re-colonicen el suelo, en la vecindad inmediata del árbol plantado. Además, el mulch enfría el suelo, y de esta manera, reduce la evaporación de la humedad del suelo. Los invertebrados del suelo son atraídos por las condiciones frescas y húmedas debajo del mulch. Ellos revuelven el suelo alrededor de los árboles plantados, mejorando el drenaje y la aireación.

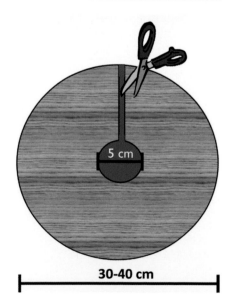

5 cm

30-40 cm

Alfombrillas de mulch, cortadas de cartón corrugado reciclado, son baratas y efectivas en reducir la mortandad inmediata post-plantación de los árboles plantados, particularmente en sitios propicios a las sequías y con suelos degradados. Suprimen el crecimiento de las malezas y por ello reducen los costos de mano de obra para desmalezar. El fertilizante se aplica en forma de círculo alrededor de la base del árbol. Las alfombrillas de cartón duran más o menos un año si se es cuidadoso de no perturbarlas durante los trabajos de desmalezamiento.

Se puede usar gel de polímero para mejorar la hidratación

El gel de polímero absorbente de agua, puede ayudar a que las raíces de los árboles plantados se mantengan hidratadas y reducir el estrés de trasplante. En sitios de tierras altas regados por manantiales, no es normalmente necesario, pero cuando es usado en combinación con las alfombrillas de mulch de cartón, puede reducir significativamente la mortandad de los árboles, inmediatamente después de la plantación en áreas secas con suelos pobres (ver **Sección 5.5**).

Control de calidad

Incluso cuando se enseñan las técnicas de plantación al comienzo del evento, es inevitable que algunos árboles no sean plantados apropiadamente. Una vez que los plantadores han dejado el sitio, los jefes de equipo deben inspeccionar los árboles plantados y corregir los errores. Asegúrate de que todos los árboles estén erguidos, que el suelo alrededor de ellos haya sido apretado firmemente, y que las etiquetas del monitoreo no estén enterradas. Busca los árboles que no hayan sido plantados, y plántalos o devuélvelos al vivero. Rellena los huecos que no contengan ningún árbol. Limpia el sitio de estacas de bambú sobrantes, sacos de fertilizante, bolsas de plástico y cualquier otra basura.

Siembra directa

La siembra directa puede reducir dramáticamente los costos de la plantación de un bosque. También es bastante más fácil de realizar, que el laborioso proceso de plantar árboles en contenedores, pero pocas especies de árboles pueden actualmente establecerse eficazmente por esta técnica (**Tabla 5.2**). Actualmente, el método sigue siendo complementario a la plantación convencional de árboles. Los pros y los contras fueron discutidos en **Sección 5.3**, pero las técnicas prácticas se presentan a continuación.

La sincronización óptima para la siembra directa

En regiones tropicales siempre-húmedas, la siembra directa puede implementarse en cualquier momento (excepto durante las condiciones de sequía). En áreas estacionalmente secas, la siembra directa debe realizarse al comienzo de la estación de lluvia (junto con la plantación convencional). Esto permite el tiempo suficiente, para que las plántulas que germinen puedan desarrollar un sistema de raíces, que tenga acceso a suficiente humedad del suelo, para permitir que los árboles sobrevivan la primera estación seca después de la siembra. Desafortunadamente, la estación de lluvia es también el momento cumbre del año, tanto para el crecimiento de las malezas, como para la reproducción de los roedores depredadores de semillas, de modo que el control de estos dos factores es particularmente importante. Se ha sugerido que estos problemas se evitarían al sembrar ya avanzada la estación de lluvia, pero investigaciones recientes han demostrado que la siembra temprana, para lograr un desarrollo extenso de las raíces antes de la estación seca, es la consideración de más peso (Tunjai, 2011).

Asegurar la disponibilidad de semillas

Las semillas deben almacenarse desde el momento de la fructificación, hasta el comienzo de la estación de lluvia. Muchas especies tropicales producen semillas recalcitrantes, que pierden su viabilidad rápidamente durante el almacenamiento, pero el período de almacenamiento requerido para la siembra directa, es menos de 9 meses y así el almacenamiento puede ser posible. Ver **Secciones 6.2** y **6.6** para más información sobre el almacenamiento de semillas.

Técnicas de siembra directa

Al comienzo de la estación de lluvia, recolecta semillas de las especies de árboles deseados (o remuévelos del almacenamiento). Aplica uno de los tratamientos pregerminativos conocidos, para acelerar la germinación de la especie relevante. Desentierra las malezas de los 'puntos de siembra' en un ancho de más o menos 30 cm, con espaciamientos de aproximadamente 1.5–2 m el uno del otro (o la misma distancia de regeneración natural presente). Cava un pequeño hueco en el suelo y llénalo con suelo de bosque. Esto asegura que los benéficos micro-organismos simbióticos (por ejemplo, los hongos micorriza) estén presentes cuando la semilla germine. Coloca varias semillas dentro de cada hueco y con un dedo presiónalas a una profundidad de, aproximadamente, el doble del diámetro de la semilla y cúbrelos con más suelo de bosque. Coloca materiales de mulch, como malezas muertas, alrededor de los puntos de siembra para evitar el crecimiento futuro de malezas. Durante las primeras dos estaciones de lluvia después de la siembra, desmaleza a mano alrededor de los puntos de siembra como fuese requerido. Si múltiples plántulas crecen en alguno de los puntos de siembra, remueve las más pequeñas y débiles, para que no compitan con las plántulas más grandes. Realiza experimentos para determinar las especies y técnicas más exitosas para la siembra directa, en cualquier sitio particular.

1. Primero, despeja los puntos de siembra de las malezas.
2. A continuación, cava pequeños huecos y añade suelo de bosque.
3. Luego, aprieta varias semillas dentro del suelo suelto.
4. Finalmente, cubre con más suelo de bosque.

7.3 Cuidar los árboles plantados

En sitios deforestados, los árboles plantados están sujetos a condiciones calientes, secas, soleadas, así como a la competencia con las malezas de crecimiento rápido. Las medidas de protección (como se describen en **Sección 5.1**) deben implementarse para prevenir incendios e ingreso de ganado que pueda matar tanto a los árboles plantados, como a la regeneración natural presente. Desmalezar y aplicar fertilizante (ver **Sección 5.2**) también son esenciales durante, al menos, 18–24 meses después de la plantación, para maximizar el crecimiento de los árboles y acelerar el cierre de copas. No será necesario ningún mantenimiento futuro después del cierre de copas.

Prevención de incendios y exclusión de ganado

Cortar cortafuegos, organizar equipos de supresión de incendios y exclusión de ganado de un sitio de restauración, se discute en la **Sección 5.1**.

Desmalezar

Desmalezar reduce la competencia entre los árboles plantados o naturalmente establecidos, y las malezas herbáceas. En casi todos los sitios tropicales, es necesario desmalezar para prevenir la alta mortandad en los primeros dos años después de plantar. Los métodos de desmalezar en forma circular y aplastar la maleza, descritos en la **Sección 5.2**, se pueden aplicar igualmente en los árboles plantados, o sobre la regeneración natural.

La frecuencia de desmalezar

La frecuencia de desmalezar depende de la rapidez con la que crezcan las malezas. Visita frecuentemente el sitio y observa el crecimiento, y desmaleza bastante antes de que las malezas crezcan por encima de las copas de los árboles plantados. El crecimiento de las malezas es más rápido durante la estación de lluvia. Después de plantar, desmaleza alrededor de los árboles plantados a intervalos de 4–6 semanas, mientras dure la estación de lluvia. Si el crecimiento de la maleza es lento, es posible reducir la frecuencia de desmalezar. No debería ser necesario desmalezar durante la estación seca.

En bosques estacionales, permite que antes del fin de la estación de lluvia, crezca la maleza un poco para darles sombra y así prevenir la desecación, cuando el clima sea seco y caliente. No obstante, recuerda que esto también incrementa el riesgo de incendios, de modo que haz esto sólo donde las medidas contra incendios sean eficaces. Allí donde los incendios sean particularmente probables, trata de mantener las parcelas plantadas limpias de maleza todo el tiempo. La mano de obra para desmalezar varía con la densidad de la maleza, pero como guía, presupuesta 18–24 días de trabajo por hectárea.

¿Durante cuánto tiempo hay que continuar desmalezando?

Normalmente, es necesario desmalezar durante dos estaciones de lluvia después de plantar. En el tercer año después de plantar, se puede reducir la frecuencia de desmalezar, si las copas de los árboles plantados empiezan a encontrarse y a formar un dosel de bosque. En el cuarto año, la sombra del dosel del bosque debe ser suficientemente densa como para prevenir el crecimiento de las malezas.

Desmalezar es esencial para mantener los árboles vivos durante los primeros años después de plantar. (A) Una alfombrilla de mulch de cartón, puede ayudar a mantener la maleza inmediatamente alrededor del tronco. (B) Saca a mano la maleza que crece cerca de la base de los árboles (lleva guantes) para evitar dañar a las raíces de los árboles. Trata de mantener intacta la alfombrilla de mulch. (C) A continuación, usa un azadón para desarraigar las malezas en un círculo alrededor de la alfombrilla de mulch y (D) coloca las malezas desarraigadas encima del mulch de cartón. (E) Finalmente, aplica fertilizante (50–100 g) en un círculo alrededor de la alfombrilla de mulch.

Técnicas de desmalezar

El método de aplastar la maleza descrito en la **Sección 5.2,** se puede usar para aplanar la maleza que crece entre los árboles. Si las malezas no son susceptibles al aplastamiento, usa entonces machetes o un desbrozador de malezas (un cortador de malezas mecánico de mano), manteniéndote suficientemente lejos, tanto de los árboles plantados como de los naturales para evitar cortarlos por accidente.

Un acercamiento más delicado se requiere alrededor de los árboles mismos. Ponte guantes y arranca con cuidado las malezas que crecen cerca de los troncos de los árboles, incluyendo las que crecen a través del mulch. Trata de no perturbar mucho el mulch. Usa un azadón para desenterrar las malezas cerca del área con el mulch en sus raíces. Coloca las malezas desarraigadas alrededor del árbol, encima del mulch existente. Esto le da sombra a la superficie del suelo e inhibe la germinación de las semillas de malezas, incluso cuando el mulch orgánico se va descomponiendo. Trata de que las raíces de las malezas desenterradas, no toquen el tronco del árbol, ya que esto podría fomentar una infección de hongos. Aplica fertilizante alrededor de cada árbol inmediatamente después de desmalezar.

Frecuencia de aplicación de fertilizante

Incluso en suelos fértiles, la mayoría de especies de árboles se benefician de la aplicación de fertilizante, durante los primeros dos años después de plantar. Les permite crecer rápidamente por encima de las malezas y sombrearlas, reduciendo así los costos de mano de obra. Aplica 50–100 g de fertilizante, a intervalos de 4–6 semanas, inmediatamente después de desmalezar, en un círculo aproximadamente 20 cm distante del tronco del árbol. Si se ha colocado una alfombrilla de mulch de cartón, aplica el fertilizante alrededor del borde de ésta. Se recomienda un fertilizante químico (N:P:K 15:15:15) para sitios en tierras altas, mientras que los gránulos producen resultados significativamente mejores en suelos lateríticos en tierras bajas (ver **Sección 7.2**). Desmalezar antes de aplicar fertilizante, asegura que serán los árboles plantados los que se beneficien de los nutrientes y no las malezas.

7.4 El seguimiento del progreso

Todos los proyectos de plantación de árboles deben ser monitoreados, pero hay muchos enfoques diferentes para monitorear, que van desde un foto-monitoreo básico y evaluación de tasas de supervivencia de los árboles (descrito aquí), hasta sistemas complejos de pruebas de campo, diseñados para investigar el desempeño de las especies, los efectos de los tratamientos de silvicultura y la recuperación de la biodiversidad (descrito en la **Sección 7.5**).

¿Por qué es necesario el seguimiento?

Los financiadores quieren saber si la plantación de árboles por la que han pagado es exitosa, de modo que los resultados del monitoreo son normalmente, componentes esenciales en los informes del proyecto. Inicialmente, esto significa averiguar si los árboles plantados han sobrevivido y crecido bien, en los primeros años después de haber sido plantados, pero la medida última del éxito es lo rápido que el bosque restaurado, vuelve a parecerse al ecosistema del bosque-objetivo, en términos de estructura y función (ver **Sección 1.2**), y composición de especies (ver **Sección 7.5**). El interés en técnicas de monitoreo está creciendo rápidamente, y los sistemas de monitoreo que se proponen se están volviendo cada vez más complejos y rigurosos. Esto se debe al valor que se le está dando ahora a los bosques, como almacenes de carbono. Pequeños errores de monitoreo, pueden resultar en la ganancia o pérdida de grandes sumas de dinero en el mercado del carbono. Por ello, si tu proyecto está financiado por un esquema de compensación de carbono (por ejemplo, REDD+), asegúrate de que estés siguiendo los protocolos de monitoreo estipulados por el fundador y estate preparado para tener examinado con precisión cada aspecto de tu programa de monitoreo.

El seguimiento simple usando la fotografía

La manera más simple de evaluar los efectos de la plantación de árboles, es tomar fotos antes de plantar y después, a intervalos regulares (una vez por estación o año). Un sitio vecino donde no se haya implementado ninguna restauración, puede ser fotografiado similarmente, de modo que se pueda comparar la restauración con la regeneración no asistida. Localiza los puntos con vista clara en los sitios plantados, así como los puntos notables en el paisaje. Marca las posiciones de los puntos con un poste de metal o concreto, o pinta una flecha en una roca grande. Ajusta la cámara a la resolución más alta y el ángulo más amplio, y trata de usar la misma cámara para todas las tomas. Encuadra cada toma de manera que se vea un punto marcado, o bien al margen de la derecha o al de la izquierda de la imagen, y de manera que el horizonte esté alineado cerca del borde superior (es decir, minimiza la cantidad de cielo en la imagen). Registra la fecha, el número del punto, localidad (coordenadas si tienes un GPS), y edad de la parcela y usa un compás para medir la dirección en la que apunta la cámara. Las fotos en la **Sección 1.3** son buenos ejemplos. En estas imágenes, el gran tocón negro sirve como punto de referencia.

Apenas puedas, baja las fotos a una computadora y haz una copia de seguridad en un dispositivo de almacenamiento, o en internet. Usa un sistema para nombrar los archivos, de modo que las fotos se puedan disponer fácilmente en orden cronológico y por ubicación de los puntos (por ejemplo, 2013_Punto1_ Parcela141231). Cuando vuelvas a tomar más fotos, lleva las previas, de modo que puedas usar los relieves del terreno para ubicar las nuevas tomas, para que sean lo más similares posibles a las anteriores.

Las fotos son fáciles de tomar y compartir, y proveen una representación de fácil comprensión, del progreso de los proyectos de restauración. No obstante, los patrocinadores normalmente requieren algún tipo de monitoreo de la supervivencia y crecimiento de los árboles. En ese caso provee con etiquetas un subconjunto de los árboles plantados y mídelos a intervalos regulares.

Muestreo de árboles para el seguimiento

El requerimiento mínimo para un monitoreo adecuado, es una muestra de 50 o más individuos de cada especie plantada. Cuanto mayor sea la muestra, tanto mejor. Selecciona árboles al azar para incluirlos en la muestra; ponles etiquetas en el vivero antes de transportarlos al sitio de plantación. Plántalos aleatoriamente a través del sitio, pero asegúrate de que los puedas encontrar de nuevo. Coloca un palo de bambú pintado con color, al lado de cada árbol que ha de ser monitoreado; copia el número de identificación de la etiqueta del árbol en el palo del bambú, con un lapicero indeleble y dibuja un croquis que te ayude a encontrar los árboles de la muestra en el futuro.

Etiquetar las plántulas plantadas

Las suaves cintas de metal usadas para atar cables eléctricos, que se pueden conseguir en tiendas de suministros de construcción, son excelentes para etiquetar los pequeños árboles. Se pueden fácilmente transformar en aros alrededor de los troncos. Usa perforadores de números de metal, o un clavo puntiagudo para grabar el número de identificación en cada etiqueta y dóblala en aro alrededor del tronco del arbolito, encima de la rama más baja (si

Antes de plantar, fija etiquetas en cinta de metal alrededor de los troncos de los árboles. Asegúrate de que no se entierren durante la plantación. Las etiquetas podrían incluir, además del número del árbol, información sobre la especie, año de plantación, número de parcela. Por ejemplo, 22–48 12–3 podría significar que es el individuo 48 de la especie número 22, plantado en la parcela 3 en el año 2012. Mantén registros precisos de tu sistema de enumeración.

la hubiera). Esto prevendrá que la etiqueta se entierre en el momento de la plantación del árbol. Alternativamente, se pueden cortar latas de bebidas, que también son excelentes para hacer etiquetas de árboles. Corta la parte superior e inferior de las latas y corta las paredes en franjas. Usa un bolígrafo duro o un clavo para grabar los números en las franjas del suave metal (en la superficie interior). Las franjas pueden entonces doblarse en aros sueltos alrededor de los troncos de las plántulas.

Mantener las etiquetas en posición, en árboles de crecimiento rápido es difícil, pues conforme crecen los árboles, sus troncos en expansión los van desechando. Si se lleva a cabo frecuentemente el monitoreo, puedes ir reposicionando o reemplazando las etiquetas antes de que se pierdan.

Una vez que los árboles hayan desarrollado un perímetro de 10 cm o más, a 1.3 m por encima del nivel del suelo (perímetro a la altura del pecho (PAP)), se pueden clavar etiquetas más permanentes en los troncos, marcando el punto de medida perímetro a 1.3 m. usa clavos galvanizados de 5 cm con cabezas planas. Clávalos aproximadamente un tercio en el tronco, para permitirle al tronco espacio para crecer. Las láminas de metal de las latas de bebidas, cortadas en grandes cuadrados, de modo que se pueda leer el número de identificación a distancia, son excelentes etiquetas para los árboles más grandes.

1.30 M

Una vez que los árboles han crecido, el monitoreo de actuación posterior se puede basar en el incremento del perímetro a la altura del pecho (PAP).

Monitoreo del desempeño de los árboles

Para monitorear el desempeño de los árboles, trabaja en parejas, uno tomando las mediciones y otro registrándolas, en las hojas de registro preparadas con antelación. Una pareja puede recoger datos de hasta 400 árboles al día. De antemano, prepara hojas de registro que incluyan una lista de los números de identificación de todos los árboles etiquetados (ver **Sección 7.5**). Lleva los croquis de las ubicaciones, hechos cuando se plantaron los árboles etiquetados, para ayudarte a encontrarlos. Adicionalmente, llévate una copia de los datos recogidos en sesiones previas de monitoreo. Esto te puede ayudar a resolver problemas de identificación de los árboles, especialmente de árboles que podrían haber perdido sus etiquetas.

Cuándo monitorear

Mide los árboles 1–2 semanas después de plantados, para proveer datos de línea de base para los cálculos de crecimiento, y para evaluar la mortandad inmediata, que puede resultar del shock de trasplante o del manejo descuidado durante el proceso de plantación. Después de eso, monitorea tres veces al año; en bosques estacionales, esta tarea debe llevarse a cabo al final de la estación de lluvia. El evento de monitoreo más importante, sin embargo, es al final de la segunda estación de lluvia después de plantar (o después de 18 meses), cuando se pueden usar los datos de desempeño en el campo, para cuantificar la idoneidad de cada especie de árbol en las condiciones prevalecientes del sitio (ver **Sección 8.5**).

¿Qué mediciones hay que hacer?

Un monitoreo rápido del desempeño de los árboles, puede consistir en conteos simples de los árboles supervivientes y muertos, pero registrar la condición de los árboles plantados cada vez que se inspeccionan, puede alertarnos a tiempo si algo está saliendo mal. Asigna una puntuación simple de salud a cada árbol y registra notas descriptivas sobre cada problema de salud observado en particular. Una simple escala de 0–3 es normalmente suficiente para registrar la salud en general. Apunta cero si la planta parece haber muerto. Para árboles de hoja caduca, no confundas el árbol sin hojas en la estación seca, con un árbol muerto. No dejes de monitorear los árboles, solo porque obtuvieron la puntuación cero en una ocasión. Los árboles que parecen muertos por encima del nivel del suelo, podrían tener aún raíces vivas, de las cuales se podrían desarrollar nuevos brotes. Dale 1 punto si el árbol está en condiciones pobres (pocas hojas, la mayoría de ellas desteñidas, daño severo de insectos, etc.). Dale 2 puntos a los árboles que muestren algún signo de daño, pero que retienen un follaje saludable. Dale 3 puntos a los árboles en perfecto, o casi perfecto, estado de salud.

Mide la altura de los árboles plantados desde el cuello de las raíces hasta el meristema (punto en crecimiento) más alto.

Un monitoreo más detallado del desempeño de los árboles, consiste en medir la altura y/o perímetro (para calcular la tasa de crecimiento) y el ancho de la copa. En el primer o segundo año después de plantar, la altura de los árboles puede ser medida con cintas de 1.5 m fijadas en varas. Mide la altura del árbol desde el cuello de las raíces (punta del brote). Para árboles más altos, de hasta 10 m, se pueden usar varas de medida telescópicas. Estas varas se pueden comprar comercialmente pero también se pueden hacer de forma casera. Las mediciones del perímetro a la altura del pecho (PAP), antes que de la altura, son más fáciles de hacer en los árboles más altos y se pueden usar para calcular las tasas de crecimiento.

Los cálculos de las tasas de crecimiento de los árboles que están basados en la altura, pueden a veces no ser fiables, ya que los brotes se pueden ocasionalmente dañar o secar, siendo entonces tasas de crecimiento negativas para plántulas pequeñas, aun cuando éstas puedan estar creciendo vigorosamente. Por consiguiente, las mediciones del diámetro del cuello de raíces (DCR) o del PAP proveen frecuentemente una evaluación más estable del crecimiento de los árboles. Para árboles pequeños, usa calibradores con una escala de Vernier, para medir el DCR en el punto más ancho (para el uso de calibradores, ver **Sección 6.6**). Una vez que un árbol ha crecido lo suficiente en altura, como para desarrollar un PAP de 10 cm, mide tanto el DCR y el PAP la primera vez y después ya solo mide el PAP.

La supresión del crecimiento de las malezas (una característica de 'framework' importante), también se puede cuantificar. Medir el ancho de las copas y usar un sistema de puntuación para la cobertura de la maleza, puede ayudar a determinar la extensión a la que una especie contribuye a la 're-captura' del sitio. Usa huinchas de distancia, para medir el ancho de las copas de los árboles en su punto más amplio. Imagina un círculo de aproximadamente 1 m de diámetro, alrededor de la base de cada árbol. Dale la puntuación 3 si la cobertura de la maleza es densa a través de todo el círculo; 2 si la cobertura de la maleza y la cobertura de la hojarasca son ambas moderadas; 1 si solo unas pocas malezas crecen en el círculo y 0 para ninguna (o casi ninguna) maleza. Haz esto antes de la fecha fijada para desmalezar.

Mide el ancho de la copa en su punto más amplio, para evaluar el cierre de copas y la 're-captura' del sitio.

Análisis de los datos

Para cada especie, calcula el porcentaje de supervivencia al final de la segunda estación de lluvia, después de plantar (o después de 24 meses) como sigue:

$$\% \text{ de supervivencia estimada} = \frac{\text{Núm. de árboles etiquetados supervivientes}}{\text{Núm. de árboles etiquetados plantados}} \times 100$$

Usa el porcentaje de supervivencia de los árboles de muestra etiquetados, para estimar cuántos árboles de cada especie han sobrevivido en todo el sitio. Luego determina el porcentaje de supervivencia del número total de árboles plantados como se muestra en el **Tabla 7.1**.

Tabla 7.1. Ejemplo de cálculo de tasas de supervivencia de las especies.

Especie	Núm. de árb. de muestra etiquetados	Núm. de árb. supervivientes etiquetados	Supervivencia % estimada (%S)	Total núm. de árb. plantados (ÁP)	Núm. de super-vivientes estimados (ÁP × %S/100)
E004	50	46	92	1,089	1,002
E017	50	34	68	678	461
E056	50	45	90	345	311
E123	50	48	96	567	544
E178	50	23	46	358	165
Totales				**3,037**	**2,482**

% de supervivencia general estimado   81.7

Para determinar las diferencias significativas de supervivencia entre las especies, usa la prueba de Chi (o "ji") cuadrado (X^2). Escribe en una tabla los números de los árboles vivos y muertos, de las dos especies que quieras comparar así:

Especie	Vivo	Muerto	Total
E123	48	2	50
E178	23	27	50
Total	71	29	100

a	b	a+b
c	d	c+d
a+c	b+d	a+b+c+d

Calcula la estadística de Chi cuadrado (X^2), usando la fórmula:

$$(X^2) = \frac{(ad-bc)^2 \times (a+b+c+d)}{(a+b) \times (c+d) \times (b+d) \times (a+c)}$$

Una diferencia significativa es indicada, al calcular el valor de un Chi cuadrado que exceda 3.841 (con <5% de probabilidad de error). Este valor crítico es independiente del número de árboles en las muestras. En el ejemplo de arriba, 30.35 excede por mucho el valor crítico, de modo que podemos confiar en que E123 va a sobrevivir de manera significativamente mejor que E178 (para más información, ir a www.math.hws.edu/javamath/ryan/ChiSquare.html). Remueve las especies con bajas tasas de supervivencia, de plantaciones futuras y retén aquellas con tasas de supervivencia más altas (ver **Sección 8.5**).

Calcula la altura media y el DCR de cada especie, y calcula las tasas de crecimiento relativo (TCR; ver **Sección 7.5**). Para mostrar diferencias significativas entre las especies, usa la prueba de estadística, ANOVA (ver **Apéndice A2.2**).

El monitoreo de otros aspectos de la restauración de bosques

Los métodos de investigación detallados, que se usan para determinar la recuperación de bosques, se describen en la **Sección 7.5**, pero si no tienes la capacidad o los recursos para implementarlos, entonces un simple monitoreo informal puede al menos proveer a las partes interesadas, con la sensación de logros necesaria para mantener el interés en el proyecto. Visita regularmente las parcelas plantadas y registra cuándo se observen las primeras flores, frutos o nidos de aves en cada una de las especies de árboles plantada. Registra cualquier avistamiento de animales (o sus señales), especialmente de dispersores de semillas. Una vez que el dosel se haya cerrado, inspecciona las parcelas por plántulas o árboles establecidos naturalmente, y registra el retorno de las especies notables. Esto ayuda a dar una impresión de lo rápido que el bosque restaurado, empieza a parecerse al bosque-objetivo, y lo rápido que sucede la recuperación de la biodiversidad.

Monitoreo de la acumulación de carbono

Muchos patrocinadores quieren saber cuánto carbono se restaura a través de los árboles, en un proyecto de restauración, de modo que pudieran compensar sus huellas de carbono, o convertirlo en dinero en efectivo en el mercado de carbono. Por consiguiente, los patrocinadores frecuentemente requieren implementadores de proyectos, que sigan los estándares internacionales de acreditación y monitoreo, que incluyen auditorías independientes para verificar la acumulación del carbono. Hay muchos estándares de carbono de bosques, que difieren en el modo en que se usan, para investigar los proyectos de silvicultura por la compensación de carbono. Los cuatro más relevantes para los proyectos de restauración de bosques están enumerados en la **Tabla 7.2**. Si tu proyecto está registrado en una de estas organizaciones, asegúrate de que estás siguiendo los protocolos de monitoreo que estipulan. La elaboración del Documento de Diseño del Proyecto (DDP), la 'validación' y 'verificación' del almacenamiento de carbono, así como el registro del crédito de carbono, puede costar en cualquier lugar entre US$ 2,000 y US$ 40,000. Estos cobros tan altos excluyen efectivamente, a las organizaciones pequeñas de participar en estos esquemas, excepto en el caso de que numerosas organizaciones pequeñas, junten sus proyectos en paquetes para obtener la certificación. Además, las organizaciones de comunidades, frecuentemente carecen de la experiencia necesaria, para completar la compleja solicitud y los procedimientos de verificación. Nuestro consejo a las organizaciones pequeñas, es buscar auspicio a través de mecanismos corporativos de responsabilidad social, que son independientes del financiamiento por carbono.

Tabla 7.2. Organizaciones estándar de carbono.

Organización	Organización	Página web
CarbonFix Info	Estándar simplificado, amigable para el usuario, que garantiza créditos de carbono de alta calidad. Adaptable a los creadores y financiadores del proyecto. Recomendado para proyectos de restauración.	www.carbonfix.info
Verified Carbon Standard (VCS)	Un estándar de alta calidad que garantiza que los créditos de carbono sean reales, verificados, permanentes, adicionales y únicos. Provee metodologías detalladas para cuantificar emisiones de carbono reducidas.	www.v-c-s.org
Plan Vivo	Se les permite a los proyectos desarrollar sus propias metodologías en asociación con institutos de investigación o universidades. Los objetivos incluyen un impacto positivo en comunidades rurales. La cuantificación de la acumulación de carbono carece del rigor general de otras organizaciones.	www.planvivo.org
Climate, Community & Biodiversity (CCB)	Cuantifica los co-beneficios de factores socio-económicos y de biodiversidad, pero recomienda el uso de VCS para certificar los créditos de carbono.	www.climate-standards.org

Para estimar la acumulación de carbono en un bosque que está siendo sometido a la restauración, debes saber la masa de árboles por unidad de área. Los troncos y las raíces contienen la mayor parte de carbono, encima del nivel del suelo, en un bosque; la cantidad de carbono en las hojas de los árboles y flora del suelo es casi insignificante, comparado con la que hay en los troncos y raíces.

Las mediciones simples de los perímetros de los troncos de los árboles, en un área conocida, puede dar una aproximación de la mayor parte del carbono de encima del nivel del suelo (CES), que se calcula usando ecuaciones publicadas (denominadas ecuaciones 'alométricas'), que describen la relación entre el diámetro de un árbol a la altura del pecho (y/o altura del árbol) y su masa seca, encima del nivel del suelo en kilogramos. Estas ecuaciones son preparadas por investigadores que cortaron árboles con circunferencias que difieren ampliamente, y luego los secan y pesan pieza por pieza. Se usan diferentes ecuaciones para los diferentes tipos de bosques, incluso para las diferentes especies de árboles, de modo que los desarrolladores de proyectos, deben investigar la literatura en busca de la ecuación que más se ajuste al tipo de bosque que se esté restaurando (ver Brown, 1997; Chambers et al., 2001; Chave et al., 2005; Ketterings et al., 2001; Henry et al., 2011). El uso de estas ecuaciones puede resultar algo difícil, de modo que pide a un matemático que te ayude si no las entiendes.

La alternativa, en caso de que no hubiese ecuaciones alométricas para el tipo de bosque requerido, es usar valores por defecto del tipo de bosque, basado en fuentes internacionales, domésticas o locales. Los valores por defecto internacionales están listadas en la **Tabla 7.3**.

Para hacer muestras de acumulación de carbono en el campo, usa postes de metal para marcar, al menos, 10 puntos permanentes de muestreo a través del sitio de restauración. Usa una cuerda de 5 m de largo para determinar qué árboles están a 5 m de los postes y luego mide su perímetro a la altura del pecho (1.3 m desde el suelo). Divide el perímetro de los árboles por pi (3.142), para convertir al diámetro de los árboles. Luego, usa las ecuaciones alométricas, para estimar la masa seca sobre el suelo de cada árbol en kg de su diámetro. Convierte a un valor por hectárea de la manera siguiente:

$$\frac{\text{Suma de la masa seca sobre el suelo (kg) de todos los árboles en todas las parcelas} \times 10{,}000}{\text{Núm. de parcelas} \times 78.6}$$

Divide el resultado entre 1,000, para convertir a toneladas métricas (es decir, Megagramos (Mg) en unidades SI) por hectárea y compara tus resultados con los valores típicos para bosques tropicales (**Tabla 7.3**), para ver lo cerca que está tu bosque restaurado de los valores del típico bosque-objetivo.

Tabla 7.3. Figuras típicas de biomasas sobre el suelo para diferentes tipos de bosques tropicales. Bosques tropicales más secos, típicamente contienen menos biomasa que los más húmedos (IPCC, 2006; Tabla 4.7).

Tipo de bosque	Continente	Biomasa sobre el suelo (toneladas de masa seca por hectárea)
Bosque tropical húmedo	África, América del S.& N., Asia (continental), Asia (insular)	310 (130–510) 300 (120–400) 280 (120–680) 350 (280–520)
Bosque tropical caducifolio húmedo [=Bosque tropical estacional]	África, América del S.& N., Asia (continental), Asia (insular)	260 (160–430) 220 (210–280) 180 (10–560) 290
Bosque tropical seco	África, América del S.&N., Asia (continental), Asia (insular)	120 (120–130) 210 (200–410) 130 (100–160) 160

Para calcular la masa de las raíces de los árboles, multiplica la biomasa sobre el suelo por 0.37 para bosques tropicales siempreverdes, o por 0.56 para bosques más secos (Tabla 4.4 en IPCC, 2006), o consulta Cairns *et al.* (1997) para las tasas de otros tipos de bosques. Cuando estos resultados son añadidos a la biomasa sobre el suelo, obtienes una estimación de las toneladas de masa seca de los árboles por hectárea.

El contenido de carbono de la madera tropical seca, varía considerablemente entre las especies, pero el valor promedio es alrededor de 47% (Tabla 4.3 in IPCC, 2006; Martin y Thomas, 2011). Por ello, multiplica el resultado por 0.47 para obtener una estimación de la masa de carbono en los árboles, por hectárea.

Para averiguar cuánto vale el carbono, convierte las toneladas de carbono en un valor equivalente de toneladas de dióxido de carbono, multiplicándolos por 3.67, luego busca el valor de una tonelada de dióxido de carbono equivalente en el mercado de créditos de carbono en: www.tgo.ot.th/english/index.php?option=com_content&view=category&id=35&Itemid=38. También lee el manual del Centro Mundial Agroforestal, disponible gratis aquí: www.worldagroforestry.org/sea/Publications/files/manual/MN0050-11/MN0050-11-1.PDF.

7.5 Investigación para mejorar el rendimiento de los árboles

Si tienes suficientes recursos, podrías considerar convertir tu proyecto de restauración de bosque, en un programa de investigación, en el que recolectas más información de la que normalmente viene de los procedimientos del monitoreo básico descrito arriba. Esto requiere recoger datos de una manera sistemática, en varias parcelas 'replicadas' — un así denominado 'sistema de parcelas de prueba de campo' o SPPC. Un SPPC se puede usar para comparar el rendimiento de las especies de árboles plantadas, para evaluar los efectos de los tratamientos de silvicultura, para evaluar la recuperación de la biodiversidad y la acumulación de carbono, y para determinar el diseño y el manejo óptimo de las parcelas de restauración. También puede convertirse en una herramienta valiosa de demostración, que se puede usar para enseñar a otros, las técnicas efectivas de la restauración y cómo evitar repetir errores costosos.

¿Qué es un SPPC?

Un SPPC es un conjunto de pequeñas parcelas (típicamente 50 × 50 m = 0.25 ha), cada una plantada con una mezcla diferente de especies de árboles y/o tratamientos diferentes de silvicultura, usando el sistema de bloque completo al azar, descrito en el **Capítulo 6** (pág. 198) y en el **Apéndice A2.1**. Cada temporada de plantación, se añaden nuevas parcelas al sistema. En las nuevas parcelas, las especies de árboles y los tratamientos que han funcionado mejor se retienen, usando el procedimiento de selección descrito en la **Sección 8.5**, mientras que las especies con un rendimiento pobre y los tratamientos que no tuvieron éxito, se abandonan para hacer espacio para nuevas especies y tratamientos a probar. Si el trabajo va bien, las parcelas más recientes superan a las más antiguas, porque el SPPC se va gradualmente mejorando en respuesta a los datos ingresados. Por ello, selecciona un área para un SPPC que tenga suficiente tierra sin usar, para una futura expansión. Un área ideal para plantar a lo largo de un período de 10 años, debería tener por lo menos 20 ha.

Usando el espaciamiento recomendado de 1.8 m entre los árboles, y un tamaño estándar de parcela de 50 × 50 m, requiere aproximadamente 780 árboles por parcela. Con un tamaño de muestra mínimo aceptable de 20 individuos por especie, esto permite que se prueben un máximo de 39 especies cada año.

Objetivos de un SPPC

Un SPPC tiene tres objetivos principales: i) generar datos científicos, que se usan para desarrollar las 'mejores prácticas de campo' para una restauración de bosque eficaz; ii) probar la viabilidad de estas mejores prácticas; y iii) proveer un sitio de demostración para la enseñanza y el entrenamiento en los métodos de restauración.

Las preguntas científicas que son abordadas por un SPPC pueden incluir:

- ¿Qué especies de árboles probadas cumplen con los criterios requeridos?
- ¿Cuál es la densidad óptima de plantación?
- ¿Qué tratamientos de silvicultura (por ejemplo, desmalezar, aplicación de fertilizante, uso de mulch etc.) maximizan el rendimiento de los árboles plantados? ¿Con qué frecuencia y por cuánto tiempo se deben aplicar estos tratamientos?
- ¿Cómo se puede optimizar el diseño de una plantación (por ejemplo, cuántas especies por parcela)?
- ¿Qué especies pueden o no, crecer juntas?
- ¿Con qué rapidez se recupera la biodiversidad? ¿Cómo afecta la distancia al boque más cercano, la recuperación de la biodiversidad?

Un SPPC es también una valiosa herramienta de enseñanza y entrenamiento.

La investigación en un SPPC, debe abordar las preguntas más simples (relacionadas con el rendimiento de las especies y los tratamientos de silvicultura) primero, y explorar cuestiones más complejas (tales como la mezcla de especies, las distancias a los bosques naturales etc.) después. Ya que todos los árboles en las parcelas son de edad y especie conocidas y la mayoría están etiquetados, el SPPC inevitablemente se convierte en un recurso de investigación muy buscado por otros científicos y estudiantes de investigación.

¿Dónde se debe establecer el SPPC?

En realidad, la posición del SPPC se puede determinar a través de cuestiones básicas de propiedad de la tierra y proximidad a la organización hospedera de la Unidad de Investigación de Restauración de Bosques (FORRU, por sus siglas en inglés), pero donde fuera posible, trata de tener en cuenta las consideraciones científicas y prácticas de abajo.

Consideraciones científicas

Uniformidad — los experimentos de parcela, son notoriamente vulnerables a la variabilidad de las condiciones del sitio. Podría ser difícil separar, los efectos de los tratamientos aplicados en las diferentes parcelas, de los efectos de las diferencias en las condiciones medio ambientales entre las parcelas. Hasta cierto punto, este problema se puede compensar usando un diseño experimental de bloque completo al azar, pero ayuda si el SPPC es establecido en terrenos bastante uniformes en términos de elevación, ladera, aspecto, lecho de roca, tipo de suelo etc.

Vegetación — ajusta las técnicas de restauración probadas en un SPPC, con la fase de degradación inicial del sitio (ver **Sección 3.1**).

Valor de conservación — los SPPCs son particularmente valiosos, cuando se ubican dentro de un área protegida o en una zona de amortiguamiento, o donde la conservación de la biodiversidad sea la prioridad máxima de la gestión. Usar un SPPC, para crear corredores que enlacen fragmentos de bosque restante, le da un valor de conservación añadido.

Consideraciones prácticas

La accesibilidad y la topografía — un acceso razonablemente conveniente, por lo menos con vehículos 4x4 es esencial, no solamente para plantar, mantener y monitorear los árboles, sino también para facilitar visitas a las parcelas con propósitos educacionales. Selecciona un área a 1–2 horas de viaje del vivero de la FORRU, o del cuartel general. Obviamente, los sitios más llanos son más fáciles de trabajar que los empinados.

La proximidad a una comunidad local, que apoye la idea de la restauración de bosque — esto permite el intercambio de conocimiento científico y el conocimiento indígena local, y el acceso a la experiencia de los aspectos sociales de la silvicultura 'framework'. Una comunidad local, puede proveer una fuente de mano de obra y seguridad para las parcelas de prueba de especies 'framework' (ver **Sección 8.2**). La importancia de incluir a todas las partes interesadas en la discusión sobre el establecimiento del FTPS, se ha expuesto en el **Capítulo 4**. Tierra abandonada que alguna vez fue agrícola, donde se ha vuelto demasiado difícil o poco económico cultivar, debido a las condiciones medio ambientales deterioradas, es ideal.

Tenencia de tierra — si la organización de la FORRU hospedera no es dueña de la tierra, debe establecer un acuerdo con la autoridad que controla el uso de la tierra en ese área. Ésta será muy probablemente, el departamento gubernamental encargado de los recursos o conservación forestales, o posiblemente una comunidad local.

Establecer las parcelas

Un SPPC consiste en varias parcelas de tratamiento (T) y dos tipos de parcelas de control: parcelas de 'control de tratamiento' (CT) y parcelas de 'control no-plantado' (CNP). Primero, decide en un conjunto de procedimientos a seguir para establecer las parcelas de CT. El protocolo estándar debe basarse en las prácticas actuales mejor conocidas para producir árboles en el área, que pueden derivarse de la experiencia, conocimiento indígena y considerando las condiciones locales. El protocolo estándar se puede mejorar año tras año, incorporando los tratamientos que han sido más exitosos, en los análisis de los experimentos de campo de cada año. Cada año los efectos de los tratamientos nuevos, aplicados en las parcelas de T, se comparan con las parcelas de CT.

Empieza con el siguiente protocolo y modifícalo para ajustarlo a las condiciones locales:
- Seis a ocho semanas antes de plantar, mide las parcelas; demarca las esquinas con postes de concreto o similar y haz un mapa de las parcelas, claramente indicando los números de identificación de las parcelas y qué parcelas han de recibir qué tratamientos.
- Entonces, corta las malezas a la altura del suelo (excepto en las parcelas de control no-plantado), pero evita cortar cualquier plántula o árbol joven naturalmente establecido, así como los rebrotes de tocón), márcalos de antemano con postes o banderillas de colores).
- Un mes antes de plantar, aplica un herbicida no-residual (por ejemplo, glifosato) para matar la maleza que ha brotado.
- Provee los árboles con etiquetas y plántalos en el tiempo apropiado.
- Planta el número apropiado de especies de árboles candidatos (en lo posible, números iguales de todas las especies, al menos 20 árboles de cada especie por parcela) espaciados, en promedio 1.8 m aparte. Mezcla al azar las especies a través de cada parcela.
- Si fuera necesario, aplica 50–100 g de fertilizante NPK 15:15:15 en un círculo aprox. 20 cm distante de los troncos de los árboles en el momento de plantar.
- Durante la primera estación de lluvia (o los primeros 6 meses después de plantar en un bosque húmedo) repite el tratamiento de fertilizante, y desmaleza alrededor de los árboles (usando herramientas de mano) al menos tres veces, a intervalos de 6–8 semanas (ajusta la frecuencia de acuerdo a la lluvia y la tasa de crecimiento de la maleza).

- Al comienzo de la primera estación seca, después de plantar (en bosques tropicales estacionalmente secos), corta cortafuegos alrededor de las parcelas, e implementa la prevención de incendios y el programa de supresión de fuego.
- Repite el desmalezado y la aplicación de fertilizante durante la segunda estación de lluvia, después de plantar.
- Al comienzo de la tercera estación de lluvia, evalúa la necesidad de futuras operaciones de mantenimiento.

Inmediatamente adjuntos a las parcelas de CT, establece las parcelas de tratamiento (T1, T2, T3, etc.), simultáneamente y de la misma manera exactamente, pero variando solo un componente del protocolo (por ejemplo, las técnicas de fertilizante o desmalezado etc.). El rendimiento de los árboles en las parcelas T es entonces comparado con el de las parcelas CT.

Diseño experimental

Se recomienda un diseño de bloque completo al azar (DCBA). Junta en un bloque, las réplicas sueltas de cada tipo de parcela de T con una de CT y replica los bloques, en al menos tres localidades a través del sitio (4–6 localidades sería mejor). Posiciona los bloques a, por lo menos, unos cuantos cientos de metros aparte si fuera posible, para tener en cuenta la variabilidad de las condiciones (ladera, aspecto etc.) a través del área de estudio. Al azar, asigna los tratamientos a cada parcela de T dentro de cada bloque. Planta 'líneas de árboles guardia' alrededor de cada parcela y bloque, para prevenir que un tratamiento influencie a otro y reducir los efectos de borde.

A continuación añade parcelas de 'control no-plantado', en las que no se planta ningún árbol, no se aplica ningún tratamiento y la vegetación es dejada sin perturbar, para someterse a la sucesión natural. La función de las parcelas CNP es generar datos de línea de base, sobre la tasa natural de recuperación de la biodiversidad, en ausencia de plantaciones y tratamientos de restauración de bosque. Se compara entonces, la recuperación de la biodiversidad en las parcelas de restauración, con lo que hubiera pasado naturalmente, si nunca se hubiera implementado la restauración de bosque. Asocia una parcela de CNP con cada bloque de parcelas de CT y T. Si las parcelas de CNP son adyacentes a las parcelas plantadas, las aves que son atraídas por los árboles plantados, pasarán a las parcelas de CNP. De modo que las parcelas de VNP deben establecerse, al menos a 100 m de las parcelas plantadas.

Un diseño de bloque al azar, con bloques de árboles diseminados a través del área de estudio. Los bloques se posicionan al menos a unos cuantos cientos de metros de distancia aparte y no lejos de bosques restantes. T = parcelas de tratamiento; TC = parcelas de control ('treatment control' en inglés) y NPC = parcelas de control no-plantado ('non-planted control' en inglés).

Elección de tratamientos

Considera los factores principales que limitan la supervivencia y el crecimiento de los árboles en el sitio de estudio, y diseña los tratamientos para superarlos. Por ejemplo, si los nutrientes del suelo están limitados, trata variando el tipo de fertilizante, la cantidad aplicada cada vez y/o la frecuencia de las aplicaciones. Alternativamente, experimenta añadiendo compost al hueco de plantación. Si la competencia con la maleza es el factor limitante más obvio, trata variando técnicas de desmalezado (por ejemplo, herramientas de mano o herbicida) o la frecuencia del desmalezado, o prueba usando un mulch denso (por ejemplo de maleza cortada o cartón corrugado) para suprimir la germinación de las semillas de malezas, en la vecindad inmediata de los árboles plantados. Otros tratamientos a probar, incluyen la colocación de gel de polímero o inoculaciones de micorriza, en los huecos de plantación, o someter los árboles a varios tratamientos de poda, antes de plantar.

Escribe un plan de experimento de campo

Prepara un documento de trabajo que contenga la siguiente información:

- un croquis del sistema de parcela, indicando los números de identificación de las parcelas y cuáles están recibiendo tratamientos;
- una lista de las especies plantadas en las parcelas y los números de etiquetas de cada árbol plantado en las parcelas;
- una descripción del protocolo de plantación estándar;
- una descripción de los tratamientos aplicados en cada parcela y un cronograma para su aplicación;
- un cronograma para la recolección de datos.

La aplicación consistente de tratamientos de silvicultura, es uno de los componentes más importantes y costosos de los experimentos de campo.

Asegúrate de que cada miembro de la FORRU reciba una copia del documento, y comprenda su papel en establecer, mantener y monitorear las parcelas, y que han sido adecuadamente entrenados en cómo aplicar el tratamiento especificado. Una de las causas principales del fracaso de un proyecto, es la aplicación inadecuada e irregular de los tratamientos.

Monitorear los experimentos de campo

Etiquetar los árboles jóvenes

Ponles etiquetas a los árboles en el vivero antes de plantarlos, como se describe en la **Sección 7.4**. La información mínima en la etiqueta, debe ser el número de la especie y el número del árbol. Información adicional puede incluir el número de la parcela y el año de plantación, pero sea cual fuere el sistema usado, no debe haber dos árboles en todo el sistema de parcelas que lleven el mismo número, sin importar dónde o cuándo hayan sido plantados.

Cuándo monitorear

Como con el monitoreo básico (ver **Sección 7.4**), recoge datos aproximadamente dos semanas después de plantar y al final de cada estación de crecimiento (es decir, estación de lluvia), siendo el evento de monitoreo más importante, al final de la segunda estación de lluvia, después de plantar. Monitoreo adicional al final de la estación seca, puede proveer información más detallada, sobre cuándo y por qué mueren los árboles.

¿Qué mediciones se deben hacer?

Registra la supervivencia, salud, altura, diámetro del cuello de raíces, ancho de la copa, puntuación de malezas, tanto para los árboles plantados y la regeneración natural, como para el monitoreo básico (ver **Sección 7.4**).

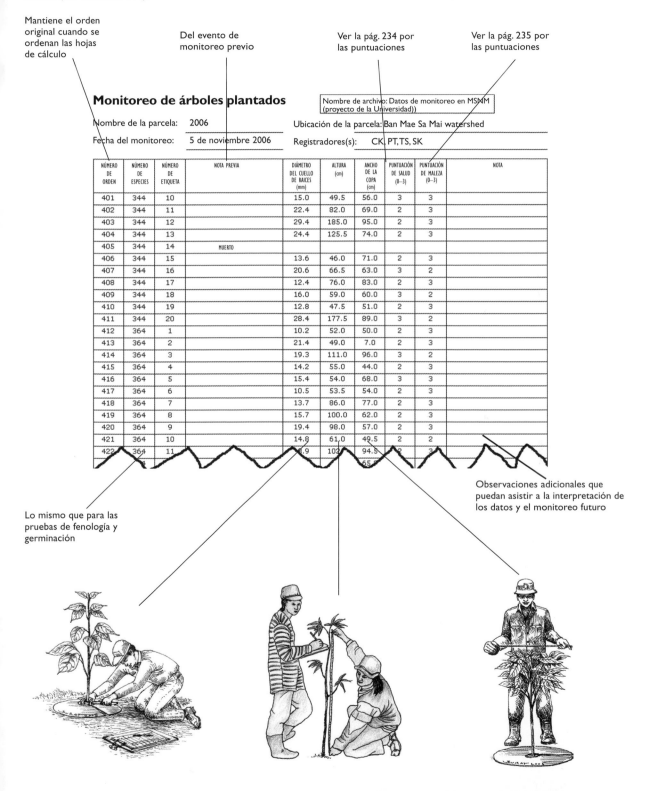

Mantiene el orden original cuando se ordenan las hojas de cálculo

Del evento de monitoreo previo

Ver la pág. 234 por las puntuaciones

Ver la pág. 235 por las puntuaciones

Monitoreo de árboles plantados

Nombre de archivo: Datos de monitoreo en MSNM (proyecto de la Universidad))

Nombre de la parcela: 2006

Ubicación de la parcela: Ban Mae Sa Mai watershed

Fecha del monitoreo: 5 de noviembre 2006

Registradores(s): CK, PT, TS, SK

NÚMERO DE ORDEN	NÚMERO DE ESPECIES	NÚMERO DE ETIQUETA	NOTA PREVIA	DIÁMETRO DEL CUELLO DE RAICES (mm)	ALTURA (cm)	ANCHO DE LA COPA (cm)	PUNTUACIÓN DE SALUD (0–3)	PUNTUACIÓN DE MALEZA (0–3)	NOTA
401	344	10		15.0	49.5	56.0	3	3	
402	344	11		22.4	82.0	69.0	2	3	
403	344	12		29.4	185.0	95.0	2	3	
404	344	13		24.4	125.5	74.0	2	3	
405	344	14	MUERTO						
406	344	15		13.6	46.0	71.0	2	3	
407	344	16		20.6	66.5	63.0	3	2	
408	344	17		12.4	76.0	83.0	2	3	
409	344	18		16.0	59.0	60.0	3	2	
410	344	19		12.8	47.5	51.0	2	3	
411	344	20		28.4	177.5	89.0	3	2	
412	364	1		10.2	52.0	50.0	2	3	
413	364	2		21.4	49.0	7.0	2	3	
414	364	3		19.3	111.0	96.0	3	2	
415	364	4		14.2	55.0	44.0	2	3	
416	364	5		15.4	54.0	68.0	3	3	
417	364	6		10.5	53.5	54.0	2	3	
418	364	7		13.7	86.0	77.0	2	3	
419	364	8		15.7	100.0	62.0	2	3	
420	364	9		19.4	98.0	57.0	2	3	
421	364	10		14.8	61.0	49.5	2	2	
422	364	11		8.9	102	94.5	2	3	
						65.0			

Observaciones adicionales que puedan asistir a la interpretación de los datos y el monitoreo futuro

Lo mismo que para las pruebas de fenología y germinación

Núm. de parcela	Núm. de especie	Núm de árbol	15/7/98 Puntuación de salud (0–3)	19/11/98 Puntuación de salud (0–3)	9/11/99 Puntuación de salud (0–3)	5/10/00 Puntuación de salud (0–3)	15/7/98 Altura (cm)	19/11/98 Altura (cm)	9/11/99 Altura (cm)	5/10/00 Altura (cm)
1	7	1	3	3	2	3	39	93	147	231
1	7	2	3	2	3	3	39	109	173	287
1	7	3	2	3	3	3	53	144	229	347
1	7	4	2	NF	0	0	56	NF	-	-
1	7	5	3	3	3	3	59	164	265	354
1	7	6	2.5	0	0	0	32	-	-	-
1	7	7	3	3	3	3	43	81	128	252
1	7	8	3	3	3	3	41	68	108	171
1	7	9	0.5	0	1	2	30	-	21	40
1	7	10	3	2.5	3	3	64	63	237	300
1	7	11	3	0.5	3	3	49	48	160	300
1	7	12	0.5	0	NF	0	34	-	NF	-
1	7	13	2.5	0	0	0	44	-	-	-
1	7	14	2	1.5	3	2.5	30	29	106	297
1	7	15	2	2	0	0	27	26	-	-
1	7	16	3	2.5	3	3	23	43	90	125
1	7	17	3	3	2.5	3	37	51	140	166
1	7	18	3	2.5	3	0	39	60.5	20	-
1	7	19	3	3		3	28	99	NF	341
1	7	20	2.5	2.5	1.5	3	35	46.5	53	110

Ordena los datos primero por número de especie, y luego por número de árbol.

Análisis de los datos e interpretación

Organiza las hojas de cálculo

Primero, introduce los datos de campo, en hojas de cálculo de la computadora. Inserta los datos nuevos a la derecha de los datos registrados previamente, de modo que, una fila represente el progreso de un árbol individual, yendo cronológicamente de izquierda a derecha. Después, ordena los datos por filas, primero por el número de especie y luego por número de árbol. Esto junta en grupos a todos los árboles de la misma especie. Introduce las fechas en las que los datos fueron colectados en la celda, inmediatamente encima de cada encabezamiento de columna. Luego, ordena la hoja de cálculo por columna (de izquierda a derecha), primero por el encabezamiento de la columna (fila 2) y luego por la fecha (fila 1). Esto agrupa los mismos parámetros en orden cronológico, de izquierda a derecha. Los datos pueden ser fácilmente escaneados ahora, por características interesantes o anomalías, para extraer los valores requeridos abajo, para un análisis estadístico más detallado.

Comparar las especies

Como en los experimentos de vivero, podrías empezar comparando la supervivencia y crecimiento entre las especies. Para comparar las diferencias en la supervivencia, empieza con los árboles en las parcelas de CT solamente: escanea las hojas de cálculo y cuenta el número de árboles supervivientes en la parcela de CT, en cada bloque. Si se ha plantado el mismo número de especies de árboles en cada parcela, simplemente introduce el número de árboles supervivientes en una nueva hoja de cálculo, con las especies como encabezamiento de las columnas y una fila por bloque (o réplica), como se muestra abajo. Si se han plantado números diferentes de árboles de cada especie, entonces calcula el porcentaje de supervivencia en cada parcela, e introduce estos datos en una nueva hoja de cálculo. Luego, sigue las instrucciones en el **Apéndice 2** para hallar el arcoseno de los datos y llevar a cabo un ANOVA. En este caso, cada especie es el equivalente de un 'tratamiento' (no hay control cuando se comparan especies).

Diámetro de cuello de raíces (RCD) (mm) 5/7/98	Diámetro de cuello de raíces (RCD) (mm) 19/11/98	Diámetro de cuello de raíces (RCD) (mm) 9/11/99	Diámetro de cuello de raíces (RCD) (mm) 5/10/00	Puntuación de maleza (0–3) 19/11/98	Puntuación de maleza (0–3) 9/11/99	Puntuación de maleza (0–3) 5/10/00	Ancho de la copa (cm) 9/11/99	Ancho de la copa (cm) 5/10/00
6.2	14.8	23.3	36.7	3	2.5	1	73	115
7.1	17.3	27.5	45.6	2.5	2	2	86	143
9.4	22.9	36.4	55.1	3	2	1	114	173
9.2	NF	-	-	NF	-	-	-	-
10.1	26.2	42.2	56.3	1.5	1	0.5	148	200
6.7	-	-	-	-	-	-	-	-
5.5	12.9	20.3	40.1	1	1	0.5	64	126
4.5	10.8	17.1	27.2	1.5	1	1	95	150
6.1	-	2.1	5.4	-	-	-	-	-
6.7	18.2	29.6	59	1.5	1	1	150	200
5.1	13.4	21.6	47	1.5	1	2	103	200
4.3	NF	-	-	NF	-	-	NF	-
6.5	-	-	-	1.5	-	-	-	-
5.6	9.3	13	37	1.5	2	2	93	150
5.6	6.1	-	-	1.5	-	-	-	-
3.2	10.6	18	21	1.5	1.5	1	80	75
5.4	15.2	25	22	1.5	2	1	90	125
4.3	3.9	3.4	-	1.5	1.5	-	23	-
5.9	24	NF	54	1.5	NF	0	NF	200
5.6	9.2	12.8	14	1.5	0.5	2	65	108

Después, ordena las columnas por encabezamiento y luego por fecha, para agrupar los parámetros en orden cronológico, de izquierda a derecha.

Se puede seguir el mismo procedimiento, para comparar la altura media de las especies, diámetro del cuello de raíces (DCR), ancho de la copa, y las tasas relativas de crecimiento de cada parcela de CT, aunque estos datos no necesitan ser transformados por arcoseno. Adicionalmente al tamaño total de los árboles (altura o DCR), es útil saber cómo de rápido crecen los árboles. Esto

ESPECIE

	S1	S2	S3	S4	S5	S6	S7	S8	S9	S10	S11	S12	S13	S14	S15	S16	S17	S18	S19	S20
Bloque 1	24	4	10	2	25	20	15	10	2	14	25	24	18	5	7	8	12	17	1	5
Bloque 2	22	2	11	3	25	21	16	13	3	15	24	24	13	6	8	9	13	16	2	6
Bloque 3	26	3	12	2	25	23	14	14	5	16	25	25	18	7	9	8	14	15	1	7
Bloque 4	25	4	13	3	24	22	15	13	6	13	24	23	18	8	7	7	13	17	2	6

Número de árboles supervivientes de cada especie, en la parcela de control de tratamiento (CT) de cada bloque, al final de la segunda estación de lluvia después de plantar. Se plantaron veintiséis árboles de cada especie, en cada parcela de CT.

es especialmente importante en proyectos de restauración de bosques, para almacenamiento de carbono. Cuanto mayor sea el árbol al empezar, más rápido crecerá, de modo que la tasa de crecimiento relativo (TCR), se usa para comparar el crecimiento de los diferentes árboles. La TCR indica el incremento en el tamaño de la planta, como porcentaje del tamaño promedio de la planta, a través del período de mediciones y así se puede usar para comparar el crecimiento de árboles que eran relativamente grandes en el momento de ser plantados, con aquellos relativamente más pequeños. La TCR se puede calcular en términos de la altura de los árboles así:

$$\frac{\ln A \ (18 \ meses) - \ln A \ (al \ plantar) \times 36{,}500}{\text{Núm. de dias entre las mediciones}}$$

… donde ln A es el logaritmo natural de la altura del árbol (cm). La TCR es un porcentaje anual de incremento en el tamaño. Ten en cuenta las diferencias en los tamaños originales de los árboles plantados, de manera que se pueda usar para comparar los árboles que eran mayores en el momento de la plantación, con los que eran más pequeños. Compara los valores medios de la TCR, entre las especies a través de ANOVA. La misma fórmula se puede usar, para calcular las tasas de crecimiento relativo del diámetro del cuello de raíces y anchos de las copas.

Comparaciones de especies, basadas únicamente en el rendimiento del campo, no son suficientes para tomar una decisión definitiva sobre qué especie plantar. Vete a la **Sección 8.5,** para ver cómo se pueden combinar los datos de rendimiento del campo, con otros parámetros importantes, a la hora de tomar la decisión final sobre qué especies funcionan mejor.

Comparar tratamientos

Los efectos de los tratamientos en especies individuales, se pueden determinar usando exactamente el mismo procedimiento analítico. De la hoja de cálculo principal, cuenta el número de árboles supervivientes (o calcula el porcentaje de supervivencia) de una sola especie, para cada tratamiento y control de parcelas en todos los bloques. Elabora una nueva hoja de cálculo, con los tratamientos como encabezamientos de las columnas (TC, T1, T2, etc.) y bloques (o réplicas) como filas. Luego, sigue las instrucciones en el **Apéndice 2,** para calcular el arcoseno de los datos y llevar a cabo un ANOVA.

Sustituye los datos de supervivencia con los valores medios de las parcelas, para alturas TCR y DCR, ancho de las copas y reducción en la puntuación de las malezas, para determinar los efectos de los tratamientos, en otros aspectos del rendimiento del campo (una vez más, no es necesario transformar estos datos). Luego, repite el mismo procedimiento para todas las especies.

Los diferentes tratamientos, afectarán de manera diferente a las diferentes especies. No es práctico proveer tratamientos, que sean óptimos para cada especie en parcelas con 20 o más especies, de manera que el objetivo del análisis es determinar la combinación óptima de tratamientos, que tienen un efecto positivo en la mayoría de las especies plantadas.

Experimentos con siembra directa

La siembra directa se ha descrito como una alternativa potencialmente barata, a la plantación de árboles en las **Secciones 5.3** y **7.2,** pero hay escasa información disponible, sobre qué especies de árboles son idóneas para esta técnica (**Tabla 5.2**). El éxito o el fracaso de la siembra directa de cada especie de árbol, depende de una combinación de varios factores, incluyendo la estructura y el estado vegetativo de las semillas, el atractivo de las semillas en depredadores, la susceptibilidad de las semillas a la desecación, las condiciones del suelo y la vegetación circundante. Por ello, son necesarios los experimentos para determinar si una especie de árbol se establece mejor por la siembra directa, o plantando árboles producidos en un vivero y para determinar los ahorros en costos que logran (si los hubiera).

La información requerida para la siembra directa

Antes de que se pueda empezar un experimento de siembra directa, es necesario saber: i) cuál es el tratamiento pregerminativo óptimo para acelerar la germinación de las semillas, y ii) si la fructificación no sucede en el momento óptimo para la siembra directa (es decir, al comienzo de la estación de lluvia en bosques tropicales estacionales), cuál es el mejor protocolo de almacenamiento de semillas, para retener la viabilidad de éstas durante el período entre la colecta de las semillas y la siembra directa. Los experimentos de vivero requeridos para responder estas preguntas, están descritos en la **Sección 6.6.** Tardarán por lo menos un año en completarse, antes de que se pueda empezar con los experimentos de siembra directa.

Una de las principales causas de fracaso de la siembra directa, es la depredación de semillas. Si se tratan las semillas, para acelerar la germinación antes de ser sembradas en los sitios deforestados, el tiempo de que disponen los predadores para encontrarlas y consumirlas es reducido, y consecuentemente, las posibilidades de que las semillas sobrevivan el tiempo suficiente para germinar, se incrementan. Los tratamientos para acelerar la germinación en el vivero, pueden no obstante, a veces incrementar el riesgo de desecación, de las semillas en el campo o hacerlas más atractivas para las hormigas, al exponer sus cotiledones. Para las especies de árboles con semillas recalcitrantes que son difíciles de almacenar, la siembra directa es solamente una opción para aquellas especies que fructifican en el tiempo óptimo para la siembra directa.

Pasos para un diseño de experimento de siembra directa

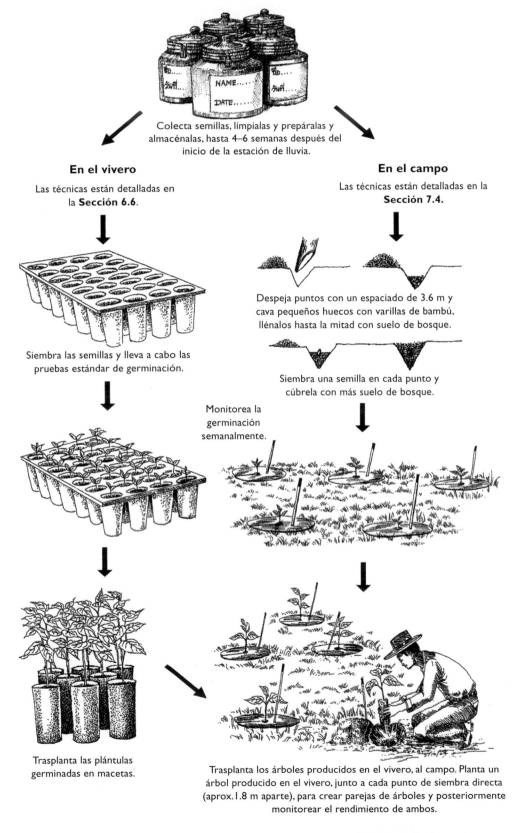

Colecta semillas, límpialas y prepáralas y almacénalas, hasta 4–6 semanas después del inicio de la estación de lluvia.

En el vivero

Las técnicas están detalladas en la **Sección 6.6**.

Siembra las semillas y lleva a cabo las pruebas estándar de germinación.

Monitorea la germinación semanalmente.

Trasplanta las plántulas germinadas en macetas.

En el campo

Las técnicas están detalladas en la **Sección 7.4**.

Despeja puntos con un espaciado de 3.6 m y cava pequeños huecos con varillas de bambú, llénalos hasta la mitad con suelo de bosque.

Siembra una semilla en cada punto y cúbrela con más suelo de bosque.

Trasplanta los árboles producidos en el vivero, al campo. Planta un árbol producido en el vivero, junto a cada punto de siembra directa (aprox.1.8 m aparte), para crear parejas de árboles y posteriormente monitorear el rendimiento de ambos.

Métodos para experimentos de siembra directa

Recolecta semillas de varios árboles, combínalas y mézclalas, límpialas y prepara las semillas de la manera estándar y si fuera necesario, almacénalas hasta el momento de plantarlas, usando el protocolo de almacenamiento más eficiente desarrollado en experimentos previos.

En el vivero, siembra las semillas en bandejas modulares y realiza una prueba de germinación estándar, comparando el control de semillas (sin tratamiento), con aquellas sometidas al tratamiento más eficiente, para acelerar la germinación resultante de los experimentos previos.

En el campo, usa el mismo diseño que el usado en el vivero, con el mismo número de tratamientos y réplicas de control, y el mismo de semillas en cada réplica, pero en vez de usar bandejas modulares de germinación, siembra las semillas directamente en los puntos de siembra marcados con la varilla de bambú y con un espaciado de 3.6 m, a través del sitio de estudio. Siembra una semilla en cada punto.

Monitorea la germinación semanalmente, tanto en el campo como en el vivero y analiza los resultados usando el método ya descrito en la **Sección 6.6**. En el campo, después de la conclusión de la germinación, trata de desenterrar e inspeccionar todas las semillas que no han germinado. Esto podría ayudar a determinar, cuántas semillas han sido removidas o dañadas por predadores de semillas y cuántas parecen intactas, que simplemente fracasaron en germinar.

En el vivero, una vez que la germinación haya concluido, transfiere las plántulas germinadas a macetas, de la manera usual. Usa el protocolo estándar, desarrollado a partir de experimentos previos, para producir las plantas en el vivero. Monitorea y analiza el crecimiento como se describe arriba. Monitorea las plantas de la misma manera en el campo.

Una vez que los árboles han crecido lo suficientemente altos como para ser plantados, trasplántalos al campo de la manera habitual. Esto puede ser 1 o 2 años después de realizar la siembra directa. Planta un árbol producido en el vivero, junto a cada árbol establecido por siembra directa (aprox. a 1.8 m unos de otros), para crear parejas de árboles. Monitorea el rendimiento en el campo de los árboles emparejados, durante al menos dos años después de haber plantado a los árboles producidos en el vivero. Usa pruebas-t emparejadas, para comparar el crecimiento de los árboles producidos en el vivero y los sembrados directamente.

Otros experimentos con siembra directa

Hay muchos otros tratamientos, que se pueden incorporar en el diseño experimental básico. Si enterrar la semilla en el campo, no evita su depredación, intenta experimentar tratando las semillas con repelentes químicos, para quitarles el atractivo a los depredadores de semillas; pero no olvides probar los efectos de los repelentes químicos en semillas germinadas en el vivero, en caso de que el repelente también afecte la germinación.

Asimismo, los experimentos que varían los procedimientos de mantenimiento usados alrededor de los puntos de siembra directa, podrían sugerir cómo mejorar los resultados. Trata de alterar el régimen del desmalezado o colocar mulch alrededor de los puntos de siembra directa, para prevenir la germinación de malezas en la vecindad inmediata a las plántulas, especialmente en los primeros meses después de la germinación, o siembra más de una semilla en cada punto de siembra directa, para superar los efectos de las tasas bajas de germinación.

La siembra directa ciertamente funciona para algunas especies. Compara el árbol *Sarcosperma arboreum* sembrado directamente a la izquierda, con aquel producido en el vivero, germinado del mismo lote de semillas a la derecha.

¿Se puede ahorrar dinero con la siembra directa?

Ya que la siembra directa no requiere un vivero, esta debería reducir los costos de restauración de bosque. La siembra directa, sin embargo, requiere desmalezar alrededor de los puntos de siembra, puesto que las plántulas recientemente germinadas son altamente vulnerables a la competencia con las malezas. La aplicación de fertilizantes y mulch alrededor de los puntos de siembra directa, durante el primer año, también incrementa los costos. Se debe por ello, mantener una cuenta detallada de todos los gastos a lo largo del experimento de siembra directa, para determinar si esta técnica, realmente reduce los costos generales de la restauración del bosque.

7.6 Investigación de la recuperación de la biodiversidad

La última medida del éxito de la restauración de bosques, es el alcance del retorno de la biodiversidad, a los niveles asociados con el ecosistema del bosque-objetivo. Por ello, el propósito del monitoreo de la biodiversidad es determinar lo rápido que esto sucede y, por último, mejorar los métodos de restauración, con respecto a la recuperación de la biodiversidad.

No es práctico monitorear *toda la* biodiversidad, de modo que para la restauración de bosques, el monitoreo de la biodiversidad se enfoca en aquellos componentes, que se relacionen directamente con el re-establecimiento de los mecanismos naturales de regeneración del bosque, particularmente la dispersión de semillas y el establecimiento de plántulas de especies reclutadas (es decir, especies de árboles entrantes, no incluidas en aquellas que fueron plantadas). Algunas especies o grupos, podrían servir como indicadores de la salud general del bosque.

Hay cuatro preguntas cruciales:

- ¿Los árboles plantados (y/o técnicas de RNA) producen recursos (por ejemplo, flores, frutos etc.) a una edad temprana, que posiblemente atraigan a animales dispersores de semillas?
- ¿Hay animales dispersores de semillas presentes en el área, y si es el caso, están realmente atraídos por estos recursos?
- ¿Germinan realmente las semillas traídas por estos animales, incrementando la riqueza de plántulas y árboles jóvenes establecidos naturalmente, debajo de los árboles plantados?
- ¿Las semillas dispersadas por el viento, también se establecen naturalmente?

Aquí, presentamos unas cuantas técnicas que se pueden usar para responder a estas preguntas. El monitoreo del rendimiento de los árboles plantados, puede mostrar claras mejoras dentro de 2–3 años, pero la recuperación de la biodiversidad toma mucho más tiempo; el monitoreo puede continuar por períodos de 5–10 años, pero a intervalos menos frecuentes.

Los requerimientos para el monitoreo de la biodiversidad, deben considerarse desde el principio de los experimentos de campo, en el momento de diseñar un SPPC. Se deben incluir parcelas de control no-plantadas en un SPPC, y se debe realizar una inspección de la biodiversidad de las parcelas de control, y de las parcelas que estarán sujetas a los tratamientos de restauración, antes de la preparación del sitio. Esto provee los datos esenciales de línea de base, contra los cuales se compararán los cambios posteriores de la biodiversidad. Se inspeccionará entonces la biodiversidad, tanto en las parcelas de control como de restauración, y se compararán con la del bosque cercano intacto (es decir, la comunidad del bosque-objetivo).

Registra los datos después de cada sesión, se harán dos tipos de comparaciones: i) comparaciones de antes y después entre los datos actuales y de línea de base (pre-plantación); y ii) comparaciones entre parcelas de control y parcelas de restauración. De esta manera, se pueden distinguir las mejoras de la recuperación de la biodiversidad, alcanzadas por las acciones de restauración de la sucesión ecológica natural. La recuperación relativa de la biodiversidad, se puede calcular como un porcentaje de aquella registrada por los mismos métodos en el bosque-objetivo.

Estudios de fenología

Caminatas frecuentes a través de las parcelas de restauración, a la vez que se va anotando qué árboles están floreciendo o fructificando, puede producir la mayoría de los datos necesitados, para determinar si los árboles dentro de las parcelas de restauración, están produciendo los recursos posibles para atraer a animales dispersores de semillas. Establece un sistema de senderos, a través del centro de todas las parcelas. Camina mensualmente por los senderos, registrando la siguiente información de los árboles que se encuentren a 10 m del sendero:

- fecha de la observación;
- número de identificación de bloque/parcela;
- número del árbol (incluyendo el número de especie);
- presencia de flores o frutos: usa el sistema de puntuación 0–4 (ver **Sección 6.6**);
- señales de vida salvaje: nidos, huellas, excrementos etc., tanto en/como alrededor de los árboles;
- observaciones directas de animales que usan el árbol como alimento, árbol percha, etc.

Registra cada observación, como una fila única en una hoja de cálculo, para permitir una recopilación fácil de los datos por especie o fecha. Determina la edad más joven (tiempo desde la plantación) a la que los primeros individuos de una especie, empiezan a florecer y fructificar. La frecuencia de las observaciones (dentro de una especie), se puede usar como un indicador general de la prevalencia de florecimiento y fructificación, a nivel de la especie.

Para detalles adicionales, mide el perímetro a la altura del pecho (PAP) o DCR y la altura de los árboles florecientes o con frutos, para establecer las correlaciones entre el tamaño y la edad, de la madurez del árbol. El florecimiento de algunas especies, puede ser inhibido si los árboles reciben demasiada sombra de las copas de los árboles vecinos. Si hubiera alguna variación en la incidencia de la floración dentro de una especie, se puede también registrar, una puntuación de sombra para cada árbol floreciente. Adicionalmente a la evaluación de la producción de recursos de la vida salvaje por los árboles plantados, las inspecciones mensuales pueden ofrecer mucha información adicional, sobre las especies de árboles plantadas, tales como la erupción de pestes y enfermedades, y pueden proveer una alerta temprana de las perturbaciones en las parcelas, por actividades humanas. Este tipo de monitoreo simple de calidad es una manera excelente de involucrar a los pobladores locales, en el monitoreo de los sitios de restauración de bosques, ya que se aprende con facilidad y no requiere capacidades especiales.

El material de plantación de *Bauhinia purpurea* empieza a florecer y fructificar 6 meses después de plantadas, proveyendo alimento para aves e insectos.

El monitoreo de la vida salvaje

Todas las especies de la vida salvaje (tanto plantas como animales) que re-colonizan, contribuyen a la biodiversidad, pero los animales dispersores de semillas, pueden acelerar la recuperación de la biodiversidad más que otras especies. Aves, murciélagos frugívoros y mamíferos de tamaño mediano son el grupo de mayor interés, pero de estos, la comunidad de aves es la más fácil de estudiar.

Las aves son un grupo indicador importante

Las aves proveen un indicador conveniente para la evaluación de la biodiversidad porque:
- son relativamente fáciles de ver y muchos son fáciles de identificar;
- hay ahora buenas guías de aves, que cubren la mayor parte de los trópicos;
- la mayor parte de las especies están activas durante el día;
- las aves ocupan la mayoría de los niveles tróficos en los ecosistemas de los bosques — herbívoros, insectívoros, carnívoros etc. — y de ahí que una alta diversidad de aves, normalmente indica una alta diversidad de plantas y especies de presa, especialmente insectos.

¿Qué preguntas se deben abordar?

- ¿Qué especies de aves había antes de la restauración?
- ¿Qué especies de aves son características del ecosistema del bosque-objetivo, y regresan estas especies a las parcelas restauradas? Y si fuera el caso, ¿con qué rapidez, después de comenzar las acciones de restauración?
- ¿Cuáles de las especies que visitan las parcelas, son las más probables de dispersar las semillas de árboles de bosque a las parcelas de restauración?
- ¿Qué especies de aves desaparecieron a causa de las actividades de restauración de bosque y cuándo?

¿Cuándo y dónde se deben realizar estudios de aves?

Haz un estudio de las aves en todo el SPPC una vez que ha sido demarcado, pero antes de implementar cualquier actividad que pueda alterar los hábitats de aves (es decir, antes de preparar el sitio para la plantación). Este estudio provee los datos de línea de base, contra los cuales se comparan los cambios. De ahí en adelante, realiza estudios de aves de la misma intensidad, tanto en las parcelas de restauración como de control, y también en las áreas más cercanas al bosque-objetivo (ver **Sección 4.2**). Los estudios anuales de aves son normalmente suficientes

---

Hoja de registro de estudio de aves
Fecha: 17/12/05
Número de bloque: G1
Hora de comienzo: 09H30

Nombre de archivo: Parcela de restauración, 10 años de edad
Clima: soleado, muy cálido
Número de parcela: EG01
Hora de término: 06H30   **Registradores**: DK, OM

Hora	Especie	Núm. de aves (sexo)	Avistamiento o canto/ llamada	Distancia desde punto (m)	Actividad	Especie de árbol (si fuera apropiado)
06.30	Bulbul de cresta negra	2	Avistamiento	10	Alimentándose de frutos	*Ficus altissima*
06.30	Minivete de alas barreadas	1	"	10	Forrajeando insectos	*Ficus altissima*
06.30	Papamoscas de Banyumas	1	"	10	Capturando moscas	*Choerospondias axillaris*
06.40	Bulbul de Caudal Negro	3	"	15	Colorado desde corona	*Betula alnoides*
06.45	Mosquitero Bilistado	2	"	5	Moviéndose a través de copas, forrajeando	Muchas especies
06.45	Mosquitero de Pallas	1	"	5	Moviéndose a través de copas, forrajeando	Muchas especies
06.45	Arrendajo Euroasiático	2	Se oyeron llamadas	30	Llamando desde árboles vecinos	Desconocido
06.50	Shama de Seychelles	1 macho	Avist./ canto	8	Forrajeando en suelo de bosque, también corto estallido de canto	
06.55	Cucal Malgache	1	Visto	10	Volando a través de árboles	
07.05	Yujina Estriada	10+	"	5	Moviéndose a través de copas, alimentándose	Muchas especies
07.10	Bulbul Montañés	2	"	12	Alimentándose de frutos	*Ficus hispida*
07.22	Avión Asiático	25+	"	50	Cazando insectos en el aire	
07.30	Picaflor Dorsirojo	1 macho	"	5	Alimentándose de néctar	*Erythrina subumbrans*

para detectar algún cambio, en las comunidades de aves. Realiza los estudios de aves siempre durante el mismo tiempo del año, ya que la riqueza de las aves fluctuará de acuerdo a los patrones estacionales de migración. Observa las aves, durante las primeras 3 horas después de amanecer y las últimas 3 horas antes de anochecer. Programa períodos de observación de 1 hora en cada parcela, alternando alrededor de las parcelas a intervalos de una hora, pero asegúrate de que, a lo largo de todo el período del estudio, todas las parcelas sean estudiadas la misma cantidad de horas, parejamente distribuidas entre períodos de observación en las mañanas y en las tardes.

Recolecta de datos

Usa el método del 'conteo de puntos' para contar las aves, desde el centro de cada parcela. Este método se puede usar tanto para contar las especies, como para estimar la densidad de la población avícola (Gilbert *et al.*, 1997; Bibby *et al.*, 1998). Párate en el centro de cada parcela y registra todos los contactos con aves durante 1 hora, tanto por avistamiento como por canto. Registra las especies y cantidad de aves, y estima la distancia desde el observador cuando las aves aparecen por primera vez en la parcela. Para reducir el riesgo de registrar la misma ave individual varias veces, no registres a los individuos de la misma especie durante cinco minutos, después de haber registrado al primero de esa especie. Registra las especies de árboles (y el número del árbol si estuviera etiquetado), en los que las aves tienen alguna actividad (particularmente alimentándose) y su posición (tronco, dosel inferior, dosel superior, etc.).

Análisis de datos

Contesta la mayoría de las preguntas enumeradas anteriormente, simplemente repasando las listas de especies y contando el número de especies de aves que re-colonizan las parcelas de restauración y aquellas que desaparecen como resultado de las actividades de restauración.

Usa binoculares, telescopios y tus oídos, para detectar aves a 20 m desde un solo punto, en el centro de una parcela de prueba de restauración de bosque.

Para calcular el alcance de la recuperación de la comunidad de aves, compara la lista de especies para el bosque-objetivo prístino, con aquella de las parcelas restauradas. Calcula el porcentaje de las especies encontradas en el bosque, que también se encuentran en las parcelas restauradas y observa cómo este porcentaje cambia a lo largo del tiempo de los sucesivos estudios. A continuación, determina cuáles de estas especies son frugívoros. Estas son las especies cruciales con mayor posibilidad de dispersar semillas, desde el bosque a las parcelas de restauración.

Para un análisis cuantitativo de la riqueza de especies de las comunidades de aves, recomendamos el método de listas de MacKinnon (Mackinnon & Phillips, 1993; Bibby *et al.*, 1998), que provee un medio para calcular una curva de recuperación de especies y un índice de abundancia relativa. Para las instrucciones completas paso a paso y un ejemplo trabajado, ver Parte 5 de FORRU, 2008 (www.forru.org/FORRUEng_Website/Pages/engpublications.htm).

Los bulbules son los 'caballos de trabajo' de la restauración de bosques en África y Asia. Se alimentan de frutos en los bosques remanentes y dispersan las semillas de muchas especies de árboles, a través de sus excrementos, en las parcelas de restauración de bosque.

Mamíferos

Los mamíferos se pueden dividir en dos grupos de interés: i) las especies frugívoras, que son capaces de dispersar las semillas del bosque intacto, a los sitios restaurados (por ejemplo, ungulados grandes, civetas, murciélagos frugívoros etc.); y ii) los predadores de semillas, que podrían limitar el establecimiento de plántulas de especies de árboles reclutadas en el sitio de restauración (particularmente los roedores pequeños).

Los mamíferos son bastante más difíciles de estudiar que las aves, ya que la mayoría de especies son nocturnas y muy tímidas, de manera que las observaciones directas de mamíferos son normalmente poco frecuentes. Se usan normalmente datos oportunistas, anecdóticos (en vez de datos sistemáticos, cuantitativos), para determinar la recuperación de las comunidades de mamíferos, después de la restauración del bosque.

Para mamíferos de tamaño mediano o mayores, la trampa de cámaras es una manera muy efectiva para determinar el regreso de las especies, a los sitios restaurados. Cámaras digitales camufladas en cajas resistentes a la intemperie, que son activadas por movimientos en el campo de vista, nunca han sido baratas (a partir de $100–200). Los dispositivos electrónicos protegidos por contraseña, significan que las cámaras no tienen ningún valor potencial para los ladrones. Las baterías duran varios meses y se pueden acumular miles de imágenes en una sola tarjeta de memoria (por ejemplo, www.trailcampro.com/cameratrapsforresearchers.aspx).

Trampas de cámara capturan imágenes en blanco y negro de noche (sin flash) y en color durante el día, de cualquier cosa que se mueva. El tejón porcino (arriba izquierda) y la gran civeta de la India (arriba derecha) traen semillas a las parcelas de restauración. Los gatos leopardos (abajo izquierda) ayudan a controlar los depredadores de semillas. Las cámaras también pueden ayudar a detectar la caza ilegal (abajo derecha).

La captura viva, usando trampas para ratas localmente disponibles, es otra técnica útil, particularmente para mamíferos pequeños como los roedores, pero es intensivo en mano de obra y por ello costoso. Coloca trampas con carnadas 10–15 cm aparte, usando un diseño de cuadrícula de 7 × 7. Espera tasas de captura de menos de 5%, de modo que se requiere una gran cantidad de esfuerzo, para obtener relativamente pocos datos. Espera registrar una marcada disminución de la población de los roedores depredadores de semillas, en las parcelas de restauración 3–4 años después de la plantación, tiempo en el que la densa vegetación que provee protección para mamíferos tan pequeños, se habrá sombreado por el dosel del bosque en desarrollo. Cuando trates a animales salvajes, asegúrate de que tus vacunas contra enfermedades causadas por animales, particularmente la rabia, estén actualizadas.

La mayoría de los registros de mamíferos en las parcelas de restauración de bosque, deben venir de observaciones indirectas de sus huellas, restos de forrajeo y otras señales. Éstas se pueden registrar, durante el monitoreo regular de fenología de las parcelas plantadas y de control (no-plantadas). La frecuencia de las observaciones, se puede usar como índice de abundancia y para determinar, si el número de especies individuales de mamíferos están aumentando o disminuyendo. Realiza un estudio similar, con el mismo grado de esfuerzo de muestreo, en el fragmento más cercano de bosque intacto, para determinar qué porcentaje de la fauna de mamíferos original, recoloniza las parcelas restauradas.

Las trampas de arena hacen las huellas más visibles y más fáciles de identificar.

Para una evaluación más cuantitativa, usa trampas de arena para registrar la densidad y frecuencia de huellas de mamíferos. Despeja la hojarasca las parcelas de muestreo y espolvorea la superficie del suelo con harina o arena. Los mamíferos que caminen a través de las parcelas de muestreo, dejarán sus huellas marcadas y entonces podrán ser medidas e identificadas.

Finalmente, la información anecdótica se puede recoger de los pobladores locales, a través de entrevistas. Usa imágenes de identificación de mamíferos y manuales (en vez de los nombres locales), para preguntar a los pobladores locales qué especies de mamíferos se ven con frecuencia en el SPPC y los bosques remanentes en la vecindad, y si estas especies parecen estar aumentando o disminuyendo en abundancia.

Monitorear las especies de árboles 'reclutas'

En los ecosistemas de bosques tropicales, la mayoría de las semillas son dispersadas por animales. Uno de los objetivos principales de los estudios de aves y mamíferos, es determinar si los sitios de restauración atraen a los dispersores de semillas, pero ¿acaso las semillas traídas por los animales germinan realmente y crecen llegando a ser árboles que contribuyen a la estructura general del bosque?. Esta pregunta se puede contestar con estudios periódicos, para identificar las especies de árboles 'reclutas' (es decir, especies de árboles no-plantados, que naturalmente recolonizan el sitio).

En los ecosistemas de bosques, la comunidad de árboles es un buen indicador de la biodiversidad general de comunidades. Los árboles son el componente dominante del ecosistema, proveyendo varios hábitats y nichos para otros organismos, como aves y epífitas. Son la base de la red de alimento, y aportan la mayor parte del nutriente y de la energía en el ecosistema. Cuanto más diversa es la comunidad de árboles, más probable es que los otros elementos de la biodiversidad se recuperen. Los árboles son fáciles de estudiar. Son inmóviles, fáciles de encontrar y relativamente fáciles de identificar.

¿Qué preguntas se deben abordar?

- ¿Qué especies de árboles están presentes, antes de comenzar con las actividades de restauración?
- ¿Qué porcentaje de las especies de árboles, que comprende el ecosistema de bosque-objetivo, re-colonizan las parcelas de restauración?
- ¿Qué especies de hierbas forestales re-colonizan las parcelas de restauración de bosque y con qué rapidez, después de la plantación de árboles?

¿Cuándo y dónde se deben realizar los estudios de la vegetación?

Haz un estudio del área del SPPC una vez que haya sido demarcado, pero antes de implementar las actividades que alteran la vegetación (es decir, antes de preparar el sitio para plantar). Esto proporciona los datos de línea de base, con los que se comparan los cambios. De ahí en adelante, realiza estudios de la vegetación con el mismo esfuerzo de muestreo, tanto en las parcelas de restauración, como de control y también en el área vecina a los bosques-objetivo, para determinar cuántas especies del sistema del bosque-objetivo, re-colonizan las parcelas de restauración.

En climas estacionalmente secos, el carácter de la vegetación, particularmente la presencia o ausencia de hierbas anuales, varía dramáticamente con las estaciones. Para capturar esta variabilidad, realiza estudios de la vegetación 2–3 veces cada año, en los primeros años después de plantar y posteriormente a intervalos más largos. Si sólo tienes recursos para realizar estudios una vez al año, asegúrate de que se realicen siempre en la misma época del año. Por supuesto, al desmalezar en los primeros años se perturbará la vegetación. Por ello, realiza los estudios de vegetación, justo antes del periodo en el que esté programado desmalezar.

Métodos de muestreo de vegetación

Establece unidades de muestreo (UM), circulares y permanentes, a través de todo el sitio de estudio, con el mismo número de UM en las parcelas de restauración, control (CNP) y bosques-objetivo remanentes. Marca el centro de cada unidad de muestreo con un poste de metal o concreto (no-inflamable) y usa un pedazo de cuerda de 5 m, para determinar el perímetro de cada UM. Posiciona por lo menos cuatro UM al azar en cada parcela de 50 × 50 m. Las especies que están presentes fuera de las UM, también se pueden registrar como 'presentes en los alrededores'. Aunque no contribuyan a los índices de diversidad para las UM descritos abajo, proveerán una evidencia cualitativa de la recuperación de la biodiversidad.

Recolecta de datos

Dentro de cada UM, etiqueta cada árbol joven que sea más alto de 50 cm. En cada árbol etiquetado, registra: i) el número de etiqueta; ii) si el árbol ha sido plantado o se ha establecido naturalmente; iii) el nombre de la especie; iv) altura; v) DCR (o PAP si fuera lo suficientemente grande); vi) puntuación de salud (ver **Sección 7.5**); vii) ancho de copa; y viii) número de rebrotes de tocón. Todas las plántulas de árboles que tienen menos de 50 cm de altura, se pueden considerar como flora del suelo.

Al empezar con los estudios de la vegetación, trabaja con un botánico profesional en el campo si fuera posible.

Se puede realizar un estudio de la flora del suelo al mismo tiempo, pero para este estudio, el radio de la UM se puede reducir a 1 m. Registra los nombres de todas las especies reconocidas, incluyendo todas las hierbas y enredaderas y todos los árboles leñosos, arbustos y trepadoras (de menos de 50 cm). Asigna una puntuación de abundancia a cada especie (por ejemplo, usa la escala de Braun-Blanquet o la de Domin).

Para las identificaciones de especies, es más fácil trabajar directamente en el campo con un botánico experto en taxonomía, antes de recolectar especímenes voucher para todas las especies encontradas y hacerlas identificar en un herbario.

Análisis de los datos

Analiza los datos de los árboles mayores de 50 cm y el resto de la flora del suelo, por separado. Prepara una hoja de cálculo, con las especies listadas en la primera columna (todas las especies encontradas en todo el estudio, en todas las UM) y números de las UM en la línea superior. En cada celda, registra el número de árboles de cada especie, en cada UM (o la puntuación que abunde). La lista de especies para todo el estudio será larga y el número de especies en cada UM será relativamente corta, de manera que la mayoría de valores registrados en la matriz de datos, será cero. Sin embargo, aun así se deben registrar los valores cero, para permitir el cálculo de índices de semejanza y/o diferencia. Añade los datos de cada estudio posterior a la derecha de los datos actuales, de modo que se puedan ordenar fácilmente por orden cronológico, por columna.

Empieza simplemente revisando los datos y comparando las listas de especies, para las parcelas de restauración, control no-plantado y bosque objetivo. ¿Qué especies pioneras tolerantes al sol, son las primeras en ser sombreadas por los árboles que han sido plantados, o han regenerado naturalmente? ¿Qué especies típicas del bosque-objetivo, son las primeras en establecerse naturalmente en las parcelas de restauración? ¿Han sido dispersados por el viento o por animales?. Si fuera lo último, ¿qué especies de animales podrían con más probabilidad, haber traído sus semillas a las parcelas de restauración? ¿Qué especies plantadas son las más probables de haber atraído a estos importantes animales dispersores de semillas?. Las respuestas a estas preguntas, se pueden encontrar sin que sea necesario un complejo análisis estadístico, y te ayudarán a decidir cómo mejorar las mezclas de especies y el diseño de plantación de futuras pruebas de campo, para maximizar las tasas de recuperación de la biodiversidad.

Una de las maneras más simples de abordar la pregunta de cómo se están pareciendo las parcelas de restauración al bosque-objetivo, es calculando un 'índice de semejanza'. El más simple de calcular es el Índice de Sorensen:

$$\frac{2C}{(PR + BO)}$$

... en el que PR = número total de especies registradas en las parcelas de restauración, BO = número total de especies registradas en el bosque-objetivo y C = número de especies comunes en ambos hábitats. Cuando todas las especies se encuentren en ambos hábitats, el valor del índice de Sorensen se convierte en 1, de modo que la recuperación de la biodiversidad, se puede representar por cuánto se va acercando el valor del índice a 1, a lo largo del tiempo. De modo similar, las parcelas de restauración se pueden comparar con las parcelas de CNP, con la expectativa de que el índice debería disminuir a lo largo del tiempo, a la vez que el bosque restaurado se vuelve menos semejante a las áreas abiertas y degradadas. En las parcelas de bosque recientemente restauradas, el índice sería lo más adecuado, para comparar las comunidades de plantas, aves o mamíferos.

Tabla 7.4. Ejemplo de cómo calcular un índice de semejanza.

	Parcelas de restauración	Bosque-objetivo
Especie A	Presente	Ausente
Especie B	Ausente	Presente
Especie C	Presente	Presente
Especie D	Presente	Presente
Especie D	Ausente	Presente
C		2
PR		3
BO		4
Indice Sorensen		**0.57**

El índice Sorensen utiliza solamente los datos presente/ausente y es fácil de calcular, pero ignora la abundancia relativa de la especie que se está registrando. Las más sofisticadas 'funciones de semejanza', que toman en cuenta la abundancia, están descritas por Ludwig y Reynolds (1988, **Capítulo 14**). Estos cálculos más complejos se pueden usar (por ejemplo, en análisis y ordenaciones de grupo) para clasificar las UM, dependiendo de lo similares o diferentes que sean entre ellos.

ESTUDIO DE CASO 5   Distrito de Kaliro

País: Uganda

Tipo de bosque: Bosques de *Albizia–Combretum*

Naturaleza de propiedad: Principalmente granjas de pequeña escala, de propiedad privada.

Manejo y uso comunitario: Agricultura mixta, tala de árboles para la producción de carbón y madera, despeje de tierras para cultivos.

Nivel de degradación: Un número sustancial de árboles maduros son talados para cosechar o despejados para agricultura.

Antecedentes

Este estudio fue parte de mi investigación de doctorado '*Ecología, conservación y bioactividad en las plantas alimenticias y medicinales en África Oriental*', que investigó la germinación de semillas y el crecimiento de las plántulas de especies de árboles medicinales, y probó la aplicabilidad del método de las especies 'framework' para la conservación de árboles

medicinales y el medio ambiente, en el distrito de Kaliro, Uganda. Siguió estudios etno-botánicos previos, para determinar las especies de plantas útiles, incluyendo las medicinales (Tabuti *et al.*, 2003, 2007).

Los curanderos locales tradicionales, identificaron cinco plantas medicinales leñosas, entre las más importantes pero difíciles de encontrar: *Capparis tomentosa*, *Securidaca longipedunculata*, *Gymnosporia senegalensis*, *Sarcocephalus latifolius* y *Psorospermum febrifugum*. En una inspección de campo, encontramos semillas de *C. tomentosa*, *S. longipedunculata* y *S. latifolius* y establecimos una parcela de prueba de siembra directa, pero este método no tuvo éxito.

Por ello decidimos experimentar en Noruega y logramos la germinación de semillas en la luz, y un rápido crecimiento de las plántulas de *Fleroya rubrostipulata* y *Sarcocephalus latifolius* (Stangeland *et al.*, 2007).También quisimos establecer nuevas parcelas de prueba en Uganda, pero necesitábamos encontrar métodos más efectivos. Dos de mis colegas que trabajaban en Tailandia, me contaron el método de las especies 'framework' que usan allí (FORRU, 2008; www. forru.org). Acepté la técnica y establecí un vivero, de acuerdo a las líneas guía de la FORRU en marzo del 2007. Algunas semillas fueron recolectadas del paisaje circundante, mientras que otras fueron adquiridas del Centro Nacional de Semillas de Árboles, que también proporcionó asesores para ayudar a establecer el vivero.

Establecimiento de parcelas de prueba

Aunque este estudio se centra en asegurar el suministro de plantas medicinales locales, se plantaron también otras especies de árboles útiles, algunas de ellas exóticas, para fomentar actitudes positivas hacia la plantación de árboles: en total se estudiaron 18 especies de árboles nativos y 9 especies exóticas (Stangeland *et al.*, 2011).

Los criterios para la selección fueron los siguientes: i) especies medicinales leñosas con alta demanda y/o que se han vuelto raras localmente; ii) otras especies útiles de árboles, cuya producción podría fomentar una actitud positiva entre los usuarios (por ejemplo, árboles frutales, maderables y para leña); y iii) especies de árboles que fijan nitrógeno, para mejorar el suelo y reducir el uso de fertilizantes. La selección de especies fue facilitada por estudios locales previos (Stangeland *et al.*, 2007; Tabuti, 2007; Tabuti *et al.*, 2009). Nuestro objetivo, era probar la aplicabilidad del enfoque del método de especies 'framework', estableciendo huertas de árboles de propósito múltiple que produjeran frutos que, de otra manera, se cosecharían en los bosques.

Tres grupos de curanderos tradicionales proporcionaron la tierra y cuidaron las plántulas, después de la plantación. Un curandero en cada grupo, estableció una huerta de árboles de propósito múltiple en su propia tierra. No se cosecharon los árboles durante el primer año, cuando monitoreamos el crecimiento, pero posteriormente, los curanderos tuvieron la libertad de cortar los árboles según su necesidad. Nosotros proporcionamos las plántulas, el dinero para arar y el material para cercos, mientras que el grupo de curanderos preparó la tierra en marzo del 2008, erigió los cercos, plantó

Rose Akelo muestra las plántulas a los visitantes, en la inauguración del vivero 04.08.2007 (Foto: T. Stangeland).

El personal del vivero y los curanderos tradicionales plantando plántulas, en marzo del 2008 (Foto: T. Stangeland).

las plántulas y desmalezó las parcelas tres veces, durante la primera estación de lluvia. Durante la primera estación de lluvia, después de plantar en abril del 2008, se plantaron frijoles entre las líneas de los árboles para proveer un beneficio a corto plazo, aumentar la motivación para desmalezar y mejorar la fertilidad del suelo a través de la fijación de nitrógeno.

¿En qué medida funcionaron los métodos de la FORRU en Uganda?

La germinación excedió el 60% de alrededor de la mitad de las especies probadas (48%). Esto contrastó con los resultados en Tailandia, donde el 80% de las especies, tuvieron altas tasas de germinación (Elliott *et al.*, 2003). Las especies africanas de árboles pueden, por ello, tener menor éxito de germinación o una necesidad mayor de pre-tratamientos, que las especies asiáticas. Trece meses después de plantar, la supervivencia de las plántulas fue satisfactoria y comparable

Monitoreando la supervivencia y el crecimiento 13 meses después de plantar. Desde la izquierda, Patrick Nzalambi, Joseph Kalule, Alexander Mbiro, Torunn Stangeland y Lucy Wanone (Foto: T. Stangeland).

con los resultados de Tailandia (Elliott *et al.*, 2003). Casi dos tercios (63%) de las especies de árboles plantadas, lograron tasas de supervivencia de más del 70%, a pesar de una severa sequía en 2009. El crecimiento de la altura también fue bueno, con un tercio de las especies que lograron un crecimiento excelente (>160 cm de altura) y el 30% que logró un crecimiento aceptable (>100 cm de altura), 13 meses después de haber sido plantadas.

Once de las 27 especies de árboles probadas, se calificaron como 'excelentes' especies 'framework' (Stangeland *et al.*, 2011). Otras ocho especies se calificaron como 'aceptables'. Todas estas especies se pueden recomendar para la restauración y la plantación en huertas de propósitos múltiples. Ocho fueron clasificadas como 'marginalmente aceptables'.

El potencial del método de especies 'framework' en África

Nuestra experiencia, sugiere que hay un potencial considerable para aplicar el enfoque de las especies 'framework' en África. La población humana en África Oriental, se ha más que triplicado en los últimos 40 años, con el resultado de una enorme presión en las tierras de cultivo. Más del 80% de la población, sigue usando leña o carbón para cocinar sus alimentos, una demanda que es satisfecha en gran parte, por plantaciones de especies de árboles exóticas, mientras que los árboles nativos han disminuido y se han vuelto vulnerables a la extinción. Hemos encontrado el método de especies de árboles 'framework', práctico y económico. Los curanderos involucrados en nuestro trabajo, se han vuelto mucho más interesados en producir plántulas y plantar árboles. De hecho, cuando visitamos el sitio en marzo del 2011, encontramos que los dos grupos en Nawaikoke se habían fusionado y comprado tierra para hacer su propio vivero, basándose en la experiencia del proyecto.

Por Torunn Stangeland

Capítulo 8

Estableciendo una unidad de investigación de restauración de bosques (FORRU)

La restauración de bosques y la investigación van de la mano. A lo largo de este libro, hemos enfatizado la necesidad de aprender de los proyectos de restauración, tanto de los exitosos como de los que han fracasado, y hemos proveído los protocolos estándar de investigación, que permitirán realizarlas. En este capítulo, asesoramos para el establecimiento de una Unidad de Investigación de Restauración de Bosques (FORRU, por sus siglas en inglés), en la que llevar a cabo la investigación, organizar e integrar la información derivada de ésta, e implementar actividades educacionales y de entrenamiento. El objetivo debe ser, hacer llegar los resultados a las manos de aquellos involucrados en la restauración de bosques, desde los alumnos de colegio hasta los grupos de comunidades y autoridades de gobierno.

8.1 Organización

¿Quién debería organizar una Unidad de Investigación de Restauración de Bosque?

El éxito de una Unidad de Investigación de Restauración de Bosques (FORRU), depende del fuerte apoyo de una institución respetada. Sin algún anfitrión consistente, a largo plazo, es difícil atraer financiamiento y asegurar la participación local en programas de restauración de bosques. Una FORRU se organiza mejor a través de una institución reconocida, que tiene procedimientos administrativos establecidos. Ésta podría ser el departamento forestal estatal, una facultad o departamento de una universidad, un jardín botánico, un banco de semillas, un centro de investigación gubernamental o una ONG reconocida.

El fuerte apoyo institucional es esencial para establecer y mantener buenas relaciones, entre las diversas organizaciones involucradas y las partes interesadas, como los grupos de comunidades, departamentos gubernamentales, ONGs, agencias patrocinadoras, organizaciones internacionales, asesores técnicos e institutos de educación. Unos acuerdos claros y mutuamente aceptados, que gobiernen el manejo de una FORRU establecidos por la institución, pueden asegurar su funcionamiento fluido y prevenir disputas entre las partes interesadas.

Implementación de personal de una FORRU

Se requiere un jefe inspiracional, un conservacionista comprometido con experiencia en silvicultura tropical, para manejar una FORRU. Aparte de tener una educación científica y experiencia relevante, él o ella debe ser hábil en la administración de proyectos, el manejo de personal y relaciones públicas. Si una FORRU es auspiciada por una universidad, el jefe de la unidad podría ser un científico principal del personal de la facultad. En un centro de investigación forestal gubernamental, un oficial forestal principal podría asumir este papel. Al comienzo, podría ser a medida que adecuada la asistencia de una secretaria a media jornada para apoyar al jefe, pero a medida que la unidad crezca, se hará necesaria una ayuda administrativa a tiempo completo.

El acceso a un taxonomista de plantas profesional y facilidades de herbario, es esencial para asegurar que las especies de árboles sean identificadas con exactitud. Aunque la organización anfitirona, podría no contar con un taxonomista en su plantilla, es esencial establecer una buena relación con un taxonomista que pueda ser llamado según se necesite, para identificar los especímenes, quizás a tiempo parcial.

Al comenzar con una FORRU, deben ser ocupados dos puestos de investigación claves:
- se necesitará un administrador del vivero para implementar la investigación de vivero, administrar los datos, supervisar el personal del vivero y en última instancia, producir árboles de buena calidad para las pruebas de campo;
- se debe emplear un oficial de campo, para mantener y monitorear las pruebas de campo, así como para procesar los datos de campo. Inicialmente, este puesto puede ser de tiempo parcial, pero se hará permanente conforme el sistema de parcelas de prueba de campo se expanda.

La investigación de restauración de bosques no es una ciencia complicada y, con un poco de entrenamiento, cualquiera puede llevar a cabo los protocolos descritos en este libro. De modo que, aparte de los puestos claves mencionados arriba, el resto del personal puede ser reclutado de las comunidades locales, sin importar las cualificaciones en educación. Los pobladores locales, colaborarán con más probabilidad con una FORRU, si algunos de ellos son empleados directamente por ésta y si son los primeros en beneficiarse del nuevo conocimiento y las habilidades generadas por éste. Algunos pobladores locales, pueden ser empleados a tiempo completo como asistentes de investigación de vivero o de campo, o a tiempo parcial o por temporadas, cuando se requiera mano de obra adicional, como durante la preparación de eventos de plantación o el mantenimiento de los árboles plantados. Incluír a pobladores locales en el monitoreo, de modo que puedan compartir el éxito del proyecto, es crucial.

A medida que el proyecto va avanzando, la diseminación directa de los resultados de la investigación a aquellos responsables para la implementación de la restauración de bosques, se vuelve más importante. Se debe diseñar e implementar un programa de educación y divulgación. Se deben producir materiales de educación, organizar talleres y seminarios, y alguien debe estar disponible para tratar con la inevitable afluencia de visitantes interesados a la unidad. Al comienzo, el equipo de investigación puede ser capaz de manejar algo de trabajo educacional, pero eventualmente, se debe contratar a un administrador educacional; de lo contrario, los resultados de la investigación irán disminuyendo, en la medida que el personal de investigación sea distraído de su trabajo principal.

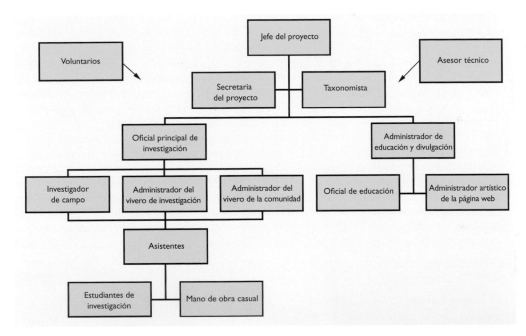

Una estructura de organización sugerida para una FORRU. Los voluntarios y asesores técnicos pueden contribuir en todos los niveles.

Adicionalmente a la investigación de rutina de la propagación y plantación de árboles (llevada a cabo por el personal a tiempo completo), una FORRU provee excelentes oportunidades para estudiantes de investigación, para realizar proyectos de tesis sobre aspectos más especializados de la restauración. Por ejemplo, los estudiantes podrían estudiar la influencia de las micorrizas en el crecimiento de los árboles, la mejor manera de controlar pestes en el vivero, qué especies de árboles atraen a aves dispersoras de semillas, o fomentar el establecimiento de plántulas de árboles, o la acumulación de carbono en las áreas restauradas … por nombrar sólo algunas posibilidades de estudio. Es importante que la FORRU tenga libre acceso, para los estudiantes e investigadores de otras instituciones. De esta manera, la unidad genera rápidamente una lista impresionante de publicaciones que pueden ser usadas para fomentar el financiamiento y apoyo institucional adicional.

Estudiantes midiendo la acumulación de carbono en una parcela establecida de restauración de bosque. Un vivero y un sistema de parcelas de la FORRU proveen posibilidades de investigación para estudiantes.

Requerimientos de capacitación

Es poco probable que alguien que solicite trabajar en una FORRU, posea todo el conjunto de habilidades necesario para desarrollar técnicas eficientes de restauración de bosques. Por ello, la mayoría de los nuevos contratados requerirán entrenamiento, en al menos algunas de las siguientes especialidades:

- manejo y administración de proyectos y redacción de propuestas, informes y contabilidad;
- diseño experimental y estadísticas;
- ecología de bosques tropicales;
- taxonomía de plantas;
- manejo de semillas;
- manejo del vivero y técnicas de propagación de árboles;
- administración de pruebas de campo y silvicultura;
- técnicas de estudio de biodiversidad;
- educación medioambiental;
- trabajo con comunidades locales.

Inicialmente, los mismos jefes de proyecto, deben proporcionar el entrenamiento adecuado a todo el personal recién contratado de la FORRU, pero conforme van aumentando los niveles de las destrezas requeridas entre el personal, los administradores de campo y vivero pueden empezar a entrenar a los asistentes y al personal casual. Adicionalmente a este libro, la serie de seis volúmenes: "Tropical Trees: Propagation and Planting Manuals" ("Árboles Tropicales: Manuales de Propagación y Plantación") publicada por el Consejo Científico de la Commonwealth, Londres, puede ser un recurso útil para los programas de entrenamiento. Organizaciones exteriores también pueden proveer asesoría importante o llevar a cabo cursos de entrenamiento para el personal de la FORRU. La ventaja de involucrar asesores extranjeros, es la oportunidad de forjar enlaces de colaboración, que pueden resultar en proyectos conjuntos, respaldados por agencias patrocinadoras internacionales. También puede haber oportunidades para el personal de la FORRU, para asistir a cursos de entrenamiento en otras instituciones, tanto locales como extranjeras.

Personal del Jardín Botánico Real, Kew, entrenando al personal de la FORRU-Camboya, en técnicas de manejo de semillas.

Facilidades

Una FORRU comprende una gama de facilidades, que se necesitan para conducir las actividades de investigación descritas en las **Secciones 6.6**, **7.5** y **7.6**. Éstas incluyen:

- acceso a un área del tipo de bosque-objetivo (ver **Sección 4.2**);
- un sendero de fenología a través del tipo de bosque-objetivo (ver **Sección 6.6**);
- acceso a un herbario;
- un vivero de árboles de investigación, en el que se estudia la propagación de árboles y se producen los árboles para las pruebas de campo (ver **Sección 6.6**);
- un vivero de árboles de la comunidad, en el que las partes locales interesadas, prueban la viabilidad de las técnicas de propagación de árboles;
- una oficina para la administración del proyecto, el manejo de datos, una biblioteca, el almacenamiento de los especímenes etc.;
- un sistema de parcelas de prueba (ver **Sección 7.5**);
- una sub-unidad de educación y divulgación (ver **Sección 8.6**).

8.2 Trabajando a todos los niveles

Establecer una FORRU, requiere trabajar con gente de todos los sectores de la sociedad, desde altas autoridades del gobierno hasta los pobladores locales.

Contribución de las FORRUs a las políticas forestales

Para satisfacer a las agencias patrocinadoras, así como a los administradores de las instituciones anfitrionas de las FORRUs, podría ser necesario justificar el establecimiento de una FORRU en términos de sus contribuciones a:

- implementación de las políticas nacionales en silvicultura o conservación de biodiversidad;
- cumplir con las obligaciones de los gobiernos bajo acuerdos internacionales.

Si un gobierno es parte de la Convención de Diversidad Biológica (CDB) (www.cbd.int), está obligado a implementar las políticas y programas para cumplir con las provisiones de la convención; por ejemplo, podría haber contraído compromisos para:

- "rehabilitar y restaurar ecosistemas degradados y promover la recuperación de las especies amenazadas ..." (Artículo 8 (f));
- "apoyo a las poblaciones locales para desarrollar e implementar acciones correctivas en las áreas degradadas, donde la diversidad biológica haya sido reducida ..." (Artículo 10 (d));
- "promover y fomentar la investigación, que contribuye a la conservación y al uso sostenible de la diversidad biológica ..." (Artículo 12 (b)).

Además, bajo los términos de la convención, cada país asociado debe preparar un Estrategia Nacional de Biodiversidad y Plan de Acción (ENBPA). Estos planes, normalmente incluyen provisiones para la restauración de ecosistemas de bosque, para la conservación de la biodiversidad, que pueden ser usados para justificar el establecimiento de una FORRU. El texto completo se puede descargar de http://www.cbd.int/convention/text/ y los PNEABs para la mayoría de los países se pueden encontrar en www.cbd.int/nbsap/search/.

Las FORRUs pueden contribuir a lograr las metas de los planes de estrategia y acción de biodiversidad, según los requerimientos bajo la Convención de Diversidad Biológica.

Si el país en el que estás trabajando es un miembro de la Organización Internacional de las Maderas Tropicales (OIMT), debes consultar las "directrices y normativas de la OIMT para la restauración, el manejo y la rehabilitación de bosques secundarios degradados" (http://www.itto.int/es/policypapers_guidelines/). Aunque este documento no tenga el peso legal de una convención internacional, sí representa un consenso de opinión internacional, que las organizaciones nacionales tienden a respetar. Incluye 160 acciones recomendadas, muchas de las cuales podrían ser respaldadas por información generada de una FORRU.

La mayoría de países ha publicado políticas forestales nacionales, que estipulan programas y proyectos forestales en periodos de 5–10 años. Muchas de estas declaraciones políticas, incluyen recomendaciones sobre la rehabilitación de áreas degradadas, que se pueden citar para justificar el establecimiento de una FORRU.

Finalmente, la REDD+ de la ONU[1] y varios esquemas del mercado de carbono (tanto voluntarios como obligatorios, bajo el Protocolo de la ONU de Kyoto, por ejemplo, el Mecanismo de Desarrollo Limpio) apuntan a limitar la acumulación de dióxido de carbono en la atmósfera, canalizando los fondos de los emisores de carbono a los proyectos que absorben carbono, para reducir las emisiones (ver **Sección 1.4**). Los proyectos de captura de carbono son ahora requeridos para conservar la biodiversidad y hay, por ello, actualmente un creciente requerimiento por el tipo de resultados de investigación generados por las FORRU.

---

[1] www.scribd.com/doc/23533826/Decoding-REDD-RESTORATION-IN-REDD-Forest-Restoration-for-Enhancing-Carbon-Stocks

Trabajar con personal de áreas protegidas

Ya que la recuperación de la biodiversidad es una de las metas principales de la restauración de bosques, las reservas naturales y los parques nacionales son lugares ideales para viveros y pruebas de campo para las FORRU. Debería ser más fácil obtener el apoyo de la persona encargada de un área protegida (ÁP) y de su personal, después de que las autoridades gubernamentales locales hayan sido persuadidas del valor de una FORRU. Se debe entonces, cultivar una estrecha relación de trabajo, entre la autoridad del ÁP y el personal de la FORRU.

La autoridad del ÁP podría ser capaz de otorgar el permiso para la construcción de un vivero y el establecimiento de pruebas de campo en la tierra del ÁP, siempre y cuando tales pruebas estén en concordancia con el plan de manejo del área. Esta autoridad, también podría ser capaz de proveer personal o mano de obra casual, para asistir a las actividades de la unidad, así como de apoyar logísticamente. Cuando se está haciendo un borrador de solicitud de financiamiento, considera incluir el salario de uno o más miembros del personal del ÁP, que será secundado por la FORRU. Si las pruebas de campo contribuyen a incrementar la cobertura, extensión o calidad del bosque dentro del ÁP, entonces el personal del ÁP probablemente querrá involucrarse en los eventos de plantación de árboles y en el mantenimiento de los árboles plantados. Los vehículos propiedad del ÁP podrían estar disponibles para transportar árboles, suministros de vivero y materiales de plantación alrededor del área. A veces, el costo total de proporcionar esa ayuda, puede correr a cargo del presupuesto de la FORRU, pero algunas ÁPs podrían elegir absorber los costos en su presupuesto principal. En estos casos, incluye una contribución a los gastos generales del ÁP, en la solicitud de financiamiento.

El apoyo del personal de un ÁP se puede mantener, invitándolos a asistir a talleres y programas de entrenamiento conjuntos, en el vivero y las parcelas de campo de la FORRU. Asegúrate de que el jefe o la jefa del ÁP y su personal, también sean invitados a seminarios y conferencias en que se presenten los resultados de la FORRU y que el ÁP sea reconocida en todas las publicaciones. Finalmente, provee al jefe del ÁP con informes regulares del progreso, aunque no fueran requeridos. Esto ayudará a asegurar la continuidad, cuando se den cambios de personal en la jefatura del ÁP.

Oficiales del Parque Nacional se juntan con miembros de comunidades locales y personal de la FORRU-CMU para plantar un área dentro del Parque Nacional Doi Suthep-Pui.

La importancia de trabajar con comunidades

La mayoría de las ÁP están habitadas. Desarrollar relaciones de trabajo con las comunidades es por ello esencial, para prevenir malentendidos sobre los objetivos del trabajo, y disolver cualquier conflicto potencial, sobre el posicionamiento de las parcelas de restauración del bosque. Una buena relación con los pobladores locales provee a la FORRU con tres recursos importantes:

- conocimiento indígena;
- una fuente de trabajo;
- una oportunidad de probar la practicabilidad de los resultados de la investigación.

El conocimiento indígena ayuda en la selección de las candidatas a especies 'framework'. Los pobladores a menudo saben qué especie coloniza las áreas de cultivo abandonadas, cuáles atraen la vida salvaje y dónde se localizan los árboles semilleros adecuados (ver **Sección 5.3**).

Las parcelas de campo establecidas, el mantenimiento y monitoreo de los árboles plantados, y la prevención de incendios, son actividades intensas en mano de obra. Los pobladores locales deben ser los primeros a los que se les ofrezcan estos trabajos y beneficiarse con los pagos por ellos. Esto ayuda a formar un sentido de 'mayordomía' de las parcelas de restauración de bosque, que incrementa el apoyo para el trabajo a nivel de la comunidad. Por ello, será más probable que los árboles plantados sean cuidados y protegidos.

La elección de las especies y los métodos de propagación desarrollados por una FORRU, deben ser aceptados por los pobladores locales. Establecer un vivero de árboles comunitario, donde los pobladores locales puedan probar las técnicas desarrollados por la investigación, es por ello

Incluso los miembros más jóvenes de una comunidad, pueden participar en la restauración de bosques. Con un largo futuro por delante, los niños tienen la mayor ganancia de la recuperación medioambiental.

ventajoso y les da otra oportunidad a los pobladores locales de beneficiarse de un ingreso del proyecto. Adicionalmente, los viveros comunitarios pueden producir árboles cerca de los sitios de plantación, reduciendo así los costos de transporte.

Desarrollar una relación cercana con la gente que vive dentro de un ÁP no es siempre fácil, especialmente si se sienten marginados por el establecimiento del ÁP. No obstante, las comunidades son muchas veces las primeras en beneficiarse de la restauración del medioambiente local, particularmente del restablecimiento de los suministros de productos del bosque y del mejoramiento de los suministros de agua. Una FORRU puede animar a los pobladores locales y al personal del ÁP a trabajar juntos, para establecer campos de prueba y viveros, que pueden ayudar a estrechar lazos más estrechos entre ellos. Esto beneficia tanto a los pobladores locales, como a la administración del ÁP. Enfatizar tales beneficios puede ayudar a persuadir a los pobladores locales, a participar en la actividades de una FORRU.

Celebra reuniones frecuentes con el comité del pueblo, para asegurar que la comunidad local esté involucrada en todas las fases de un programa de FORRU, particularmente en el posicionamiento de los experimentos de campo, para no crear conflictos con el uso existente de la tierra. Asigna a alguien de la comunidad local, para que sea la persona de contacto principal que transmita información entre el personal de la FORRU y los habitantes del pueblo. En las solicitudes de financiamiento, prepara provisiones para el empleo de pobladores locales, tanto para el manejo de un vivero de árboles comunitario, como para mano de obra casual para la plantación, el mantenimiento y monitoreo de las parcelas de plantación de árboles; y para la prevención y supresión de incendios. Invita a los pobladores locales a conocer a los visitantes al proyecto, de modo que sean concientes del creciente interés en su trabajo e involúcralos en la cobertura mediática del proyecto, de modo que se beneficien de una imagen pública positiva.

Trabajar con instituciones y asesores extranjeros

El conocimiento especializado y la asesoría de organizaciones extranjeras, pueden acelerar significativamente el establecimiento de una FORRU y prevenir la duplicación de trabajos, que ya se han hecho en otro lugar. Las instituciones extranjeras, podrían también ser capaces de contribuir a los tallerres de la FORRU o técnicas de producción de vivero, manejo de semillas y otros tópicos. Algunas instituciones podrían estar en condiciones de aceptar personal de la FORRU para cortos periodos de entrenamiento. También se podría comprometer a asesores, según se requiera, para proveer conocimientos en disciplinas especiales, como la taxonomía de las plantas.

Es poco probable que una FORRU tenga los fondos necesarios, para pagar los honorarios de asesoría internacional a expertos extranjeros. Por consiguiente, es importante formar sociedades de colaboración, de modo que los costos que involucran a asesores extranjeros, puedan ser cubiertos por sus propias instituciones, por las agencias de patrocinadores internacionales, o de subvenciones de proyectos de colaboración.

Un benefico adicional de involucrar a instituciones internacionales y su personal, es que se tenga acceso a fuentes nacionales de financiamiento, que están unicamente disponibles para proyectos que trabajan en sociedad con el país donante. Es importante trabajar con asesores extranjeros, que entiendan el carácter de la FORRU y que no traten de cambiar la dirección del trabajo, para adecuarlo a ideas preconcebidas que no concuerden con las condiciones ecológicas o socio-económicas del país en el que la FORRU está operando.

Cuadro 8.1. Política y relaciones públicas: motivaciones alternativas para participar en la restauración de bosques.

Ban Mae Sa Mai es el mayor pueblo Hmong, en el norte de Tailandia con 190 hogares y una población total de más de 1,800. Los Hmong son una de las muchas minorías étnicas en el norte de Tailandia, que son colectivamente conocidas como 'las tribus de las colinas'. El pueblo de Ban Mae Sa Mai fue originalmente fundado a una altura de 1,300 m, pero fue desplazado valle abajo a su localidad actual en 1967, después de que la deforestación causara que el suministro de agua del pueblo se secara. La relocación dejó a los habitantes del pueblo, con una fuerte sensación del vínculo entre la deforestación y la pérdida de los recursos de agua.

En 1981, el pueblo y los campos agrícolas circundantes, fueron incluidos en los límites del recientemente declarado Parque Nacional Doi Suthep-Pui. Esto hizo que la comunidad se viera enfrentada a una amenaza legal de desalojo, ya que no tenía los derechos de propiedad formal sobre la tierra.

Para evitar la posible aplicación de esta ley, unos cuantos habitantes del pueblo formaron el 'Grupo de Conservación de los Recursos Naturales de Ban Mae Sa Mai' y formaron un consenso a nivel de la comunidad, para gradualmente reducir el cultivo de la cuenca de agua superior y replantar el área con árboles de bosque. El comité del pueblo designó un resto de bosque primario, más arriba del pueblo, como el 'bosque comunitario', protegiendo así los manantiales que suministraban tanto al pueblo, como a los campos de cultivo por debajo con agua.

Los pobladores también decidieron contribuir al proyecto nacional para celebrar la Jubilación Dorada de Su Majestad el Rey Bhumibol Adulyadej, que ayudaba a restaurar bosques en más de 8,000 km² de tierra deforestada en toda la nación. Se pusieron de acuerdo con la autoridad del parque, de que irían gradualmente eliminando el cultivo de un área de 50 ha en la cuenca superior y la replantarían con árboles de bosque; a cambio, se les permitiría intensificar la agricultura en el valle bajo. El Departamento Real Forestal proveyó árboles de eucalipto y pinos, para ser plantados en la cuenca superior, pero los habitantes del pueblo se decepcionaron con la limitada elección de especies y los resultados. De modo que, cuando en 1996 la FORRU-CMU se acercó al comité del pueblo, con la propuesta de probar especies 'framework' en parcelas de prueba cerca del pueblo, el comité lo aceptó con entusiasmo (**Estudio de caso 6**). Los habitantes del pueblo colaboraron en todos los aspectos del proyecto, desde la planificación hasta la recolecta de semillas, la producción de árboles en un vivero comunitario, la plantación de árboles, mantenimiento, prevención de incendios y monitoreo.

Los niños del pueblo muestran los árboles que han sembrado en macetas, en el vivero comunitario. Ocho meses más tarde, ayudaron a plantarlos en la cuenca más arriba del pueblo.

En el 2006, se usaron cuestionarios para evaluar las percepciones del proyecto y explorar sus motivaciones para la participación. Aunque los aldeanos expresaron una satisfacción general con los resultados tangibles del proyecto, valoraron el impacto en la mejora de las relaciones por encima de todo: tanto las relaciones dentro del pueblo, como las relaciones exteriores con autoridades y público en general.

Alrededor del 80% de los encuestados, estuvieron de acuerdo en que el proyecto había reducido los conflictos sociales internos, causados por la escasez de recursos naturales, particularmente de agua. Los entrevistados expresaron que habían notado una mejora en la calidad del agua y que la cantidad de agua había aumentado (particularmente durante la estación seca), así como una reducción de la erosión del suelo y la mejora del clima local.

Cuadro 8.1. continuación.

La mayoría de los aldeanos apreciaron que el proyecto tuviera como resultado, una relación más estrecha entre el pueblo y la autoridad del parque nacional, con la que ellos habían previamente tenido problemas, y por consiguiente se sintieron más seguros viviendo dentro del parque. Los aldeanos también apreciaron enormemente, que el proyecto hubiese mejorado su imagen pública, atrayendo cobertura mediática positiva. Esto permitió que el pueblo recibiera otras formas de apoyo, tales como el de la Organización de Administración del Sub-distrito (90% de los habitantes del pueblo reconocieron este beneficio) y de las unidades locales del Departamento Real Forestal y la autoridad del parque nacional (el 60% de los aldeanos percibió esto como beneficio). Estimados de la cantidad de apoyo atraída de estas otras fuentes, variaban entre US$ 360 y US$ 1,070 por año.

En general, los beneficios que afectaron los ingresos fueron menos apreciados, que aquellos que afectaron las relaciones. No obstante, los habitantes del pueblo apreciaron los salarios y los jornales, el cuidado de las parcelas de reforestación y el apoyo para el desarrollo comunitario, es decir, las mejoras de acceso por carretera, suministro de agua, los trabajos de prevención de incendios y las ceremonias religiosas.

Alrededor del 40% de los entrevistados, estuvo de acuerdo en que el número de naturalistas y ecoturistas que visitaba el pueblo, había aumentado marcadamente en los dos años previos, mayormente debido al programa de restauración de bosque, y que este ecoturismo estaba generando un ingreso de aproximadamente US$ 350–1,250 al año, mayormente a través de la provisión de alojamiento.

Con respecto a los productos del bosque no maderables, los habitantes del pueblo reconocieron que la restauración del bosque había contribuido a incrementar la producción de productos, tales como brotes y tallos de bambú, hojas y flores de banano, vegetales de hojas comestibles (mayormente hojas jóvenes de brotes de árboles), otras flores y frutos (mayormente de árboles) y algunos hongos.

Beneficios tangibles (US$)	US$/año/hogar
Empleo directo por el proyecto	25.50
Fondos atraídos por el gobierno local	3.83
Ingresos del ecoturismo	4.46
Productos del bosque	208.93
Aumento medio de ingreso por hogar	**242.72**

Beneficios intangibles	% de los entrevistados atribuyen un alto valor
Relaciones mejoradas con:	
Departamento Forestal	74
ONGs	85
Otros en la comunidad	93
Imagen de comunidad mejorada	86
Calidad del agua mejorada	83
Habilidad mejorada para atraer fondos del gobierno local	90

Cuadro 8.1. continuación.

Los escarpados campos marginales de col, encima del pueblo, han sido en su mayoría restaurados de vuelta a los bosques. La intensificación de la agricultura en el valle bajo mejorado el sustento de los aldeanos, y fue posible gracias a la mejora del suministro y de la calidad del agua desde la cuenca restaurada.

Una parcela de restauración establecida en un campo de col abandonado, fotografiado 16 meses después de plantar 30 especies 'framework'.

Las parcelas y el vivero del pueblo se han convertido ahora en facilidades vitales para la educación, atrayendo frecuentes visitantes y talleres. Los representantes de otras comunidades visitan el pueblo, para descubrir cómo ellos pueden también establecer proyectos exitosos de restauración. Así, los habitantes de Ban Mae Sa Mai han convertido sus campos de col, en un salón de clase para la restauración de bosques, mientras que simultáneamente ha asegurado su suministro de agua y mejorado, tanto su imagen pública como sus sustentos. En general, esta colaboración entre la FORRU-CMU y la comunidad de Ban Mae Sa Mai, ha demostrado cómo la investigación científica y las necesidades de una comunidad, pueden combinarse para crear un sistema modelo para la educación medioambiental.

El pueblo recibió un premio del gobierno tailandés, reconociendo sus efuerzos en restaurar el bosque alrededor de su pueblo. Una relación mejorada con las autoridades, fue un factor principal de motivación en este proyecto.

8.3 Financiamiento

Obtener financiamiento

Si una FORRU está establecida dentro de una institución existente, centralmente financiada, puede ser posible hacer uso del personal y las facilidades existentes, para iniciar un programa de investigación. Sin embargo, a medida que el programa de investigación se va expandiendo, se deberá encontrar financiamiento independiente.

Las fuentes de financiamiento para proyectos de restauración de bosques, ya han sido comentadas en la **Sección 4.6** y todas son adecuadas para financiar una FORRU. Siendo las FORRUs esencialmente facilidades académicas de investigación, podrían sin embargo, aprovechar subvenciones de investigación también, particularmente si están basadas en una universidad. Para la estabilidad financiera, es mejor mantener un 'portafolio' variado de diferentes fuentes de financiamiento de investigación, dividiendo el trabajo de la unidad en áreas de investigación claramente definidas, (por ejemplo, ecología forestal, propagación de árboles y recuperación de biodiversidad), cada uno apoyado por un mecanismo finaciero diferente, con diferentes fechas de comienzo y fin. De esta manera, el fin de un periodo de una subvención en particular, no resulta en redundancias de personal y colapso de la unidad.

El financiamiento de investigación, se puede obtener de una amplia gama de diferentes organizaciones. Agencias de ayuda multinacionales o internacionales (por ejemplo, la Union Europea (UE) o la Organización Internacional de las Maderas Tropicales (OIMT)) pueden dar sustanciosas subvenciones para grandes proyectos, pero normalmente imponen aplicaciones y complicados procedimientos de elaboración de informes, que consumen mucho tiempo, para mantener la contabilidad y la transparencia con sus países donantes. Por ello, solamente organizaciones con un personal administrativo altamente entrenado, que sea capaz de hacer frente a los engorrosos procedimientos burocráticos, pueden esperar lograr financiamiento internacional.

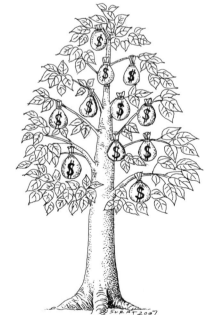

Las subvenciones dadas por gobiernos extranjeros individuales, pueden también ser muy generosas (por ejemplo, bajo el Darwin Initiative del Reino Unido o la Gesellschaft für Internationale Zusammenarbeit (GTZ) de Alemania). Están normalmente administradas a través de instituciones en el país donante, que también pueden recibir algún apoyo de la subvención. La involucración de asesores extranjeros del país donante es, muchas veces, una condición de la subvención. Esta opción es adecuada, cuando se ha desarrollado ya una buena relación con una institución en el país donante y la necesidad de involucración de expertos extranjeros, se haya claramente identificado. Las subvenciones de mecanismos nacionales, que apoyan la investigación en el país al que pertenece el proyecto, pueden ser más fáciles de obtener y requieren menos burocracia que los financiamientos del extranjero, aunque normalmente otorgan cantidades menores. "La colección de fuentes sobre financiación de la gestión forestal sostenible" ("CPF Sourcebook on Funding for Sustainable Forest Management"), mencionado en la **Sección 4.6**, también cubre muchas agencias que apoyan la investigación forestal (www.cpfweb.org/73034/es/).

Desafortunadamente el dinero no crece en los árboles, de modo que la obtención de fondos, la contabilidad y los informes, son actividades vitales cuando se maneja una FORRU. Por suerte, el interés de financiar proyectos de restauración de bosques, particularmente para mitigar el cambio global del clima, está creciendo. Los financiadores principales deben estar interesados en apoyar la investigación y en asegurar que los proyectos de gran escala, sean implementados usando los métodos más rentables.

8.4 Gestión de la información

Bases de datos informáticos

Una vez establecida, una FORRU genera grandes cantidades de datos de diversas fuentes. Uno de los papeles más importantes de la unidad, es organizar e integrar estos datos, para generar asesoría para practicantes. Las bases de datos informáticos proveen la manera más apropiada para i) almacenar grandes conjuntos de datos diversos y ii) analizarlos para responder a una amplia gama de diferentes preguntas. Por ejemplo, si un sitio a una altura de 1, 300 m se vuelve disponible para la restauración de bosque, las preguntas dirigidas a una base de datos pueden incluir:

- ¿Qué especie de árbol crece en sitios y alturas similares?
- De estas especies, ¿cuáles tienen una pulpa carnosa que atrae a animales dispersores de semillas?
- De estas especies, ¿cuáles estarán fructificando en el siguiente mes, de modo que se pueda empezar con la recolecta de semillas?
- De estas especies, ¿cuáles han germinado previamente bien en el vivero?

Para generar listas de especies que correspondan a criterios específicos, es necesario construir una base de datos relacional, que integre todos los datos producidos por una FORRU junto con los datos publicados y los datos del conocimiento indígena local. Las hojas de cálculo no permiten la búsqueda, clasificación y las facilidades de integración sofisticadas, de los programas de bases de datos dedicados, y cuanto más largas sean las hojas de datos, más difícil se hará trabajar con ellas. Por ello, la mayoría de los datos cruciales deben ser extraídos de las hojas de cálculo (tal y como se describe en la **Secciones 6.6, 7.5** y **7.6**) y re-ingresados a un sistema de datos relacional.

¿Quién debe establecer la base de datos?

Establecer un sistema de base de datos relacional, involucra una intensiva colaboración entre el personal de investigación de la FORRU, que tiene el conocimiento de primera mano de los datos que se están generando y sabe cómo quiere que lo analicen, y un colega o asesor con experiencia específica, en el trabajo con el prograrama de base de datos elegido.

Estructura de la base de datos

Las bases de datos son como sistemas sofisticados de ficheros. Un 'archivo de base de datos' es el equivalente de un cajón que contiene muchas fichas. Un 'registro' es el equivalente de una ficha y un 'campo' representa uno de los encabezamientos en la ficha y la información asociada con ésta. No es práctico almacenar toda la información disponible sobre una especie en un solo registro: para algunos tipos de información, habrá una sola entrada (por ejemplo, el nombre y las características de una especie de árbol, que no cambian), mientras que para otros tipos de información disponibles sobre la especie, habrá varias entradas (por ejemplo, pruebas de germinación para cada lote de semillas). Por ello, la base de datos consiste de varios archivos de base de datos, cada uno almacenando una categoría particular de información.

Adicionalmente, los registros que se refieren a especies en particular, en cada archivo de la base de datos, deben ser enlazables con otros registros referentes a la misma especie, en todos los demás archivos de la base de datos. Los enlaces se logran asignando códigos de enlace a cada registro; estos convenientes códigos de enlace, son el número de la especie (E. núm.) y el número del lote de semillas (L. nr) (ver **Sección 6.6**), de modo que es de suma importancia, que el sistema de especies y los números de lotes sean mantenidos a lo largo del proceso de investigación, desde la recolecta de semillas hasta la plantación. Estos números de identificación son cruciales para la integración de los datos, de modo que deben aparecer en todas las hojas de datos y etiquetas de las plantas, tanto en el vivero como en el campo. El sistema de base de datos debe ser capaz de reconocer estos códigos y agrupar todos los registros que compartan los mismos códigos, de todos los archivos de la base de datos. Por ello, la base de datos debe ser capaz de generar informes de especies, enumerando toda la información registrada sobre cada especie. No es una buena idea usar los nombres de las especies (o las abreviaciones de éstos) como códigos de enlace, porque puede tomar tiempo identificar correctamente algunas especies, y aún entonces, los taxonomistas estarían constantemente cambiando los nombres científicos de las plantas.

En las siguientes páginas, sugerimos algunas estructuras de registro, que contienen la información más básica generada por una FORRU. Esta estructura básica de base de datos, se puede expandir con nuevos campos y archivos de base de datos si es requerido. Considera añadir campos para mantener datos resumidos sobre los experimentos de almacenamiento de semillas, el atractivo de cada especie a la vida salvaje, o el conocimiento indígena sobre los usos de cada especie de árbol. Pero ten en cuenta, que ingresar datos consume tiempo, de modo que, antes de embellecer la base de datos con campos o archivos extras, considera primero si los datos al ser ingresados serán realmente usados para apoyar la toma de decisiones — si los resultados realmente justifican el tiempo necesitado para el ingreso de esos datos.

Guardabosques en las Filipinas aprenden sobre el manejo de datos, antes de establecer su propio vivero de árboles y parcelas de restauración, demostrativos para la investigación en las universidades de todo el país.

Software de base de datos

Los programas de base de datos varían, dependiendo de su sofisticación y facilidad de uso. Desafortunadamente, cuánto más sofisticado es el programa, menos 'amigable' es su uso. Microsoft Access es probablemente el sistema de base más ampliamente usado, pero es caro y hay varios programas de base de datos de código abierto que están disponibles gratuitamente (por ejemplo, Open Office).

Sea cual fuere el paquete que elijas, asegúrate de que apoye las siguientes características esenciales, enumeradas abajo:

- la habilidad de enlazar los registros en los diferentes archivos de la base de datos, que se refieren a la misma especie;
- que busque texto dentro los campos, que se den en cualquier posición en el campo (por ejemplo, encuentra septiembre (i.e. "sep"), que se den en cualquier parte dentro de una lista de meses de fructificación …."jul ago sep oct nov");

- la habilidad de generar información en un campo a partir de cálculos, usando números almacenados en otros campos, por ejemplo, la duración mediana de la latencia, se podría calcular restando la fecha de recolecta de semillas, de la fecha mediana en la que las semillas germinaron.

También considera si el paquete de base de datos, apoya la escritura de tu idioma y/o la inserción de imágenes (si fuera necesario). La tecnología de base de datos tiene otras aplicaciones para una FORRU, aparte de almacenar datos experimentales. Considera armar una base de datos, que almacene los nombres y los detalles de contacto de cada persona que tiene contacto con la unidad, de manera que puedas fácilmente organizar invitaciones a talleres o eventos educacionales, así como una lista de circulación para el boletín informativo de la unidad. Otra base de datos, podría ser usada para catalogar los libros que se guardan en la biblioteca de la unidad, o las fotos tomadas por el personal de la unidad.

Archivos, registros y campos

Archivo de base de datos "ESPECIE.DBF"

Un registro para cada especie de árbol. Este archivo almacena la información básica sobre cada especie, que puede ser enlazada a los registros y otros archivos de la base de datos a través del campo: "NÚMERO DE ESPECIE:". La mayor parte de esta información, se puede sacar de una flora. Modifica la lista de los meses de floración y fructificación, en la medida en que los datos del estudio fenológico se hagan disponibles (ver **Sección 6.6**).

NÚMERO DE ESPECIE: *p.ej. E71*

NOMBRE CIENTÍFICO: *p.ej. Cerasus cerasoides*   **FAMILIA:** *Rosaceae*

NOMBRE LOCAL: *Nang Praya Seua Krong*

SIEMPREVERDE/DE HOJA CADUCA: *D*

ABUNDANCIA: *p.ej. 0 = Probablemente extinguida; 1 = hasta unos pocos ejemplares, en peligro de extinción; 2 = Raro; 3 = Abundancia media; 4 = Común, pero no dominante; 5 = Abundante.*

HÁBITAT: *desarrolla tus propios códigos para los tipos de bosques, p.ej. bsv = bosque siempreverde; las especies pueden darse en más de un solo tipo de bosque, enuméralas todas en cualquier orden.*

ALTITUD MÁS BAJA: **ÁLTITUD MÁS ALTA:** *de observaciones directas*

MESES DE FLORACIÓN: *ene feb mar abr may jun jul ago sep oct nov dic*

MESES DE FRUCTIFICACIÓN: *ene feb mar abr may jun jul ago sep oct nov dic*

MESES DE FOLIACIÓN: *ene feb mar abr may jun jul ago sep oct nov dic*

TIPO DE FRUTA: *p.ej. seca/carnosa drupa/nuez/samara etc.*

MECANISMO DE DISPERSIÓN: *p.ej. viento/animal/agua etc.*

NOTAS:

INGRESOS A LA BASE DE DATOS COMPROBADOS POR: **FECHA:**

Archivo de base de datos "Recolecta de Semillas.DBF"

Esta base de datos contiene un registro para cada lote de semillas colectadas. Los registros para los diferentes lotes de semillas, están enlazados a un solo registro en "ESPECIES.DBF" a través del campo de "NÚMERO DE ESPECIE:". Transcribe la información de las hojas de datos de la recolecta de semillas (ver **Sección 6.6**).

NÚMERO DE ESPECIES: *p.ej. E71*   **NÚMERO DE LOTE:** *p.ej. E71L1*

FECHA DE RECOLECTA: **NÚMERO DE ETIQUETA DEL ÁRBOL:**   **PERÍMETRO DEL ÁRBOL:**

RECOLECTADO DE: *p.ej. suelo/árbol*

LUGAR: *p.ej. Cueva de Rusii*   **COORDENADAS DE GPS:**

ALTURA:

TIPO DE BOSQUE: desarrolla tus propios códigos para los tipos de bosques, p.ej. bsv = *bosque*
    siempreverde.

NÚM. DE SEMILLAS RECOLECTADAS: **ALMACENAMIENTO/DETALLES DE TRANSPORTE:**

FECHA DE SIEMBRA:

VOUCHER ESPÉCIMEN RECOLECTADO: *p.ej. Sí/no*

NOTAS PARA LA ETIQUETA DEL VOUCHER DE HERBARIO:

INGRESOS EN LA BASE DE DATOS COMPROBADA POR: **FECHA:**

Archivo de base de datos "GERMINACIÓN.DBF"

Esta base de datos contiene un registro, para cada tratamiento aplicado a cada sub-lote de semillas. Múltiples registros para cada especie o cada lote, respectivamente, están enlazados a un solo registro en "ESPECIES.DBF" a través del campo del "NÚMERO DE ESPECIE:" a un solo registro en "COLECTA DE SEMILLAS.DBF" a través del campo "NÚMERO DE LOTE:". Extrae los datos de germinación de las hojas de datos de germinación (ver **Sección 6.6**) Usa los valores medios de todas las réplicas.

NÚMERO DE ESPECIE: *p.ej. E71*   **NÚMERO DE LOTE:** *p.ej. E71L1*

TRATAMIENTO PREGERMINATIVO: *ingresa solo un tratamiento (o control) p.ej. escarificación.*

FECHA MEDIANA DE GERMINACIÓN: *fecha en la que la mitad de las semillas germinó.*

DML: = GERMINACIÓN.DBF/FECHA MEDIANA DE GERMINACIÓN: *menos* **RECOLECTA DE SEMILLAS.DBF/**
    FECHA DE SIEMBRA:

PORCENTAJE PROMEDIO DE LA GERMINACIÓN FINAL:

PORCENTAJE PROMEDIO QUE GERMINÓ, PERO MURIÓ: *como porcentaje del número de semillas que*
    fueron sembradas.

INGRESOS A LA BASE DE DATOS COMPROBADOS POR: **FECHA:**

Archivo de base de datos "CRECIMIENTO DE PLÁNTULAS.DBF"

Esta base de datos contiene un registro para cada tratamiento aplicado a cada lote. Múltiples registros para cada especie, están enlazados a un solo registro en "ESPECIES.DBF" a través del campo de "NÚMERO DE ESPECIE:". El registro para cada lote de semillas recolectadas, está enlazado a un solo registro en "RECOLECTA DE SEMILLAS.DBF", a través del campo de "NÚMERO DE LOTE:". Extrae los datos para el crecimiento de plántulas, de las hojas de datos de crecimiento de plántulas (ver **Sección 6.6**).

NÚMERO DE ESPECIE: *p.ej. E71*　　　**NÚMERO DE LOTE:** *p.ej. E71L1*

FECHA DE TRASPLANTE:

TRATAMIENTO: *introduce solo un tratamiento (o control) p.ej. Osmocote una vez cada 3 meses.*

NÚM. DE PLÁNTULAS: *número total de plántulas sometidas al tratamiento (réplicas combinadas).*

SUPERVIVENCIA: *como porcentaje, entre el trasplante y justo antes de plantar afuera.*

FECHA OBJETIVO: *fecha en la que las alturas medias de las plántulas, alcanzan el valor objetivo (p.ej. 30 cm para las pioneras de crecimiento rápido y 50 cm para las especies de bosque clímax de crecimiento más lento). Derivado de la interpolación, entre los puntos en la curva de crecimiento de las plántulas (Parte 3 Sección 3).*

FECHA DE PLANTACIÓN OPT: *la primera fecha óptima de plantación, después de la fecha objetivo (normalmente 4-6 semanas después de las primeras lluvias).*

TTV: *tiempo total de vivero =* **CRECIMIENTO DE PLÁNTULAS.DBF/FECHA OPT. DE PLANTACIÓN: menos RECOLECTA DE SEMILLAS.DBF/FECHA DE RECOLECTA:**

TA: *tiempo de almacenamiento =* **CRECIMIENTO DE PLÁNTULAS.DBF/FECHA OPT. DE PLANTACIÓN: menos CRECIMIENTO DE PLÁNTULAS.DBF/FECHA OBJETIVO.** *Este valor es útil, para identificar las especies para los experimentos de almacenamiento de semillas.*

TCR: *tasa de crecimiento relativo, basada en las mediciones de altura, desde justo después del transplante, hasta justo antes de ser llevadas a plantación.*

TCR DCR: *tasa de crecimiento relativo, basada en las mediciones del diámetro del cuello de raíces, desde justo después del transplante hasta justo antes de llevar a plantación.*

RELACIÓN RAÍZ/BROTE: *de plantas sacrificadas justo antes de llevar a plantación.*

NOTAS SOBRE PROBLEMAS DE SALUD: *descripciones de pestes y enfermedades etc.*

INGRESOS A LA BASE DE DATOS COMPROBADOS POR:　　　**FECHA:**

Archivo de base de datos "DESEMPEÑO DE CAMPO.DBF"

Esta base de datos contiene un registro para cada tratamiento silvicultural aplicado a cada lote. Se pueden enlazar registros múltiples, para cada especie o cada lote, con un solo registro en "EPECIES.DBF" a través del campo del "NÚMERO DE ESPECIE:", y con los registros en los otros archivos de la base de datos, a través del campo "NÚMERO DE LOTE:". Extrae los datos de las hojas de datos de análisis de campo (ver **Sección 7.5**). Inserta los valores medios para las réplicas combinadas para un solo tratamiento silvicultural.

NÚMERO DE ESPECIE: *p.ej. E71*   **NÚMERO DE LOTE:** *p.ej. E71L1*

FECHA DE PLANTACIÓN:

LUGAR SPPC*:   **NÚMERO(S) DE LOTE:**

TRATAMIENTO: *ingresa solo un tratamiento (o control) p. ej. mulch de cartón*

NÚM. DE ÁRBOLES PLANTADOS: *número total de árboles plantados y sometidos a tratamiento (réplicas combinadas).*

FECHA DE MONITOREO 1: *justo después de plantar.*

SUPERVIVENCIA 1: *como porcentaje.*

ALTURA MEDIA 1:   **DCR MEDIO 1:**   **DOSEL MEDIO:**

ANCHO 1:

FECHA DE MONITOREO 2: *después de la primera estación de lluvia.*

SUPERVIVENCIA 2: *como porcentaje.*

ALTURA MEDIA 2:   **DCR MEDIO 2:**   **DOSEL MEDIO:**

ANCHO 2:

ALTURA MEDIA TCR 2:   **TCR DCR MEDIO 2:**

FECHA DE MONITOREO 3: *después de la segunda estación de lluvia.*

SUPERVIVENCIA 3: *como porcentaje.*

ALTURA MEDIA 3:   **DCR MEDIO 3:**   **DOSEL MEDIO:**

ANCHO 3:

ALTURA MEDIA TCR 3:   **TCR DCR MEDIO 3:**

FECHA DE MONITOREO 4: *añade campos adicionales, según sea necesario para cada evento de monitoreo posterior.*

ETC......

NOTAS: descripciones de pestes y enfermedades observadas.

INGRESOS A LA BASE DE DATOS COMPROBADOS POR: **FECHA:**

---

*SPPC = 'sistema de parcelas de prueba de campo'

8.5 Seleccionando especies de árboles adecuados

Una base de datos relacional tiene muchas funciones, pero una de las más útiles es seleccionar las especies de árboles más adecuadas, para restaurar el bosque en cualquier sitio particular. Para fases de degradación 3 a 5 (ver **Sección 3.1**), las especies de árboles deben ser seleccionadas, de acuerdo a los criterios que definen las especies 'framework' y/o especies de cultivo nodrizas (**Tabla 5.1** y ver **Sección 5.5**), combinados con todas las demás consideraciones específicas de la situación. Esta selección puede ser muy subjetiva o involucrar análisis complejos de base de datos. Por ello, sugerimos dos métodos simples semi-cuantitativos, para facilitar el proceso de selección de especies: el enfoque de los 'estándares mínimos' y un 'índice de adecuación', que está basado en un sistema de clasificación de puntuación. Pueden ser usados independientemente o en conjunto, usando los estándares mínimos para crear una lista breve de especies, que sea posteriormente clasificada por el índice de adecuación. Estos dos métodos hacen el mejor uso de los datos disponibles, a la vez que retienen la flexibilidad para satisfacer los objetivos varios de diferentes proyectos.

Aplicando los estándares mínimos aceptables del desempeño de campo

Los criterios más importantes del desempeño de campo, son las tasas de supervivencia después de la plantación. Sin importar lo bien que la especie se desempeñe en otros aspectos (por ejemplo, podría tener un crecimiento rápido y/o atraer dispersores de semillas), no tiene mucho sentido seguir plantándola, si su tasa de supivivencia después de 2 años, cae por debajo del 50% o algo así. Se pueden aplicar estándares mínimos adicionales, aceptables a las tasas de crecimiento, ancho de copa, supresión de maleza etc., pero todos son subordinados de la supervivencia. Los valores de los estándares mínimos aceptables, son en su mayoría subjetivos, aunque los valores sensibles pueden normalmente decidirse, revisando los grupos de datos y buscando las divisiones que apartan las especies, particularmente los valores que contribuyen al cierre de copas dentro del plazo deseado.

Extrae los datos de campo después de 18–24 meses (a finales de la segunda estación de lluvia en los bosques estacionales), de la base de datos a una hoja de cálculo, con los nombres de las especies en la columna a mano izquierda, y con los datos de los criterios de desempeño seleccionados, dispuestos en la columna a la derecha. Usa los valores medios de las parcelas de control plantadas (ver **Sección 7.5**) o los valores medios de sea cual fuere el tratamiento silvicultural, que haya producido los mejores resultados.

Ten en cuenta, que si una especie excede o no los estándares mínimos, puede depender de i) los tratamientos silviculturales aplicados, ii) la variabilidad climática (algunas especies exceden los estándares en un año, pero no al siguiente) y iii) las condiciones del sitio. De modo, que una especie no tiene necesariamente que ser rechazada, si marginalmente fracasa en alcanzar los estándares mínimos en una sola prueba. Preparaciones intensas del sitio o de los tratamientos silviculturales, podrían convertir una especie rechazada en una aceptable.

La aplicación de los estándares mínimos, resulta en tres categorías de especies:
- especies de categoría 1: las que quedan por debajo de la mayoría o todos los estándares mínimos aceptables (es decir, las especies rechazadas);
- especies de categoría 2: las que exceden algunos estándares mínimos aceptables, pero quedan por debajo de otros, o aquellas que quedan por debajo de varios estándares por solo una pequeña cantidad (es decir, las especies marginales);
- especies de categoría 3: aquellas que exceden en gran medida, a la mayoría o todos los estándares mínimos (es decir, especies excelentes o aceptables).

Las especies de la categoría 1 son descartadas en futuras plantaciones. Las especies de la categoría 2 pueden, o bien ser descartadas, o bien ser sometidas a una experimentación adicional, para mejorar su desempeño (por ejemplo, mejorar la calidad del material de plantación o desarrollar tratamientos silviculturales más intensos), mientras que las especies de la categoría 3, están aprobadas para el uso en los futuros trabajos de restauración de bosques.

Ejemplo:

Tres estándares mínimos son aplicados a los datos sobre el desmpeño de campo, recolectados al final de la segunda estación de lluvia después de plantar:

- supervivencia >50%;
- altura >1 m (puesto que las plántulas deben ser plantadas cuando tienen una altura de 30–50 cm, esto representa una altura de más del doble);
- ancho de la copa >90 cm (es decir, la copa ha alcanzado más del doble del ancho requerido, para el cierre de copas a un espaciamiento de 1.8 m (equivalente a 3,100 árboles por hectárea)).

En la tabla de abajo, los datos que no alcanzan los estándares mínimos están indicados en rojo.

Especie	% Supervivencia	Altura media (cm)	Copa media ancho (cm)	Categoría	Acción
E001	89	450	420	3	Aceptar
E009	20	62	65	1	Rechazar
E015	45	198	255	2	Investigar para mejorar la supervivencia
E043	38	102	20	1	Rechazar
E067	78	234	287	3	Aceptar
E072	90	506	405	3	Aceptar
E079	65	78	63	2	Investigar para mejorar el crecimiento
E105	48	82	77	2	Investigar para mejorar el crecimiento y la supervivencia

¿Qué sucede si muy pocas especies exceden los estándares mínimos aceptables?

Hay varias opciones:

- mejorar la calidad general del material de plantación: revisa los datos del vivero, para ver si hay algo que se pueda hacer para incrementar el tamaño, la salud y el vigor del material de plantación.
- experimenta con tratamientos silviculturales intensificados (por ejemplo, desmaleza o aplica fertilizantes con más frecuencia), particularmente si crees que las condiciones del sitio pueden resultar limitantes.
- prueba diferentes especies: revisa las fuentes de información sobre las especies de árboles (**Tabla 5.2**) y empieza recolectando las semillas de especies que todavía no hayan sido probadas.

Desarrollar un índice de idoneidad

Se puede usar un sistema de puntuación semi-cuantitativo, para clasificar las especies según un índice de adecuación, que combine una amplia gama de criterios. Se puede aplicar, tanto para refinar la lista breve de especies aceptables (o marginales) que emergen de la aplicación de los estándares mínimos, como para todas las especies para las que hay datos disponibles. Ten en cuenta, que las especies con bajas tasas de supervivencia en el campo, deben siempre ser eliminadas primero, antes de calcular un índice de adecuación.

Un índice de idoneidad puede tomar en cuenta, tanto los datos fácilmente cuantificables de rendimiento, como criterios más subjetivos, tales como el atractivo de cada especie de árbol para animales dispersores de semillas. El enfoque más simple, es notar si las especies producen frutos carnosos o no. En parcelas más antiguas, esto se podría refinar adicionalmente, usando el número de años para la primera floración y fructificación, o el número de especies de animales que se sienten atraídos por una especie de árbol.

Extrae los datos relevantes de la base de datos y añade información adicional a una hoja de cálculo, según se requiera.

Ejemplo

> Antes de que los datos de biodiversidad estén disponibles, la habilidad de producir frutos carnosos se podría usar como indicador de 'atractivo', para animales dispersores de semillas.

> TTV = "tiempo total en el vivero" que es requerido para producir material de plantación, es usado aquí para indicar la facilidad de propagación. El % de germinación o las tasas de crecimiento de las plántulas, también se pueden usar.

Especie	% Supervivencia	Altura media (cm)	Ancho de copa (cm)	Frutos carnosos	TTV (años)
E001	89	450	420	Sí	<1
E015	45	198	255	Sí	<1
E067	78	234	287	Sí	1 a 2
E072	90	506	405	No	<1
E079	65	78	63	Sí	1 a 2
E105	48	82	77	Sí	>2

En este ejemplo, las especies que fueron descartadas, como resultado de la aplicación de los estándares mínimos fueron removidas, mientras que los valores marginales para algunos criterios, permanecen indicados en rojo.

Encuentra la especie con la altura media más alta. Asigna un valor del 100% a esa altura máxima media y convierte las alturas medias de todas las demás especies, en porcentajes de ese valor máximo, para proveer una 'puntuación' de altura para cada especie. En este ejemplo, E072 tiene la altura máxima media (506 cm) de modo que, las alturas de todas las demás especies, son multiplicadas por 100/506. Realiza el mismo cálculo, para proveer puntuaciones para otros criterios cuantificables, incluyendo criterios de rendimiento (por ejemplo, germinación, supervivencia de plántulas etc.).

Añade peso extra a los criterios que creas más importantes, multiplicando sus puntuaciones por un factor de ponderación (por ejemplo, la supervivencia se ha duplicado en el ejemplo abajo). Suma las puntuaciones y, como antes, conviértelas en un porcentaje de puntuación máxima (puntuación ajustada). Luego, clasifica las especies en el orden de disminución de la puntuación general.

Ejemplo

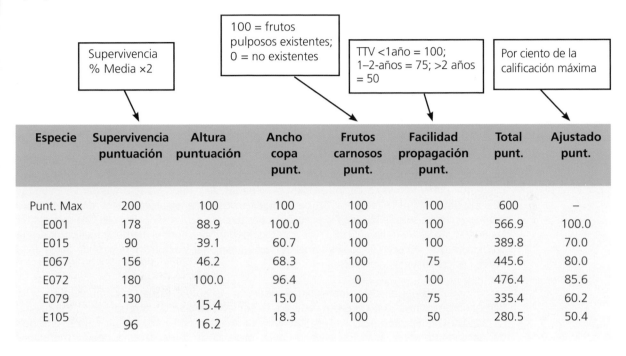

Especie	Supervivencia puntuación	Altura puntuación	Ancho copa punt.	Frutos carnosos punt.	Facilidad propagación punt.	Total punt.	Ajustado punt.
Punt. Max	200	100	100	100	100	600	–
E001	178	88.9	100.0	100	100	566.9	100.0
E015	90	39.1	60.7	100	100	389.8	70.0
E067	156	46.2	68.3	100	75	445.6	80.0
E072	180	100.0	96.4	0	100	476.4	85.6
E079	130	15.4	15.0	100	75	335.4	60.2
E105	96	16.2	18.3	100	50	280.5	50.4

Basados en las puntuaciones de idoneidad arriba, S001, S015, S067 y S072, son las mejores especies para plantar, aún cuando S015 requiera algún esfuerzo adicional para incrementar la supervivencia. La falta de frutos carnosos en S072 es compensada por las excelentes puntuaciones en relación a otros criterios. El rechazo de ambos, S079 y S105, que marginalmente no alcanzaron los estándares mínimos, se confirma, ya que sus puntuaciones ajustadas de idoneidad son solo, más o menos, la mitad de los de la mayoría de las especies adecuadas.

La interpretación de tal sistema de puntuación es últimamente subjetiva, ya que el usuario debe decidir qué criterios de desempeño incluir, cómo son cuantificados y cómo de baja o alta debe ser la puntuación ajustada, para indicar el rechazo o la aceptación de una especie.

Decidir sobre la mezcla de especies

Una de las desventajas de aplicar estándares o un sistema de puntuación con demasiado rigor, es que podría resultar en la selección de, únicamente, especies pioneras de crecimiento rápido. Esto crearía un dosel de bosque más bien uniforme (ver **Sección 5.3**). Plantar árboles de bosque pioneros y clímax juntos, crea más diversidad estructural, incluso cuando algunos árboles clímax puedan no alcanzar los estándares mínimos, o sean clasificados como bajos en un sistema de puntuación.

De modo que, al recopilar las mezclas finales de especies a ser plantadas cada año, usa las puntuaciones de estándares para proveer pautas, antes que reglas absolutas. Sé flexible y ten en mente la necesidad de diversidad. Por ejemplo, unas pocas especies de crecimiento más lento, podrían ser aceptables para plantar si sus puntuaciones fueran aptas en otros criterios (por ejemplo, una fructificación temprana) y donde la mayoría de las otras especies que se están plantando son de crecimiento rápido. Similarmente, unas cuantas especies con copas estrechas podrían ser deseables para añadir a la diversidad estructural del dosel del bosque, siempre y cuando se planten juntos con otras especies, que hayan tenido una puntuación alta en el ancho de sus copas. En última instancia, la mezcla de especies es seleccionada por un juicio subjetivo, que es modificado y mejorado cada año, como resultado de un manejo adaptativo.

¿Qué es el manejo adaptativo?

Idealmente, la selección de especies, al igual que otras decisiones de manejo, no se tomaría hasta que todos los datos hayan sido recolectados y analizados. Sin embargo, podrían pasar muchos años antes de que se produzcan todos los datos. Por ello, en los primeros años de una FORRU, las decisiones están inevitablemente basadas en los datos que son producidos al comienzo del proyecto, tales como las observaciones fenológicas o la recolecta de semilla y datos del vivero. Los datos del rendimiento de los árboles de pruebas de campo vienen más tarde, mientras que los datos sobre la recuperación de la biodiversidad y el establecimiento de especies de árboles reclutas, sólo se volverán significativos después de varios años. Por ello, los cálculos de las puntuaciones de la idoneidad de las especies, deben ser continuamente actualizados, en la medida en que se hacen disponibles nuevos datos. Mantener y actualizar la base de datos de la FORRU es crucial en este proceso.

La continua evaluación de la idoneidad de especies, es solo uno de los componentes de la 'dirección adaptativa', un concepto central a la implementación de la restauración del paisaje de bosque (ver **Sección 4.3**). Los resultados de la investigación deben servir para el enfoque del aprendizaje social, que está basado en un proceso de toma de decisiones y monitoreo experimental. La base de datos actúa efectivamente, como un archivo de los resultados de pruebas de dirección y monitoreo previas, tanto buenos como malos, de modo que las tomas de decisiones futuras puedan ir mejorándose gradualmente.

El proceso solo funciona, si todas las partes interesadas tienen acceso a la base de datos y pueden entender los resultados. Los resultados deben por ello, ser presentados en formatos 'amigables' para el usuario y también es necesario dirigir un programa de educación y divulgación, para asegurar que todas las partes interesadas puedan trabajar con los resultados de la base de datos y estar así, bien equipados para participar de manera significativa en las decisiones de la dirección. Para más información sobre la dirección adaptativa, ver Capítulo 4 en Rietbergen-McCracken *et al.* (2007).

8.6 Divulgando: educación y servicios de extensión

Una vez que se ha adquirido un cuerpo de conocimiento apreciable, una FORRU debería usarlo para proveer servicios de educación y extensión exhaustivos, con el propósito de mejorar la capacidad de todas las partes interesadas en contribuir juntas, a las iniciativas de restauración de bosques. Estos programas de divulgación, pueden incluir cursos de entrenamiento, talleres y vistas de extensión, apoyados por publicaciones y otros materiales de educación, cada uno elaborado para satisfacer las diferentes necesidades, de cada uno de los muchos grupos de partes interesadas (por ejemplo, autoridades gubernamentales, ONGs, comunidades locales, profesores, alumnos etc.)

Equipo de educación

Para empezar, el personal de investigación de una FORRU, puede ser llamado para proveer entrenamiento a grupos interesados, cuando sea necesario. Cuando el proyecto se vuelva más ampliamente conocido, deberás de estar preparado, para que haya un rápido incremento de demanda de servicios de educación y entrenamiento, que empezará a abrumar al personal de investigación, distrayéndolo de las actividades vitales de la investigación. Es mejor contratar a un equipo de profesionales de educación, con experiencia especializada en técnicas de educación medioambiental, que estén dedicados a dar a las partes interesadas, el conocimiento y el apoyo técnico que necesitan para implementar los proyectos de restauración de bosques.

El personal de educación recién contratado, no estará familiarizado con la base de conocimiento adquirida, por el personal de investigación. Por ello, el equipo de investigación debe primero familiarizar al equipo de educación con los resultados de la investigación y debe continuar proveyendo frecuentes actualizaciones, a medida que la investigación va arrojando nueva información. El equipo de educación debe entonces decidir, cómo presentar el conocimiento a las partes interesadas, en formatos 'amigables' para el usuario.

Programa de educación

Una vez que los educadores estén familiarizados con la base de conocimiento de la FORRU, deben diseñar currículos para satisfacer las diferentes necesidades de las varias partes interesadas, involucradas en la restauración de bosque. Lo mejor es un sistema modular, con material sobre el tema presentado de diferentes maneras para corresponder i) al público objetivo y ii) al lugar donde se enseñará el módulo. Por ejemplo, enseñar a los guardabosques sobre el concepto de las especies 'framework' en una parcela de campo, requiere un enfoque muy diferente al de enseñar a niños de un colegio sobre el mismo concepto en el aula.

Un programa de educación puede incluir las siguientes actividades:

- talleres para introducir el concepto general de restauración de bosques y para presentar técnicas y resultados; éstos son normalmente para funcionarios del gobierno, ONGs y grupos de la comunidad, que estén considerando iniciativas de restauración de bosques;
- entrenamiento más detallado en las mejores prácticas de restauración de bosques, para practicantes que son responsables del manejo de viveros y la implementación de los programas de plantación;
- visitas de extensión a proyectos de reforestación, que apuntan a proveer apoyo *in situ* directamente a las personas involucradas en implementar proyectos;
- albergar visitantes interesados en la unidad, tales como científicos, donantes, periodistas, etc.;
- ayudar con la supervisión de proyectos de tesis de estudiantes de universidad;
- presentar resultados de investigación en conferencias.

Un miembro del personal del vivero de la FORRU-CMU, enseña a los participantes del taller de Elephant Conservation Network cómo extraer las semillas de higos. Posteriormente, los participantes establecieron su propia FORRU en el oeste de Tailandia, que se está usando para restaurar el hábitat de elefantes. (www.ecn-thailand.org/).

También se podrían emprender programas de eventos especiales para niños de colegio y entrenamiento de profesores (½ día hasta varios días, para campamento y entrenamiento de profesores), ya que los niños son los que más ganan con la restauración de bosques.

Materiales de educación

El equipo de educación de una FORRU, produce una amplia gama de materiales de educación para satisfacer las necesidades de todas las partes interesadas. Se necesitará material didáctico para cada módulo.

Un video puede dar una concisa visión de conjunto de la FORRU y su trabajo, como introducción a las sesiones de los talleres y programas de entrenamiento, mientras que un boletín informativo y una página web, pueden mantener interesadas a todas las partes, regularmente informadas sobre los rendimientos de la FORRU.

Las publicaciones son importantes producciones educacionales de una FORRU. Producirlas puede incluir un componente participatorio, que involucra consultas y aportes de los participantes de los talleres. Esto asegura que la información provista por una FORRU, sea del máximo beneficio para los pobladores locales y también que se haga el mejor uso del conocimiento indígena. La mayor parte de este material, puede ser fácilmente preparado y diseñado con la ayuda de computadores y software de publicación de escritorio, particularmente si se contrata a alguien con experiencia en diseño gráfico, para que se aúna al equipo de educación.

Un sendero a través de las pruebas de campo con letreros informativos, convierte una facilidad de investigación en un recurso educacional de inmenso valor.

Panfletos y folletos

Los panfletos y folletos son una de las primeras producciones de una FORRU. Son útiles para el equipo de la unidad y los visitantes (particularmente patrocinadores existentes y potenciales). Deben informar y ayudar a hacer pública la unidad. Uno de los primeros panfletos producidos, podría simplemente describir a los visitantes el programa de investigación de la FORRU. A medida que el programa de investigación se va desarrollando, se puede producir literatura más técnica, como hojas de datos de especies y cronogramas de producción. Una vez que este material ha sido redactado, se puede usar de otras maneras, por ejemplo en carteles expuestos en sitios prominentes en la unidad de investigación, para propósitos educacionales.

Manuales prácticos

Uno de los primeros manuales producidos por una FORRU, debe ser un resumen de las mejores prácticas para la restauración de bosques, que combina las habilidades y el conocimiento original, derivados del programa de investigación de la FORRU, con el conocimiento existente y el sentido común. El manual sirve como un libro de texto para entrenamiento, tanto para

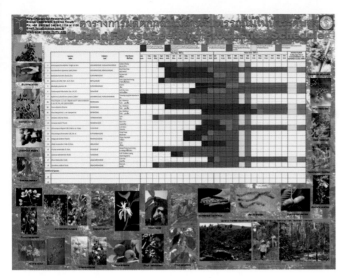

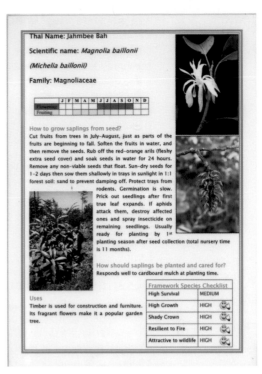

Thai Name: Jahmbee Bah

Scientific name: *Magnolia baillonii*

(*Michelia baillonii*)

Family: Magnoliaceae

	J	F	M	A	M	J	J	A	S	O	N	D
Flowering												
Fruiting												

How to grow saplings from seed?
Cut fruits from trees in July–August, just as parts of the fruits are beginning to fall. Soften the fruits in water, and then remove the seeds. Rub off the red-orange arils (fleshy extra seed cover) and soak seeds in water for 24 hours. Remove any non-viable seeds that float. Sun-dry seeds for 1–2 days then sow them shallowly in trays in sunlight in 1:1 forest soil: sand to prevent damping off. Protect trays from rodents. Germination is slow. Prick out seedlings after first true leaf expands. If aphids attack them, destroy affected ones and spray insecticide on remaining seedlings. Usually ready for planting by 1st planting season after seed collection (total nursery time is 11 months).

How should saplings be planted and cared for?
Responds well to cardboard mulch at planting time.

Uses
Timber is used for construction and furniture. Its fragrant flowers make it a popular garden tree.

Framework Species Checklist		
High Survival	MEDIUM	
High Growth	HIGH	
Shady Crown	HIGH	
Resilient to Fire	HIGH	
Attractive to wildlife	HIGH	

Un colorido cartel del cronograma de producción, ayuda al peronal del vivero a mantenerse informado sobre las especies de semillas que se deben colectar y cuándo.

Convierte la información de especies en formatos 'amigables' para el usuario, como esta tarjeta de perfil de especie para *Magnolia baillonii*. Luego, recopila la información para todas las especies del bosque-objetivo, en un cartel de cronograma de producción.

las partes interesadas durante los talleres como para eventos de extensión y personal recién contratado o trabajadores visitantes. Típicamente, este manual debe contener i) los principios básicos y las técnicas de restauración de bosques, ii) descripciones de tipos de bosques-objetivo, y iii) descripciones de los métodos de propagación, para aquellas especies de árboles consideradas adecuadas para proyectos de restauración. Debe estar escrito en un formato accesible para un amplio público lector. Por ejemplo, ver "How to Plant a Forest"[2] de la FORRU-CMU. Este volumen resultó ser tan popular, que ahora ha sido traducido y adaptado para su uso en países del sudeste asiático.

Los manuales prácticos deben ser traducidos a los idiomas de los países vecinos, para permitir la exportación de las habilidades y el conocimiento desarrollado por una FORRU y sus adaptaciones a diferentes tipos de bosques y condiciones socio-económicas.

[2] www.forru.org/FORRUEng_Website/Pages/engpublications.htm

Artículos de investigación y una audiencia internacional

Los resultados científicos originales, deben ser publicados en revistas internacionales o presentados en conferencias y publicados en actas. El propósito de las publicaciones que apuntan a una audiencia internacional, es compartir los resultados con otras personas que trabajan en un campo similar. Los artículos de investigación también promueven la correspondencia, discusión y visitas de intercambio. Asisten a otros investigadores en el desarrollo de sus propios programas de investigación. Además, las publicaciones internacionales mejoran el estatus de la unidad de investigación, tanto dentro como fuera del país.

La aceptación de artículos por revistas internacionales y actas de conferencias, es importante para las carreras del personal científico (ya que ahora la seguridad del trabajo en el mundo académico, depende cada vez más del registro de publicaciones) y sitúa el perfil de la FORRU, a la vista de las agencias donantes. Los artículos de investigación refuerzan las ofertas de nuevos fondos.

Desarrolla una estrategia de comunicación

Además de informar y entrenar a las partes interesadas, que están directamente involucradas en la restauración de bosque, el equipo de educación también debería ser responsable de llegar a un público general más amplio, comprometiendo a los medios masivos. El reconocimiento público del trabajo de una FORRU, ayuda a formar la aceptación pública de la restauración de bosques, y atrae apoyo y financiamiento. También ayuda a establecer una red de contactos con otras organizaciones que, de otra manera, podrían no enterarse del trabajo de la FORRU. De manera que, vale la pena invertir tiempo en planificar una estrategia efectiva de comunicación, que enfatice aquellos elementos del proyecto que son apropiados para cada una de las diferentes audiencias a las que se desea llegar.

¿Qué preguntas debe responder una estrategia de comunicación?

Primero, determina cuál es el propósito de la comunicación, qué recursos están disponibles, y cómo evaluar si el mensaje ha sido comunicado eficazmente. Decide cuál es la audiencia a la que se intenta llegar. Por ejemplo, podría ser el público general, propietarios de tierra, personal de agencias gubernamentales, organizaciones medioambientales, profesores y estudiantes, organizaciones industriales, etc. Ten una idea clara sobre los temas que conciernen a la audiencia, qué mensaje comunicarles, qué herramientas van a ser usadas, quién será responsable de la comunicación en la FORRU y cuándo.

Escribir para una audiencia

Desarrolla las habilidades necesarias para presentar una información concisa y clara. Los artículos en periódicos, folletos, boletines informativos y en paneles de exposición, serán leídos por gente con una amplia variedad de antecedentes, y con diferentes niveles de experiencia técnica y habilidades de lenguaje.

Desarrollar un logo y estilo de promoción

Desarrolla un logo de la FORRU y un estilo de firma (esquema de color, estilo de fuente etc.) para presentaciones, publicaciones, uniformes etc. Esto ayudará a las audiencias a reconocer la 'marca' de la FORRU.

Fotografía

Se pueden usar buenas fotografías digitales, para una amplia gama de actividades de comunicación. Fotos claras y atractivas incrementan la probabilidad de aceptación de la publicación de los artículos. Usa una base de datos para catalogar y organizar la colección de fotos, simplificando la selección de las más apropiadas para cada propósito.

FOREST RESTORATION RESEARCH UNIT

Un logo reconocible, ayuda a formar un sentido de identidad de la unidad y reconocimiento del proyecto.

Nunca podrás tener suficientes fotos. Aprende cómo tomar buenas fotos.

Herramientas de comunicación

Jornadas de puertas abiertas, talleres y otros eventos en la unidad, son buenas maneras de comunicación con un público general, pero darle publicidad a tu trabajo en encuentros internacionales, puede tener un impacto más amplio. Acepta invitaciones para hablar en conferencias y simposios o presenta pósters, que posteriormente pueden ser usados alrededor de la FORRU. Haz los pósters breves y simples, con más imágenes que texto. Diseña folletos que tengan más detalles.

Aprende a usar los medios masivos para hacer públicos los rendimientos de la FORRU, más allá de las páginas de revistas científicas.

Usa los medios. Invita a periodistas a eventos de plantación e inaguración de talleres etc. Escribe un comunicado de prensa o prepara paquetes de información para periodistas por adelantado, de modo que tengan los hechos y las figuras exactas a mano, cuando escriban sus artículos. Pídele a una compañía de TV que haga una película sobre la unidad, que se pueda usar como un video de introducción, en talleres y eventos de entrenamiento etc.

Mantén un sitio web para las comunicaciones regulares con una red de organizaciones y personas individuales interesadas. Además de una descripción general de la unidad y su investigación y actividades educacionales, incluye páginas con los anuncios de los próximos eventos, una galería de imágenes de los eventos recientes y una pizarra informativa interactiva. También se pueden subir publicaciones y materiales educativos en la página web, de modo que cualquiera que pregunte por una publicación, pueda simplemente remitirse a la página web para su descarga. Esto ahorra fortunas en gastos de envío.

Se puede encontrar inspiración para el diseño de una página web de restauración de bosque en: www.forru.org, www.rainforestation.ph y www.reforestation.elti.org

Para aquellos que no tienen la posibilidad de acceder a la web, un boletín informativo trimestral impreso, sirve para una función similar. Mantén un lista de direcciones para el boletín y también sube copias de éste a la página web. El correo electrónico hace fácil la comunicación personal con un gran número de personas, pero no permitas que tu FORRU se gane la reputación de generar correos no deseados. Una página en una de las redes de medios sociales basadas en la web, es una manera menos intrusiva de mantener a la gente informada de las actividades y los últimos hallazgos de la FORRU.

ESTUDIO DE CASO 6   Unidad de Restauración de Bosque de la Universidad de Chiang Mai (FORRU-CMU)

País: Tailandia

Tipo de bosque: Bosque tropical montano bajo siempreverde.

Propietario: Gobierno, parque nacional.

Manejo y uso comunitario: 'Bosque comunitario' para la protección del suministro de agua, tanto para el pueblo Ban Mae Sa Mai, como para la tierra agrícola debajo de éste; algunas cosechas de productos no maderables.

Nivel de degradación: Despejado para la agricultura, intentos de restauración anteriores habían incluido la plantación de pinos y eucaliptos.

Como todos los países tropicales, Tailandia ha sufrido una severa deforestación. Desde 1961, el reino ha perdido casi dos tercios de su cobertura forestal (Bhumibamon, 1986), con una disminución de los bosques naturales a menos del 20% del área del país (9.8 million ha) (FAO, 1997, 2001). Esto dio lugar a la pérdida de la biodiversidad y al incremento de la pobreza rural, a medida que los pobladores locales fueron forzados a comprar, en los mercados locales, los sustitutos para los productos anteriormente recolectados en el bosque. Los incrementos en la frecuencia de deslizamientos de tierra, sequías e inundaciones súbitas, también han sido atribuídos a la deforestación, mientras que los incendios forestales y otras formas de degradación, contribuyen aproximadamente al 30% del total de las emisiones de carbono de Tailandia (Departmento de Parques Nacionales, Conservación de Vida Silvestre y Plantas (DNP) y el Departamento Real Forestal (RFD), 2008).

Una parte de la respuesta del Gobierno tailandés a estos problemas, ha sido la prohibición de la tala y el intento de conservar los bosques restantes, en áreas protegidas que cubren el 24% del área del país (125,082 km^2) (Trisurat, 2007). No obstante, muchas de estas áreas 'protegidas' fueron establecidas en ex concesiones de explotación maderera, de modo que grandes partes ya habían sido deforestadas, antes de que fueran oficialmente declaradas protegidas (alrededor de 20,000 km^2 (derivado de Trisurat, 2007)). Un informe del 2008 realizado por el Centro de Servicio Académico de la Universidad de Chiang Mai (CMU), encontró que alrededor 14,000 km^2 de los bosques del país, estaban en "necesidad de urgente recuperación" (Panyanuwat *et al.*, 2008).

Intentos anteriores de reforestación, involucraron el establecimiento de plantaciones de pinos y eucaliptos. Para la protección medioambiental y la conservación de la biodiversidad, la restauración de bosques (tal como está definida en la **Sección 1.2**) es más apropiada, pero su implementación ha estado limitada, por la falta de conocimiento sobre cómo producir y plantar especies de bosque nativas.

Por ello, en 1994, el departamento de Biología de la Universidad de Chiang Mai estableció la Unidad de Investigación de Restauración de Bosque (FORRU-CMU, por sus siglas en inglés), en la que se desarrollarían las técnicas apropiadas para la restauración de ecosistemas de bosques tropicales. La unidad consiste en un vivero experimental de árboles y un sistema de parcelas de prueba, en el Parque Nacional de Doi Suthep-Pui, que colinda con el campus de la universidad.

En 1997, la FORRU-CMU empezó la investigación para adaptar el enfoque de las especies 'framework' (es decir, de marco), para restaurar el bosque siempreverde en el parque, habiendo aprendido cómo este concepto se había usado en Australia (ver **Cuadro 3.1**). Una colección de herbario y base de datos de la flora de árboles locales, establecidas por J. F. Maxwell en el Herbario del Departamento de Biología de la CMU (Maxwell & Elliott, 2001), proveyó un punto de partida invalorable, así como un servicio de identificación de especies e información sobre la distribución de las especies de árboles nativos.

La unidad estableció una oficina y un vivero de investigación, en lo que fue la sede de la jefatura del parque, cerca de ejemplos intactos de los bosques-objetivo. Allí, un estudio de fenología determinó los tiempos óptimos de recolecta de semillas y proveyó oportunidades, para una recolecta regular de semillas.

De los experimentos en el vivero, se desarrollaron métodos para la producción de árboles en contenedores, de un tamaño adecuado para plantar en la fecha óptima de plantación, que es a mediados de junio en el clima estacionalmente seco del norte de Tailandia. Se usaron pruebas de germinación (Singpetch, 2002; Kopachon, 1995), experimentos de almacenamiento de semillas y pruebas de crecimiento (Zangkum, 1998; Jitlam, 2001), para desarrollar cronogramas de producción de especies (ver **Sección 6.6**). La facilidad de la investigación también fue usada por los estudiantes de investigación de la CMU, quienes abordaron una investigación más detallada de la propagación por esquejes. (Vongkamjan *et al.*, 2002; ver **Cuadro 6.6**), el uso de plántulas silvestres (Kuarak, 2002; ver **Cuadro 6.4**) y el papel de las micorrizas (Nandakwang *et al.*, 2008).

Durante cada estación de lluvia desde 1997, las parcelas experimentales, que varían en tamaño de 1.4 a 3.2 ha han sido plantadas con varias combinaciones, de 20–30 candidatas a especies de árboles 'framework' para: i) evaluar el potencial de las especies de árboles plantadas para actuar como especies 'framework'; ii) probar la respuesta de las especies a los tratamientos silviculturales, diseñados para maximizar el rendimiento de campo; y iii) evaluar la recuperación de la biodiversidad.

Las parcelas fueron establecidas en estrecha cooperación con los pobladores del Ban Mae Sa Mai (ver **Cuadro 8.1**). Esta sociedad con una comunidad local, proveyó a la FORRU-CMU con tres recursos importantes: i) una fuente de conocimiento indígena; ii) una oportunidad para los pobladores locales, de probar si los resultados de la investigación eran prácticos; y iii) un suministro de mano de obra local. A petición de los habitantes del pueblo, la FORRU-CMU financió la construcción de un vivero comunitario de árboles en el pueblo y entrenó a los pobladores locales, en los métodos básicos de propagación de árboles y del manejo del vivero. Los habitantes del pueblo ahora venden plántulas de árboles de bosque nativo, a otros proyectos de restauración.

El rendimiento del proyecto fue un procedimiento eficaz, que se puede usar para restaurar rapidamente los bosques bajo-montanos siempreverdes en el norte de Tailandia. Se identificaron las especies de árboles de mejor rendimiento (Elliott *et al.*, 2003) y se determinaron los tratamientos silviculturales óptimos (Elliott *et al.*, 2000; FORRU, 2006). El cierre de las

Las pruebas de campo probaron varios tratamientos silviculturales, incluyendo aplicaciones de fertilizantes, desmalezado y aplicación de mulch. Las alfombrillas de mulch de cartón, resultaron ser particularmente efectivas en sitios secos, degradados.

En las parcelas experimentales, todos los árboles están etiquetados y medidos 2–3 veces cada: altura, diámetro del cuello de raíces y el ancho de la copa, son registrados cada vez. Esto ha resultado en una gran base de datos, que contiene la información del rendimiento de campo de las especies de árboles de bosque nativo, y ha permitido que se identifique a aquellas que funcionan como especies de árboles 'framework'.

Niños de colegios de todo el mundo, visitan ahora el vivero y las parcelas de campo de la FORRU-CMU, para aprender las técnicas de restauración de bosques.

copas se puede ahora lograr 3 años después de plantar (con una densidad de plantación de 3,100 árboles por hectárea). También se logró la rápida recuperación de la biodiversidad. Sinhaseni (2008) informó de que 73 especies de árboles no plantadas, re-colonizaron las parcelas en 8–9 años. Combinadas con las 57 especies de árboles 'framework', la riqueza total de especies de árboles en las parcelas muestradas, sumaron 130 (85% de la flora de árboles del bosque-objetivo siempreverde). La riqueza de especies de la comunidad de aves, se incrementó de alrededor de 30 de los que existían antes de la plantación, a 88 después de 6 años de plantar, incluyendo el 54% de las especies encontradas en el bosque-objetivo (Toktang, 2005).

Las técnicas desarrolladas se publicaron en un manual para practicantes, 'amigable' para el usuario, con el título "How to Plant a Forest" ("Cómo Plantar un Bosque"), tanto en tailandés como en inglés (FORRU, 2006), y que posteriormente fue traducido a otros cinco idiomas locales. El proyecto también resultó en un conjunto de protocolos, que pueden ser aplicados por investigadores en otras regiones tropicales, para desarrollar técnicas de restauración de cualquier tipo de bosque tropical, tomando en cuenta la flora nativa y las condiciones locales climáticas y socio-económicas. Éstos fueron publicados en un manual para investigadores, bajo el título "Research for Restoring Tropical Forest Ecosystems" ("Investigación para la Restauración de Bosques Tropicales")(FORRU, 2008), también en varios idiomas. Ambos libros se pueden descargar gratis en www.forru.org. Estos manuales fueron usados posteriormente, para duplicar el concepto de la FORRU en la restauración de otros tipos de bosques, en gran parte con el apoyo de Darwin Initiative del Reino Unido: en el sur de Tailandia (http://darwin.defra.gov.uk/project/13030/), China (http://darwin.defra.gov.uk/project/14010/) y Camboya (http://darwin.defra.gov.uk/project/EIDPO026/).

El aporte más importante del proyecto fue un conjunto de técnicas de restauración de bosques tropicales siempreverdes, en campos agrícolas abandonados, a altitudes superiores a 1,000 m sobre el nivel del mar. Ocho años y medio después de plantar 29 especies 'framework', se había eliminado la maleza, acumulado el humus, desarrollado un dosel de múltiples niveles y la recuperación de la biodiversidad estaba bien encaminada.

Apéndice 1: Plantillas para hojas de recolección de datos

A1.1 Evaluación rápida del sitio

A1.2 Fenología

A1.3 Recolecta de semillas

A1.4 Germinación

A1.5 Crecimiento de las plántulas

A1.6 Registro de la producción del vivero

A1.7 Rendimiento de campo de los árboles plantados

A1.8a Estudio de la vegetación: árboles

A1.8b Estudio de la vegetación: flora del suelo

A1.9 Estudio de las aves

A1.1 Evaluación rápida del sitio

Parcela	Signos de ganado	Signos de incendio	Suelo (% expuesto, condición, erosión)	Maleza (% cobertura y altura media, +/– plántulas de árboles)	Núm. árboles >50 cm de altura (<30 cm PAP)	Núm. tocones de árboles vivos	Núm. árboles >30 cm PAP	Núm. total de árboles regenerados
1								
2								
3								
4								
5								
6								
7								
8								
9								
10								

Total	
Media	
Promedio/ha	(= media × 10,000/78)
Núm. de árboles a plantar por ha	(= 3100 – Promedio/ha)

Ubicación GPS		
Registrador		
Fecha		
Núm. total de especies regenerando:	Pioneras	Clímax

A1.2 Fenología

Orden	Etiqueta	Núm. de especie	Especie	PAP	BF	FL	FR	RD	HJ	HM	HS	Posición del árbol/Notas
REGISTRADOR:			**FECHA:**		**UBICACIÓN:**							

PAP = Perímetro a la altura del pecho; BF = Botones de flores; FL = Flores abiertas; FR = Frutos; RD = Ramas desnudas; HJ = Hojas jóvenes; HM = Hojas maduras; HS = Hojas senescentes.

A1.3 Recolecta de semillas

Fecha de recolecta	**Núm. especie:**	**Núm. lote**
Familia:		**Nombre común:**
Nombre botánico:		
Ubicación:		
Coordenadas GPS:		**Elevación:**
Tipo de bosque:		
Recolectado de:	**Suelo [ ]**	**Árbol [ ]**
Núm. etiqueta del árbol:	**Perímetro del árbol:** cm	**Altura árbol:** m
Recolector:		**Fecha siembra semilla:**
Notas		
		¿Espécimen voucher recolectado? [ ]

✂ -

UNIDAD DE INVESTIGACIÓN DE RESTAURACIÓN DE BOSQUE
ESPÉCIMEN VOUCHER ETIQUETA DE HERBARIO

Nota: todas las fechas son día/mes/año

FAMILIA:	**NOMBRE COMÚN:**
NOMBRE BOTÁNICO:	**FECHA:**
PROVINCIA:	**DISTRITO:**
UBICACIÓN:	
COORDENADAS GPS:	**ELEVACIÓN:**
HÁBITAT:	

NOTAS DESCRIPTIVAS: **PERÍMETRO DEL ÁRBOL:**   cm

ALTURA DEL ÁRBOL: m

Corteza

Fruto

Semilla

Hoja

RECOLECTADO POR: **IDENTIFICACIÓN DE ESPÉCIMEN NÚM.:**   **NÚM. DE DUPLICADOS:**

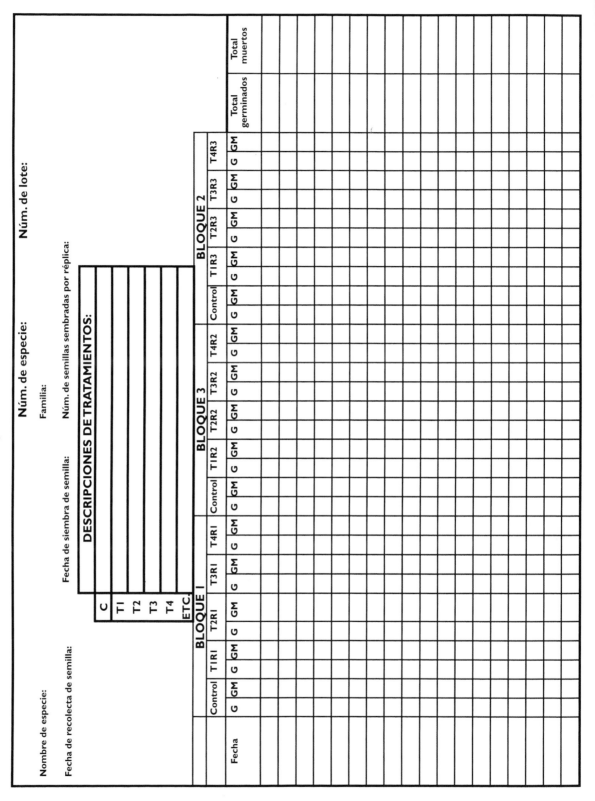

A1.4 Germinación

Nombre de especie:

Fecha de recolecta de semilla:

Núm. de especie:

Familia:

Núm. de semillas sembradas por réplica:

Fecha de siembra de semilla:

Núm. de lote:

DESCRIPCIONES DE TRATAMIENTOS:

C
T1
T2
T3
T4
ETC.

A1.5 Crecimiento de las plántulas

| Especie: | | | Especie núm: | | Lote núm.: | |

| Fecha siembra semillas: | | Fecha repique: | |

ALTURA (cm)																		
		NÚMERO DE PLÁNTULA																
Fecha	Días	1	2	3	4	5	6	7	8	9	10	11	12	13	14	15	PROM	TCR

DIÁMETRO DE CUELLO DE RAÍZ (mm)																		
		NÚMERO DE PLÁNTULA																
Fecha	Días	1	2	3	4	5	6	7	8	9	10	11	12	13	14	15	PROM	TCR

PUNTUACIÓN DE SALUD (0–3)																	
		NÚMERO DE PLÁNTULA															
Fecha	Días	1	2	3	4	5	6	7	8	9	10	11	12	13	14	15	PROM

PROM = Promedio; TCR = tasa de crecimiento relativo

A1.6 Registro de producción de vivero

Año..............   Núm. ....

ESPECIE:	ESPECIES NÚM.:.	LOTE NÚM.:

I. GERMINACIÓN DE SEMILLAS

Tratamiento pregerminativo de semillas:		
Tipo de sustrato de trasplante y de bandeja:		
	Fecha:	Cantidad:
Recolecta de semillas:		
Siembra de semillas:		
Fecha de primera germinación:		

OBSERVACIONES
:

2. REPIQUE

Sustrato de trasplante: Tipo de contenedor:		
	Fecha:	Cantidad:
Repique:		

OBSERVACIONES (condiciones de las plántulas):

3. CUIDADO DE VIVERO

	Fechas			
	1	2	3	4
Fertilizante:				
Poda:				
Desmalezar:				
Medidas de control de pestes/enfermedades:				

4. ENDURECIMIENTO Y ENVÍO

Fecha comienzo endurecimiento:	Núm. de plántulas:		
	Fecha	Cantidad	Dónde
Enviado:			
Enviado:			
Enviado			

OBSERVACIONES:

A1.7 Rendimiento de campo de árboles plantados

NOMBRE DE PARCELA:		UBICACIÓN DE PARCELA:	
FECHA DE MONITOREO:		REGISTRADOR(ES):	

Orden núm.	Especie núm.	Etiqueta núm.	Notas previas	DCR (mm)	Altura (cm)	Ancho copa (cm)	Puntuación salud (0–3)	Puntuación maleza (0–3)	Notas

DCR = diámetro del cuello de raíces

A1.8a Estudio de vegetación: árboles

FECHA:	REGISTRADOR:		PARCELA NÚM.:	CÍRCULO NÚM.:
UBICACIÓN:	TIPO DE BOSQUE:			GPS
Árboles >50 cm de altura en 5 m de círculo de radio.				

Especie de árbol	Plantado/ natural	Etiqueta núm.	DCR (mm)	PAP (cm) (>6,3 cm)	Puntuación salud (0–3)	Ancho copa (cm)	Cant. rebrotes de tocón	Notas

DCR = Diámetro del cuello de las raíces; PAP = Perímetro a la altura del pecho

A1.8b Estudio de vegetación: flora de suelo

FECHA:	REGISTRADOR:		PARCELA NÚM.:	CÍRCULO NÚM.:
UBICACIÓN:	TIPO DE BOSQUE:			GPS:

Especies de flora de suelo dentro del radio de círculo de 1 m		PUNTUACIÓN
Hojarasca		
Suelo desnudo		
Rocas		

ESPECIES						PUNTUACIÓN	Plántulas de árboles? S/N

Puntuación <5% = 0.5, 5–9% = 1, 10–24% = 2, 25–49% = 3, 50–79% = 4, y 80%+ = 5

A1.9 Estudio de aves

Registradores:		Nombre de archivo:	
Fecha:		Clima:	
Cantidad de rocas:		Parcela núm:	
Tiempo de inicio:		Tiempo de término:	

Tiempo	Especie	Núm. de aves (sex)	Avista-miento o canto/ llamada	Distancia del punto (m)	Actividad	Especie de árbol (si apropiado)

Apéndice 2: diseño experimental y pruebas estadísticas

A2.1 Experimentos aleatorios de diseños de bloque completos

Todos los experimentos ecológicos generan resultados altamente variables. Por ello, los experimentos deben ser repetidos o 'replicados' varias veces, y los resultados deben ser presentados como valores medios, seguidos por una medida de variación entre las réplicas, que son sometidas al mismo tratamiento (por ejemplo, varianza o desviación estándar). Afortunadamente, la mayoría de los experimentos requeridos para la investigación de restauración de bosques (por ejemplo, pruebas de germinación, experimentos de crecimiento de plántulas y pruebas de campo), pueden todos ser establecidos usando el mismo diseño experimental básico y el mismo método de análisis estadístico: un 'diseño de bloques completos al azar' (DBCA), con los resultados analizados por un análisis de varianza (ANOVA) de dos factores, seguido por comparaciones de pares.

¿Qué es un diseño de bloques completos al azar (DBCA)?

Cada uno de los 'bloques' replicados dentro de un DBCA consistente en una réplica del control, más una réplica de cada uno de los tratamientos que se están probando. Cada tratamiento y el control están representados igualmente en cada bloque (es decir, usando la misma cantidad de semillas, plantas etc.). En cada bloque, las posiciones del control y de los tratamientos, son asignados aleatoriamente. Los bloques replicados son colocados aleatoriamente a través del área de estudio (o del vivero).

¿Por qué usar el DBCA?

Un DBCA separa los efectos que se deben a la variabilidad medioambiental, de aquellos de los tratamientos que se están probando. Cada bloque puede estar expuesto a condiciones medio-ambientales ligeramente diferentes (luz, temperatura, humedad etc.). Esto crea una variabilidad en los datos, que puede oscurecer los efectos de los tratamientos aplicados; pero, al agrupar réplicas de control y réplicas de tratamiento en cada bloque, todas las bandejas de germinación o parcelas dentro de un bloque, están expuestas a condiciones similares. Por consiguiente, los efectos de las condiciones variables externas pueden ser justificados y los efectos de los tratamientos aplicados (o la ausencia de efectos), revelados por un ANOVA de dos factores (ver **Sección A2.2**).

¿Cuántos bloques y tratamientos?

En el caso ideal, el número combinado de bloques y tratamientos usados, tendría como resultado por lo menos 12 'grados residuales de libertad' (grl) de acuerdo con la ecuación abajo...

$$grl = (t{-}1) \times (b{-}1)$$

...en la que t es el número de tratamientos (incluyendo el control) y b es el número de bloques. En verdad, es a menudo difícil lograr un grl de más de 12 en un experimento de vivero o de campo, debido a la escasez de semillas, árboles, tierra y mano de obra. Y un grl de <12 todavía puede dar resultados sólidos, si aseguras la mayor uniformidad posible entre los bloques. De lo contrario, puedes usar un diseño experimental más simple (por ejemplo, experimentos en pares, que comparan un solo experimento con uno de control) y métodos analíticos más simples (por ejemplo, Chi cuadrado para los datos de germinación o supervivencia (ver **Sección 7.4**)).

A2.2 Análisis de varianza (ANOVA)

Los datos de los experimentos DBCA se pueden analizar mediante una rigurosa prueba estadística estándar, llamada análisis de varianza (ANOVA). Hay varias formas de esta prueba. La que se usa para analizar los experimentos DBCA, es un 'ANOVA de dos factores (sin réplica)'. La parte 'sin réplica' lleva a confusión, debido a que los tratamientos son replicados a través de los bloques, pero en la jerga estadística, significa que hay solamente un valor por cada tratamiento en cada bloque; por ejemplo, para los experimentos de germinación, hay un valor para el número de semillas que germinan en cada bandeja de germinación.

La manera más simple de ejecutar un ANOVA, es usando el 'Herramientas para análisis' que viene con Microsoft Excel, de modo que primero asegúrate de que tienes el 'Herramientas para análisis' instalado en tu computadora.

Si estás usando Windows XP, abre Excel y haz clic en 'Herramientas' en la barra de herramientas y después en 'Complementos'. Asegúrate de que la casilla junto al 'Herramientas para análisis' esté marcada. Si la casilla de activación no aparece, tienes que volver a ejecutar la instalación de Excel con la función 'Complementos' del 'Herramientas para análisis'.

Si usas Vista o Windows 7, haz clic en el botón de Microsoft Office (arriba a la izquierda), luego en el botón de 'Opciones de Excel' (botón a la derecha del menú desplegable), después en 'Complementos' y finalmente en el botón 'Ir' junto a 'Administrar: Complementos de Excel'. Marca la casilla 'Herramientas para análisis'.

Los experimentos descritos en los **Capítulos 6** y **7** generan dos tipos de datos: i) datos binomiales, que describen las variables que tienen solo dos estados, por ejemplo, la germinación (es decir, germinado o no germinado) y supervivencia (es decir, vivo o muerto); y ii) datos continuos (los cuales pueden tener cualquier valor), por ejemplo, altura de la plántula, diámetro del cuello de raíces, ancho de la copa o tasa de crecimiento relativo. Si estás analizando datos binomiales, debes primero transformar los datos en arcoseno, por razones estadísticas, antes de realizar el análisis de varianza. Si estás analizando los datos continuos, puedes saltarte la siguiente sección e ir directamente al ANOVA.

Preparar datos binomiales para ANOVA

Introduce tus datos (por ejemplo, número de semillas germinadas o de árboles supervivientes) en una tabla como se muestra abajo (datos originales), con los bloques como filas y los tratamientos como columnas.

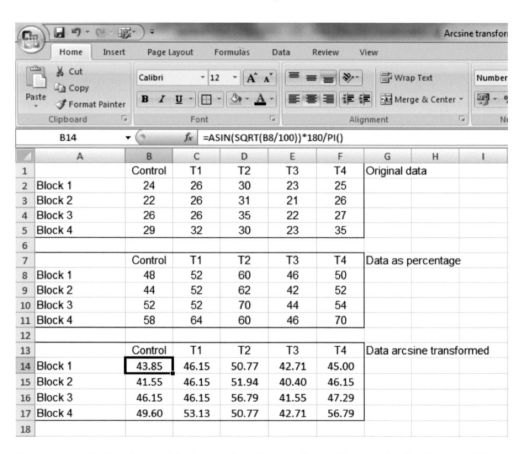

En este ejemplo, los datos originales son los números de semillas germinadas (de entre 50) en cada uno de los 4 bloques, para cada uno de los 5 tratamientos pregerminativos: por ejemplo, T1 = remojar en agua caliente durante 1 hora, T2 = escarificación con papel lija, T3 = remojar en ácido durante 1 minuto, y T4 = remojar en agua fría durante 1 noche.

Después, construye otra tabla para calcular los valores en porcentajes: por ejemplo, para el control en el bloque 1, 24 semillas germinaron de entre 50 sembradas, de modo que el porcentaje de germinación = 24/50 × 100 = 48%.

Luego establece una tercera tabla debajo, para calcular los porcentajes que han sido sujetos a una transformación arcoseno; por ejemplo, para el control en bloque 1 (localizado en la celda B8), introduce la siguiente fórmula en la tercera tabla:

$$=ASIN(SQRT(\textbf{B8/100}))*180/PI().$$

Luego, copia la fórmula a las otras celdas de la tercera tabla. Para asegurarte de que hayas introducido correctamente la fórmula, introduce 90 en la tabla de porcentaje. Un valor transformado en arcoseno de 71.57 debería volver a la tercera tabla.

Ahora realiza el ANOVA, como se describe abajo, sobre los porcentajes transformados en arcoseno.

ANOVA

En este ejemplo, usamos la altura media de los árboles (cm), 18 meses después de haber sido plantados en un sistema de parcelas de campo (ver **Sección 7.5**), sujetos a diferentes tratamientos de fertilizante. Abre una nueva hoja de cálculo e introduce tus datos con los bloques como filas y los tratamientos como columnas, como se muestra abajo.

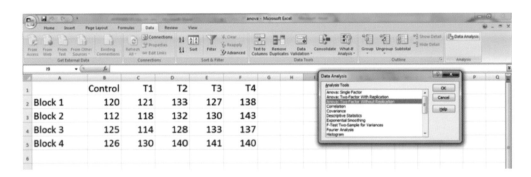

En este ejemplo, los datos muestran la altura de los árboles (cm). Se aplicaron dosis diferentes de fertilizante en los árboles en el momento de ser plantados y tres veces en la estación de lluvia: T1 = 25g fertilizante, T2 = 50g, T3 = 75g y T4 = 100g.

Después, si estás usando Windows XP, haz clic en 'Herramientas' y luego en 'Análisis de datos...'. Con Vista o Windows 7, haz clic en la pestaña 'Datos' en la parte superior de la pantalla y luego en 'Análisis de datos' (arriba a la derecha). Aparecerá un cuadro de diálogo que contiene una lista de varias pruebas estadísticas. Haz clic en 'Análisis de varianza de dos factores con una sola muestra por grupo' (es decir, sin réplica) y luego, haz clic en 'Aceptar'.

Aparecerá otro cuadro de diálogo. Haz clic en el botón cuadrado a la derecha del cuadro 'Rango de entrada'. Luego, con el ratón arrastra el cursor a través de la tabla de datos para seleccionar todo el conjunto de datos, incluyendo los encabezamientos de filas y columnas. Haz clic nuevamente en el botón cuadrado para volver al cuadro de diálogo, y asegúrate de que el cuadro 'Rótulos' esté marcado al igual que el valor 0.05 en el cuadro 'Alfa'. Haz clic en el botón circular, 'Rango de salida' y luego en el botón cuadrado a la derecha del cuadro de 'Rango de salida'. En la hoja de cálculo, mueve el cursor a una celda inmediatamente debajo de tu tabla de datos y haz clic. Luego vuelve al cuadro de diálogo y haz clic en 'Aceptar'. Aparecerán dos tablas con la salida de resultados debajo de tu tabla de datos. En la superior, se resumen los valores medios para cada tratamiento y cada bloque, junto con una medida de variabilidad (es decir, la varianza). La inferior te indicará si hay diferencias significantes entre los tratamientos.

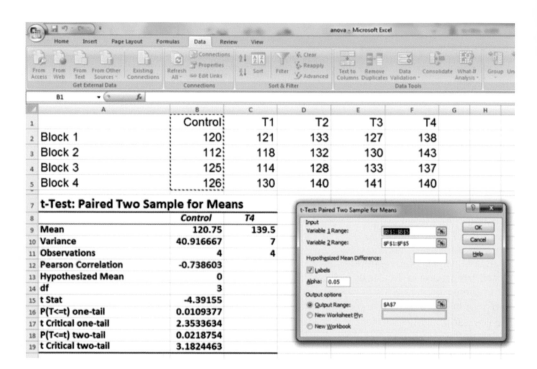

Los resultados completos de la tabla superior de la salida de resultados son como sigue:

ANOVA: Dos factores con una sola muestra.

Resumen	Cuenta	Suma	Promedio	Varianza
Bloque 1	5	639	127.8	59.7
Bloque 2	5	635	127.0	149.0
Bloque 3	5	637	127.4	77.3
Bloque 4	5	677	135.4	47.8
Control	4	483	120.75	40.92
T1	4	483	120.75	46.25
T2	4	533	133.25	24.92
T3	4	531	132.75	36.25
T4	4	558	139.50	7.00

En este ejemplo, las variaciones dentro de los bloques (entre los tratamientos) son, generalmente, más altas que las variaciones dentro de los tratamientos (entre los bloques), lo cual sugiere que los efectos de los tratamientos, son más fuertes que las variaciones aleatorias resultantes de las diferencias de condiciones entre los bloques. Parece que los tratamientos 2, 3 y 4 aumentan la germinación comparada con el control, mientras que el tratamiento 1 no tiene ningún efecto. ¿Pero son estos resultados significativos?. La tabla inferior responde esta pregunta.

ANOVA

Origen de variaciones	Suma de cuadrados	Grados libertad	Promedio cuadrados	F	Probabilidad	Valor de F crítico
Filas	241.6	3	80.5333	4.3066	0.02799	3.49029
Columnas	1110.8	4	277.7	14.8503	0.00014	3.25917
Error	224.4	12	18.7			
Total	1576.8	19				

En esta tabla, las 'filas' se refieren a los bloques y las 'columnas' se refieren a los tratamientos. El ANOVA prueba la 'hipótesis nula', de que no hay diferencias significativas entre el control y los tratamientos probados, y que cualquier variación entre los valores medios sería solamente debido a la casualidad. Por consiguiente, si se aprecian grandes diferencias entre los valores medios, tanto para tratamientos como para bloques, la suposición sería falsa, y al menos uno de los tratamientos ha tenido un efecto significativo. Los valores importantes en los que hay que fijarse son los valores P, que cuantifican la probabilidad de que la hipótesis nula (es decir, sin diferencias) sea válida. La tabla, por ello, muestra que hay una probabilidad de solamente un 0.00014 en 1, o 0.014% de que no existieran diferencias entre los tratamientos (y por tanto, un 99.986% de probabilidad de que sí). Similarmente, las verdaderas diferencias entre los bloques son altamente probables (97.2%). Las diferencias significativas entre los bloques, muestran que fue necesario un diseño aleatorio de bloques para remover una cantidad sustancial de variación, asociada con diferencias en el micro-medioambiente que afecta a cada bloque. Aunque este ANOVA muestra diferencias significativas entre los tratamientos, no indica qué diferencias son significativas. Para determinar esto, es necesario ejecutar la comparación entre pares. Para más información sobre el ANOVA y una elección más amplia de técnicas analíticas, remítase a Dytham (2011) and Bailey (1995).

A2.3 Pruebas-t apareadas

Si se confirman diferencias significativas entre los valores medios mediante el ANOVA, se necesitarán comparaciones entre pares para determinar qué diferencias son significativas. Las pruebas estadísticas que determinan si la diferencia entre dos valores medios es significativa, incluyen la prueba de Diferencia Mínima Significativa de Fisher (DMS), la prueba de Diferencia Honestamente Significativa de Tukey (DHS) y la prueba de Newman-Keuls. Estas pruebas se pueden ejecutar usando software de estadística, tales como Minitab o SPSS, de los cuales se pueden descargar versiones de prueba de internet [1].

---

[1] spss.en.softonic.com

En Excel, puedes ejecutar una prueba-t apareada usando el 'Herramientas para análisis'. No es estadísticamente válido, usar esta prueba para comparar automáticamente todos los valores medios con todos los demás valores medios. Adopta el enfoque denominado *a priori*, es decir, decide las preguntas que quieras responder de antemano y ejecuta solamente aquellas pruebas que responden a esas preguntas. En este caso, la pregunta principal es "¿los tratamientos incrementan o reducen significativamente el rendimiento comparados con el control?"

En 'Análisis de datos', haz clic en 'Prueba t para medias de dos muestras emparejadas' y luego haz clic en 'Aceptar'. En el cuadro de diálogo, haz clic en el botón cuadrado, a la derecha del cuadro de 'Rango para la variable 1'. Después, usando el ratón, arrastra el cursor hacia la parte de abajo de la tabla para seleccionar el conjunto de datos para 'control', incluyendo el encabezamiento de la columna. Repite esto para 'Rango para la variable 2', seleccionando el conjunto de datos para el tratamiento que hayas decidido probar (la imagen de pantalla abajo muestra el resultado de 'control' comparado con 'T4'). De vuelta en el cuadro de diálogo, selecciona 'Diferencia hipotética entre las medias' de '0' (siendo la hipótesis nula, que no hay diferencias significativas entre los datos de tratamiento). Asegúrate de que estén marcados la casilla de 'Rótulos' y el valor 0.05 en el cuadro 'Alfa'. Haz clic en el botón circular de radio 'Rango de salida' y luego, en el botón cuadrado a la derecha del cuadro de 'Rango de salida'. En la hoja de cálculo, mueve el cursor a la celda inmediatamente adyacente a tu tabla de datos y haz clic. Luego, vuelve al cuadro de diálogo y haz clic en 'Aceptar'. Aparecerá una tabla con la producción de resultados. Repite el proceso para todas las comparaciones entre pares, que hayas decidido que pueden ser útiles.

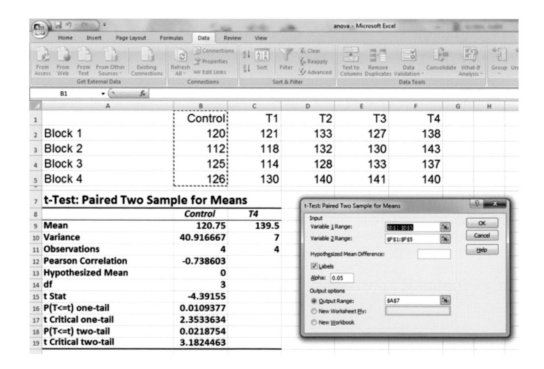

Prueba t para medias de dos muestras emparejadas.

	Control	T2	Control	T3	Control	T4
Media	120.75	133.25	120.75	132.75	120.75	139.5
Varianza	40.91667	24.91667	40.91667	36.25	40.91667	7
Observaciones	4	4	4	4	4	4
Correlación de Pearson	0.25316		0.629662		-0.7386	
Diferencia hipotético de las medias	0		0		0	
Grados de libertad	3		3		3	
Estadístico t	-3.54738		-4.48252		-4.39155	
P(T<=t) una cola	0.019081		0.010353		0.010938	
Valor crítico de t (una cola)	2.353363		2.353363		2.353363	
P(T<=t) dos colas	0.038162		0.020706	sig	0.021875	sig
Valor crítico de t (dos colas)	3.182446		3.182446		3.182446	

La tabla de los resultados del ANOVA para la altura de los árboles, en la **Sección A2.2** arriba, mostró valores medios más altos para los tratamientos 2, 3 y 4 y un valor medio similar para el tratamiento 1. Para que estas diferencias sean significativas, el valor de 'Estadístico t' tiene que ser más alto, que un valor crítico determinado del número de grados de libertad y el valor aceptable de P (normalmente 5%). La importancia de las diferencias es, por ello, determinada al mirar los valores para 'P(T<=t) dos colas'. Si ese valor es menor de 0.05, la diferencia es significativa. Quiere decir que hay una probabilidad de menos del 5% de que la hipótesis nula (es decir, que la diferencia entre los valores medios, sea cero) sea correcta. En el ejemplo de prueba-t arriba, los tratamientos T2, T3 y T4 satisfacen todos ellos, esta condición. De modo que, el resultado de la aplicación de 50-100 g de fertilizante, muy probablemente incrementó la altura de los árboles, comparado con el control, de alrededor de 121 cm a alrededor de 133 a 140 cm, dependiendo de la cantidad del fertilizante usado. La aplicación de 25 g de fertilizante seguramente no tuvo ningún efecto. Puedes ignorar los demás datos mostrados en la tabla de la prueba-t, tales como los valores para las pruebas de una cola, salvo que te sientas suficientemente seguro para interpretarlos. Para ver esto demostrado en Español, ir a www.youtube.com/watch?v=MWlluLSrYXs.

GLOSARIO

Agroforestal: un diseño de plantación que incrementa y diversifica los beneficios económicos de la silvicultura, añadiendo al sistema cultivos o ganado.

Área protegida: un área de tierra y/o mar, que está especialmente dedicada a la protección y al mantenimiento de la diversidad biológica y de los recursos naturales y asociados, que es manejada a través de medios legales u otros medios efectivos.

Banco de semillas: todas las semillas, frecuentemente en latencia, que están almacenadas en el suelo de muchos ecosistemas terrestres. Un banco de semillas también puede referirse, al almacenamiento de semillas recolectadas como fuente para actividades de restauración.

Biodiversidad: la variedad de genes, especies y ecosistemas que abarca la vida.

Bosque clímax: la fase final de la sucesión de bosques, un ecosistema de bosque relativamente estable, habiendo alcanzado el desarrollo máximo en términos de biomasa, complejidad estructural y biodiversidad, que puede sustentarse dentro de los límites impuestos por el suelo y las condiciones climáticas.

Bosque comunitario: un bosque que es manejado colectivamente por los pobladores locales, normalmente con la extracción de madera y productos no maderables del bosque.

Bosque-objetivo: un ecosistema de bosque que define las metas de un programa de restauración de bosque, en términos de composición de especies de árboles, estructura y niveles de biodiversidad etc.; es normalmente el pedazo de bosque clímax superviviente más cercano que queda en el paisaje, con una elevación, ladera, aspecto etc. similares a los del sitio de restauración.

Bosque pionero: bosque en las fases tempranas de recuperación, después de un gran evento de perturbación, con suelos empobrecidos, que están más expuestos a la radiación solar y al viento, que es el caso de los bosques clímax.

Bosque primario: bosque clímax que no ha sido sustancialmente perturbado en la historia reciente.

Bosque remanente: pequeñas áreas de bosque que sobreviven en un paisaje, después de una deforestación a gran escala.

Bosque secundario: un bosque o área boscosa, que ha vuelto a crecer después de una perturbación mayor, pero que aún no ha llegado a la fase final de la sucesión (bosque clímax), normalmente distinguible por las diferencias en la funcionalidad del ecosistema, la diversidad de las especies de vegetación, complejidad estructural etc.

Caducifolio (o de hoja caduca): que pierde sus hojas anualmente o periódicamente; no siempreverde.

Candidatas para especies 'framework': especies de árboles locales, sometidas a pruebas de vivero y campo, para determinar su adecuación como especies 'framework'.

Compensaciones de la biodiversidad: pagos hechos por agencias, cuyas acciones destruyen o disminuyen la biodiversidad en un lugar, y que son usados para restaurar la biodiversidad en otro sitio, logrando de este modo que no haya ninguna pérdida neta de la biodiversidad.

Conservación: preservación, manejo y cuidado de los recursos naturales y culturales.

Créditos de carbono: pagos por emisores de carbono (compañías, gobiernos o individuos), que son usados para financiar proyectos destinados a absorber el dióxido de carbono de la atmósfera, llevando a un incremento neto cero de dióxido de carbono atmosférico.

Cronograma de producción: una descripción concisa de los procedimientos para producir a partir de semillas (o plántulas silvestres), material de plantación de tamaño y calidad óptimos, al tiempo óptimo para la plantación. Este cronograma combina todo el conocimiento disponible sobre la ecología reproductiva y el cultivo de las especies.

Cuello de raíz: el punto en el que las partes que están por encima del suelo de una planta se encuentran con la raíz pivotante.

Damping off (o caída de plántulas): enfermedad provocada por hongos que atacan los tallos de las plántulas jóvenes.

DAP (diámetro a la altura de pecho): diámetro del tronco del árbol, medido a 1.3 m sobre el suelo.

DBCA (diseño de bloques completos al azar): diseño experimental, con tres o mas `bloques´ replicados, donde cada bloque consiste en una réplica del control, y una réplica de cada uno de los tratamientos que se están probando.

DCR (diámetro del cuello de las raíces): el diámetro del tallo de la planta en el cuello de la raíz, un poco por encima del nivel del suelo.

Deforestación: conversión de bosques en otros usos de la tierra, con menos del 10% de cobertura de árboles, por ejemplo, tierra arable, pastizales, usos urbanos, áreas taladas, o tierras baldías.

Degradación: perturbación que lleva a la disminución de la calidad del bosque y al impedimento del funcionamiento ecológico del ecosistema del bosque.

Diversidad genética: la diversidad dentro de una especie.

Diversidad máxima/Los métodos de Miyawaki de restauración de bosques: restaurar lo máximo posible la riqueza de especies de árboles del bosque original, sin depender de la dispersión natural de semillas.

DML (Duración mediana de la latencia): el tiempo desde la siembra de un lote de semillas, hasta la germinación de la mitad de las semillas que finalmente germinan; por ejemplo, si de un lote de 100 semillas sembradas, solo 10 germinan, corresponde al tiempo de germinación de la quinta semilla.

Ecosistema fomentador: plantación de especies de árboles no necesariamente nativas, usadas para facilitar la regeneración natural de las especies nativas.

Ecoturismo: turismo de bajo impacto basado en la naturaleza, que produce beneficios positivos para la conservación de la biodiversidad.

Ectomicorriza: una asociación entre las raíces vasculares de las plantas y una cubierta de hongos en la superficie de las raíces y entre las células corticales.

Endémico: nativo de y confinado a un área particular.

Epífita: una planta que crece encima de otra (pero sin penetrarla), por ejemplo las orquídeas, que crecen en las ramas de árboles.

Especies de árboles clave: especies que florecen o dan frutos, en épocas en que otras fuentes de alimento para animales son escasas.

Especies de árboles clímax: las especies de árboles que comprende el bosque clímax.

Especies de árboles 'framework': es decir, 'especies de marco'. Especies nativas, no domesticadas, especies de árboles de bosque que, al ser plantadas en sitios deforestados, rápidamente reestablecen la estructura del bosque y el funcionamiento ecológico, a la vez que atraen a animales dispersores de semillas.

Especies de árboles 'nodriza': especies pioneras extremadamente resistentes, normalmente de crecimiento rápido, plantadas específicamente para restaurar condiciones de suelo y del medioambiente, que son favorables para el establecimiento de un rango más amplio de especies de árboles de bosque.

Especies de árboles pioneras: especies de sucesión temprana, que germinan solamente bajo pleno sol o en los claros más grandes. Exhiben altas tasas de fotosíntesis y de crecimiento, tienen patrones de ramificación simples, y requieren altas temperaturas y/o intensidad de luz para germinar. Estas especies tienen normalmente una corta vida y son características de los bosques pioneros.

Especies reclutas: especies de árboles adicionales, (no plantadas) que se establecen naturalmente en sitios de restauración.

Especímenes voucher: especímenes secados de hojas de árboles, flores y frutos etc., que se guardan para la confirmación de nombres de especies (de árboles de estudios fenológicos, árboles para recolección de semillas etc.)

Exótica: de especie – que es introducida, no nativa.

Extinción: la pérdida completa de una especie a nivel global; cuando ya no existen más individuos de una especie.

Extirpación: la desaparición de una especie en un área particular, mientras que sobrevive en otros lugares.

Fenología: el estudio de la respuesta de organismos vivientes a los ciclos estacionales, en condiciones medioambientales, por ejemplo, la inflorescencia y la fructificación periódica de los árboles.

Forest Restoration Research Unit (Unidad de Investigación de Restauración de Bosques) (FORRU): se establece para desarrollar métodos para aprovechar y acelerar el proceso natural de regeneración de bosques, de modo que se puedan restablecer los ecosistemas de bosques ricos en biodiversidad similares a los bosques clímax.

Frugívoros: que comen fruta.

Germinación: el crecimiento de semillas o esporas, después de un período de latencia; surgimiento de una raíz embriónica a través de las cubiertas de las semillas.

Herbario: un depósito para colecciones de fácil acceso, de especímenes de plantas y hongos secados, preservados y adecuadamente etiquetados.

Hifa: una larga célula filamentosa, ramificada de un hongo; el modo principal del crecimiento vegetativo de un hongo; colectivamente denominado 'micelio'.

Hojas senescentes: hojas que pierden su clorofila (y de ahí su color verde) justo antes de la caída de las hojas.

Latencia: el período en que las semillas viables retrasan su germinación, a pesar de tener las condiciones (humedad, luz, temperatura etc.), que normalmente son favorables para las fases más tardías de la germinación y el establecimiento de la plántula.

Lluvia de semillas: el desplazamiento de semillas a un área, a través de procesos naturales. Esto puede darse a través de varios mecanismos de dispersión, incluyendo la dispersión por el viento y animales.

Método de especies 'framework' (o silvicultura de 'framework'): plantar la mínima cantidad de especies de árboles nativos, requeridos para restaurar el proceso natural de la regeneración de bosques y recuperar la biodiversidad. Combina la plantación de 20–30 especies de árboles claves, con varias técnicas de RNA para mejorar la regeneración natural, creando un ecosistema de bosque auto-sostenible a partir de un solo evento de plantación.

Micorrizas: asociación simbiótica (en ocasiones ligeramente patogénica) entre un hongo y las raíces de una planta.

Micorrizas arbusculares vesiculares (MAV): hongos micorrizas que crecen en la corteza de las raíces de la planta hospedera y penetran en las células de las raíces, formando dos tipos de estructuras especializadas: arbúsculos y vesículas. También conocidos como micorrizas arbusculares.

Nativo: originario de un área, no introducido; el opuesto de exótico.

Organización No Gubernamental (ONG): una organización legalmente constituida, creada por personas u organizaciones privadas, sin la participación o representación de ningún gobierno.

Pagos por servicios ambientales (PSA): compensación para los que están involucrados en la restauración o conservación de bosques, para el almacenamiento de carbono, protección de cuencas, de la biodiversidad y todos los demás servicios medioambientales, provistos por los bosques restaurados o conservados.

PAP (perímetro a la altura del pecho): perímetro del tronco del árbol, medido a 1.3 m sobre el suelo.

Partes interesadas: cualquier persona o entidad afectada o involucrada en un proyecto de restauración de bosque.

Plantación de enriquecimiento: plantar árboles para i) incrementar la densidad de la población de especies de árboles existentes, o ii) incrementar la riqueza de las especies de árboles, añadiendo especies de árboles a los bosques degradados; también usado para repoblar bosques sobre-talados, o degradados de otra manera, con especies económicas.

Plántulas silvestres: plántulas o árboles jóvenes que crecen naturalmente en bosques nativos, que se desentierran para hacerlos crecer en un vivero.

Productos forestales no maderables (PFNMs): de manera amplia, incluye toda vegetación no maderable en bosques y en medioambientes agroforestales, que tiene valor comercial. Incluye plantas, partes de plantas, hongos y otros materiales biológicos cosechados de bosques naturales, manipulados o perturbados. Los PFNMs se pueden clasificar en cuatro categorías principales de productos: culinarios, florales y decorativos, basados en madera, y suplementos medicinales y dietéticos.

Producto Interno Bruto (PIB): el valor total de todos los bienes y servicios, comprados o vendidos en una economía.

'Rainforestation': una técnica de restauración, desarrollada en Filipinas, que usa especies de árboles nativas para restaurar la integridad ecológica y la biodiversidad, a la vez que también produce una gama diversa de maderas y otros productos del bosque, para los pobladores locales.

Re-captura del sitio: eliminación de la vegetación herbácea por los efectos de sombra de árboles plantados o por RNA.

Reforestación: plantación de árboles para restablecer la cobertura de árboles de cualquier tipo; incluye silvicultura de plantación, agroforesteria, silvicultura comunitaria y restauración de bosques.

Regeneración natural: la recuperación del bosque después de la perturbación en ausencia de intervención humana, que resulta en el incremento de la funcionalidad del ecosistema, la diversidad de especies de vegetación, la complejidad estructural, la disponibilidad de hábitat etc.

Regeneración natural acelerada (asistida) (RNA): acciones de manejo para mejorar el proceso natural de restauración de bosques, enfocados en alentar el establecimiento natural y posterior crecimiento de árboles de bosques nativos y a la vez previniendo cualquier factor que pudiera dañarlos.

Reserva extractiva: áreas asignadas a la conservación, en las que se realiza la extracción de recursos naturales, complementariamente al objetivo de conservar la diversidad biológica y la base de los recursos naturales.

Restauración de bosque: las acciones para restablecer los procesos ecológicos que aceleran la recuperación de la estructura del bosque, el funcionamiento ecológico y los niveles de la biodiversidad, hacia aquellos típicos de un bosque clímax.

Restauración de paisajes forestales (RPF): manejo integrado de todas las funciones del paisaje en áreas deforestadas o degradadas, para recuperar la integridad ecológica y mejorar el bienestar humano; normalmente incluyendo algo de reforestación de bosque.

Semillas intermedias: semillas que se pueden secar a un bajo contenido de humedad, cercano a la de las semillas ortodoxas, pero una vez secas, son sensibles a las heladas.

Semillas ortodoxas: semillas que son fáciles de almacenar durante muchos meses e incluso años.

Semillas recalcitrantes: semillas que son sensibles al secado o a las heladas.

Siembra directa: el establecimiento de árboles en sitios deforestados mediante la siembra de semillas, en vez de la plantación de árboles jóvenes producidos en el vivero.

Siempreverde: una planta que mantiene su follaje verde alrededor de todo el año.

Silvicultura: control del establecimiento, crecimiento, composición, salud y calidad de bosques, para satisfacer las diversas necesidades y valores de los propietarios de la tierra.

Silvicultura análoga: silvicultura que utiliza una combinación de especies de árboles de bosque domesticadas y nativas, y otras plantas, para restablecer una estructura de bosque similar a la de un bosque clímax.

Sistema de Información Geográfica (SIG o GIS en inglés): La manipulación informatizada de mapas y otras informaciones, útiles para la planificación de proyectos de restauración.

Sistema de Posicionamiento Geográfico (GPS): un Sistema de mano o montado en un vehículo, que utiliza la comunicación satélite, para determinar posiciones geográficas y otras informaciones de navegación.

SPPC (sistema de parcelas de prueba de campo): un conjunto de pequeñas parcelas, cada una plantada con una mezcla diferente de candidatas a especies `framework' a modo de prueba, y sujetas a diferentes tratamientos de silvicultura.

TCR (tasa de crecimiento relativo): una medición de la tasa de crecimiento de las plantas, que tiene en cuenta el tamaño inicial de la planta.

Vida salvaje: todas las especies de plantas y animales no-domesticadas que viven en hábitats naturales.

REFERENCIAS

Aide, T. M., M. C. Ruiz-Jaen and H. R. Grau, 2011. What is the state of tropical montane cloud forest restoration? In Bruijnzeel, A., F. N. Scatena and L. S. Hamilton (eds.), Tropical Montane Cloud Forests: Science for Conservation. Cambridge University Press, Cambridge, pp 101–110.

Alvarez-Aquino, C., G. Williams-Linera and A. C. Newton, 2004. Experimental native tree seedling establishment for the restoration of a Mexican cloud forest. Restor. Ecol. 12(3): 412–418.

Anderson, J. A. R., 1961. The Ecology and Forest Types of the Peat Swamp Forests of Sarawak and Brunei in Relation to their Silviculture. PhD thesis, Edinburgh University, UK.

Aronson, J., D. Valluri, T. Jaffré and P. P. Lowry, 2005. Restoring Dry tropical forests. In: Mansourian, S., D. Vallauri and N. Dudley (eds.) (in co-operation with WWF International), Forest Restoration in Landscapes: Beyond Planting Trees. Springer, New York, pp 285–290.

Ashton, M. S., C. V. S. Gunatilleke, B. M. P. Singhakurmara, I. A. U. N. Gunatilleke, 2001. Restoration pathways for rain forest in southwest Sri Lanka: a review of concepts and models. For. Ecol. Manage. 154: 409–430.

Asia Forest Network, 2002. Participatory Rural Appraisal for Community Forest Management: Tools and Techniques. Asia Forest Network. www.communityforestryinternational.org/publications/field_methods_manual/pra_manual_tools_and_techniques.pdf

Assembly of Life Sciences (U.S.A.), 1982. Ecological Aspects of Development in the Humid Tropics. National Academy Press, Washington, D.C.

Bagong Pagasa Foundation, 2009. Cost comparison analysis ANR vs. conventional reforestation. Paper presented at the concluding seminar of FAO-assisted project TCP/PHI/3010 (A), Advancing the Application of Assisted Natural Regeneration (ANR) For Effective, Low-Cost Forest Restoration.

Bailey, N. T. J., 1995. Statistical Methods in Biology (3rd edition). Cambridge University Press, Cambridge.

Barlow, J. and C. A. Peres, 2007. Fire-mediated dieback and compositional cascade in an Amazonian forest. Phil. Trans. R. Soc. B, doi:10.1098/rstb.2007.0013. www.tropicalforestresearch.org/Content/people/jbarlow/Barlow%20and%20Peres%20PTRS%202008.pdf

Baskin, C. and J. Baskin, 2005. Seed dormancy in trees of climax tropical vegetation types. Trop. Ecol. 46(1): 17–28.

Bennett, A. F., 2003. Linkages in the Landscape: the Role of Corridors and Connectivity in Wildlife Conservation. IUCN, Gland and Cambridge.

Bertenshaw, V. and J. Adams, 2009a. Low-cost monitors of seed moisture status. Millennium Seedbank Technical Information Sheet No. 7. www.kew.org/msbp/scitech/publications/07-Low-cost%20moisture%20monitors.pdf

Bertenshaw, V. and J. Adams, 2009b. Small-scale seed drying methods. Millennium Seedbank Technical Information Sheet No. 8. www.kew.org/msbp/scitech/publications/08-Low-cost%20drying%20methods.pdf

Bhumibamon, S., 1986. The Environmental and Socio-economic Aspects of Tropical Deforestation: a Case Study of Thailand. Department of Silviculture, Faculty of Forestry, Kasetsart University, Thailand.

Bibby, C., M. Jones and S. Marsden, 1998. Expedition Field Techniques: Bird Surveys. The Expedition Advisory Centre, Royal Geographical Society, London.

Bone, R., M. Lawrence and Z. Magombo, 1997. The effect of *Eucalyptus camaldulensis* (Dehn) plantation on native woodland recovery on Ulumba Mountain, southern Malawi. For. Ecol. Manage. 99: 83–99.

Bonilla-Moheno, M. and Holl, K. D., 2010. Direct seeding to restore tropical mature-forest species in areas of slash-and-burn agriculture. Restor. Ecol. 18: 438–445.

Borchert, R., S. A. Meyer, R. S. Felger and L. Porter-Bolland, 2004. Environmental control of flowering periodicity in Costa Rican and Mexican tropical dry forests. Global Ecol. Biogeogr. 13: 409–425.

Boucher, D., 2008. Out of the Woods: A realistic role for tropical forests in curbing global warming. Union of Concerned Scientists, Cambridge, Massachusettes. www.ucsusa.org/assets/documents/global_warming/UCS-REDD-Boucher-report.pdf

Bradshaw, A. D., 1987. Restoration as an acid test for ecology. In: Jordan W. R., M. Gilpin and J. D. Aber (eds.), Restoration Ecology. Cambridge University Press, Cambridge, pp 23–29.

Broadhurst, L., A. Lowe, D. J. Coates, S. A. Cunningham, M. McDonald, P. A. Vesk and C. Yates, 2008. Seed supply for broad-scale restoration: maximizing evolutionary potential. Evol. Appl. 1: 587–597.

Brown, S., 1997. Estimating Biomass and Biomass Change of Tropical Forests: a Primer. FAO Forest. Pap. 134, Food and Agriculture Organization, Rome.

Bruijnzeel, L. A., 2004. Hydrological functions of tropical forests: not seeing the soil for the trees? Agric. Ecosyst. Environ. 104: 185–228. www.asb.cgiar.org/pdfwebdocs/AGEE_special_Bruijnzeel_Hydrological_functions.pdf

Brundrett, M., N. Bougher, B. Dell, T. Grove and N. Malajczuk, 1996. Working with Mycorrhizas in Forestry and Agriculture. ACIAR Monograph 32, ACIAR, Canberra.

Butler, R. A., 2009. Changing drivers of deforestation provide new opportunities for conservation. http://news.mongabay.com/2009/1208-drivers_of_deforestation.html

Cairns, M. A., S. Brown, E. Helmer and G. A. Baumgardner, 1997. Root biomass allocation in the world's upland forests. Oecologia 111: 1–11.

Calle, Z., B. O. Schlumpberger, L. Piedrahita, A. Leftin, S. A. Hammer, A. Tye and R. Borchert, 2010. Seasonal variation in daily insolation induces synchronous bud break and flowering in the tropics. Trees 24: 865–877.

Cambodia Tree Seed Project, 2004. Direct seeding. Project report, Forestry Administration, Phnom Penh, Cambodia. http://treeseedfa.org/uploaddocuments/DirectseedingEnglish.pdf

Carmago, J. L. C., Ferraz I. D. K. and Imakawa A. M., 2002. Rehabilitation of degraded areas of central Amazonia using direct sowing of forest tree seeds. Restor. Ecol. 10: 636–644.

Castillo, A., 1986. An Analysis of Selected Reforestation Projects in the Philippines. PhD thesis, University of the Philippines, Los Banos.

Chambers, J. Q., L. Santos, R. J. Ribeiro and N. Higuchi, 2001. Tree damage, allometric relationships, and above-ground net primary production in a tropical forest. For. Ecol. Manage. 152: 73–84.

Chave, J., C. Andalo, S. Brown, M. A. Cairns, J. Q. Chambers, D. Eamus, H. Folster, F. Fromard, N. Higuchi, T. Kira, J. P. Lescure, B. W. Nelson, H. Ogawa, H. Puig, B. Riera and E .T. Yamakura, 2005. Tree allometry and improved estimation of carbon stocks and balance in tropical forests. Oecologia 145: 87–99.

Clark, J. S., 1998. Why trees migrate so fast: confronting theory with dispersal biology and the paleorecord. Amer. Naturalist 152 (2): 204–224.

Cochrane, M. A., 2003. Fire science for rain forests. Nature 421: 913–919.

Cole, R. J., K. D. Holl, C. L. Keene and R. A. Zahawi, 2011. Direct seeding of late-successional trees to restore tropical montane forest. For. Ecol. Manage. 261 (10): 1590–1597.

Coley, P. D. and J. A. Barone, 1996. Herbivory and plant defenses in tropical forests. Annual Rev. Ecol. Syst. 27: 305–35.

Cropper, M., J. Puri and C. Griffiths, 2001. Predicting the location of deforestation: the role of roads and protected areas in north Thailand. Land Economics 77 (2): 172–186.

Dalmacio, M. V., 1989. Assisted natural regeneration: a strategy for cheap, fast, and effective regeneration of denuded forest lands. Manuscript, Philippines Department of Environment and Natural Resources Regional Office, Tacloban City, Philippines.

Danaiya Usher, A., 2009. Thai Forestry: A Critical History. Silkworm Books, Bangkok.

Davis, A. P., T. W. Gole, S. Baena and J. Moat, 2012. The impact of climate change on indigenous Arabica coffee (*Coffea arabica*): predicting future trends and identifying priorities. PLoS ONE 7(11): e47981. doi:10.1371/journal.pone.0047981

Department of National Parks, Wildlife and Plant Conservation (DNP) and Royal Forest Department (RFD), 2008. Reducing Emissions from Deforestation and Forest Degradation in The Tenasserim Biodiversity Corridor (BCI Pilot Site) and National Capacity Building for Benchmarking and Monitoring (REDD Readiness Plan). www.forestcarbonpartnership.org/fcp/sites/forestcarbonpartnership.org/files/Documents/PDF/Thailand_R-PIN_Annex.pdf

Diamond, J. M., 1975. The island dilemma: lessons of modern biogeographic studies for the design of natural reserves. Biological Conservation 7: 129–46.

Douglas, I., 1996. The impact of land-use changes, especially logging, shifting cultivation, mining and urbanization on sediment yields in humid tropical southeast Asia: a review with special reference to Borneo. Int. Assoc. Hydrol. Sci. Publ. 236: 463–471.

Doust, S. J., P. D. Erskine and D. Lamb, 2006. Direct seeding to restore rainforest species: Microsite effects on the early establishment and growth of rainforest tree seedlings on degraded land in the wet tropics of Australia. For. Ecol. Manage. 234: 333–343.

Doust, S. J., P. D. Erskine and D. Lamb, 2008. Restoring rainforest species by direct seeding: tree seedling establishment and growth performance on degraded land in the wet tropics of Australia. For. Ecol. Manage. 256: 1178–1188.

Dugan, P., 2000. Assisted natural regeneration: methods, results and issues relevant to sustained participation by communities. In: Elliott, S., J. Kerby, D. Blakesley, K. Hardwick, K. Woods and V. Anusarnsunthorn (eds.), Forest Restoration for Wildlife Conservation. Chiang Mai University, pp 195–199.

Dytham, C., 2011. Choosing and Using Statistics: a Biologist's Guide (3rd edition). Wiley-Blackwell, Oxford.

Elliott, S., 2000. Defining forest restoration for wildlife conservation. In: Elliott, S., J. Kerby, D. Blakesley, K. Hardwick, K. Woods and V. Anusarnsunthorn (eds.), Forest Restoration for Wildlife Conservation, Chiang Mai University, pp 13–17.

Elliott, S., J. F. Maxwell and O. Prakobvitayakit, 1989. A transect survey of monsoon forest in Doi Suthep-Pui National Park. Nat. Hist. Bull. Siam Soc. 37 (2): 137–171.

Elliott, S., P. Navakitbumrung, C. Kuarak, S. Zangkum, V. Anusarnsunthorn and D. Blakesley, 2003. Selecting framework tree species for restoring seasonally dry tropical forests in northern Thailand based on field performance. For. Ecol. Manage. 184: 177–191.

Elliott, S., P. Navakitbumrung, S. Zangkum, C. Kuarak, J. Kerby, D. Blakesley and V. Anusarnsunthorn, 2000. Performance of six native tree species, planted to restore degraded forestland in northern Thailand and their response to fertiliser. In: Elliott, S., J. Kerby, D. Blakesley, K. Hardwick, K. Woods and V. Anusarnsunthorn (eds.), Forest Restoration for Wildlife Conservation. Chiang Mai University, pp 244–255.

Elliott, S., S. Promkutkaew and J. F. Maxwell, 1994. The phenology of flowering and seed production of dry tropical forest trees in northern Thailand. Proc. Int. Symp. on Genetic Conservation and Production of Tropical Forest Tree Seed, ASEAN-Canada Forest Tree Seed Project, pp 52–62. www.forru.org/FORRUEng_Website/Pages/engscientificpapers.htm

Elster, C., 2000. Reasons for reforestation success and failure with three mangrove species in Colombia. For. Ecol. Manage. 131: 201–214.

Engel, V. L. and J. Parrotta, 2001. An evaluation of direct seeding for reforestation of degraded lands in central Sao Paulo state, Brazil. For. Ecol. Manage. 152: 169–181.

Environmental Investigation Agency, 2008. Demanding Deforestation. EIA Briefing. www.eia-international.org/files/reports175-1.pdf

Erwin, T. L., 1982. Tropical forests: their richness in *Coleoptera* and other arthropod species. Coleop. Bull. 36: 74–75.

Fandey, H. M., 2009. The Impact of Fire on Soil Seed Bank: a Case Study in the Tanzania Miombo Woodlands. MSc thesis, University of Sussex, UK.

Ferguson, B. G., 2007. Dispersal of Neotropical tree seeds by cattle as a tool for eco-agricultural restoration. Paper presentation at the Joint ESA/SER Joint Meeting on Ecological Restoration in a Changing World. http://eco.confex.com/eco/2007/techprogram/P2428.htm.

Food and Agriculture Organization of the United Nations, 1981. Tropical Forest Resource Assessment Project United Nations Food and Agriculture Organization, Rome.

Food and Agriculture Organization of the United Nations, 1997. State of the World's Forests 1997. UN FAO, Rome.

Food and Agriculture Organization of the United Nations, 2001. State of the World's Forests 2001. UN FAO, Rome.

Food and Agriculture Organization of the United Nations, 2006. Global Forest Resources Assessment 2005 – Progress towards sustainable forest management. FAO Forest. Pap. 147, UN FAO, Rome.

Food and Agriculture Organization of the United Nations, 2009. State of the World's Forests 2009. UN FAO, Rome.

Forget, P., T. Millerton and F. Feer, 1998. Patterns in post-dispersal seed removal by neotropical rodents and seed fate in relation to seed size. In: Newbery, D., H. Prins and N. Brown (eds.), Dynamics of Tropical Communities. Blackwell Science, Cambridge, pp 25–49.

FORRU (Forest Restoration Research Unit), 2000. Tree Seeds and Seedlings for Restoring Forests in Northern Thailand. Biology Department, Science Faculty, Chiang Mai University, Thailand. www.forru.org

FORRU, 2006. How to Plant a Forest: the Principles and Practice of Restoring Tropical Forests. Biology Department, Science Faculty, Chiang Mai University, Thailand. www.forru.org

FORRU, 2008. Research for Restoring Tropical Forest Ecosystems: A Practical Guide. Biology Department, Science Faculty, Chiang Mai University, Thailand. www.forru.org/FORRUEng_Website/Pages/engpublications.htm

Gamez, L., undated. Internalization of watershed environmental benefits in water utilities in Heredia, Costa Rica. http://moderncms.ecosystemmarketplace.com/repository/moderncms_documents/ESPH_Heredia_Costa_Rica.pdf

Gardner, T. A., J. Barlow, L. W. Parry and C. A. Peres, 2007. Predicting the uncertain future of tropical forest species in a data vacuum. Biotropica 39(1): 25–30.

Garwood, N., 1983. Seed germination in a seasonal tropical forest in Panama: a community study. Ecol. Monogr. 53 (2): 159–181.

Gentry, A. H., 1995. Diversity and floristic composition of neotropical dry forests. In: Bullock, S. H., H. A. Mooney and E. Medina (eds.), Seasonally Dry Tropical Forests. Cambridge University Press, Cambridge.

Ghimire, K. P., 2005. Community forestry and its impact on watershed condition and productivity in Nepal. In: Zoebisch, M., K. M. Cho, S. Hein and R. Mowla (eds.), Integrated Watershed Management: Studies and Experiences from Asia. AIT, Bangkok.

Gilbert, L. E., 1980. Food web organization and the conservation of neotropical diversity. In: Soule, M. E. and B. A. Wilcox (eds.), Conservation Biology: An Evolutionary-Ecological Perspective. Sinauer Associates, Sunderland, Massachusetts, pp 11–33.

Gilbert G., D. W. Gibbons and J. Evans, 1998. Bird Monitoring Methods: a Manual of Techniques for Key UK Species. RSPB, Sandy, Bedfordshire, UK.

Goosem, S. and N. I. J. Tucker, 1995. Repairing the Rainforest. Wet Tropics Management Authority, Cairns, Australia. www.wettropics.gov.au/media/med_landholders.html

Grainger, A., 2008. Difficulties in tracking the long-term global trend in tropical forest area. Proc. Natl. Acad. Sci. USA 105 (2): 818–823.

Hardwick, K. A., 1999. Tree Colonization of Abandoned Agricultural Clearings in Seasonal Tropical Montane Forest in Northern Thailand. PhD thesis, University of Wales, Bangor, UK.

Hardwick, K., J. R. Healey and D. Blakesley, 2000. Research needs for the ecology of natural regeneration of seasonally dry tropical forests in Southeast Asia. In: Elliott, S., J. Kerby, D. Blakesley, K. Hardwick, K. Woods and V. Anusarnsunthorn (eds.), Forest Restoration for Wildlife Conservation. Chiang Mai University, pp 165–180.

Harvey, C. A., 2000. Colonization of agricultural wind-breaks by forest trees: effects of connectivity and remnant trees. Ecol. Appl. 10: 1762–1773.

Hau, C. H., 1997. Tree seed predation on degraded hillsides in Hong Kong. For. Ecol. Manage. 99: 215–221.

Hau, C. H., 1999. The Establishment and Survival of Native Trees on Degraded Hillsides in Hong Kong. PhD thesis, University of Hong Kong.

Heng, R. K. J., N. M. Abd. Majid, S. Gandaseca, O. H. Ahmed, S. Jemat and M. K. K. Kin, 2011. Forest structure assessment of a rehabilitated forest. American Journal of Agricultural and Biological Sciences 6 (2): 256–260.

Henry, M., N. Picard, C. Trotta, R. J. Manlay, R. Valentini, M. Bernoux and L. Saint-André, 2011. Estimating tree biomass of sub-Saharan African forests: a review of available allometric equations. Silva Fenn. 45 (3B): 477–569. www.metla.fi/silvafennica/full/sf45/sf453477.pdf

Hodgson, B. and P. McGhee, 1992. Development of aerial seeding for the regeneration of Tasmanian Eucalypt forests. Tasforests, July 1992.

Hoffmann, W. A., R. Adasme, M. Haridasan, M. T. deCarvalho, E. L. Geiger, M. A. B. Pereira, S. G. Gotsch and A. C. Franco, 2009. Tree topkill, not mortality, governs the dynamics of savanna–forest boundaries under frequent fire in central Brazil. Ecology 90: 1326–1337.

Holl, K., 1998. Effects of above- and below-ground competition of shrubs and grass on *Calophyllum brasiliense* (Camb.) seedling growth in abandoned tropical pasture. For. Ecol. Manage. 109: 187–195.

Holl, K. D., M. E. Loik, E. H. V. Lin and I. A. Samuels, 2000. Tropical montane forest restoration in Costa Rica: overcoming barriers to dispersal and establishment. Restor. Ecol. 8 (4): 330–349.

IPCC (Intergovernmental Panel on Climate Change), 2000. Land Use, Land-Use Change and Forestry. Watson, R. T., I. R. Noble, B. Bolin, N. H. Ravindranath, D. J. Verardo and D. J. Dokken (eds.), Cambridge University Press, Cambridge.

IPCC, 2006. 2006 IPCC Guidelines for National Greenhouse Gas Inventories. Prepared by the National Greenhouse Gas Inventories Programme, Eggleston H. S., L. Buendia, K. Miwa, T. Ngara and K. Tanabe (eds.), Institute for Global Environmental Strategies (IGES), Japan. www.ipcc-nggip.iges.or.jp/public/2006gl/vol4.html

IPCC, 2007. Climate Change 2007: the Fourth Assessment Report (AR4) of the United Nations Intergovernmental Panel on Climate Change (IPCC). www.ipcc.ch/pdf/assessment-report/ar4/wg1/ar4-wg1-ts.pdf.

Janzen, D. H., 1981. *Enterolobium cyclocarpum* seed passage rate and survival in horses, Costa Rican Pleistocene seed-dispersal agents. Ecology 62: 593–601.

Janzen, D. H., 1988. Dry tropical forests. The most endangered major tropical ecosystem. In: Wilson, E. O. (ed.), Biodiversity. National Academy of Sciences/Smithsonian Institution, Washington DC, pp 130–137.

Janzen, D. H., 2000. Costa Rica's Area de Conservación Guanacaste: a long march to survival through non-damaging biodevelopment. Biodiversity 1 (2): 7–20.

Janzen, D. H., 2002. Tropical dry forest: Area de Conservación Guanacaste, northwestern Costa Rica. In: Perrow, M. R., and A. J. Davy (eds.), Handbook of Ecological Restoration, Vol. 2, Restoration in Practice. Cambridge University Press, Cambridge, pp 559–583.

Jitlam, N., 2001. Effects of Container Type, Air Pruning and Fertilizer on the Propagation of Tree Seedlings for Forest Restoration. MSc thesis, Chiang Mai University, Thailand.

Kafle, S. K., 1997. Effects of Forest Fire Protection on Plant Diversity, Tree Phenology and Soil Nutrients in a Deciduous Dipterocarp-Oak Forest in Doi Suthep-Pui National Park. MSc thesis, Chiang Mai University, Thailand.

Kappelle, M. and J. J. A. M. Wilms, 1998. Seed-dispersal by birds and successional change in a tropical montane cloud forest. Acta Bot. Neerl. 47: 155–156.

Ketterings, Q. M., R. Coe, M. van Noordwijk, Y. Ambagau, Y. and C. A. Palm, 2001. Reducing uncertainty in the use of allometric biomass equations for predicting above-ground tree biomass in mixed secondary forests. For. Ecol. Manage. 146, 199–209.

Knowles, O. H. and J. A. Parrotta, 1995. Amazon forest restoration: an innovative system for native species selection based on phonological data and field performance indices. Commonwealth Forestry Review 74: 230–243.

Kodandapani, N. M. Cochrane and R. Sukumar, 2008. A comparative analysis of spatial, temporal, and ecological characteristics of forest fires in seasonally dry tropical ecosystems in the Western Ghats, India. For. Ecol. Manage. 256: 607–617.

Koelmeyer, K. O., 1959. The periodicity of leaf change and flowering in the principal forest communities of Ceylon. Ceylon Forest. 4: 157–189, 308–364.

Kopachon, S. 1995. Effects of Heat Treatment (60-70°C) on Seed Germination of some Native Trees on Doi Suthep. MSc thesis, Chiang Mai University, Thailand.

Kuarak, C., 2002. Factors Affecting Growth of Wildlings in the Forest and Nurturing Methods in the Nursery. MSc thesis, Chiang Mai University, Thailand. www.forru.org/FORRUEng_Website/Pages/engstudentabstracts.htm

Kuaraksa, C. and S. Elliott, 2012. The use of Asian *Ficus* species for restoring tropical forest ecosystems. Restor. Ecol. 21; 86–95.

Lamb, D., 2011. Regreening the Bare Hills. Springer, Dordecht.

Lamb, D., J. Parrotta, R. Keenan and N. I. J. Tucker, 1997. Rejoining habitat remnants: restoring degraded rainforest lands. In: Laurence W. F. and R. O. Bierrgaard Jr. (eds.), Tropical Forest Remnants: Ecology, Management and Conservation of Fragmented Communities. University of Chicago Press, Chicago, pp 366–385.

Laurance, S. G. and W. F. Laurance, 1999. Tropical wildlife corridors: use of linear rainforest remnants by arboreal mammals. Biol. Conserv. 91: 231–239.

Lewis, L. S., G. Lopez-Gonzalez, B. Sonké, K. Affum-Baffoe, T. R. Baker, L. O. Ojo, O. L. Phillips, J. M. Reitsma, L. White, J. A. Comiskey, K. M.-N. Djuikouo, C. E. N. Ewango, T. R. Feldpausch, A. C. Hamilton, M. Gloor, T. Hart, A. Hladik, J. Lloyd, J. C. Lovett, J.-R. Makana, Y. Malhi, F. M. Mbago, H. J. Ndangalasi, J. Peacock, K. S.-H. Peh, D. Sheil, T. Sunderland, M. D. Swaine, J. Taplin, D. Taylor, S. C. Thomas, R. Votere and H. Woll, 2009. Increasing carbon storage in intact African tropical forests. Nature 457: 1003–1007.

Lewis, S. L., P. M. Brando, O. L. Phillips, G. M. F. van der Herijden and D. Nepstad, 2011. The 2010 Amazon drought. Science 331: 554.

Longman, K. A. and R. H. F. Wilson, 1993. Tropical Trees: Propagation and Planting Manuals. Vol. 1. Rooting Cuttings of Tropical Trees. Commonwealth Science Council, London.

Lowe, A. J., 2010. Composite provenancing of seed for restoration: progressing the 'local is best' paradigm for seed sourcing. The State of Australia's Birds 2009: restoring woodland habitats for birds. Compiled by David Paton and James O'Conner. Supplement to Wingspan Newsletter 20(1) (March). www.birdlife.org.au/documents/SOAB-2009.pdf

Lucas, R. M., M. Honzak, P. J. Curran, G. M. Foody, R. Milnes, T. Brown and S. Amaral, 2000. Mapping the regional extent of tropical forest regeneration stages in the Brazilian legal Amazon using NOAA AVHRR data. Int. J. Remote Sens. 21 (15): 2855–2881.

Ludwig, J. A. and J. E. Reynolds, 1988. Statistical Ecology. Chapter 14. John Wiley & Sons, New York.

REFERENCIAS

Maia, J. and M. R. Scotti, 2010. Growth of *Inga vera* Willd. subsp. *affinis* under *Rhizobia* inoculation. Nutr. Veg. 10 (2): 139–149.

Malhi, Y., L. E. O. C. Aragão, D. Galbraith, C. Huntingford, R. Fisher, P. Zelazowski, S. Sitche, C. McSweeney and P. Meir, 2009. Exploring the likelihood and mechanism of a climate-change-induced dieback of the Amazon rainforest. Proc. Natl. Acad. Sci. USA 106 (49): 20610–20615.

Mansourian, S., D. Vallauri, and N. Dudley (eds.) (in co-operation with WWF International), 2005. Forest Restoration in Landscapes: Beyond Planting Trees. Springer, New York.

Marland, G., T. A. Boden and R. J. Andres, 2006. Global, regional, and national CARBON DIOXIDE emissions. In: Trends: a Compendium of Data on Global Change. Carbon Dioxide Information Analysis Center, Oak Ridge National Laboratory, U.S. Department of Energy, Oak Ridge, TN. http://cdiac.esd.ornl.gov/trends/emis/tre_glob.htm.

Martin, A. R and S. C. Thomas, 2011. A reassessment of carbon content in tropical trees. PLoS ONE 6(8): e23533. doi:10.1371/journal.pone.0023533

Martin, G. J., 1995. Ethnobotany: a Methods Manual. Chapman and Hall, London.

Maxwell, J. F. and S. Elliott, 2001. Vegetation and Vascular Flora of Doi Sutep–Pui National Park, Chiang Mai Province, Thailand. Thai Studies in Biodiversity 5. Biodiversity Research and Training Programme, Bangkok.

McKinnon, J. and K. Phillips, 1993. A Field Guide to the Birds of Borneo, Sumatra, Java and Bali. Oxford University Press, Oxford.

McLaren, K. P. and M. A. McDonald, 2003. The effects of moisture and shade on seed germination and seedling survival in a tropical dry forest in Jamaica. For. Ecol. Manage. 183: 61–75.

Mendoza, E. and R. Dirzo, 2007. Seed size variation determines inter-specific differential predation by mammals in a neotropical rain forest. Oikos 116: 1841–1852.

Meng, M., 1997. Effects of Forest Fire Protection on Seed-dispersal, Seed Bank and Tree Seedling Establishment in a Deciduous Dipterocarp-Oak Forest in Doi Suthep-Pui National Park. MSc thesis, Chiang Mai University, Thailand.

Midgley, J. J., M. J. Lawes and S. Chamaillé-Jammes, 2010. Savanna woody plant dynamics: the role of fire and herbivory, separately and synergistically. Turner Review No.19, Austral. J. Bot. 58: 1–11.

Milan, P., M. Ceniza, E. Fernando, M. Bande, P. Noriel-Labastilla, J. Pogosa, H. Mondal, R. Omega, A. Fernandez and D. Posas, undated. Rainforestation Training Manual. Environmental Leadership and Training Initiative (ELTI), Singapore.

Miyawaki, A., 1993. Restoration of native forests from Japan to Malaysia. In: Lieth, H. and M. Lohmann (eds.), Restoration of Tropical Forest Ecosystems, Kluwer Academic Publishers, Dordrecht, The Netherlands, pp 5–24.

Miyawaki, A. and S. Abe, 2004. Public awareness generation for the reforestation in Amazon tropical lowland region. Trop. Ecol. 45 (1): 59–65.

Montagnini, F. and C. F. Jordan, 2005. Tropical Forest Ecology – The Basis for Conservation and Management. Springer, Berlin.

Muhanguzi, H. D. R., J. Obua, H. Oreym-Origa and O. R. Vetaas, 2005. Forest site disturbances and seedling emergence in Kalinzu Forest, Uganda. Trop. Ecol. 46 (1): 91–98.

Myers, N., 1992. Primary Source: Tropical Forests and Our Future (Updated for the Nineties). W. W. Norton and Co., London.

Nair, J. K. P., and C. R. Babu, 1994. Development of an inexpensive legume-*Rhizobium* inoculation technology which may be used in aerial seeding. J. Basic Microbiol. 34: 231–243.

Nandakwang, P. S. Elliott, S. Youpensuk, B. Dell, N. Teaumroong and S. Lumyong, 2008. Arbuscular mycorrhizal status of indigenous tree species used to restore seasonally dry tropical forest in northern Thailand. Res. J. Microbiol. 3 (2): 51–61.

Negreros, C. P. and R. B. Hall, 1996. First-year results of partial overstory removal and direct seeding of mahogany (*Swietenia macrophylla*) in Quintana Roo, Mexico. J. Sustain. For. 3: 65–76.

Nepstad, D. C., 2007. The Amazon's Vicious Cycles: Drought and Fire in the Greenhouse. WWF International, Gland. http://assets.wwf.org.uk/downloads/amazonas_vicious_cycles.pdf

Nepstad, D., G. Carvalho, A. C., Barros, A. Alencar, J. P. Capobianco, J. Bishop, P. Mountinho, P. Lefebre, U. Lopes Silva and E. Prins, 2001. Road paving, fire regime feedbacks and the future of Amazon forests. For. Ecol. Manage. 154: 395–407.

Nepstad, D.C., C. Uhl, C. A. Pereira and J. M. C. da Silva, 1996. A comparative study of tree establishment in abandoned pastures and mature forest of eastern Amazonia. Oikos 76 (1): 25–39.

Newmark, W. D., 1991. Tropical forest fragmentation and the local extinction of understorey birds in the Eastern Usambara Mountains, Tanzania. Conserv. Biol. 5: 67–78.

Newmark, W. D., 1993. The role and design of wildlife corridors with examples from Tanzania. Ambio 22: 500–504.

Ng, F. S. P., 1980. Germination ecology of Malaysian woody plants. Malaysian Forester 43: 406–437.

Nuyun, L. and Z. Jingchun, 1995. China aerial seeding achievement and development. Forestry and Society Newsletter, November 1995, 3 (2): 9–11.

Ødegaard, F., 2008. How many species of arthropods? Erwin's estimate revised. Biol. J. Linn. Soc. 71 (4) 583–597.

Paetkau, D., E. Vazquez-Dominguez, N. I. J. Tucker and C. Moritz, 2009. Monitoring movement into and through a newly restored rainforest corridor using genetic analysis of natal origin. Ecol. Manag. & Restn. 10 (3): 210–216.

Pagano, M. C., 2008. Rhizobia associated with neotropical tree *Centrolobium tomentosum* used in riparian restoration. Plant Soil Environ. 54 (11): 498–508.

Page, S., A. Hosciło, H. Wösten, J. Jauhiainen, M. Silvius, J. Rieley, H. Ritzema, K. Tansey, L. Graham, H. Vasander and S. Limin, 2009. Restoration ecology of lowland tropical peatlands in Southeast Asia: current knowledge and future research directions. Ecosystems 12: 888–905.

Panyanuwat, A., T. Chiengchee, U. Panyo, C. Mikled, S. Sangawongse, T. Jetiyanukornkun, S. Ratchusanti, C. Rueangdetnarong, T. Saowaphak, J. Prangkoaw, C. Malumpong, S. Tovicchakchaikul, B. Sairorkhom and O. Chaiya, 2008. The Evaluation Project of the Forestation Plantation and Water Source Check Dam Construction. The University Academic Service Center, Chiang Mai University, Thailand (in Thai).

Parrotta, J. A., 1993. Secondary forest regeneration on degraded tropical lands: the role of plantations as "foster ecosystems." In Lieth, H. and M. Lohmann (eds.). Restoration of Tropical Forest Ecosystems. Kluwer Academic Publishers, Dordrecht, The Netherlands, pp 63–73.

Parrotta, J. A., 2000. Catalyzing natural forest restoration on degraded tropical landscapes. In: Elliott S., J. Kerby, D. Blakesley, K. Hardwick, K. Woods and V. Anusarnsunthorn (eds.), Forest Restoration for Wildlife Conservation. Chiang Mai University, pp 45–56.

Parrotta, J. A., J. W. Turnbull and N. Jones, 1997a. Catalyzing native forest regeneration on degraded tropical lands. For. Ecol. Manage. 99: 1–7.

Parrotta, J. A., O. H. Knowles and J. N. Wunderle, 1997b. Development of floristic diversity in 10-year old restoration forests on a bauxite mine in Amazonia. For. Ecol. Manage. 99: 21–42.

Pearson, T. R. H., D. F. R. P. Burslem, C. E. Mullins and J. W. Dalling, 2003. Functional significance of photoblastic germination in neotropical pioneer trees: a seed's eye view. Funct. Ecol. 17 (3): 394–404.

Pena-Claros, M. and H. De Boo, 2002. The effect of successional stage on seed removal of tropical rainforest tree species. J. Trop. Ecol. 18: 261–274.

Pennington, T. D. and E. C. M. Fernandes, 1998. Genus *Inga*; Utilization. Royal Botanic Gardens, Kew.

Pfund, J. and P. Robinson (eds.), 2005. Non-Timber Forest Products: Between Poverty Alleviation and Market Forces. Special publication of Inter Cooperation, and the editorial team of the Working Group "Trees and Forests in Development Cooperation", Switzerland. http://frameweb.org/adl/en-US/2427/file/274/NTFP-between-poverty-alleviation-and-market-forces.pdf

Philachanh, B., 2003. Effects of Presowing Seed Treatments and Mycorrhizae on Germination and Seedling Growth of Native Tree Species for Forest Restoration. MSc thesis, Chiang Mai University, Thailand. www.forru.org/FORRUEng_Website/Pages/engstudentabstracts.htm

Posada, J. M., T. M. Aide, and J. Cavelier, 2000. Livestock and weedy shrubs as restoration tools of tropical montane rainforest. Restor. Ecol. 8: 361–370.

Putz, F. E., P. Sist, T. Fredericksen and D. Dykstra, 2008. Reduced-impact logging: challenges and opportunities, For. Ecol. Manage. 256: 1427–1433.

Reitbergen-McCraken, J., S. Maginnis and A. Sarre, 2007. The Forest Landscape Restoration Handbook. Earthscan, London.

Richards, P. W., 1996. The Tropical Rain Forest (2nd Edition). Cambridge University Press, Cambridge.

Rodríguez, J. M. (ed.), 2005. The Environmental Services Program: A Success Story of Sustainable Development Implementation in Costa Rica. National Forestry Fund (FONAFIFO), San José.

Ros-Tonen, M. A. F. and K. F. Wiersum, 2003. The Importance of Non-Timber Forest Products for Forest-Based Rural Livelihoods: an Evolving Research Agenda. Amsterdam AGIDS/UvA. http://pdf.wri.org/ref/shackleton_04_the_importance.pdf

Sanchez-Cordero, V. and R. Martínez-Gallardo, 1998. Post-dispersal fruit and seed removal by forest-dwelling rodents in a lowland rain forest in Mexico. J. Trop. Ecol. 14: 139–151.

Sansevero, J. B. B., P. V. Prieto, L. F. D. de Moraes and P. J. P. Rodrigues, 2011. Natural regeneration in plantations of native trees in lowland Brazilian Atlantic forest: community structure, diversity, and dispersal syndromes. Restor. Ecol. 19: 379–389.

Scatena, F. N., L. A. Bruijnzeel, P. Bubb and S. Das, 2010. Setting the stage. In: Bruijnzeel, L. A., F. N. Scatena and L. S. Hamilton (eds.), Tropical Montane Cloud Forests: Science for Conservation and Management. Cambridge University Press, Cambridge, pp 3–13.

Schmidt, L., 2000. A Guide to Handling Tropical and Subtropical Forest Seed. DANIDA Forest Seed Centre, Denmark.

Schulte, A., 2002. Rainforestation Farming: Option for Rural Development and Biodiversity Conservation in the Humid Tropics of Southeast Asia. Shaker Verlag, Aachen.

Scott, R., P. Pattanakaew, J. F. Maxwell, S. Elliott and G. Gale, 2000. The effect of artificial perches and local vegetation on bird-dispersed seed deposition into regenerating sites. In: Elliott, S., J. Kerby, D. Blakesley, K. Hardwick, K. Woods and V. Anusarnsunthorn (eds.), Forest Restoration for Wildlife Conservation. Chiang Mai University, pp 326–337.

Sekercioglu, C. H., 2009. Tropical ecology: riparian corridors connect fragmented forest bird populations. Current Biology 19: 210–213.

Sgró, C.M., A. J. Lowe and A. A. Hoffmann, 2011. Building evolutionary resilience for conserving biodiversity under climate change. Evol. Appl. 4 (2): 326–337.

Shiels, A. and L. Walker, 2003. Bird perches increase forest seeds on Puerto Rican landslides. Restor. Ecol. 11 (4): 457–465.

Shono, K., E. A. Cadaweng and P. B. Durst, 2007. Application of Assisted Natural Regeneration to restore degraded tropical forestlands. Restor. Ecol. 15 (4): 620–626.

Siddique, I., V. L. Engel, J. A. Parrotta, D. Lamb, G. B. Nardoto, J. P. H. B. Ometto, L. A. Martinelli and S. Schmidt, 2008. Dominance of legume trees alters nutrient relations in mixed species forest restoration plantings within seven years. Biogeochem. 88: 89–101.

Silk, J. W. F., 2005. Assessing tropical lowland forest disturbance using plant morphology and ecological attributes. For. Ecol. Manage. 205: 241–250.

Singh, A. and P. Raizada, 2010. Seed germination of selected dry deciduous trees in response to fire and smoke. J. Trop. Forest Sci. 22 (4): 465–468.

Singpetch, S., 2002. Propagation and Growth of Potential Framework Tree Species for Forest Restoration. MSc thesis, Chiang Mai University, Thailand.

Sinhaseni, K., 2008. Natural Establishment of Tree Seedlings in Forest Restoration Trials at Ban Mae Sa Mai, Chiang Mai Province. MSc thesis, Chiang Mai University, Thailand.

Slik, J. W. F., F. C. Breman, C. Bernard, M. van Beek, C. H. Cannon, K. A. O. Eichhorn and K. Sidiyasa, 2010. Fire as a selective force in a Bornean tropical everwet forest. Oecologia 164: 841–849.

Soule, M. E. and J. Terborgh, 1999. The policy and science of regional conservation. In: Soule, M. E. and J. Terborgh (eds.), Continental Conservation: Scientific Foundations of Regional Reserve Networks. Island Press, New York, pp 1–17.

Stangeland, T., J. R. S. Tabuti and K. A. Lye, 2007. The influence of light and temperature on the germination of two Ugandan medicinal trees. Afr. J. Ecol. 46: 565–571.

Stangeland, T., J. R. S. Tabuti and K. A. Lye, 2011. The framework tree species approach to conserve medicinal trees in Uganda. Agrofor. Syst. 82 (3): 275–284.

Stokes, E. J., 2010. Improving effectiveness of protection efforts in tiger source sites: developing a framework for law enforcement monitoring using MIST. Integrative Zoology 5: 363–377.

Stoner, E. and J. Lambert, 2007. The role of mammals in creating and modifying seed shadows in tropical forests and some possible consequences of their elimination. Biotropica 39 (3): 316–327.

Stouffer, P. C. and R. O. Bierregaard, 1995. Use of Amazonian forest fragments by understorey insectivorous birds. Ecology 76: 2429–2445.

Tabuti, J. R. S., 2007. The uses, local perceptions and ecological status of 16 woody species of Gadumire Sub-county, Uganda. Biodivers. Conserv. 16: 1901-1915.

Tabuti, J. R. S., K. A. Lye and S. S. Dhillion, 2003. Traditional herbal drugs of Bulamogi, Uganda: plants, use and administration. J. Ethnopharmacol. 88, 19–44.

Tabuti, J. R. S., T. Ticktin, M. Z. Arinaitwe and V. B. Muwanika, 2009. Community attitudes and preferences towards woody species and their implications for conservation in Nawaikoke Sub-county, Uganda. Oryx 43 (3): 393–402.

TEEB, 2009. TEEB Climate Issues Update. September 2009. www.teebweb.org/teeb-study-and-reports/additional-reports/climate-issues-update/

Thira, O. and O. Sopheary, 2004. The Integration of Participatory Land Use Planning Tools (PLUP) in the Community Forestry Establishment Process: a Case Study, Tuol Sambo Village, Trapeang Pring Commune, Damer District, Kompong Cham Province, Cambodia. CBNRM Learning Institute, Phnom Penh, Cambodia. www.learninginstitute. org/files/publications/Catalogues/Final_Publication_Catalogue.pdf

Toktang, T., 2005. The Effects of Forest Restoration on the Species Diversity and Composition of a Bird Community in Doi Suthep-Pui National Park Thailand from 2002–2003. MSc thesis, Chiang Mai University, Thailand.

Traveset, A., 1998. Effect of seed passage through vertebrate frugivores' guts on germination: a review. Perspect. Plant Ecol. Evol. Syst. 1 (2): 151–190.

Trisurat, Y., 2007. Applying gap analysis and a comparison index to evaluate protected areas in Thailand. Eviron. Manage. 39: 235–245.

Tucker, N., 2000. Wildlife colonisation on restored tropical lands: what can it do, how can we hasten it and what can we expect? In Elliott, S., J. Kerby, D. Blakesley, K. Hardwick, K. Woods and V. Anusarnsunthorn (eds.), Forest Restoration for Wildlife Conservation. Chiang Mai University, pp 278–295.

Tucker, N. and T. Murphy, 1997. The effects of ecological rehabilitation on vegetation recruitment: some observations from the Wet Tropics of North Queensland. For. Ecol. Manage. 99: 133–152.

Tucker, N. I. J. and T. Simmons, 2009. Restoring a rainforest habitat linkage in north Queensland: Donaghy's Corridor. Ecol. Manage. Restn. 10 (2): 98–112.

Tunjai, P., 2005. Appropriate Tree Species and Techniques for Direct Seeding for Forest Restoration in Chiang Mai and Lamphun Provinces. MSc thesis, Chiang Mai University, Thailand.

Tunjai, P., 2011. Direct Seeding For Restoring Tropical Lowland Forest Ecosystems In Southern Thailand. PhD thesis, Walailak University, Thailand.

Tunjai, P., 2012. Effects of seed traits on the success of direct seeding for restoring southern Thailand's lowland evergreen forest ecosystem. New Forests 43 (3), 319–333.

Turkelboom, F., 1999. On-farm Diagnosis of Steepland Erosion in Northern Thailand. PhD thesis, KU Leuven, The Netherlands.

UNEP-WCMC, 2000. Global Distribution of Current Forests, United Nations Environment Programme – World Conservation Monitoring Centre (UNEP-WCMC). www.unepwcmc.org/forest/global_map.htm.

Union of Concerned Scientists, 2009. Scientists and NGOs: Deforestation and Degradation Responsible for Approximately 15 Percent of Global Warming Emissions. www.ucsusa.org/news/press_release/scientists-and-ngos-0302.html

United Nations, 2001. World Population Monitoring – 2001. UN Department of Economic and Social Affairs, Population Division, New York. www.un.org/esa/population/publications/wpm/wpm2001.pdf

United Nations, 2009. World Population Prospects – The 2008 Revision – Highlights. UN Department of Economic and Social Affairs – Population Division. www.un.org/esa/population/publications/wpp2008/wpp2008_highlights.pdf.

Van Nieuwstadt, M. G. L. and D. Sheil, 2005. Drought, fire and tree survival in a Borneo rain forest, East Kalimantan, Indonesia. J. Ecol. 93: 191–201.

Vanthomme, H., B. Belle and P. Forget, 2010. Bushmeat hunting alters recruitment of large-seeded plant species in central Africa. Biotropica 42 (6): 672–679.

Vasconcellos, H. L. and J. M. Cherret, 1995. Changes in leaf-cutting ant populations (Formicidae: Attini) after clearing of mature forest in Brazilian Amazonia. Studies on Neotropical Fauna and Environment 30: 107–113.

Vicente, R., R. Martins, J. J. Zocche and B. Harter-Marques, 2010. Seed dispersal by birds on artificial perches in reclaimed areas after surface coal mining in Siderópolis municipality, Santa Catarina State, Brazil. R. Bras. Bioci., Porto Alegre 8 (1): 14–23.

Vieira, D. L. M. and A. Scariot, 2006. Principles of natural regeneration of dry tropical forests for restoration. Restor. Ecol. 14 (1): 11–20.

Vongkamjan, S., 2003. Propagation of Native Forest Tree Species for Forest Restoration in Doi Suthep-Pui National Park. PhD thesis, Chiang Mai University, Thailand. www.forru.org/FORRUEng_Website/Pages/engstudentabstracts.htm

Vongkamjan, S., S. Elliott, V. Anusarnsunthorn and J. F. Maxwell, 2002. Propagation of native forest tree species for forest restoration in northern Thailand. In: Chien, C. and R. Rose (eds.), The Art and Practice of Conservation Planting. Taiwan Forestry Research Institute, Taipei, pp 175–183.

Whitmore, T. C., 1998. An Introduction to Tropical Rain Forests (2nd edition). Oxford University Press, Oxford.

Wiersum, K. F., 1984. Surface erosion under various tropical agroforestry systems. In: O'Loughlin, C. L. and A. J. Pearce (eds.), Effects of Forest Land Use on Erosion and Slope Stability. IUFRO, Vienna, pp 231–239.

Wilson, E. O., 1992. The Diversity of Life. Harvard University Press, Cambridge, Massachusetts.

Woods, K. and S. Elliott, 2004. Direct seeding for forest restoration on abandoned agricultural land in northern Thailand. J. Trop. Forest Sci. 16 (2): 248–259.

Wright, S. J. and H. C. Muller-Landau, 2006. The future of tropical forest species. Biotropica 38: 287–301.

Zangkum, S., 1998. Growing Tree Seedlings to Restore Forests: Effects of Container Type and Media on Seedling Growth and Morphology. MSc thesis, Chiang Mai University, Thailand.

Zappi, D., D. Sasaki, W. Milliken, J. Piva, G. S. Henicka, N. Biggs and S. Frisby, 2011. Plantas vasculares da região do Parque Estadual Cristalino, norte de Mato Grosso, Brasil. Acta Amazonica 41 (1): 29–38.

Zelazowski, P., Y. Malhi, C. Huntingford, S. Sitch and J. B. Fisher, 2011. Changes in the potential distribution of humid tropical forests on a warmer planet. Phil. Trans. R. Soc. A 369: 137–160.

ÍNDICE